全国勘察设计注册公用设备工程师暖通空调专业考试备考应试指南

（2020 版）

（上册）

林星春　房天宇　主编

中国建筑工业出版社

图书在版编目(CIP)数据

全国勘察设计注册公用设备工程师暖通空调专业考试备考应试指南：2020版：上、下册/林星春，房天宇主编. —北京：中国建筑工业出版社，2020.4
ISBN 978-7-112-24958-9

Ⅰ.①全… Ⅱ.①林… ②房… Ⅲ.①建筑工程-供热系统-资格考试-自学参考资料 ②建筑工程-通风系统-资格考试-自学参考资料 ③建筑工程-空气调节系统-资格考试-自学参考资料 Ⅳ.①TU83

中国版本图书馆CIP数据核字（2020）第041354号

责任编辑：张文胜
责任校对：李美娜

全国勘察设计注册公用设备工程师
暖通空调专业考试备考应试指南
(2020版)
林星春　房天宇　主编
*
中国建筑工业出版社出版、发行（北京海淀三里河路9号）
各地新华书店、建筑书店经销
北京红光制版公司制版
北京同文印刷有限责任公司印刷
*
开本：787×1092毫米　1/16　印张：52¾　字数：1282千字
2020年4月第一版　2020年4月第一次印刷
定价：**175.00**元（上、下册）
ISBN 978-7-112-24958-9
(35645)

本书编委会

主　　编： 林星春　上海水石建筑规划设计股份有限公司

房天宇　中国建筑东北设计研究院有限公司

参　　编：（排名不分先后）

马　辉　新城控股集团股份有限公司

封彦琪　河北筑美工程设计有限公司

李春萍　吉林省建苑设计集团有限公司

杨　光　吉林省建筑科学研究设计院

石晶晶　华建集团华东都市建筑设计研究总院

李亚宁　石家庄铁道大学

许淑惠　北京建筑大学

闫全英　北京建筑大学

刘贵军　中国建筑东北设计研究院有限公司

黄玉优　珠海格力电器股份有限公司

前　言

自从2005年国家实行勘察设计注册公用设备工程师执业资格考试制度以来，每年有越来越多的考生参加暖通空调专业考试，除了暖通空调本专业考生外，还有诸多符合报考规定的相近、相关专业甚至是其他工科专业的考生。而其中就有这么一部分考生在考试通过后，仍热心帮助广大后来的考生备考，并将自己复习和考试过程中的资料进行总结分享。

本书依托“暖通空调在线”网站和“小林陪你过注册”考试群，响应广大考生的强烈需求，在2012年第一版出版后，受到了广大考生的热烈欢迎，经过了9年的积淀，已经在考生中形成了品牌效应，几乎成为考生人手一本带入考场的必备书和相关考试培训班的指定用书。2020版（目前为第8次改版）在前几版的基础上保留优势进行了改版升级：最强编委全收录全解析、篇章归类结构清晰、提纲挈领数据指导、侧重扩展独家总结、配套实战试卷与空白卷。在此，本书编委会祝所有考生2020年旗开得胜、通过凯旋。

书中所有的答案解析全部由曾经参与过考试的高分考生和注考培训名师自行编写整理，完全来自于民间，仅供广大考生参考解题思路。在此也向所有直接、间接参与本书编写的考生及专家、老师致以真诚的谢意。本书相关的空白试卷等配套电子版资料可关注微信公众号“小林助考”进行下载。对本书如有任何建议、意见和勘误，请与本书编委会28136076@qq.com联系。

本书编委会
2020年01月

声　明

本书所有题目的解析部分、附录 5 扩展知识点总结中所有原创内容及附录 6 湿空气焓湿表的著作权属于本书编委会及注明作者，未经原作者同意，任何组织和个人不可摘录用于其他出版物。

《全国勘察设计注册公用设备工程师暖通空调专业考试备考应试指南》（2020 版）编委会

《全国勘察设计注册公用设备工程师暖通空调专业考试备考应试指南》（2019 版）编委会

《全国勘察设计注册公用设备工程师暖通空调专业考试备考应试指南》（2018 版）编委会

《全国勘察设计注册公用设备工程师暖通空调专业考试历年真题解析》（2017 版）编委会

《全国勘察设计注册公用设备工程师暖通空调专业考试历年真题解析》（2015 版）编委会

《全国勘察设计注册公用设备工程师暖通空调专业考试历年仿真题解析》（2014 版）编委会

《全国勘察设计注册公用设备工程师暖通空调专业考试历年仿真题解析》（2013 版）编委会

《全国勘察设计注册公用设备工程师暖通空调专业考试历年仿真题解析》（2012 版）编委会

阅 读 说 明

本书所有题目后的标注“【A-B-C】”表示对应的真题，其意义为：A 表示年份；B 表示 4 个科目试卷，“1”代表专业知识（上），“2”代表专业知识（下），“3”代表专业案例（上），“4”代表专业案例（下）；C 为两位数字的题目序号，专业知识卷 01～40 为单项选择题，41～70 为多项选择题，专业案例为 01～25。例如【2014-2-43】代表 2014 年专业知识（下）试卷第 43 题多项选择题。

为了避免行文繁琐，本书中对部分标准、规范以及参考书等，均用了通俗的称呼，详细如下：

(1) 全国勘察设计注册工程师公用设备专业管理委员会秘书处．全国勘察设计注册公用设备工程师暖通空调专业考试复习教材（第二版）. 北京：中国建筑工业出版社，2008. 在本书中简称《二版教材》。

(2) 全国勘察设计注册工程师公用设备专业管理委员会秘书处．全国勘察设计注册公用设备工程师暖通空调专业考试复习教材（第三版—2019）. 北京：中国建筑工业出版社，2013. 在本书中简称《三版教材》。

(3) 陆耀庆 主编．实用供热空调设计手册（第二版）. 北京：中国建筑工业出版社，2008. 在本书中简称《红宝书》。

(4) 全国民用建筑工程设计技术措施—暖通空调动力分册 2009．北京：中国计划出版社，2009. 在本书中简称《09 技术措施》。

(5) 全国民用建筑工程设计技术措施节能专篇—暖通空调动力 2007. 北京：中国计划出版社，2007. 在本书中简称《07 节能专篇》。

(6) 《采暖通风和空气调节设计规范》GB 50019—2003. 北京：中国计划出版社，2003. 在本书中简称《暖规》。注：2016 年及之前考题适用。

(7)《民用建筑供暖通风与空气调节设计规范》GB 50736—2012. 北京：中国建筑工业出版社，2012. 在本书中简称《民规》。

(8)《工业建筑供暖通风与空气调节设计规范》GB 50019—2015. 北京：中国计划出版社，2015. 在本书中简称《工规》。

(9)《公共建筑节能设计标准》GB 50189—2005. 北京：中国建筑工业出版社，2005. 在本书中简称《公建节能 2005》。注：2015 年及之前考题适用。

(10) 《公共建筑节能设计标准》GB 50189—2015. 北京：中国建筑工业出版社，2015. 在本书中简称《公建节能 2015》。

(11)《建筑设计防火规范》GB 50016—2006. 北京：中国计划出版社，2006. 在本书中简称《建规 2006》。注：2018 年及之前考题适用。

(12)《高层民用建筑设计防火规范（2005 版）》GB 50045—95. 北京：中国计划出版社，2005. 在本书中简称《高规》。注：2018 年及之前考题适用。

(13)《建筑设计防火规范》GB 50016—2014. 北京：中国计划出版社，2014. 在本书中简称《建规 2014》。

(14)《建筑防烟排烟系统技术标准》GB 51251—2017. 北京：中国计划出版社，2018. 在本书中简称《防排烟规》。

(15) 陆亚俊 等编著. 暖通空调（第二版）. 北京：中国建筑工业出版社，2007. 在本书中称为《暖通空调》。

(16) 赵荣义 等编著. 空气调节（第四版）. 北京：中国建筑工业出版社，2009. 在本书中称为《空气调节》。

(17) 孙一坚 主编. 工业通风（第四版）. 北京：中国建筑工业出版社，2010. 在本书中称为《工业通风》。

(18) 贺平 主编. 供热工程（第四版）. 北京：中国建筑工业出版社，2009. 在本书中称为《供热工程》。

(19) 吴味隆 等编著. 锅炉及锅炉房设备（第四版）. 北京：中国建筑工业出版社，2006. 在本书中称为《锅炉及锅炉房设备》。

(20) 彦启森 主编. 空气调节用制冷技术（第四版）. 北京：中国建筑工业出版社，2010. 在本书中称为《空气调节用制冷技术》。

目　录

（上　册）

第1篇　专业知识题

(下 册)

第2篇 专业案例题

第3篇 实 战 试 卷

第 1 篇　专业知识题

第1章 供暖专业知识题

本章知识点题目分布统计表

小节	考点名称		2011年至2019年题目统计		近几年题目统计		2019年题目统计
			题目数量	比例	题目数量	比例	
1.1	建筑热工与节能		20	8%	10	11%	4
1.2	建筑供暖热负荷计算		10	4%	6	7%	0
1.3	供暖系统	1.3.1 热水供暖系统	8	3%	2	2%	0
		1.3.2 蒸汽供暖系统	13	5%	8	9%	1
		小计	21	9%	10	11%	1
1.4	供暖方式	1.4.1 散热器供暖	8	3%	6	7%	4
		1.4.2 热风供暖	6	3%	4	5%	0
		1.4.3 辐射供暖	23	10%	16	18%	5
		1.4.4 供暖方案	13	5%	9	10%	1
		小计	50	21%	35	40%	10
1.5	供暖系统设备		11	5%	3	3%	3
1.6	供暖系统设计	1.6.1 供暖系统水力计算	6	3%	4	5%	1
		1.6.2 供暖系统设计要求	22	9%	7	8%	2
		1.6.3 供暖系统运行调节	10	4%	5	6%	0
		小计	38	16%	16	18%	3
1.7	热计量	1.7.1 户间传热	4	2%	1	1%	0
		1.7.2 分户热计量	16	7%	4	5%	1
		1.7.3 节能改造	5	2%	3	3%	0
		小计	25	11%	8	9%	1
1.8	小区热网	1.8.1 热媒、热源与耗热量	20	8%	8	9%	0
		1.8.2 热网设计	23	10%	11	13%	4
		小计	43	18%	19	22%	4
1.9	锅炉房		19	8%	9	10%	3
合计			237		116		29

说明：2015年停考1年，近几年题目统计为2016年至2019年。

1.1　建筑热工与节能

1.1-1.【单选】进行公共建筑节能设计时，以下哪一项不是采用“围护结构热工性能权衡判断”方法的必要条件？【2011-1-21】

A. 建筑某个朝向的窗墙面积比超过70%

B. 屋顶透明部分的面积大于屋顶总面积的20%

C. 严寒、寒冷地区建筑的体型系数超过0.4

D. 夏热冬冷地区的建筑，地面热阻超过1.2m^2·K/W

参考答案：D

分析：根据《公建节能2005》第4.1.2条、第4.2.4条、第4.2.6条。

扩展：本题按照《公建节能2015》有关规定，无法得出答案。但是考生注意的是，《公建节能2015》相对于《公建节能2005》，对围护结构热工性能权衡判断计算设定了准入条件，规定建筑首先应符合相应的性能限制要求，不符合时，必须采取措施提高相应热工设计参数，使其达到准入条件后方可进行性能化评价。进行权衡判断的甲类建筑首先应符合《公建节能2015》第3.4.1条性能要求。详见《公建节能2015》第3.4节及对应条文说明。

1.1-2.【单选】公共建筑围护结构建筑热工设计中，当窗户的传热系数满足节能标准的情况下，下列玻璃窗的选择，哪一项是错误的？【2011-2-03】

A. 同一窗墙比情况下，在夏热冬冷地区玻璃窗的遮阳系数限值应小于寒冷地区

B. 在严寒地区，应选用遮阳系数大的玻璃

C. 对寒冷地区窗墙比较小的情况，应选遮阳系数大的玻璃

D. 对寒冷地区北向窗户，应选遮阳系数小的玻璃

参考答案：D

分析：根据《公建节能2005》第4.2.2条。

扩展：根据《公建节能2015》第3.3.1条，3.3.2条。寒冷地区冬季太阳辐射利于减小冬季热负荷，故规范未做限制，应选择遮阳系数较大的玻璃，D错误。《公建节能2015》对围护结构热工性能限值进行了分气候区规定，并对热工性能限值进行了提升，要求更为严格。

1.1-3.【单选】关于严寒地区空调建筑热工设计，正确的是下列哪一项？【2011-2-21】

A. 外窗玻璃的遮阳系数越大越好　　B. 外窗玻璃的遮阳系数宜小于0.8

C. 外窗玻璃的遮阳系数宜小于0.65　　D. 采用外遮阳措施

参考答案：A

分析：根据《公建节能2005》第4.2.2条及《严寒和寒冷地区居住建筑节能设计标准》JGJ 26—2010表4.2.2-1～表4.2.2-5规定的限值可知严寒地区的遮阳系数没有要求。“太阳辐射利于减小热负荷，故遮阳系数越大越好。”

扩展：参见《公建节能2015》第3.2.5条，《公建节能2015》已将《公建节能2005》

遮阳系数（Sc）改为太阳得热系数（SHGC）。

1.1-4.【单选】关于公共建筑围护结构传热系数限值的说法，下列哪一项是错误的？【2013-1-05】

A. 外墙的传热系数采用平均传热系数

B. 围护结构的传热系数限值与建筑物体形系数相关

C. 围护结构的传热系数限值与建筑物窗墙面积比相关

D. 温和地区可不考虑传热系数限值

参考答案： D

分析： 根据《公建节能 2005》第 4.2.2 条可知，A、B、C 正确；当建筑所处城市属于温和地区时，应判断该城市的气象条件与《公建节能 2005》表 4.2.1 中的哪个城市最接近。

扩展： 选项 A 根据《公建节能 2015》第 3.3.3.1 条，正确；选项 B、C 根据第 3.3.1 条，正确；选项 D 根据表 3.3.1-6，错误。《公建节能 2015》对温和地区甲类公共建筑围护结构热工性能限值做出定量规定，区别《公建节能 2005》第 4.2.2 条，判断该城市气象条件与表 4.2.1 中的哪个城市最接近，围护结构的热工性能应符合那个城市所属气候区的规定。在《公建节能 2015》中，对甲、乙类公共建筑做了区分，乙类公共建筑的传热系数限值仅与所处地区及围护结构部位有关。

1.1-5.【单选】根据所给的条件，请指出：以下哪一个公共建筑必须进行建筑节能的权衡判断（围护结构其他的热工性能均符合规定）？【2013-1-22】

A. 位于严寒 A 区，建筑屋面传热系数为 0.25W/(m^2·K)

B. 位于寒冷地区，建筑外墙传热系数为 0.45 W/(m^2·K)

C. 位于夏热冬冷地区，建筑天窗传热系数为 2.8 W/(m^2·K)

D. 位于夏热冬暖地区，建筑的西立面窗墙面积比为 0.75

参考答案： C

分析： 根据《公建节能 2015》第 3.4.1 条，选项 A、B 为其他围护结构热工性能不符合规定时进行权衡判断的前提条件，故选项 A、B 错误。根据表 3.3.1-4，选项 C 屋顶透明部分 $K>2.6$，必须进行权衡判断；根据表 3.3.1-5，必须进行权衡判断的条件中对窗墙比无要求。

1.1-6.【单选】在设置集中供暖系统的住宅中，下列各项室内供暖计算温度中哪一项是错误的？【2013-2-01】

A. 卧室：20℃

B. 起居室（厅）：18～20℃

C. 卫生间（不设洗浴）：18℃

D. 厨房：14～16℃

参考答案： D

分析： 根据《住宅设计规范》GB 50096—2011 第 8.3.6 条：卧室、起居室、卫生间不应低于 18℃，厨房不应低于 15℃。

1.1-7.【单选】关于窗的综合遮阳系数，下列表述正确的为哪一项？【2013-2-03】

A. 窗的综合遮阳系数只与玻璃本身的遮阳系数有关

B. 窗的综合遮阳系数只与玻璃本身的遮阳系数和窗框的材质有关

C. 窗的综合遮阳系数只与玻璃本身的遮阳系数、窗框的面积和外遮阳形式有关

D. 窗的综合遮阳系数只与玻璃本身的遮阳系数、窗框的面积和内遮阳形式有关

参考答案：C

分析：《夏热冬冷地区居住建筑节能标准》JGJ 134－2010 第 4.0.6 条：窗的综合遮阳系数＝窗本身的遮阳系数×外遮阳的遮阳系数。窗本身遮阳系数等于玻璃遮阳系数×(1－窗框面积/窗的面积)。

1.1-8.【单选】下列关于供暖热负荷计算的说法，哪一个是正确的？【2014-2-04】

A. 与邻室房间的温差小于 5℃时，不用计算通过隔墙和楼板等的传热量

B. 阳台门应考虑外门附加

C. 层高 5m 的某工业厂房，计算地面传热量时，应采用室内平均温度

D. 民用建筑地面辐射供暖房间，高度大于 4m 时，每高出 1m，宜附加 1%，但总附加率不宜大于 8%

参考答案：D

分析：选项 A 见《三版教材》P18 倒数第二段，与邻室房间的温差小于 5℃时，且经过隔墙和楼板等的传热量大于该房间热负荷的 10%时，尚应计算其传热量。选项 B 见《三版教材》P19，阳台门不应考虑外门附加。选项 C 见《三版教材》表 1.2-2 下方的（2）1)，计算地面传热量时，应采用工作地点温度；而墙、窗、门应采用室内平均温度；屋顶和天窗应采用屋顶的温度。选项 D 见《三版教材》P18 中“民用建筑高度附加率”。

1.1-9.【单选】北京地区某甲类公共建筑，各项围护结构热工性能值如下所述，核查其中哪一项不符合进行权衡判断的基本要求？【2017-1-02】

A. 屋面传热系数为 0.42W/(m^2 · K)

B. 屋面透光部分（透光面积≤20%）[传热系数为 2.40W/(m^2 · K)]

C. 北侧窗，窗墙比 0.5，窗的传热系数为 2.75W/(m^2 · K)

D. 外墙的传热系数为 0.50W/(m^2 · K)

参考答案：C

分析：根据《公建节能 2015》表 3.1.2，北京属寒冷地区，根据表 3.4.1-1 可知，选项 A 符合权衡判断的基本要求；屋面透光部分，没有规定基本要求，选项 B 默认符合；根据表 3.4.1-3 可知窗墙比 0.5 时，窗的传热系数≤2.70W/（m^2 · K)，选项 C 不符合基本要求；根据表 3.4.1-2 可知，选项 D 符合权衡判断的基本要求。

1.1-10.【单选】某位于寒冷地区的办公楼，总建筑面积 10000m^2，体形系数为 0.4，其屋面的设计传热系数为 K＝0.6W/(m^2 · K)。问：对该建筑的热工性能评价以下哪个选项是正确的？【2017-1-37】

A. 建筑热工性能的设计指标完全满足《公共建筑节能设计标准》GB 50189—2015 的要求

B. 只要将体形系数降低至 0.3 之后，该建筑就能满足《公共建筑节能设计标准》GB 50189—2015 的要求

C. 采用权衡判断，有可能满足《公共建筑节能设计标准》GB 50189—2015 的要求

D. 不能满足《公共建筑节能设计标准》GB 50189—2015 的要求

参考答案： D

分析： 根据《公建节能 2015》表 3.3.1-3 查得屋面传热系数限值为 0.4W/(m^2·K)，根据第 3.4.1 条可知，不满足权衡判断的要求，故选 D。

1.1-11.【单选】进行建筑外墙热工设计时，其热桥部位应满足下列哪项要求？【2018-1-02】

A. 热桥内表面温度高于房间空气露点温度

B. 热桥内表面温度高于房间空气湿球温度

C. 热桥外表面温度高于房间空气温度

D. 热桥部位传热系数达到主体部位传热系数

参考答案： A

分析： 根据《民用建筑热工设计规范》GB 50176—2016 第 7.2.3 条，热桥内表面温度应高于房间露点温度，防止热桥部位结露而破坏结构层、强化传热损失，选项 A 正确。

1.1-12.【多选】在进行公共建筑围护结构热工性能的权衡判断时，为使实际设计的建筑能耗不大于参照建筑的能耗，可采用以下哪些手段？【2012-2-44】

A. 提高围护结构的热工性能

B. 减少透明围护结构的面积

C. 改变空调、供暖室内的设计参数

D. 提高空调、供暖系统的系统能效比

参考答案： AB

分析： 根据《公建节能 2005》第 2.0.4 条及第 4.3.2 条可知，A、B 选项正确；C 选项就在进行权衡判断时，首先要满足室内设计参数范围要求，不应随意改变；D 选项与建筑能耗无关。

扩展： 根据《公建节能 2015》第 3.4.2 条，选项 A、B 正确；由附录 B.0.5-3 条，建筑空气调节和供暖系统的运行时间、室内温度、照明功率密度及开关时间、房间人均占有使用面积等设计参数应与设计建筑一致；依据附录 B.0.6 条文解释，由于提供冷量和热量所消耗能量品位及供冷系统和供热系统能源效率的差异，因此以建筑物供冷和供热能源消耗量作为权衡判断的依据。同时，在使用相同的系统效率将设计建筑和参照建筑的累计耗热量和累计耗冷量计算成设计建筑和参照建筑的供暖耗电量和供冷耗电量，为权衡判断提供依据。并针对不同气候区的特点约定了不同的标准供暖系统和供冷系统形式。更为明确的是，建筑物围护结构热工性能的权衡判断着眼于建筑物围护结构的热工性能，供暖空调系统等建筑能源系统不参与权衡判断。因此改变空调、供暖室内设计参数，提高空调、供暖系统的能效比等具体措施均不符合规范要求，选项 CD 错误。

1.1-13.【多选】按现行节能标准要求，当围护结构设计的某些指标超过规范限值时应进行热工性能权衡判断。进行寒冷地区B区的某11层住宅楼设计时，下列哪几项指标导致必须进行权衡判断？【2013-1-43】

A. 建筑的体形系数为0.3

B. 南向窗墙面积比为0.65

C. 外墙的传热系数为0.65W/（m^2·K）

D. 东、西外窗综合遮阳系数为0.48

参考答案： BD

分析： 选项A错误，见《严寒和寒冷地区居住建筑节能设计标准》JGJ 26—2010第4.1.3条表中体形系数限值，9～13层寒冷地区限值0.3；选项B正确，见JGJ 26—2010表4.1.4，南向寒冷地区窗墙比限值0.5，0.65超限。选项C错误，见JGJ 26—2010表4.2.2-5，传热系数限值0.7；选项D正确，见JGJ 26—2010表4.2.2-6，0.48超过遮阳系数东西向限值。

1.1-14.【多选】关于工业厂房围护结构的最小传热阻的规定不适用下列哪几项？【2017-1-44】

A. 墙体　　B. 屋面　　C. 外窗　　D. 阳台门

参考答案： CD

分析： 根据《三版教材》P5及《工规》第5.1.6条，外窗、阳台门不宜使用于工业厂房最小传热阻的规定，故选项CD不适用。

1.1-15.【多选】关于建筑热工的要求，下列说法哪些是正确的？【2018-1-54】

A. 与室外空气相接触的外楼梯，其地面温度不应低于室内空气露点温度

B. 屋面的热桥部位内表面温度不应低于室内空气露点温度

C. 外墙的热桥部位内表面温度不应低于室内空气露点温度

D. 地下室的热桥部位内表面温度不应低于室内空气露点温度

参考答案： BCD

分析： 根据《民用建筑热工设计规范》GB 50176—2016第4.4.3条，应考虑各种工况，确保外围护结构内表面温度不低于室内空气露点温度，选项BCD正确。与室外空气接触的外楼梯地面不属于外围护结构内表面范畴，选项A错误。

1.1-16.【多选】沈阳市某办公楼，建筑面积为10000m^2，体形系数为0.29，南向的窗墙比为0.49，下列围护结构传热系数K［W/(m^2·K)］的设计取值中，哪几项不需要进行权衡判断计算就可以满足节能设计标准的要求？【2018-2-43】

A. 屋顶K值为0.28、外墙为0.50、南向外窗为1.80

B. 屋顶K值为0.30、外墙为0.40、南向外窗为2.00

C. 屋顶K值为0.28、外墙为0.40、南向外窗为2.10

D. 屋顶K值为0.30、外墙为0.43、南向外窗为1.90

参考答案： BD

分析：根据《公建节能2015》第3.1.1条及表3.1.2可知，沈阳属于严寒C区甲类公共建筑。根据表3.3.1-2可知，选项A的外墙传热系数不满足限值要求，选项C的外窗传热系数不满足限值要求，再根据表3.4.1-2可知，选项A的外墙传热系数及选项C外窗的传热系数满足权衡判断的基本要求，需进行权衡判断；根据表3.3.1-2可知，选项B、D满足热工性能限值，不需权衡判断。

1.2　建筑供暖热负荷计算

1.2-1.【单选】下列对围护结构（屋顶、墙）冬季供暖基本耗热量的朝向修正的论述中，哪一项是正确的？【2012-1-03】

A. 北向外墙朝向附加率为0～10%

B. 南向外墙朝向附加率为0

C. 考虑朝向修正的主要因素之一是冬季室外平均风速

D. 考虑朝向修正的主要因素之一是东西室外最多频率风向

参考答案：A

分析：(1) 根据《工规》第5.2.6条：北、东北、西北的朝向修正率为0～10%；南向的朝向修正率为−15%～−30%，因此选项A正确，选项B错误。另外，根据《工规》第5.2.6条条文说明，朝向修正率，是基于太阳辐射的有利作用和南北向房间的温度平衡要求，而在耗热量计算中采取的修正系数，所以它的成因和室外风速无关，故选项C、D错误。

(2)《民规》第5.2.6条规定：北外墙朝向修正率为0～10%；南外墙朝向修正率为−15%～−30%；考虑朝向修正的主要因素应为当地的冬季日照率、辐射照度、建筑物使用和被遮挡情况。

1.2-2.【单选】某工业厂房的高度为15m，计算的冬季供暖围护结构总耗热量为1500kW，外窗的传热系数为3.5W/（m^2·K），冷风渗透耗热量应是下哪一项？【2012-1-04】

A. 375kW　　B. 450kW　　C. 525kW　　D. 600kW

参考答案：B

分析：根据《09技术措施》P13表2.2.6查得，传热系数为3.5W/（m^2·K）采用双层窗；

根据《三版教材》表1.2-7可知渗透耗热量按照总耗热量的30%考虑。

则有：$Q=30\%\times1500=450$kW。

扩展：本题所问为工业厂房，故《民规》中有关缝隙法计算冷风渗透量的方法不适合本题。

1.2-3.【单选】仅在日间连续运行的散热器供暖某办公建筑房间，高3.90m，其围护结构基本耗热量为5kW，朝向、风力、外门三项修正与附加共计0.75kW，除围护结构耗热量外其他各项耗热量总和为1.5kW，该房间冬季供暖通风系统的热负荷值（kW）应最接近下列何项？【2016-1-02】

A. 8.25　　B. 8.40　　C. 8.70　　D. 7.25

参考答案：B

分析：对流供暖热负荷计算公式：

$$Q=Q_1+Q_2$$

$$=Q_j(1+\beta_{朝向}+\beta_{风力}+\beta_{两面外墙}+\beta_{窗墙比}+\beta_{外门})\cdot(1+\beta_{层高})\cdot(1+\beta_{间歇})+Q_2$$

根据《民规》第5.2.8条或《三版教材》P19第（7）条，白天使用间歇附加20%，带入上式得：

$$Q=Q_1+Q_2=(5+0.75)\times(1+0.2)+1.5=8.4\text{kW}$$

1.2-4.【单选】有关普通工业厂房冬季供暖热负荷计算的说法，下列何项是正确的?【2017-1-03】

A. 工业厂房计算了冷风渗透耗热量，则可不计算高度附加

B. 计算各传热面热负荷时，室内设计温度都应采用室内平均温度

C. 高度附加率的上限是20%

D. 工业厂房的冷风渗透耗热量可采用百分率附加法

参考答案：D

分析：高度附加耗热量是考虑房屋高度对围护结构耗热量Q_1的影响而附加的耗热量，冷风渗透耗热量Q_2是考虑有门窗缝隙渗入室内的冷空气耗热量，二者概念不同，要同时考虑，选项A错误；根据《三版教材》P18及《工规》表5.1.6-1可知，各传热面的冬季室内计算温度跟层高有关，选项B错误；根据《三版教材》P19及《工规》第5.2.7条可知，选项C错误，总附加率不宜大于8%或15%；根据《三版教材》表1.2-7及《工规》F.0.6可知，选项D正确。

扩展：本题考察工业厂房，为工业建筑中的一种，需要注意选项D中百分率法可用于工业建筑中的生产厂房、仓库和公用辅助建筑，但是对于工业建筑中的生活及行政辅助建筑不适用。

1.2-5.【单选】某办公楼采用集中式供暖系统，非工作时间供暖系统停止运行。该供暖系统施工图设计中，热负荷计算错误的是下列何项?【2018-1-04】

A. 间歇附加率取20%

B. 对每个供暖房间进行热负荷计算

C. 间歇附加负荷等于围护结构基本耗热量乘以间歇附加率

D. 计算房间热负荷时不考虑打印机、投影仪等设备的散热量

参考答案：C

分析：根据《民规》第5.2.1条，选项B正确；由第5.2.2条及其条文解释可知，打印机、投影仪等设备的散热量属于不经常的散热量，可不计算，选项D正确；由第5.2.8条可知，选项A正确，选项C错误，间歇供暖热负荷应对围护结构耗热量进行间歇附加，而不是围护结构基本耗热量。

1.2-6.【单选】民用建筑冬季供暖通风热负荷计算中，下列说法哪一项是正确的?

【2018-2-04】

A. 与相邻房间温差5℃，但户间传热量小于10%，可不计入

B. 冬季日照率30%的地区，南向的朝向修正率可为－10%

C. 低温热水地面辐射供暖系统的热负荷不考虑高度附加

D. 严寒地区，低温热水地面辐射供暖系统的计算热负荷应取按对流热负荷计算值的95%

参考答案：B

分析：根据《民规》第5.2.5条及其条文解释可知，选项A错误；由第5.2.6条小注2可知，选项B正确；由第5.2.7条可知，地面辐射供暖系统的房间高度大于4m时，要考虑高度附加，选项C错误；选项D，《辐射供暖供冷技术规程》JGJ 142—2012已经取消了这一说法，错误。

1.2-7.【多选】对严寒和寒冷地区居住建筑采暖计算的做法中，正确的是哪几项？【2011-1-43】

A. 建筑物耗热量指标由采暖热负荷计算后得出

B. 外墙传热系数计算是考虑了热桥影响后计算得到的平均传热系数

C. 在对外门窗的耗热量计算中，应减去采暖期平均太阳辐射热

D. 负荷计算中，考虑相当建筑物体积0.5次/h的换气耗热量

参考答案：BC

分析：根据《严寒和寒冷地区居住建筑节能设计标准》JGJ 26—2010，选项A错误，参见第4.3.3条；选项B正确，参见第4.2.3条；选项C正确，参见第4.3.8条；选项D错误，参见第4.3.10条，负荷计算指的是供暖设计热负荷的计算，若使用换气次数法，换气次数与门窗数量有关。$0.5h^{-1}$的换气次数是指耗热量指标计算时使用的数据。

扩展："建筑物耗热量指标"与"采暖设计热负荷指标"有明显的区别。建筑物耗热量指标，是在采暖期室外平均温度条件下，为保持全部房间平均室内计算温度，单位建筑面积在单位时间内消耗的需由室内采暖设备供给的热量，用于控制和评价建筑物的采暖能耗水平，以整个建筑为计算对象，较多考虑热损失的有利因素，扣除建筑物内部得热量，数值较小，有强制性标准限制。采暖设计热负荷指标，是在采暖室外计算温度条件下，为保持各房间室内计算温度，单位建筑面积在单位时间内消耗的需由室内采暖设备供给的热量，用于按照最不利条件，确定所需要的采暖热源、管网和房间末端设备容量，以每个房间为计算对象，较多考虑热损失的不利因素，不扣除建筑物内部得热量，相反需要考虑热源状况和是否连续供暖的附加系数，数值较大，没有强制性标准限制。

1.2-8.【多选】在计算由门窗缝隙渗入室内的冷空气的耗热量时，下列哪几项表述是错误的？【2012-1-43】

A. 多层民用建筑的冷风渗透量确定，可忽略室外风速沿高度递增的因素，只计算热压及风压联合作用时的渗透冷风量

B. 高层民用建筑的冷风渗透量确定，应考虑热压及风压联合作用，以及室外风速及高度递增的因素

C. 建筑由门窗缝隙渗入室内的冷空气的耗热量，可根据建筑高度，玻璃窗和围护结构总耗热量进行估算

D. 对住宅建筑阳台门而言，除计算由缝隙渗入室内的冷空气的耗热量外，还应计算由外门附加耗热量时将其计入外门总数量内

参考答案：AD

分析：(1) 根据《09技术措施》第2.2.13条：多层民用建筑用缝隙法计算渗透风量时可以忽略热压及室外风速沿高度递增的因素，只计入风压作用时的渗透冷风量，故选项A错误；第2.2.14条：高层民用建筑应考虑热压与风压联合作用，以及室外风速随高度递增的原则，故选项B是正确的。

(2) 根据《三版教材》表1.2-7，选项C正确；根据《三版教材》P19外门附加率的注2选项D错误。

1.2-9.【多选】在计算间歇使用房间的供暖热负荷时，有关间歇附加的计算方法正确的是哪几项？【2016-2-43】

A. 仅白天使用的建筑，间歇附加率取20%

B. 不经常使用的建筑，间歇附加率取30%

C. 对围护结构基本耗热量进行附加

D. 对围护结构耗热量进行附加

参考答案：ABD

分析：根据《三版教材》P19，《民规》第5.2.8条及条文说明，选项ABD正确，选项C错误。

1.2-10.【多选】在采用集中供暖、分户热计量的住宅中，下列关于户间传热的说法，哪几项是错误的？【2018-2-44】

A. 户间传热对房间供暖热负荷的附加值宜取60%

B. 户间传热对供暖热负荷的附加值只用于户内供暖设备和户内管道计算

C. 户间传热对供暖热负荷的附加值应计入供暖系统总供暖热负荷

D. 户间传热引起的间歇供暖负荷的附加值，宜取30%

参考答案：ACD

分析：根据《三版教材》P112"在确定分户热计量供暖系统的户内设备容量和户内管道时，应考虑户间传热对供暖负荷的附加，但附加量不超过50%，且不应计入供暖系统的总热负荷内"，选项A错误，选项B正确，选项C错误；根据《辐射供暖供冷技术规程》JGJ 142—2012第3.3.7条及其条文解释，户间传热引起的间歇供暖负荷的附加值跟热源形式及供暖地面类型有关，选项D错误。

1.3 供暖系统

1.3.1 热水供暖系统

1.3-1.【单选】某住宅小区中的一栋3层会馆采用重力循环热水供暖系统，每层的散

热器均并联在供回水立管间，热水直接被分配到各层散热器，冷却后的水由回水支、立管及干管回流至锅炉。该系统形式属于下列哪一项？【2011-1-01】

A. 单管下供上回跨越式系统　　B. 单管上供下回系统

C. 双管上供下回系统　　D. 水平跨越式系统

参考答案： C

分析： 根据“并联在供回水立管间，热水直接被分配到各层散热器”，可以判断为双管系统。

1.3-2.【单选】某5层楼的小区会所，采用散热器热水供暖系统，以整栋楼为计量单位，比较合理的系统供暖形式应是下列哪一项？【2012-1-01】

A. 双管上供下回系统　　B. 单管上供下回系统

C. 单管下供上回跨越式系统　　D. 单管水平跨越式系统

参考答案： A

分析： 根据《民规》第5.3.2条，对于公共建筑，宜采用垂直双管系统，也可采用垂直单管跨越式系统。《07节能专篇》表2.4.2中关于双管系统用于4层及4层以下建筑物的说法已经过时了。选项C中单管下供上回式系统主要用于高温水系统，民用建筑散热器供暖应用低温水供暖。选项B中单管上供下回系统指的是顺流式系统，不能进行调节，如是跨越式会写出，如选项CD特别写成跨越式；选项D适合单户计量的住宅，不适合整栋计量的公共建筑。

1.3-3.【单选】某6层办公楼的散热器供暖系统，哪个系统容易出现上热下冷垂直失调现象？【2012-2-01】

A. 单管下供上回跨越式系统

B. 单管上供下回系统

C. 双管下供上回系统

D. 水平单管跨越式串联式系统

参考答案： C

分析： 垂直失调概念：在供暖建筑物内，同一竖向各房间，不符合设计要求的温度，而出现上下冷热不均的现象。在多层建筑中，如双管系统采用不同管径仍不能使各层阻力损失达到平衡，由于流量分配不均，必然产生垂直失调问题；楼层数越多，上下环路的差值越大，失调现象就越严重。单管系统，由于立管的供水温度或流量不符合设计要求，也会出现垂直失调。但在单管系统中，影响垂直失调的因素，不是像双管系统那样，由于各层作用压力不同造成的，而是由于各层散热器的传热系数 K 随各层散热器平均计算温度差的变化程度不同而引起的。

1.3-4.【单选】有关重力式循环系统的说法，下列哪一项是错误的？【2014-1-02】

A. 重力循环系统采用双管系统比采用单管系统更易克服垂直水力失调现象

B. 热水锅炉的位置应尽可能降低，以增大系统的作用压力

C. 重力循环系统是以不同温度的水的密度差为动力进行循环的系统

D. 一般情况下，重力循环系统作用半径不宜超过50m

参考答案：A

分析：根据《三版教材》：选项A参见P27第三段，双管重力循环系统上层散热器环路作用压力大，下层散热器环路作用压力小。更易产生水力失调现象。在重力循环系统中采用单管系统要比双管系统可靠；选项B参见P27中“3. 系统的优缺点和设计注意事项”（2）-3）；选项C参见P25上半部分；选项D参见P27中“3. 系统的优缺点和设计注意事项”（2）-1）。

1.3-5.【单选】寒冷地区某小学的教室采用散热器集中热水供暖系统，下列设计中，哪一项热媒的参数符合规定？【2017-2-03】

A. 按热水温度95℃/70℃设计

B. 按热水温度85℃/60℃设计

C. 按热水温度75℃/50℃设计

D. 按热水温度60℃/50℃设计

参考答案：C

分析：根据《民规》第5.3.1条及其条文说明可知“二次网设计参数取75℃/50℃时，供热系统的年运行费用最低，其次是取85℃/60℃时”，本题答案选项中同时给出了这两个参数组合，因此最优答案为选项C。

1.3-6.【多选】有关重力式循环系统的说法，正确的应是下列哪几项？【2011-1-41】

A. 重力循环系统采用双管系统比采用单管系统更易克服垂直水力失调现象

B. 楼层散热器相对于热水锅炉的高度减小，提供的循环作用压力相应减小

C. 重力循环系统是以不同温度的水的密度差为动力进行循环的系统

D. 重力循环系统作用半径不宜超过50m

参考答案：BCD

分析：选项A参见《三版教材》P27；选项BC参见《三版教材》P25；选项D参见《三版教材》P27中“3. 系统的优缺点和设计注意事项(2)1)”。

1.3-7.【多选】有关重力循环系统的说法（将热水锅炉与散热器视为系统某一标高位置的点），正确的应是下列哪几项？【2013-2-41】

A. 位于热水锅炉的标高位置下方的散热器阻碍重力循环

B. 位于热水锅炉的标高位置上方的散热器阻碍重力循环

C. 位于热水锅炉的标高位置上方的散热器有利于重力循环

D. 位于热水锅炉同一标高位置的散热器不产生重力循环

参考答案：ACD

分析：《三版教材》P25：根据重力循环作用压力计算公式：$\Delta P=gh\ (\rho_h-\rho_g)$，当高差为正值时压差为正值，有利于重力循环；当高差为负值时，压差为负，将阻碍重力循环；当高差为0时，不产生重力循环作用压力。因此，选项A、C、D正确。

1.3-8.【多选】某三层住宅楼于二层设置热水锅炉（水面与二层散热器中心线等高），采用单管重力式循环系统，有关系统的说法（忽略管路散热），下列哪几项是正确的？

【2016-1-42】

A. 三层散热器的散热有利于重力循环

B. 二层散热器的散热对重力循环，没有贡献

C. 一散热器的散热阻碍重力循环

D. 重力循环系统仍应设置膨胀水箱

参考答案： ABCD

分析： 根据《三版教材》式（1.3-6）、图1.3-3可知，热源中心计算的散热器间的垂直距离决定了重力循环压力高低，根据P27设计注意事项-2）条，锅炉位置越低，系统作用压力越大。当散热器设置高于锅炉时，有利于重力循环，当散热器设置低于锅炉时，阻碍重力循环，当散热器设置等于锅炉时，无贡献，选项ABC正确；根据P27设计注意事项-3）条，选项D正确。

1.3.2　蒸汽供暖系统

1.3-9. 【单选】北方某厂的厂区采用低压蒸汽采暖，设有凝结水回收管网。一新建1000m^{2}车间设计为暖风机热风采暖，系统调试时，发现暖风机供暖能力严重不足。但设计的暖风机选型均满足负荷计算和相关规范规定。下列分析的原因中，哪一项不会导致该问题发生？【2011-1-02】

A. 蒸汽干管或凝结水干管严重堵塞

B. 热力入口低压蒸汽的供气量严重不足

C. 每个暖风机环路的疏水回路总管上设置了疏水器，未在每一台暖风机的凝结水支管上设置疏水器

D. 车间的凝结水总管的凝结水压力低于连接厂区凝结水管网处的凝结水压力

参考答案： C

分析： 根据选项分析，ABD明显会导致暖风机供暖能力不足，选项C根据《工规》第5.6.5-3条也会导致供暖能力不足，但是相比其他选项认为是优选。

1.3-10. 【单选】有一工厂厂区采用蒸汽采暖系统，正确的设计应是下列哪一项？【2011-2-01】

A. 设计低压蒸汽采暖系统，采用双管下供下回系统，可避免汽水撞击声

B. 设计低压蒸汽机械回水采暖系统时，锅炉高于底层散热器，则凝水箱需要安装在低于底层散热器和凝水管的位置

C. 设计高压蒸汽开式余压回水系统时，锅炉房的闭式凝水箱顶标高应低于室外凝水干管最低点标高

D. 设计高压蒸汽闭式余压回水系统时，锅炉房的闭式凝水箱顶标高应低于室外凝水干管最低点标高

参考答案： B

分析： 选项AB参考《三版教材》P33，选项CD参考《三版教材》P35。

1.3-11. 【单选】在低压蒸汽供暖系统设计中，下列哪一项做法是不正确的？【2016-1-03】

A. 在供汽干管向上拐弯处设置疏水装置，以减轻发生水击现象

B. 水平敷设的供汽干管有足够的坡度，当汽、水逆向流动时，坡度不应小于5‰

C. 方形补偿器水平安装

D. 水平敷设的供汽干管有足够的坡度，当汽、水同向流动时，坡度不得小于1‰

参考答案：D

分析：《三版教材》P84，选项B正确，选项D错误；图1.8-3，选项A正确；方形补偿器水平安装，选项C正确。

1.3-12. 【单选】某产尘车间（丁类）的供暖热媒为高压蒸汽，从节能与维护角度出发，下列何项供暖方式应作为首选？【2016-1-04】

A. 散热器　　B. 暖风机

C. 吊顶辐射板　　D. 集中送热风（室内回风）

参考答案：C

分析：丁类车间产尘为非燃烧性粉尘，根据《三版教材》表1.3-1，适宜采用高压蒸汽用作散热器，但是车间采用散热器末端供暖，为维持室内环境温度，需连续供暖，维护概率较大，节能空间有限，选项A错误。

根据《三版教材》P69暖风机的种类和性能一节，虽大型暖风机中Q型工业暖风机与NGL型暖风机均可使用高压蒸汽作为热源，但暖风机属于强制对流换热方式，室内空气被加热，并形成冷热空气的对流，因此室内空气温度有较大的梯度，屋顶部分温度高，地面附近温度低，相应建筑物上部的热损失也较大，不够节能，选项B错误。

吊顶辐射板采用辐射换热方式可节约能源达30%～60%，大大降低运行成本。辐射热直接照射供暖对象，几乎不加热环境中的空气，且室内空气温度梯度小，相应建筑物上部的热损失也较小，节能空间加大，根据《三版教材》表1.4-2，蒸汽吊顶辐射供暖适用于工业建筑，选项C正确。

根据《三版教材》P63，产生粉尘和有害气体的车间，如铸造车间是不得采用空气再循环热风供暖。根据《建规2014》P182续表1，铸造车间属于生产的火灾危险性丁类，选项D错误。

1.3-13. 【单选】关于低压蒸汽供暖系统供汽表压力的要求，以下哪个选项是正确的？【2017-1-04】

A. ≤0.07MPa　　B. ≤0.08MPa

C. ≤0.1MPa　　D. ≤0.15MPa

参考答案：A

分析：根据《三版教材》表1.3-1注1可知，低压蒸汽系指压力≤70kPa的蒸汽。

1.3-14. 【单选】下列关于高压蒸汽供暖系统特性的说法，哪一项是错误的？【2017-1-07】

A. 比热水供暖系统节能　　B. 卫生和安全条件差

C. 凝结水温度高易产生二次蒸汽　　D. 凝结水排泄不畅时，易产生水击

参考答案：A

分析：根据《三版教材》P34可知，高压蒸汽管道沿程管道热损失也大，不一定比热水供暖系统节能，选项A错误；选项BCD均为高压蒸汽供暖系统的技术经济特性。

1.3-15.【多选】下述关于高压蒸汽供暖系统凝结水管道的设计方法中，正确的是哪几项？【2012-1-45】

A. 疏水器前的凝结水管不宜向上抬升

B. 疏水器后的凝结水管向上抬升的高度应经计算确定

C. 靠疏水器余压流动的凝结水管路，疏水器正常动作所需要的最小压力不应小于50kPa

D. 疏水器至回水箱的蒸汽凝结水管，应按汽水乳状体进行计算

参考答案：BCD

分析：选项AB参见《民规》第5.9.20条；选项C参见《三版教材》P96：为保证疏水阀的正常工作，必须保证疏水阀后的压力 P_2 以及疏水阀正常动作所需要的最小压力 ΔP_{min}，使 $P_{2max} \leqslant P_1 - \Delta P_{min}$。《三版教材-2015》P93的论述为：为保证疏水阀的正常工作，必须保证疏水阀后的背压以及疏水阀正常动作所需要的最小压力 ΔP_{min}，靠疏水阀余压流动的凝结水管路，ΔP_{min} 值不应小于50kPa；选项D参见《民规》第5.9.21条。

1.3-16.【多选】关于高压蒸汽供暖系统供汽管道的设计，下列哪几项规定是错误的？【2013-1-45】

A. 系统最不利环路的供汽管，其压力损失不应大于起始压力的25%

B. 系统供汽干管的末端管径，不宜小于20mm

C. 汽水同向流动的供汽管的最大允许流速为60m/s

D. 汽水同向流动的蒸汽管的坡度，不得小于0.001

参考答案：BCD

分析：根据《民规》：选项A参见第5.9.18条；选项B参见第5.9.15条；选项C参见《三版教材》表1.6-5；选项D参见《三版教材》P84。

1.3-17.【多选】某工厂的办公楼采用散热器高压蒸汽供暖系统（设计工作压力0.4MPa），系统为同程式、上供下回双管；每组散热器的回水支管上均设置疏水阀，经调试正常运行，两个供暖期后（采用间歇运行）部分房间出现室内温度明显偏低的现象，对问题的原因分析，下列哪几项是有道理的？【2014-1-41】

A. 上供下回式系统本身导致问题发生

B. 采用间歇运行，停止供汽时，导致大量空气进入系统

C. 部分房间的疏水阀堵塞

D. 部分房间的疏水阀排空气装置堵塞

参考答案：CD

分析：上供下回式是较为常见的一种高压蒸汽供暖系统，由题意知，两个供暖期后（采用间歇运行）部分房间出现室内温度明显偏低的现象，可知系统调试时是正常运行的，

证明系统形式无问题，选项A排除；间歇运行导致的空气进入系统，会导致所有房间不热，不是部分房间不热，选项B排除；多选题，利用排除法，选CD。同时，选项CD也是导致间歇运行时部分房间出现室内温度明显偏低的主要原因。

1.3-18.【多选】下列对蒸汽供暖系统设计的要求和说法，哪几项是错误的?【2016-1-43】

A. 高压蒸汽供暖系统水平蒸汽干管的末端管径宜大于25mm

B. 低压蒸汽供暖系统作用半径不宜超过60m

C. 疏水阀安装旁通管是供运行中出现故障排放凝结水用

D. 淀粉生产车间里，不应采用高压蒸汽散热器供暖系统

参考答案： AC

分析： 根据《三版教材》P78，供暖系统水平干管的末端管径，高压蒸汽系统宜≥*DN*20mm，选项A错误；根据P78"第（3）供暖系统的总压力损失原则"，选项B正确；根据P97，疏水阀安装旁通管，主要用在初始运行时排放大量凝结水，运行中禁用，选项C错误；淀粉通常状况下难以燃烧，干淀粉加热到130℃成为无水物，加热到150～160℃，变成黄色可溶性物质，继续加热即碳化；淀粉爆炸的下限一般为20～60g/m^3，爆炸上限为2～6kg/ m^3，根据表1.3.1及P34高压蒸汽供暖系统的技术经济特性，选项D正确。

1.3-19.【多选】某工厂区供暖热媒为高压蒸汽，蒸汽干管室外架空敷设，蒸汽压力0.7MPa，温度200℃。问：接至各用户（车间）的供暖支管道与蒸汽干管连接方式，错误的是下列哪几项?【2017-1-46】

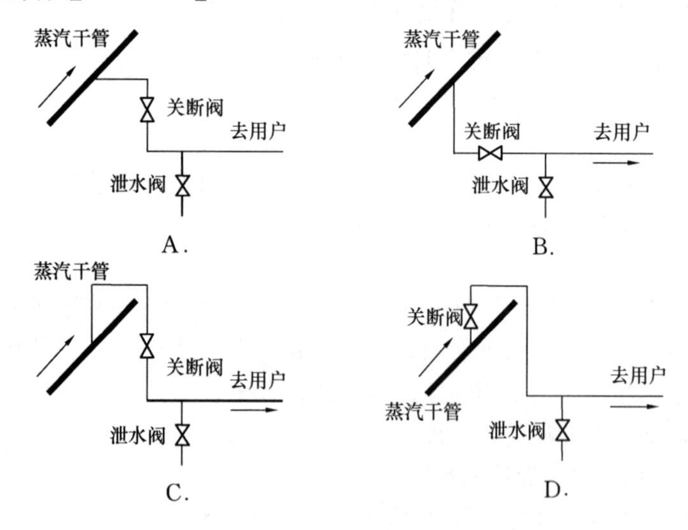

参考答案： ABC

分析： 根据《供热工程》（第四版）P130-131及《装置内蒸汽和冷凝水》SEPD0403-2001第2.1.2条"蒸汽支管应自主管的顶部接出，支管上的切断阀应安装在靠近主管的水平管段上以避免存液。如果支管是上升的，则宜在切断阀后设排液阀"。选项AB分别为侧接和下接均错误，会导致主管凝水流入支管，引起液击，错误；选项C支管的切断

阀安装在支管的下降管段，阀门前会存留支管凝水，引起液击，错误；选项D符合第2.1.2条的规定。

扩展：选项D的关断阀安装位置一般应装在水平管段上。但本题与往年真题【2011-2-05】类比，从出题原则上建议选ABC。

1.3-20.【多选】关于低压蒸汽供暖系统散热器设置手动放气阀的说法，下列哪些选项是错误的?【2017-2-45】

A. 不需要设置放气阀　　B. 应设于散热器上部

C. 应设于散热器底部　　D. 应设于散热器高度的1/3处

参考答案：ABC

分析：根据《三版教材》P87可知，低压蒸汽供暖系统散热器上的手动放气阀应安装在散热器高度的1/3处，选项ABC错误，选项D正确。

1.4　供　暖　方　式

1.4.1　散热器供暖

1.4-1.【单选】同一供暖系统中的同一型号散热器，分别采用以下4种安装方式时，散热量最大的是哪一种?【2012-2-02】

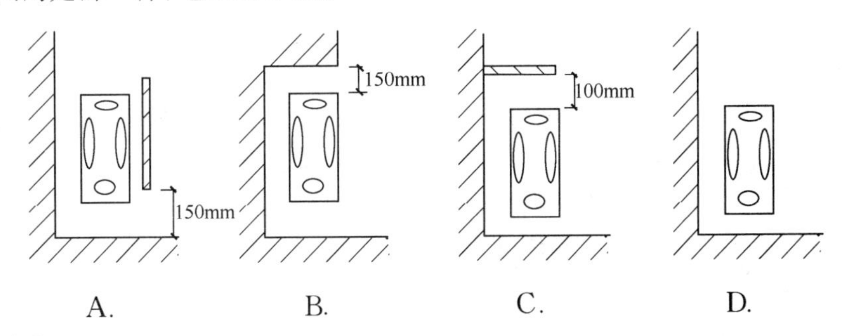

参考答案：A

分析：(1)《三版教材》表1.8-4，选项A：装在罩内，上部敞开，下部距地150mm，修正系数取0.95；选项B：装在墙的凹槽内（半暗装），散热器上部距离为100mm，修正系数取1.06；选项C：明装但在散热器上部有窗台板覆盖，散热器距离窗台板高度为100mm，修正系数取1.02；选项D：不修正。

(2)选项A：下部开口的距离大于或等于150mm时，在挡板的作用下形成空气的流通散热，比自然对流效果好。

扩展："想当然"答案：D；"想当然"分析：毫无遮挡，所向披靡，散热量最大。

1.4-2.【单选】下列对不同散热器的对比，哪项结论是错误的?【2013-2-06】

A. 制造铸铁散热器比制造钢制散热器耗金属量大

B. 采用钢制散热器、铸铁散热器的供暖系统都应采用闭式循环系统

C. 在相同供水量、供回水温度和室温条件下，钢制单板扁管散热器的板面温度高于

钢制单板带对流片扁管散热器

D. 在供暖系统的补水含氧量多的情况下，钢制散热器的寿命低于铸铁散热器

参考答案：B

分析：选项A，铸铁金属热强度小于钢制，所以耗费金属量大。选项B参见《三版教材》P87倒数第二行，钢制散热器应用于闭式系统，铸铁散热器不受该条件限制；选项C，增加对流片，增大了换热系数，根据散热器外表面对流换热公式可知，同样散热量情况下，换热系数越大，对流温差越小，板面温度越低。所以对流片扁管散热器板面温度低；选项D，钢制散热器易受氧腐蚀。

1.4-3.【单选】某电镀工业厂房冬季采用蒸汽供暖，其散热器的选用说法，下列哪项正确?【2016-2-06】

A. 因为传热系数大，采用铝制散热器

B. 因为使用寿命长，采用铸铁散热器

C. 因为传热系数大，采用钢制板型散热器

D. 因为金属热强度大，采用钢制扁管散热器

参考答案：B

分析：根据《三版教材》P87～88，蒸汽供暖系统不应采用钢制柱型、板型和扁管等散热器；在供水温度高于85℃，pH大于10的连续供暖系统中，不应采用铝合金散热器。选项ACD错误，选项B正确。

1.4-4.【多选】某寒冷地区的新建多层住宅，热源由城市热网提供热水，在散热器供暖系统设计时，下列说法哪几项是错误的?【2016-1-44】

A. 供暖热负荷应对围护结构耗热量进行间歇附加

B. 散热器供暖系统供水温度宜按90℃设计

C. 室内供暖系统的制式宜采用垂直双管系统或共用立管的分户独立循环双管系统（各户均设置温控阀）

D. 散热器应暗装，并在每组散热器的进水支管上安装手动调节阀

参考答案：ABD

分析：根据《严寒、寒冷地区居住建筑节能设计标准》JGJ 26—2010第5.1.5条，住宅按连续供暖设计，不需要进行间歇附加，故选项A错误；根据《民规》第5.3.1条，选项B错误；根据第5.3.2条，选项C正确；根据第5.3.9条，散热器应明装，根据第5.10.4条，每组散热器的进水支管上安装恒温控制阀，故选项D错误。

1.4.2 热风供暖

1.4-5.【单选】北方某厂房高H=12m，拟采用集中送热风供暖，要求工作地带全部处于回流区，不属于该要求的做法是下列哪一项?【2011-1-03】

A. 送风口安装高度约为6m　　B. 每股射流宽度≤3.5H

C. 平行送风时每股射流作用半径≤9H　　D. 送风温度取为45℃

参考答案：D

分析：《三版教材》表1.5-1。

1.4-6.【单选】下列对工业建筑、公共建筑外门的热空气幕的设计要求，哪项是正确的？【2016-1-06】

A. 工业建筑外门宽度为15m时，应设置双侧送风的热风幕

B. 工业建筑外门宽度为20m时，设置由双侧送风的热风幕

C. 公共建筑外门的贯流式热空气幕的进水温度为80℃

D. 贯流式热空气幕的安装高度为4.5m

参考答案：C

分析：根据《三版教材》P71中热空气幕设计技术要求章节，选项AB错误；根据表1.5-6，流式热空气幕的安装高度不宜大于3m，选项D错误；根据P73，热水型贯流式热空气幕要求进水温度大于60℃，选项C正确。

1.4-7.【单选】以下暖风机供暖设计做法，哪一项是不符合规定的？【2016-2-05】

A. 暖风机以蒸汽为热媒时，其有效散热系数小于或等于以热水为热媒时的有效散热系数

B. 采用小型暖风机的车间，其形成的换气次数一般不应小于1.0次/h

C. 以蒸汽为热媒时，每台暖风机应单独设置阀门和疏水装置

D. 当小型暖风机出口风速5m/s时，设计的暖风机底部安装高度为3.5m

参考答案：B

分析：根据《三版教材》P70，热水有效散热系数为0.8，蒸汽有效散热系数为0.7～0.8，选项A正确；根据P70“（1）小型暖风机”1），选择暖风机时，应验算车间内的空气循环次数，一般不应小于1.5次/h，选项B错误；根据P70“（1）小型暖风机”7），选项C正确；根据“（1）小型暖风机”4），选项D正确。

1.4-8.【单选】工程设计中应用热空气幕的做法，下列何项是错误的？【2017-2-06】

A. 工业建筑高大外门宽度为9m，宜采用送风温度≤70℃的双侧送风

B. 商业建筑宜采用由上向下送风，风速4～6m/s

C. 外门向内开启、宽度小于3m的车间，宜采用送风温度为50℃的单侧送风

D. 外门宽度为21m的工业建筑应采用由上向下送风

参考答案：C

分析：根据《工规》第5.6.8条可知，选项AD正确；根据《民规》第5.8.3、5.8.4条可知，选项B正确；根据《三版教材》表1.5-6可知，“侧送式空气幕的大门严禁向内开启”，选项C错误。

1.4-9.【单选】严寒地区冬季有室内温度要求的某工业建筑，其经常开启的某个无门斗外门，宽度和高度均为2.7m，开启方向为内向开启。问：以下关于该门设置空气幕的说法，哪个是正确的？【2017-1-05】

A. 应设置上送式空气幕

B. 应设置单侧侧送式空气幕

C. 应设置双侧侧送式空气幕　　　　D. 不应设置空气幕

参考答案：A

分析：根据《工规》表5.6.7可知，该工业建筑宜设置热空气幕，故选项D错误；根据《工规》第5.6.8条可知，宜采用单侧送风，根据《三版教材》表1.5-6可知，"侧送式空气幕的大门严禁向内开启"，综上可知，选项BC错误。

1.4-10.【多选】在工业建筑中采用暖风机供暖，哪些说法是正确的？【2012-2-45】

A. 暖风机可独立供暖

B. 室内空气换气次数宜大于或等于1.5h^{-1}

C. 送风温度在35～70℃之间

D. 不宜与机械送风系统合并使用

参考答案：ABC

分析：根据《三版教材》P69，暖风机可独立作为供暖用，一般用以补充散热器散热的不足部分或者利用散热器作为值班供暖，其余热负荷由暖风机承担，故选项A正确。根据《三版教材》P70和《工规》第5.6.5条，选项B正确。根据《三版教材》P64和《工规》第5.6.6条，选项C正确（注：《三版教材》P70针对小型暖风机，有送风温度不宜低于35℃，不应高于55℃的要求）。根据《三版教材》P63和《工规》第5.6.1条，选项D错误，能与机械送风系统合并时应采用热风供暖。

1.4.3　辐射供暖

1.4-11.【单选】采用红外线燃气敷设采暖的厂房，燃气燃烧时耗用厂房内的空气。试问该燃烧器耗用空气量（若以厂房的换气次数计）超过下列哪一项时，就应该从室外补充供应空气？【2011-1-04】

A. 0.2次/h　　B. 0.5次/h　　C. 1.0次/h　　D. 2.0次/h

参考答案：B

分析：根据《工规》第5.5.7条，选项B正确。

1.4-12.【单选】某住宅楼设计采用地面辐射供暖系统，下列设计选项哪一个是错误的？【2012-2-05】

A. 集、分水器之间设置旁通管　　　　B. 设置分户热计量装置

C. 过滤器设置在分水器前　　　　D. 过滤器设置在集水器前

参考答案：D

分析：《辐射供暖供冷技术规程》JGJ 142—2012第3.5.14条，在分水器之前的供水连接管上，顺水流方向应安装阀门、过滤器、阀门及泄水管。在集水器的回水连接管上，应安装泄水管并加装平衡阀或其他可关断调节阀。过滤器设置在分水器前供水管的原因是为了防止杂质堵塞流量计和加热管。

1.4-13.【单选】某低温热水地面辐射供暖系统的加热管为PP-R管，采用黄铜质卡套式连接件（表面无金属镀层）与分水器，集水器连接，施工操作方法符合相关要求，使

用一段时间后，在连接处出现漏水现象，分析原因是连接件不符合要求，下列改进措施中正确的是哪一项？【2013-1-04】

A. 更换为黄铜卡压式连接件（表面无金属镀层）

B. 更换为表面镀锌的铜质连接件

C. 更换为表面镀镍的铜质连接件

D. 更换为紫铜卡套式连接件（表面无金属镀层）

参考答案：C

分析：《辐射供暖供冷技术规程》JGJ 142－2012 第 5.4.11 条：加热管与分水器、集水器连接，应采用卡套式、卡压式挤压夹紧连接；连接件材料宜为铜质；铜质连接件与 PP-R 或 PP-B 直接接触的表面必须镀镍。

1.4-14.【单选】某热水地面辐射供暖系统的加热管采用 PP-R 塑料管（管径 *De*20），在下列施工安装要求中，哪一项是不正确的？【2014-2-07】

A. 加热管直管段固定装置的间距为 500～700mm

B. 加热管管间距安装误差不大于 10mm

C. 加热管的弯曲半径为 200mm

D. 与分、集水器连接的各环路加热管的间距小于 90mm 时，加热管外部设柔性套管

参考答案：D

分析：根据《三版教材》P50 或《辐射供暖供冷技术规程》JGJ 142—2012 第 5.4.7 条，选项 A 正确；根据《辐射供暖供冷技术规程》JGJ 142—2012 第 5.4.1 条，选项 B 正确；选项 C 见《辐射供暖供冷技术规程》JGJ 142—2012 第 5.4.3.3 条，最大弯曲半径不得大于管道外径的 11 倍。管径 *De*20 最大弯曲半径为 220mm，选项 C 正确；选项 D 见《辐射供暖供冷技术规程》JGJ 142—2012 第 5.4.9 条，加热管的间距小于 100mm 时，加热管外部设柔性套管，故选项 D 错误。

1.4-15.【单选】低温辐射地板热水供暖系统于分水器的总进水管和集水器的总出水管之间设置旁通管的有关表述，正确的是下列何项？【2016-1-05】

A. 用于所服务系统的流量调节

B. 旁通管设于分水器总进水管上阀门之后（按流向）

C. 旁通管设于集水器总出水管上阀门之前（按流向）

D. 用于系统供暖管路进行冲洗时，使冲洗水不流进加热管

参考答案：D

分析：根据《辐射供暖供冷技术规程》JGJ 142－2012 第 3.5.14 条，分水器的总进水管与集水器的总出水管之间宜设置清洗供暖系统时使用的旁通管，旁通管上应设置阀门，选项 A 错误，选项 D 正确；根据第 3.5.14 条及条文说明以及《三版教材》P40 系统示例，选项 BC 错误。

1.4-16.【单选】关于燃气红外线辐射供暖系统的安全措施，下列做法错误的是哪项？【2017-2-08】

A. 真空泵预启动检测　　　　B. 发热系统正压运行
C. 供暖空间无明火　　　　D. 系统关闭后充分排空

参考答案：B

分析：根据《03K501-1 燃气红外线辐射供暖系统设计选用及施工安装》P3 编制说明燃气红外线辐射供暖系统的安全措施小节可知，选项 ACD 正确。根据《三版教材》P54，真空泵使发热系统负压运行，选项 B 错误。

1.4-17.【单选】直接与室外空气接触的楼板或与不供暖供冷房间相邻的地板作为供暖供冷辐射地面时，下列哪一项是必须设置的？【2018-1-01】

A. 绝热层　　　　B. 空气间层
C. 隔汽层　　　　D. 防潮层

参考答案：A

分析：根据《辐射供暖供冷技术规程》JGJ 142—2012 第 3.2.2 条，必须设置绝热层。选 A。

1.4-18.【单选】下列关于辐射供冷系统的说法，哪项是错误的？【2018-1-23】

A. 辐射面传热量等于辐射传热量和对流传热量之和
B. 辐射传热量大小取决于辐射面与受热表面的平均温度以及它们之间的相对位置关系
C. 顶棚供冷与地面供冷在同样室温和辐射面表面温度条件下，前者的总供冷量大于后者
D. 辐射面表面平均温度等于冷水供回水平均温度

参考答案：D

分析：根据《三版教材》P43，辐射面传热量由辐射传热和对流传热两部分组成，选项 A 正确；根据辐射传热原理，选项 B 正确；《三版教材》式（3.4-11a）与式（3.4-11d）比较，地板供冷小于顶棚供冷，选项 C 正确；根据《辐射供暖供冷技术规程》JGJ 142—2012 第 3.4.7 条，辐射面表面平均温度与室温和供冷量有关，选项 D 错误。

1.4-19.【单选】某住宅设计采用低温地面辐射供暖系统，热负荷计算时，下列哪项是正确的？【2018-2-02】

A. 室内设计温度为 18℃，热负荷计算时室内温度采用 18℃
B. 室内设计温度为 18℃，热负荷计算时室内温度采用 16℃
C. 室内设计温度为 16℃，热负荷计算时室内温度采用 18℃
D. 室内设计温度为 16℃，热负荷计算时室内温度采用 16℃

参考答案：B

分析：根据《辐射供暖供冷技术规程》JGJ 142—2012 第 3.3.2 条，辐射供暖用于全面供暖时，在相同热舒适条件下的室内温度可比对流供暖时的室内温度低 2℃。根据《三版教材》P112，分户计量热负荷计算时室内设计温度参数应在相应的设计标准基础上提高 2℃，提高的 2℃温度，仅作为设计时分户室内温度计算参数，不应加到总热负荷中。

所以，室内设计温度由于辐射供暖降低2℃，又因分户计量提高2℃，室内设计温度依然维持18℃，而计算系统热负荷时，采用16℃。

1.4-20.【单选】寒冷地区的某五层住宅楼（无地下室）采用热水地面辐射供暖系统加热管为PE-X管（采用混凝土填充式）瓷砖面层。下列哪一种施工做法可能会造成面层瓷砖开裂？【2018-2-03】

A. 绝热层使用发泡水泥

B. 绝热层使用聚乙烯泡沫塑料

C. 地面瓷砖采用水泥砂浆满浆粘接

D. 填充层伸缩缝的填充材料采用高发泡聚乙烯泡沫塑料板

参考答案：C

分析：根据《辐射供暖供冷技术规程》JGJ 142—2012第5.8.3条及其条文解释可知，选项C错误，宜采用干贴施工，目的是为了防止地面加热时拉断面层。

1.4-21.【单选】在可燃物上方布置燃气红外辐射供暖系统时，如果发生器功率为35～45kW，其发生器与可燃物的最小距离（m）应为下列哪一项？【2018-2-05】

A. 1.2　　B. 1.5　　C. 1.8　　D. 2.2

参考答案：C

分析：由《三版教材》表1.4-14可知，选项C正确。

1.4-22.【多选】某建筑采用低温热水地面辐射供暖系统（独立热源），运行中出现有个别业主家中的房间温度一部分合适，一部分偏低的现象，引起上述问题的原因可能是下列哪几项？【2013-2-43】

A. 室内加热管采用PE-RT耐热聚乙烯管

B. 循环水泵选型导致系统流量远低于设计值

C. 偏低温度房间的地板辐射供暖盘管弯曲处出现死折

D. 偏低温度房间的加热管长度明显低于设计值

参考答案：CD

分析：选项A，PE-RT是地面辐射供暖系统管材常用材料，与温度偏离设计值无关；选项B，循环水泵选型不当，流量远低于设计值，将导致整栋楼室内设计温度都偏离设计值，而不是部分偏低的情况；选项C，弯管出现死折，造成无循环水量，房间温度偏离；选项D，加热管长度明显低于设计值，单位地面面积散热量小于设计要求，室温低于设计室温。因此，选项C、D是可能原因。

1.4-23.【多选】位于太阳能源资源丰富的寒冷地区，设计某两层住宅太阳能热水地面辐射供暖系统，属于系统组成内容的是哪几项？【2014-1-42】

A. 设置蓄热水箱　　B. 设置辅助热源

C. 设置太阳能集热器　　D. 设置地热盘管及控制装置

参考答案：ABCD

分析： 本题考察太阳能热水地面辐射供暖系统的基本组成，由四个选项组成。详见《07节能专篇》第9章。

1.4-24.【多选】某住宅楼采用热水地面辐射间歇供暖系统，供/回水温度为45/39℃，采用分户计量，分室温控，加热管采用PE-X管；某户卧室基本供热量为1.0kW（房间面积30m²），进行该户供暖系统的设计，下列哪几项是正确的？（卧室环路房间热负荷间歇附加取为1.10，户间传热按7W/m²计）【2014-2-44】

A. 采用的分、集水器的断面流速为0.5m/s

B. 卧室环路加热管采用*De*20（内径15.7 mm/外径20 mm）

C. 户内系统入口装置由供水管调节阀、过滤器、户用热量表和回水管关断阀组成

D. 将分、集水器设置在橱柜内，在分水器的进水管上设置温包外置式恒温控制阀

参考答案： ABC

分析： 根据《辐射供暖供冷技术规程》JGJ 142—2012第3.5.13条，分、集水器最大断面流速不宜大于0.8m/s，选项A正确；根据《辐射供暖供冷技术规程》JGJ 142—2012第3.3.7条条文说明，计算该起居室实际房间热负荷及所需流量如下：$G=\dfrac{1000\times1.1+30\times7}{4187\times(45-39)}\times3600=188\text{kg/h}$，由第3.5.11条知，加热管输配流速不宜小于0.25m/s，以及由附录D.0.1可知，在流量$G=188\text{kg/h}$，流速不小于0.25m/s的前提下，可知所需管径为*De*：15.7/20，流速为0.27m/s，选项B正确；选项C参见《供热计量技术规程》JGJ 173—2009第6.3.3条；选项D，由于是分室计量，故应在每个环路设置恒温控制阀，而不是在进水管上。

1.4-25.【多选】某住宅小区采用热水地面辐射供暖，试问选用加热管材质与壁厚时，应考虑的主要因素为下列哪几项？【2016-1-45】

A. 工程的耐久年限　　B. 系统的运行水温

C. 管材的性能　　D. 系统运行的工作压力

参考答案： ABCD

分析： 根据《三版教材》P49以及《辐射供暖供冷技术规程》JGJ 142—2012附录C，选项ABCD正确。

1.4-26.【多选】某多层住宅采用低温辐射地板热水供暖系统，某房间设有两个对称布置的环路，环路长度相同。系统调试时，一个环路地面不热，另一个环路地面供热正常，可能产生该问题的原因是下列哪几项？【2017-1-43】

A. 分水器的总进水管、集水器的总出水管之间设置的旁通管的阀门处于全开位置

B. 分水器、集水器上的排气阀失效

C. 不热环路敷设的加热管施工时，出现死折

D. 分水器、集水器上不热环路的阀门发生堵塞

参考答案： CD

分析： 本题考察对辐射供暖系统的认识，选项AB的情况会造成户内系统整体不热，

而不是题干所描述的一个环路地面不热，另一个环路地面供热正常；选项C的情况会造成该环路不热而不会影响其他环路，符合题意；选项D的情况也会造成该环路不热而不会影响其他环路。

1.4-27.【多选】某车间长45m、宽24m、高6.0m，设计采用多台燃气红外线全面辐射供暖，每台辐射供暖器供热量均相同，根据产品样本，燃气器工作所需空气量的总和最大为6000m³/h。该供暖系统，设计文件给出的技术措施中，以下哪几项是错误的？【2017-2-46】

A. 辐射供暖器按室内面积均匀布置

B. 燃气红外线辐射供暖器的燃烧器所需空气取自车间内部空间

C. 燃气红外线辐射供暖器的安装高度为4.5m

D. 燃气红外线辐射供暖系统在工作区发出火灾报警信号时，自动关闭并连锁切断燃气入口总阀门

参考答案：AB

分析：根据《工规》第5.5.6条或《三版教材》P55～56可知，沿四周外墙、外门处辐射器的散热量不宜少于总散热量的60%，选项A错误；根据《工规》第5.5.7条或《三版教材》P58可知，本车间燃气器工作所需空气量（6000m³/h）大于厂房0.5h^{-1}换气计算空气量（3240m³/h），补风应直接来自室外，选项B错误；根据《工规》第5.5.5.1条或《三版教材》P59可知，安装高度不应低于3m，选项C正确；根据《工规》第5.5.12条条文说明可知，选项D正确。

1.4-28.【多选】根据目前的设备应用情况，在设计燃气辐射供暖时，可采用下列哪几种燃料？【2018-1-41】

A. 天然气　　B. 沼气

C. 人工煤气　　D. 液化石油气

参考答案：ACD

分析：根据《民规》第5.6.2条，燃气红外线辐射供暖可采用天然气、人工煤气、液化石油气等。

1.4.4　供暖方案

1.4-29.【单选】位于严寒地区的某4层办公建筑，设计热水供暖系统，当可提供系统所要求的热水供回水温度时，下列哪一个选项是错误的？【2013-1-01】

A. 办公区风机盘管供暖。内走廊、卫生间采用铸铁散热器供暖

B. 供暖场所均采用风机盘管供暖

C. 办公区采用地面辐射供暖。内走廊、卫生间采用铸铁散热器供暖

D. 办公区采用地面辐射供暖。两道外门之间的门斗内、卫生间采用铸铁散热器供暖

参考答案：D

分析：根据《民规》第5.3.7条，两道外门之间的门斗内，不应设散热器。

1.4-30.【单选】西藏拉萨市有一个远离市政供热外网的 6000m² 的单层生产厂房（两班制），冬季需要供暖，供暖期 132d。下列该项目可采用的供暖方案，运行费最少、更节能（供电无分时电价）、更合理的方案是何项？【2016-2-02】

A. 蓄热电热水炉供暖　　B. 燃油锅炉供暖

C. 地埋管地源热泵系统供暖　　D. 太阳能＋蓄热水箱＋电热水炉辅助供暖

参考答案： D

分析： 由题意知，选项 AB 的供暖方案，供暖消耗能源为电和油，项目运行费用均较高，不节能，错误；采用地埋管地源热泵系统，仅冬季供暖，从地下取热，地源侧长期只取热而不吸热，引起地源侧冷热不平衡，不可取，选项 C 错误；拉萨市太阳能资源丰富，因项目采用两班制，采用太阳能供暖并蓄热，满足生产时段内供暖负荷，经济节能。当天气情况不好，无法满足供暖负荷时，电热水炉辅助供暖是较好的供暖方式，选项 D 正确。

1.4-31.【单选】跳水馆属于高大空间建筑，跳水池池区周边宜优先采用下列哪一种供暖方式？【2016-2-04】

A. 散热器供暖　　B. 热水地面辐射供暖

C. 燃气顶板辐射供暖　　D. 热风供暖

参考答案： B

分析： 根据《三版教材》P88，高大空间供暖不宜单独采用对流型散热器，选项 A 错误；因地板辐射供暖方式非常符合高大空间建筑特点和热负荷特性，地板辐射供暖地面有相对较高的温度，符合人体温足的生理需求，选项 B 正确；天然气顶板辐射供暖是工业厂房、游泳池等高大空间较理想的供暖方式，但相对于热水地面辐射供暖，尤其是跳水馆人员穿着较少的情况下，其不具备温足的优势，选项 C 相对选项 B 不是最好的供暖方式，错误；热风供暖是目前高大厂房的主要供暖形式之一，该系统通过散热设备向房间内输送比室内温度高的空气，直接向房间供热。但热风供暖一般是采用 1 台或多台暖风机直接将热风喷射向工作区，因此，送风比较集中，造成室内温度分布不均匀，人体有较强的吹风感，而且由于热气流上升，仍然会有较多的热量从建筑物顶部散失，不适合在跳水馆使用，选项 D 错误。

1.4-32.【单选】设计某严寒地区养老院公寓供暖系统时，采用下列哪种供暖末端不合理？【2018-2-01】

A. 无防护罩明装铸铁散热器　　B. 卧式吊顶暗装风机盘管

C. 立式明装风机盘管　　D. 低温热水地面辐射

参考答案： A

分析： 根据《民规》第 5.3.10 条，老年人建筑的散热器必须暗装或加防护罩，选项 A 错误。

1.4-33.【单选】对于电供暖散热器系统的安全要求，下列何项是错误的？【2018-2-06】

A. 散热器外露金属部分与接地端之间的绝缘电阻不大于 0.1Ω

B. 电气安全性能要求为接地电阻和散热器防潮等级这两项指标

C. 散热器防潮等级与使用场合有关

D. 卫生间使用的散热器防潮等级应达到 IP54 防护等级的相关要求

参考答案：B

分析：根据《民规》第 5.5.2 条及其条文解释，电气安全性能要求主要有泄漏电流、电气强度、接地电阻、防潮等级、防触电保护等，选项 B 错误，选项 ACD 正确。

1.4-34.【多选】太阳能采暖系统设计，下列说法哪几项正确?【2011-2-42】

A. 太阳能集热器宜采用并联方式

B. 为了减小系统规模和初投资，应设其他辅助热源

C. 太阳能采暖系统采用的设备，应符合国家相关产品标准的规定

D. 建筑的热工设计可不执行节能设计标准

参考答案：ABC

分析：选项 A 参见《07 节能专篇》第 9.2.1-8 条；选项 B 根据《07 节能节篇》第 9.2.3-1 条；选项 D 参见《07 节能专篇》第 9.1.1 条。《太阳能供热采暖工程技术规范》GB 50495—2009 第 3.1.4 条的条文说明：太阳能是间歇性能源，在系统中设置其他能源辅助加热/换热设备，其目的是既要保证太阳能供热采暖系统稳定可靠运行，又要减低系统的规模和投资，否则将造成集热和蓄热设备、设施过大，初投资过高，在经济性上是不合理的。

1.4-35.【多选】某大空间展览中心进行供暖设计，哪些是不合理的供暖方式?【2012-1-44】

A. 采用燃气红外线辐射器供暖，安装标高为 7.5m

B. 采用暖风机供暖，安装标高为 7.5m

C. 组合式空调机组进行热风供暖，旋流送风口安装在 6.5m 处的吊顶上

D. 风机盘管加新风系统进行冬季供暖，将其安装在 6.5m 处的吊顶内

参考答案：BD

分析：根据《三版教材》P59，辐射器高度一般不应低于 4m，选项 A 正确；根据《三版教材》P64，第 1.5.1 节第（5）条，送风口的安装高度以 3.5～7m 为宜，选项 B 错误；根据《民规》第 7.4.2-3 条，旋流送风口应高于大空间中，组合式空调机组风压大，可以达到效果，选项 C 正确；风机盘管热风运动方向为向上运动，因风管风速、风压较低，下部难以达到对流换热的目的。

1.4-36.【多选】太阳能供暖系统设计，下列说法哪几项正确?【2012-1-43】

A. 太阳能集热器宜采用并联方式

B. 为了减少系统规模和初投资，应设其他辅助热源

C. 太阳能供暖系统采用的设备，应符合国家相关产品标准的规定

D. 置于平屋面上的太阳能在冬至的日照数应保证不小于 3h

参考答案：ABC

分析：根据《07 节能专篇》第 9.2.1.8 条：太阳能集热器宜采用并联方式，故选项

A 正确；第 9.2.3.1 条：太阳能供热系统应设置辅助热源及其加热/换热设备、设施。为减少太阳能板的铺设面积，应设置辅助热源，故选项 B 正确；第 9.1.8 条：太阳能供热系统组成部件及性能参数和技术要求应符合国家产品标准规定，故选项 C 正确；第 9.2.1.7 条规定：置于平屋面上的太阳能集热器在冬至的日照数应保证不少于4h，互不遮挡、有足够的距离，排列整齐有序，故选项 D 错误。

1.4-37.【多选】关于居住建筑节能设计的描述，下列哪几项表述是正确的？【2017-1-41】

A. 夏热冬冷地区居住建筑冬季供暖宜采用低温地板辐射供暖方式

B. 夏热冬暖地区居住建筑供暖方式设计时不宜采用直接电热设备

C. 严寒地区室内供暖系统宜以热水为热媒

D. 寒冷地区的居住建筑，宜设计直接电热供暖

参考答案：AB

分析：根据《夏热冬冷地区居住建筑节能设计标准》JGJ 134—2010 第 6.0.4.3 条可知，选项 A 正确；根据《夏热冬暖地区居住建筑节能设计标准》JGJ 75—2012 第 6.0.6 条可知，选项 B 正确；根据《严寒和寒冷地区居住建筑节能设计标准》JGJ 26—2010 第 5.1.5 条可知，"居住建筑的集中采暖系统，应按热水连续采暖进行设计"，选项 C 为"宜"，所以选项 C 错误；根据《严寒和寒冷地区居住建筑节能设计标准》JGJ 26—2010 第 5.1.6 条可知，选项 D 错误，不应设计直接电热供暖。

1.4-38.【多选】为了减少北方寒冷地区城市冬季供暖采用燃煤形成的污染，某地（无工业余热可利用）推行"煤改电"，试问下列哪几项可作为"煤改电"的产品解决方案？【2017-2-41】

A. 采用空气源热泵

B. 采用水（地）源热泵

C. 采用－15℃环境条件下制热量能满足使用要求的多联机

D. 采用溴化锂热泵机组

参考答案：ABC

分析：根据《民规》第 8.3.2 条及其条文说明可知，采用空气源热泵要考虑室外空气干球温度修正系数，满足制热量要求即可，选项 A 的方案可行；根据《民用建筑供暖通风与空气调节设计规范技术指南》P468，地源热泵系统适宜性研究，选项 B 的方案可行；选项 C 的方案可行；题干中明确提出无工业余热可利用，根据《三版教材》P664～665 可知，选项 D 方案不可行。

扩展：根据《民规》第 8.3.1 条条文说明，空气源热泵机组比较适合于不具备集中热源的夏热冬冷地区。对于冬季寒冷、潮湿的地区使用时必须考虑机组的经济性和可靠性。考虑到目前低温热泵的产品已经出现，以及目前寒冷地区（比如北京地区）已经实施了"煤改电"中的空气源热泵的替代，故选项 A 对于北方寒冷地区虽不一定完全适用，但"可"作为"煤改电"的产品解决方案。

1.4-39.【多选】某产尘车间工艺排风量大，供暖热媒为高压蒸汽，下列哪几项供暖

方式是不合理的？【2017-2-44】

A. 散热器　　B. 暖风机

C. 吊顶式辐射板　　D. 集中送风（直流式）

参考答案：ABC

分析：根据《建规2014》第9.2.3条可知，选项ABC供暖方式均不能采用，选项D符合要求：应采用不循环使用的热风供暖。同时题中交代工艺排风量大，选项D更能满足补充排风量的要求。

扩展：本题不太严谨，根据《建规2014》第9.2.3的条文说明，针对的是可燃粉尘，题干中并没有提到是可燃粉尘，但解题时建议默认为可燃粉尘，除非有明确交代，可类比【2016-1-04】，同时【2016-1-04】的考点是从节能角度考量。

1.4-40.【多选】设计太阳能热水供暖系统时，以下哪些说法是正确的？【2018-1-43】

A. 配置太阳能供暖热源时，应按照冬季供暖室外计算温度，计算建筑热负荷

B. 应考虑设置蓄热装置

C. 对冬季必须保证供暖的建筑，应设置人工辅助热源

D. 应选择适合低温供暖的末端供暖设备

参考答案：BCD

分析：根据《三版教材》P571，"设计太阳能热水供热系统时，应对冬季典型设计日全天的逐时供热负荷进行计算"，再根据《太阳能供热采暖工程技术规范》GB 50495—2009第3.3.2条，太阳能集热系统负担的供暖热负荷是在计算供暖期室外平均气温条件下的建筑物耗热量，同时根据式（3.3.2-2），室外温度取值供暖期室外平均温度，选项A错误；根据《三版教材》P571，"白天太阳能充足的地区，如果集热器白天的集热量有富裕，为了充分利用，应考虑蓄热装置，将富裕的集热量蓄存起来在夜间使用"，选项B正确；"由于受到大气透明度的影响，并非全年的每天都能够完全利用太阳能。因此，对于冬季必须保证供热的建筑，还应设置人工辅助热源"，选项C正确。一般来说，太阳能集热器在连续集热的情况下，提供的热水温度较低（为40～50℃），根据《太阳能供热采暖工程技术规范》GB 50495—2009第3.7.1条，设计时选择相应的适合于低温热水供水温度的末端供暖系统，选项D正确。

1.5　供暖系统设备

1.5-1.【单选】在设计采暖系统时，正确布置散热设备与选择附件的做法是下列哪一项？【2011-2-04】

A. 采用活塞式减压阀，减压后的压力0.08MPa

B. 某蒸汽系统的安全阀通向室外的排气管管径为4.5cm

C. 为了缓冲空气直接进入室内，在门斗处设置散热器

D. 采用气压罐定压时，系统补水量可取总容水量的2%

参考答案：B

分析：根据《三版教材》P92"（3）-1）活塞式减压阀减压后的压力不应小于

0.15MPa”，选项A错误；P93“（2）-7）安全阀排气管直径不应小于安全阀的内径，且不得小于4cm”，选项B正确；根据《民规》第5.3.7条，选项C错误；根据《三版教材》P99“2-（1）：补水量取总容水量的4%计算”。

1.5-2.【单选】纸张的生产过程是：平铺在毛毯上的纸张，经过抄纸机烘箱的脱水、烘干，最后取纸张成品。烘箱采用的是热风干燥，热风的热源为0.2MPa的蒸汽，蒸汽用量是1500kg/h，用后的蒸汽凝结水需回收，试问该情况下疏水器的选择倍率应是多少？【2012-1-05】

A. 2倍　　B. 3倍　　C. 4倍　　D. 5倍

参考答案：A

分析：根据《三版教材》表1.8-7可知热风系统 $P \geqslant 200$kPa时，疏水器倍率 $K \geqslant 2$。

扩展：根据《二版教材》，疏水器选择倍率为2；而《三版教材》更改为≥2，根据《三版教材》其实此题四个选项都正确。

1.5-3.【单选】在供暖管网中安全阀的安装做法，哪项是不必要的？【2012-1-09】

A. 蒸汽管道和设备上的安全阀应有通向室外的排汽管

B. 热水管道和设备上的安全阀应有通到安全地点的排水管

C. 安全阀后的排水管应有足够的截面积

D. 安全阀后的排汽管上应设检修阀

参考答案：D

分析：《三版教材》P93：安全阀应设通向室外等安全地点的排气管，排气管管径不应小于安全阀的内径，并不得小于40mm；排气管不得装设阀门，可以得出选项D是错误的；根据《09技术措施》第8.5.2.3条：安全阀应装设泄放管，泄放管上不允许装设阀门。泄放管直通安全地点或水箱，并有足够的截面积和防冻措施，保证排放畅通。根据《09技术措施》第8.4.10.7条：安全阀应装设有足够流通面积的排汽管（直接通安全地点），底部装设接到安全地点的疏水管，排气管和疏水管上都不得装设阀门，并应进行可靠的固定。

1.5-4.【单选】设计供暖系统的换热设备时，传热温差相同，依据单位换热能力大小选择设备，正确的排列顺序应是下列哪项？【2012-2-04】

A. 汽—水换热时：波节管式>螺旋螺纹管式>螺纹扰动盘管式

B. 汽—水换热时：螺旋螺纹管式>螺纹扰动盘管式>波节管式

C. 水—水换热时：板式>螺纹扰动盘管式>波节管式

D. 水—水换热时：螺纹扰动盘管式>板式>波节管式

参考答案：B

分析：《三版教材》表1.8-13及《红宝书》表5.5-33。

1.5-5.【单选】下列关于热水供暖系统的要求，哪一项是正确的？【2014-2-06】

A. 变角过滤器的过滤网应为40～60目

B. 除污器横断面中水流速宜取0.5m/s

C. 散热器组对后的试验压力应为工作压力的1.25倍

D. 集气罐的有效容积应膨胀水箱容积的1%

参考答案：D

分析：根据《三版教材》P102，第3条（2）第1款，选项A错误；选项B参见P100，第2条（3）；选项C参见《建筑给水排水及采暖工程施工质量验收规范》GB 50242—2002第8.3.1条；选项D参见《三版教材》第1.8.7节（1）。

1.5-6.【多选】蒸汽供热管网中分汽缸上应装设的附件，应是下列哪几项？【2011-1-46】

A. 压力表　　B. 温度计　　C. 安全阀　　D. 疏水阀

参考答案：ABCD

分析：《三版教材》P134，注意书中原话"分汽缸上"，"分汽缸的下部"。

1.5-7.【多选】采暖系统设置平衡阀、控制阀的说法，下列哪几项正确？【2011-2-41】

A. 自力式压差控制阀特别适合分户计量采暖系统

B. 静态平衡阀应装设在区域采暖锅炉房集水器的干管上

C. 采暖系统宜于回水管上安装平衡阀

D. 管路上安装平衡阀后，不必再安装截止阀

参考答案：ACD

分析：（1）分户计量系统是变流量系统，适合安装静态平衡阀，也可以安装自力式压差控制阀。采用质调节的采暖系统，对于要求流量不变的用户可以安装定流量调节阀或动态平衡阀。循环水泵采取变频控制时，自力式压差控制阀适合供热管网供回水压差的控制。《三版教材》P105：自立式压差控制阀适用于分户计量系统，选项A正确。

（2）《严寒和寒冷地区居住建筑节能设计标准》JGJ 26—2010第5.2.13条规定：室外管网应进行严格的水力平衡计算。当室外管网通过阀门截流来进行阻力平衡时，各并联环路之间的压力损失差值，不应大于15%。当室外管网水力平衡计算达不到上述要求时，应在热力站和建筑物热力入口处设置静态水力平衡阀。这说明，选项B静态平衡阀并非一定要装，而且也不一定需装设在锅炉房集水器的干管上。

（3）选项C正确，每一个环路的供、回水管上均应安装平衡阀说法明显错误，平衡阀只安装一个，宜在回水管上。

（4）选项D正确，因为截止阀也起调节流量作用，所以没有必要重复安装。

1.5-8.【多选】与疏水器的设计排水量有关的参数，是下列哪几项？【2011-2-44】

A. 疏水器阀孔直径　　B. 疏水器前后压差

C. 疏水器选择倍率　　D. 疏水器的背压

参考答案：ABC

分析：《三版教材》P94。

1.6 供暖系统设计

1.6.1 供暖系统水力计算

1.6-1.【单选】关于热水采暖系统设计水力计算中的一些概念，正确的应该是下列哪一项？【2011-2-09】

A. 所谓当量局部阻力系数就是将管道沿程阻力折合成与之相当的局部阻力

B. 不等温降计算法最适用于垂直单管系统

C. 当系统压力损失有限制时，应先计算出平均的单位长度摩擦损失后，再选取管径

D. 热水采暖系统中，由于管道内水冷却产生的自然循环压力可以忽略不计

参考答案：C

分析：根据《三版教材》：选项A参见P74；选项B参见P80，变温降法适用于异程式垂直单管系统；选项C参见表1.6-7；选项D参见P30，重力循环时需考虑管道内冷却产生的自然循环压力。

1.6-2.【单选】关于室内供暖系统的水力计算方法的表述，下列哪一项是正确的？【2013-2-05】

A. 机械循环热水双管系统的水力计算可以忽略热水在散热器和管道内冷却而产生的重力作用压力

B. 热水供暖系统水力计算的变温降法适用于异程式垂直单管系统

C. 低压蒸汽系统的水力计算一般采用当量长度法计算

D. 高压蒸汽系统的水力计算一般采用单位长度摩擦压力损失方法计算

参考答案：B

分析：根据《三版教材》：选项A参见P30“3. 设计注意事项-（4）”；选项B参见P80，变温降法适用于异程式垂直单管系统；选项CD参见P81～P82。

1.6-3.【单选】供暖、通风、空调系统设计时对水力平衡计算的规定，下列何项是错误的？【2017-1-01】

A. 集中供暖热水的室外管网各并联环路之间的压力损失差额，不应大于15%

B. 室内热水供暖系统的各并联环路间（不包括共用段）的压力损失差额不应大于15%

C. 通风系统各并联管段的压力损失的相对差额，不宜超过15%

D. 空调系统各并联风管管段的压力损失的相对差额，不宜超过10%

参考答案：D

分析：根据《严寒和寒冷地区居住建筑节能设计标准》JGJ 26—2010第5.2.13条可知，选项A正确；根据《民规》第5.9.11条可知，选项B正确；根据《民规》第6.6.6条可知，选项C正确，而空调系统各并联风管管段的相对差额也不宜超过15%，所以选项D错误。

1.6-4.【单选】对民用建筑室内供暖系统计算总压力损失的附加值，下列哪项取值是合理的?【2018-1-06】

A. 5%　　B. 10%　　C. 15%　　D. 20%

参考答案： B

分析： 根据《民规》第 5.9.12.3 条可知，选项 B 正确。

1.6-5.【多选】下列关于降低散热器供暖系统的并联环路压力损失相对差额的原则，哪几项是正确的?【2018-2-41】

A. 合理划分并均匀布置各个环路

B. 不采用过大的环路半径

C. 环路负担的立管数不宜过多

D. 增大末端散热设备的阻力，降低公共管段阻力

参考答案： ABCD

分析： 根据《民规》第 5.9.11 条及其条文解释可知，选项 ABCD 均为各并联环路之间水力平衡的措施，还有根据供暖系统的形式，在立管或支环路上设置适用的水力平衡装置等措施，如安装静态或自力式控制阀。选项 ABCD 正确。

1.6.2　供暖系统设计要求

1.6-6.【单选】关于居住建筑共用立管的分户独立的集中热水采暖系统，哪一项做法是错误的?【2011-1-05】

A. 每组共用立管连接户数一般不宜超过 40 户

B. 共用立管的设计流速为 1.20m/s

C. 共用立管的比摩阻宜保持在 30～60 Pa/m

D. 户内系统的计算压力损失（包括调节阀、户用热量表）不大于 20kPa

参考答案： D

分析： 根据《09 技术措施》第 2.5.9-7-2 条，选项 D 中压力损失应为 30kPa，选项 A 正确的依据为第 2.5.9.4 条，选项 C 正确的依据为第 2.5.9.7-1 条。

1.6-7.【单选】某工厂一车间采暖热媒为高压蒸汽，蒸汽压力为 0.7MPa，温度为 200℃，下图中哪一项管道连接布置方式不会产生严重水击现象?【2011-2-05】

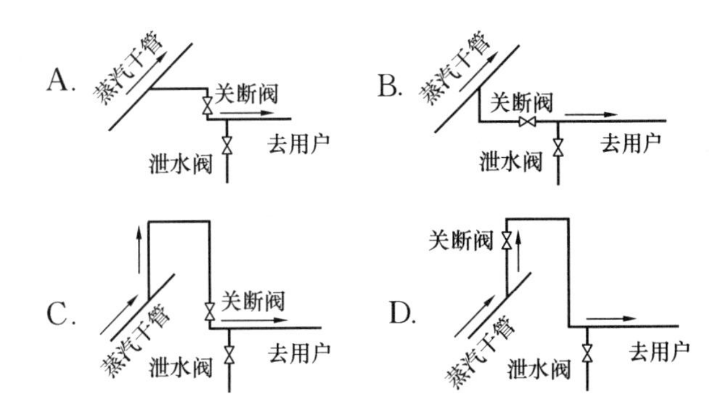

参考答案：D

分析：根据《供热工程》（第四版）P130～P131，为了保持蒸汽的干度，避免沿途凝水进入供汽支管，供汽支管宜从供水干管的上方或上方侧接出，故选项AB错误；当关断阀检修关闭时，阀门所连接的立管会集聚凝结水，当再次开启阀门时，会产生水击现象，故选项C错误；供汽支管从供水干管的上方或上方侧接出，且关断阀关闭时，阀前无凝结水集聚，故选项D正确。

1.6-8.【单选】在设计某办公楼机械循环热水供暖系统时，下列哪一项措施符合节能要求？【2011-2-06】

A. 系统南北分环布置，采用单管系统并加设恒温阀

B. 系统南北分环布置，采用单管系统并加跨越管

C. 系统南北分环布置，采用双管系统并加恒温阀

D. 系统南北分环布置，根据水力平衡要求在分环回水支管上设置水力平衡阀

参考答案：C

分析：根据《公建节能2005》第5.2.2条以及第5.2.3条可知，选项AB错误，选项C正确；根据第5.2.7条，选项D叙述正确，但是不符合题意，题目是指“节能要求”，水力平衡是满足设计要求的前提。

扩展：《公建节能2015》已无相关规定，故按《公建节能2005》进行解题。

1.6-9.【单选】某5层办公建筑，设计热水供暖系统时，属于节能的设计选项应是下列哪一项？【2013-1-06】

A. 水平干管坡向应与水流方向相同

B. 采用同程式双管系统，每组散热器设置手动调节阀

C. 采用同程单管跨越式系统，每组散热器设置手动调节阀

D. 采用同程式垂直单管跨越式系统，每组散热器设置恒温控制阀

参考答案：D

分析：选项A错误，坡向与水流方向相反，且该项不属于节能设计，坡向与排气有关；选项B、C设置手动调节阀，节能效果差，远不如恒温控制阀节能效果明显。节能设计要求散热器支管上设置恒温控制阀，选项D见《07节能专篇》第3.2.2-3条。

1.6-10.【单选】某商场建筑拟采用热水供暖系统。室内供暖系统的热水供水管的末端管径按规范规定的最小值设计，此时，该段管内水的允许流速最大值为下列哪一项？【2014-1-06】

A. 0.65m/s　　B. 1.0m/s　　C. 1.5m/s　　D. 2.0m/s

参考答案：B

分析：根据《三版教材》P78，末端管径大于或等于20mm，取最小值为20mm，按《三版教材》表1.6-5，管径为20mm时，一般室内管网为1.0m/s。商场无特殊要求，特殊要求指需要安静的场合。

1.6-11.【单选】有关绝热材料的选用做法，正确的应是下列何项？【2014-1-03】

A. 设置在吊顶内的排烟管道，采用橡塑材料作隔热层

B. 高压蒸汽供暖管道，采用橡塑材料作隔热层

C. 地板辐射供暖系统辐射面的绝热层，采用密度小于 20kg/m^3 的聚苯乙烯泡沫塑料板

D. 热水供暖管道，采用密度为 120kg/ m^{3}的软质绝热制品

参考答案：D

分析：根据《工业设备及管道绝热工程设计规范》GB 50264—2013 第 4.1.6 条，选项 A、B 属于高温管道，橡塑材料的使用温度小于 100℃和低温环境，主要用于保冷管道，故选项 A、B 错误。选项 C 见《三版教材》P50，聚苯乙烯泡沫塑料板作为隔热层，密度不应小于 20kg/m^3，故选项 C 错误。选项 D 见《工业设备及管道绝热工程设计规范》GB 50264—2013 第 3.1.3 条。

1.6-12.【单选】某一上供下回单管顺流式热水供暖系统顶点的工作压力为 0.15MPa，该供暖系统顶点的试验压力符合规定的，应是下列选项中的哪一个？【2014-1-05】

A. 0.15MPa　　B. 0.25MPa　　C. 0.3MPa　　D. 0.45MPa

参考答案：C

分析：《建筑给水排水及采暖工程施工质量验收规范》GB 50242—2002 第 8.6.1 条。

1.6-13.【单选】寒冷地区某高层住宅小区，集中热水供暖系统施工图设计的规定，下列哪一项是错误的？【2014-2-05】

A. 集中热水供暖系统热水循环泵的耗电输热比（*EHR*），应在施工图的设计说明中标注

B. 集中供暖系统的施工图设计，必须对每个房间进行热负荷计算

C. 施工图设计时应严格进行室内管道的水力平衡计算，应确保供暖系统的各并联环路间（不包括公共段）的压力差额不大于 15%

D. 施工设计时，可不计算系统水冷却产生的附加压力

参考答案：D

分析：《严寒和寒冷地区居住建筑节能设计标准》JGJ 26—2010：选项 A 参见第 5.2.16 条；选项 B 参见第 5.1.1 条；选项 C 参见第 5.3.10 条。选项 D 根据《三版教材》P76。

1.6-14.【单选】对输送压力为 0.80MPa 的饱和干蒸汽（温度为 170°C）的管道做保温设计，下列保温材料中应采用哪一种？【2014-2-01】

A. 柔性泡沫橡塑制品　　B. 硬质聚氨酯泡沫制品

C. 硬质酚醛泡沫制品　　D. 离心玻璃棉制品

参考答案：D

分析：根据《工业设备及管道绝热工程设计规范》GB 50264—2013 第 4.1.6 条，被绝热的设备与管道外表面温度 T_0 大于 100℃时，绝热层材料应符合不燃类 A 级材料性能

要求。耐高温的保温材料只有选项D，玻璃棉最高耐温400℃。

1.6-15.【单选】某五层楼的学生宿舍，设计集中热水供暖系统，考虑系统节能，有关做法符合规定的应为下列何项？【2016-2-03】

A. 设计上供下回单管同程式系统，未设恒温控制阀

B. 设计上供下回双管同程式系统，未设恒温控制阀

C. 设计上供下回双管同程式系统，散热器设低阻力两通恒温控制阀

D. 设计上供下回单管跨越系统，散热器设低阻力两通恒温控制阀

参考答案：D

分析：根据《民规》第5.10.4条，新建和改扩建散热器室内供暖系统，应设置散热器恒温控制阀或其他自动温度控制阀进行室温调控，选项AB错误；根据第5.10.4-1条，当室内供暖系统为垂直或水平双管系统时，应在每组散热器的供水支管上安装高阻恒温控制阀，选项C错误；根据第5.10.4-2条，单管跨越式系统应采用低阻力两通恒温控制阀或三通恒温控制阀，选项D正确。

1.6-16.【单选】某空调工程施工单位建议风管保温构造设计施工图变更，以降低工程造价。在实施前应办理变更手续，下列哪项要求是完整和准确的？【2018-1-03】

A. 需经原设计单位认可，并获得监理单位和建设单位的确认

B. 需经原设计单位认可，应经消防部门审查，并获得监理和建设单位的确认

C. 需经原设计单位认可，应经造价审计部门审查，并获得监理和建设单位的确认

D. 需经原设计单位认可，应经原施工图设计审查机构审查，并获得监理和建设单位的确认

参考答案：D

分析：根据《建筑节能工程施工质量验收规范》GB 50411—2007第3.1.2条及其条文解释可知，选项D正确。

1.6-17.【单选】布置供暖系统水平干管或总立管固定支架时，分支干管连接点处允许的最大位移量（mm）为下列何项？【2018-1-05】

A. 40　　B. 50　　C. 60　　D. 80

参考答案：A

分析：根据《民规》第5.9.5条条文解释可知，选项A正确。

1.6-18.【多选】寒冷地区某5层住宅（一梯两户）散热器热水供暖系统（采用分户热计量）为共用立管的分户独立系统形式，下列做法中哪几项是正确的？【2013-1-46】

A. 计算散热器容量时，考虑户间传热对供暖负荷的影响

B. 户内系统计算压力损失（包括调节阀、户用热量表）不大于30kPa

C. 立管上固定支架位置，应保证管道分支节点因管道伸缩引起最大位移量不大于50mm

D. 共用立管采用镀锌钢管，焊接

参考答案：AB

分析：选项A正确，参见《民规》第5.2.10条；选项B正确，参见《09技术措施》第2.5.9-7-2）条。《09技术措施》第2.5.9条和第2.4.11条：选项C错误，应为40mm。《建筑给水排水及采暖工程施工质量验收规范》GB 50242—2002第4.1.3条、管径小于或等于100mm的镀锌钢管应采用螺纹连接，选项D错误。

1.6-19.【多选】关于分户热计量热水集中供暖设计，以下哪些做法是错误的？【2014-1-45】

A. 某计量供暖系统设计流量为110m³/h的热量表，在其回水管设置公称流量为121m³/h的热量表

B. 服务于350户住宅的供暖系统，平均每户因户间传热附加供暖负荷1.2kW，但设计供暖系统总热负荷未计入总计420kW的户间传热附加供暖负荷

C. 某户内系统形式为水平双管的计量供热系统，散热器设有恒温控制阀，设计要求在热网各热力入口设置自力式流量控制阀

D. 11层住宅采用上供下回垂直双管系统，每组散热器设高阻恒温控制阀

参考答案：ACD

分析：根据《民规》：选项A参见第5.10.3-1条；选项B参见第5.2.10条；选项C参见第5.10.6条；选项D参见第5.10.4-1条。

1.6-20.【多选】下列水处理措施中，哪几项是居住建筑热水供暖系统的水质保证措施？【2013-1-44】

A. 热源处设置水处理装置

B. 在供暖系统中添加染色剂

C. 在热力入口设置过滤器

D. 在热水地面辐射供暖系统中采用有阻气层的塑料管

参考答案：ACD

分析：《住宅设计规范》GB 50096—2011第8.3.3条。

扩展：选项B的作用主要是为了防止用户盗用供暖系统循环水，以免破坏供暖系统的正常运行，同时减少给供暖单位带来的水资源和热量流失。

1.6-21.【多选】在供暖系统的下列施工做法中，有哪几项不合理，可能会产生系统运行故障？【2012-2-42】

A. 单管水平串联系统（上进下出）中，某两组散热器端部相距2.00m，在其连接支管上可不设置管卡

B. 蒸汽干管变径成底平偏心连接

C. 供暖系统采用铝塑复合管隐蔽敷设时，其弯曲部分采用成品弯

D. 在没有说明的情况下，静态水力平衡阀的前后管段长度分别不小于5倍、2倍管径

参考答案：AC

分析：根据《建筑给排水及采暖工程施工质量验收规范》GB 50242—2002 第 8.2.10 条：散热器支管长度超过 1.5m 时，应在支管上安装管卡，以便于防止管道中部下沉影响空气或凝结水顺利排出。第 8.2.11 条：上供下回的热水干管变径应顶平偏心连接，以便于空气的排出；蒸汽干管变径应底平偏心连接，以便于凝结水的排出，故选项 B 对；第 8.2.15：塑料管及复合管除必须使用直角弯头的场合外，应使用管道直接弯曲转弯，以减小阻力和渗漏的可能，特别是在隐蔽敷设时。供暖隐蔽敷设时，不应有弯头，故选项 C 错；根据《供热计量技术规程》JGJ 173—2009 第 5.2.4 条及《民规》第 5.9.16 条：平衡阀或自力式控制阀在没有特别说明的情况下静态水力平衡阀的前后直管段长度应分别不小于 5 倍、2 倍管径，故选项 D 正确。

1.6-22.【多选】在设计机械循环热水供暖系统时，为了使系统达到压力平衡和运行节能的目的，正确的做法应是下列哪几项？【2013-2-45】

A. 对 5 层垂直双管系统每组散热器供水支管上设置高阻力二通恒温控制阀

B. 对垂直单管跨越式系统每组散热器前设置低阻力三通恒温控制阀

C. 地面辐射供暖系统分环路设置控制装置

D. 系统按南北分环布置，必要时，在分环回水支管上设置水力平衡装置

参考答案：ABCD

分析：根据《民规》第 5.10.4 条，选项 A、B 正确；根据《民规》第 5.10.5 条，选项 C 正确；根据《公建节能 2005》中第 5.2.2 条和第 5.2.7 条及《公建节能 2015》第 4.3.2 条，选项 D 正确。

1.6-23.【多选】下列热水地面辐射供暖系统的材料设备进场检查的做法中，哪几项是错误的？【2014-2-41】

A. 辐射供暖系统的主要材料、设备组件等进场时，应进行施工单位检查验收合格，方可使用

B. 阀门、分水器、集水器组件在安装前，应做强度和严密性试验，合格后方可使用

C. 预制沟槽保温板、供暖板进场后，应采用取样送检方式复验其辐射面向上供热量和向下传热量

D. 绝热层泡沫塑料材料检验的项目为导热系数、密度和吸水率

参考答案：ACD

分析：根据《辐射供暖供冷技术规程》JGJ 142—2012 第 5.2.3 条，相关手续资料应符合国家现行有关标准和设计文件的规定，并具有国家授权机构提供的有效期内的检验报告。进场时应做检查验收并经监理工程师核查确认，故选项 A 错误；选项 B 正确，详见该规程第 5.2.8 条；根据该规程第 5.2.7 条，C 选项缺少"见证"二字，取样送检与见证取样送检是不同的。见证取样送检需要监理见证，对进入施工现场的有关建筑材料，由施工单位专职材料试验人员-取样员在现场取样或制作试件后，送至符合资质资格管理要求的试验室进行试验的一个程序，故 C 错误。选项 D 参见第 4.2.2 条。

1.6-24.【多选】下列热水供暖系统管道的坡度设计，哪些选项是正确的？【2017-1-45】

A. 采用机械循环双管上供下回系统时，顶部供水水平干管的坡向应与其管内的水流方向相同

B. 采用机械循环双管上供下回系统时，底部回水水平干管的坡向应与其管内的水流方向相同

C. 采用重力循环时，顶部供水水平干管的坡向应与其管内的水流方向相同

D. 采用重力循环时，底部回水水平干管的坡向应与其管内的水流方向相反

参考答案：BC

分析：根据《三版教材》P28 图 1.3-6 可知，顶部供水水平干管的坡向应与其管内的水流方向相反，选项 A 错误，选项 B 正确；根据《三版教材》图 1.3-2 可知，选项 C 正确，底部回水水平干管的坡向应与其管内的水流方向相同，选项 D 错误。

1.6-25.【多选】下列关于供暖系统的设计方法，哪几项是正确的?【2018-1-44】

A. 分汽缸筒身直径按蒸汽流速 10m/s 确定

B. 分、集水器的筒身直径按断面流速 0.1m/s 确定

C. 供暖管道自然补偿段臂长可控制在 35m

D. 疏水阀安装在双效蒸汽溴化锂吸收式制冷系统的蒸汽分汽缸时，应采用恒温式疏水阀

参考答案：AB

分析：根据《三版教材》P107，“分汽缸、分水器、集水器选择计算（1）筒体直径，按筒体内流速确定时，蒸汽流速按 10m/s 计；水流速按 0.1m/s 确定”，选项 AB 正确；由《三版教材》P104 可知，“自然补偿每段臂长一般不宜大于 20～30m”，选项 C 错误；由《三版教材》表 4.5-6 可知，蒸汽双效溴化锂吸收式机组的蒸汽均为高压蒸汽。由 P93 可知，恒温式疏水阀仅用于低压蒸汽系统上，选项 D 错误。

1.6.3　供暖系统运行调节

1.6-26.【单选】在室内采暖系统中能够实现运行节能的方法，应是下列哪一项?【2011-2-02】

A. 随着房间热负荷的降低，减小送回水温差

B. 随着房间热负荷的降低，提高供水温度

C. 随着房间热负荷的降低，减少送回水流量

D. 随着房间热负荷的降低，降低回水温度

参考答案：C

分析：根据《07 节能专篇》第 3.3.10-2 条可知，优先选用质调节，即改变供水温度，没有合适选项，故选 C，对系统进行量调节。

1.6-27.【单选】严寒地区某 6 层住宅，主立管设计为双管下供下回异程式，户内设分户热计量，采用水平跨越式散热器供暖系统。每组散热器进出支管设置手动调节阀，设计热媒供/回水温度为 80℃/55℃。系统按设计进行初调节时，各楼层室温均能满足设计工况。当小区热水供水温度为 65℃时，且总干管下部的供回水压差与设计工况相同，各

楼层室温工况应是下列选项中的哪一个（调节未进行变动）?【2013-1-03】

A. 各楼层室温均能满足设计工况

B. 各楼层室温相对设计工况的变化呈同一比例

C. 六层的室温比一层的室温高

D. 六层的室温比一层的室温低

参考答案： D

分析： 双管系统在水力计算时，不同层环路间水力平衡时，要考虑重力循环作用压力差，设计阶段按照设计水温下的重力循环作用压力达到设计平衡。根据《三版教材》P25中自然作用压力的计算公式 $\Delta P=gh(\rho_g-\rho_h)$，此题中实际情况水温发生变化，温度降低了，供回水密度差减小，故顶层和底层间重力循环作用压力差相比设计工况，减小了，相比设计工况，顶层不利了，故顶层室温会比设计工况低，故顶层比底层室温低。

1.6-28.【单选】关于散热器热水供暖系统水力失调说法（散热器支管未安装恒温阀），下列选项哪个是不正确的?【2016-1-01】

A. 任何机械循环双管系统，适当减小部分散热器环路的管径会有利于各散热器环路之间的水力平衡

B. 任何机械循环双管系统，散热器支管采用高阻力阀门会有利于各层散热器环路之间的水力平衡

C. 五层住宅采用机械循环上供上回式垂直双管系统，计算压力平衡时，未考虑重力作用压力，实际运行会产生不平衡现象

D. 与（C）相同的系统，不同之处仅为下供下回式。同样，设计计算压力达到平衡（未考虑重力作用压力），则实际运行不平衡现象会比（C）更严重

参考答案： D

分析： 对任何双管系统，适当减小散热器环路支管管径和采用高阻阀（或采用高阻恒温阀），以增大散热器环路的计算压力损失，有利于各散热器环路之间的水力平衡，选项A、B正确；上供上回式垂直双管系统，由于各层散热器环路计算压力损失相对差额与自然作用压力是叠加的，存在先天性的水力失衡条件，应该尽量避免在多于一层的建筑中采用，选项C正确；机械循环下供下回式垂直双管系统，由于可利用重力水头和立管阻力相抵消，较机械循环上供上回式垂直双管系统，更易于克服垂直失调，选项D错误。

1.6-29.【单选】当热水供暖循环水泵的电机出现频繁烧毁情况时，下列哪一项可能是导致该故障的原因?【2017-2-01】

A. 水系统阻力远低于水泵所选扬程数值

B. 水泵入口的过滤器阻力过大

C. 水泵出口止回阀阻力过大

D. 水泵出口压力数值偏高

参考答案： A

分析： 泵与风机的实际扬程和管网阻力存在自适应、自动匹配的特性。选项A，水系统阻力远低于水泵所选扬程，那么水系统管路特性曲线就变缓，根据水泵流量特性曲线可

知，实际流量会远大于水泵额定流量，可能导致电机频繁烧毁；选项BC则正相反，会导致实际流量偏小，不会发生烧毁电机的情况；水泵压力数值偏高，水泵实际扬程偏高，根据水泵实际扬程和管网阻力自适应的特性，进而可以推出管网阻力偏高，实际流量小于额定流量，所以选项D不会出现电机频繁烧毁的情况。

1.6-30.【单选】集中热水供暖系统热水循环水泵的耗电输热比（EHR）与水泵电功率的关系，下列何项是正确的？【2017-2-04】

A. 耗电输热比（EHR）与循环水泵的额定功率成正比

B. 耗电输热比（EHR）与循环水泵的输入功率成正比

C. 耗电输热比（EHR）与循环水泵的轴功率成反比

D. 耗电输热比（EHR）与循环水泵在设计工况点的轴功率成正比

参考答案：D

分析：根据《民规》第8.11.13条及其条文说明"水泵在设计工况点的轴功率为$N=0.002725G\cdot H/\eta_b$"可知，选项D正确。

1.6-31.【单选】某多层办公楼采用散热器（支管上未安装温控阀）双管上供下回热水供暖系统，设计工况下工作正常，当供水流量与回水温度保持不变时，以下关于产生垂直失调现象的论述，正确的应是下列哪一项？【2013-2-02】

A. 热水供回水温差增大，底层室温会高于顶层室温

B. 热水供回水温差增大，顶层室温会高于底层室温

C. 热水供回水温差减小，底层室温会低于顶层室温

D. 热水供回水温差的变化，不会导致发生垂直失调现象

参考答案：B

分析：本题考察双管系统水力计算时关于重力循环作用压力的问题。根据《三版教材》P25，自然作用压力的计算公式$\Delta P=gh\ (\rho_g-\rho_h)$，当热水供回水温差相比设计工况增大，即供回水密度差增大，则顶层和底层间重力循环作用压力差相比设计工况增大了，顶层有利，顶层室温会大于设计工况，故顶层热。相反，如供回水温差减小，则底层室温会大于顶层室温。

1.6-32.【多选】某10层住宅，设分户热计量散热器热水供暖系统。户内为单管跨越式、户间为共用立管、异程双管下供下回式。第一个供暖期运行正常，第二个供暖期运行中，有一住户投诉室温不足14℃，问题产生的原因可能是下列哪几项？【2013-1-42】

A. 该住户的户内管路系统发生堵塞

B. 该住户的个别房间散热器的排气阀失效

C. 该住户的下层住户擅自修改户内系统的管路

D. 该住户的下层住户擅自增加户内散热器片数

参考答案：AB

分析：选项A：管路堵塞，该户内供暖系统无法进行循环；选项B：排气阀失效导致憋气，散热器不热；选项C：下层住户改动系统管路，破坏了水力平衡，导致流量重新分配，

导致热力失调，其他用户可能出现不热；选项D，不仅仅导致该户不热，可能是多户。

1.6-33.【多选】严寒地区多层住宅，设分户热计量，采用地面辐射热水供暖系统，共用立管，为下供下回双管异程式，与外网直接连接。运行后，仅顶层住户的室温不能达到设计工况。问题发生的原因可能是下列哪几项？【2013-2-42】

A. 该住宅外网供水流量和温度都明显低于设计参数

B. 顶层住户的户内系统堵塞，水流量不足

C. 外网供水静压不够

D. 顶层住户的户内系统的自动排气阀损坏，不能正常排气

参考答案： BD

分析： 选项A错误：若外网供水流量和温度低于设计参数，则整个楼都出现室温达不到设计工况，不只是顶楼；选项B正确：顶层流量不足，只顶楼不热；选项C错误：外网供水静压是指系统停止运行时供水管的压强，若静压不够，可能导致停止运行时出现倒空，但运行时水压增大，不会倒空；选项D正确：下供下回式系统顶层易憋气，应在顶层设排气装置，排气阀损坏，不能正常排气导致顶层流量不足，也会导致顶层不热。

1.6-34.【多选】如下图所示的上供下回供暖系统，经调试合格后三组散热器都能够正常工作。一段时间后发现：散热器①、②的表面温度显著低于散热器③的表面温度。经对系统检查后判断认为是在某段供水或回水干管中出现了污物堵塞的情况。问：对堵塞的管段判定中，以下哪些选项是错误的？【2017-2-42】

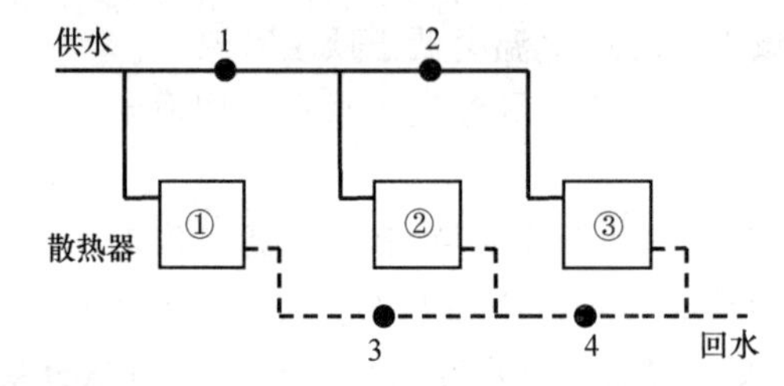

A. 管段1可能有污物堵塞　　B. 管段2可能有污物堵塞

C. 管段3可能有污物堵塞　　D. 管段4可能有污物堵塞

参考答案： ABC

分析： 供水管堵塞后，堵塞点后方系统流动不畅，散热器供热不足；回水管堵塞后，堵塞点前方系统流动不畅，散热器供热不足。因此，选项A会导致散热器②③表面温度显著低于散热器①表面温度，错误；选项B会导致散热器①②表面温度显著高于散热器③表面温度，错误；选项C会导致散热器①表面温度显著低于散热器②③表面温度，错误；选项D会导致散热器①②表面温度显著低于散热器③表面温度，正确。

1.6-35.【多选】某六层办公楼建筑采用推拉窗，设置上供下回垂直单管串联供暖系统，运行时下部楼层室温偏低，上部楼层室温偏高。采取下列哪几项措施能改善垂直方向室温失调？【2018-2-42】

A. 提高供水温度，保持回水温度不变

B. 降低供水温度，加大水流量

C. 将推拉窗改造成平开窗

D. 在上部楼层的立管上增设跨越管

参考答案： BD

分析： 选项 A，温差增大，使得立管的流量减小，房间室温降低，由于底层散热器片数多，流量减小的影响更显著，所以底层室温降低的更多，失调更严重，错误。

选项 B，流量增加，室温上升，底层室温升高更多，有利于减轻上热下冷的垂直失调，正确。

选项 C，推拉窗改成平开窗，对室温失调无影响，错误。

选项 D，加跨越管，可以降低上层散热器的热媒平均温度，减小散热器的散热量，降低顶层的室温，有利于减轻垂直失调，正确。

1.7 热 计 量

1.7.1 户间传热

1.7-1. 【单选】某栋 6 层住宅建筑，设计分户热计量热水采暖系统，正确的做法是下列哪一项？【2011-1-06】

A. 采暖系统的总热负荷应计入向邻户传热引起的耗热量

B. 计算系统供、回水管道时应计入向邻户传热引起的耗热量

C. 户内散热器片数计算时不计入向邻户传热引起的耗热量

D. 户内系统为双管系统，且热力入口设置流量调节阀

参考答案： D

分析： 根据《三版教材》P112 和《民规》第 5.2.10 条可知，选项 ABC 错误；由《暖规》第 4.9.4 条可知，选项 D 正确。

1.7-2. 【单选】某 10 层住宅建筑，设计分户热计量散热器热水供暖系统，正确的做法是下列选项中的哪一项？【2013-1-07】

A. 供暖系统的总热负荷应计入各户向邻户传热引起的耗热量

B. 确定系统供、回水管道时应计入各户向邻户传热引起的耗热量

C. 户内散热器片数计算时应计入本户向邻户传热引起的耗热量

D. 四室两厅两卫的大户型户内采用下分双管异程式系统

参考答案： C

分析： 根据《三版教材》P112 和《民规》第 5.2.10 条，选项 AB 错误，选项 C 正确；选项 D 错误，参见《三版教材》表 1.9-1。

1.7-3. 【单选】某 10 层住宅建筑，设计分户温控热计量热水供暖系统（热源为城市集中供热系统）下列何项做法是正确的？【2016-2-07】

A. 供暖系统的总热负荷应计入该建筑内邻户之间的传热引起的耗热量

B. 计算整栋建筑的供、回水干管时应计入向邻户传热引起的耗热量

C. 户内散热器片数计算时应计入向邻户传热引起的耗热量

D. 户内系统为双管系统，热力入口设置自力式流量控制阀

参考答案：C

分析：根据《民规》第5.2.10条，《三版教材》P110，选项AB错误，选项C正确；根据《民规》第5.10.6条，选项D错误。

1.7-4.【多选】某9层住宅楼设计分户热计量热水采暖系统，哪些做法是错误的?【2012-2-46】

A. 供暖系统的总热负荷计入向邻户传热引起的耗热量

B. 计算系统供、回水干管时计入向邻户传热引起的耗热量

C. 户内散热器片数计算时计入向邻户传热引起的耗热量

D. 户内系统为双管系统，户内入口设置流量调节阀

参考答案：AB

分析：根据《三版教材》P112和《民规》第5.2.10条，选项AB错误，选项C正确；选项D正确，可以调节各户流量。

1.7.2　分户热计量

1.7-5.【单选】散热器供暖系统的整个供暖期运行中，能够实现运行节能的主要措施是哪一项?【2012-1-02】

A. 外网进行量调节　　B. 外网进行质调节

C. 供暖系统的热计量装置　　D. 系统中设置平衡阀

参考答案：B

分析：(1) 选项D系统平衡的一种措施，系统中设置平衡阀一般用于供热系统的初调节。首先排除。

(2) 根据《民规》第5.10.1条条文说明：计量的目的是促进用户自主节能。故选项C不是运行节能的主要措施。

(3) 量调节：改变网络的循环水量（很少单独使用）；质调节：改变网路的供水温度（用户的循环水量不变）；依据《07节能专篇》第3.3.10条“室外热水管网运行调节方式应按下列原则确定”，其中第3.3.10.2条，“供应采暖热负荷的一次管网，应根据室外温度的变化进行集中质调节或质—量调节；二次管网，宜根据室外温度的变化进行集中质调节”。因此答案为B。

1.7-6.【单选】下列对热量表的设计选型要求中，哪项规定是正确的?【2012-1-06】

A. 按所在管道的公称管径选型　　B. 按设计流量选型

C. 按设计流量的80%选型　　D. 按设计流量的50%选型

参考答案：C

分析：选项A错误，根据《三版教材》P119，热量表的选型不可按照管道直径直接选用，应按照流量和压降选用；根据《民规》第5.10.3-1条及《供热计量技术规程》JGJ

173—2009 第 3.0.6-1 条：热量表应根据公称流量选型，并校核在系统设计流量下的压降，公称流量可按设计流量的 80%确定，故选项 BD 错误，而选项 C 正确。

扩展： 按照《工规》第 5.9.3-1 条，本题选项 B 为正确答案。

1.7-7.【单选】某 9 层住宅楼设计分户热计量热水集中供暖系统，正确的做法应是下列哪一项？【2012-1-07】

A. 为保证户内双管系统的流量，热力入口设置自力式压差控制阀

B. 为延长热计量表的使用寿命，将户用热计量表安装在供水管上

C. 为保证热计量表不被堵塞，户用热计量表前设置过滤器

D. 为保证供暖系统的供暖能力，供暖系统的供回水管道计算应计入向邻户传热引起的耗热量

参考答案： C

分析： 根据《供热计量技术规程》JGJ 173—2009 第 3.0.6.3 条及 6.3.3 条，热量表前应设过滤器，故选项 C 正确。根据《供热计量技术规程》JGJ 173—2009 第 5.2.2 条条文说明，应设置自力式流量控制阀，选项 A 错。根据《供热计量技术规程》JGJ 173—2009 第 3.0.6.2 条、《三版教材》P119 及《民规》第 5.10.3 条可知，选项 B 错误，应安装在回水管上。根据《三版教材》P112 及《民规》第 5.2.10 条可知，选项 D 错误，在确定分户热计量供暖系统的户内供暖设备容量和户内管道时，应考虑户间传热对供暖负荷的附加，但不应计入供暖系统的总热负荷中。

扩展： 详见附录 5：关于热量计量相关问题的总结。

1.7-8.【单选】住宅分户热计量是计量与节能技术的综合，对下列各种共用立管分户热水供暖、计量系统技术方案进行比较，哪项效果最差？【2012-2-06】

A. 水平双管系统，每组散热器供水支管上设高阻力恒温控制阀，户用热量表法计量

B. 水平单管系统，在户系统入口处设户温控制器，通断时间面积法计量

C. 水平单管跨越式系统，每组散热器供水支管上设低阻力三通恒温控制阀，户用热量表法计量

D. 低温热水地板辐射供暖系统，在各户系统入口处设户温控制器，在分集水器的各支路安装手动流量调节阀，通断时间面积法计量

参考答案： D

分析： 根据《民规》：选项 A 参见第 5.10.4-1 条；选项 C 参见第 5.10.4-2 条；选项 BD 参见第 5.10.2 条文说明第 4 款，“通断时间面积法”不能在户内散热末端调节室温，以免改变户内环路阻力而影响热量的公平合理分摊。

1.7-9.【单选】某新建集中供暖居住小区采用共用立管、分户水平双管散热器热水供暖系统，分室温控，分户计量（户用热量表法），下列设计中哪一项是错误的？【2014-1-01】

A. 热媒供/回水温度为 80℃/60℃

B. 在散热器供水管上设恒温控制阀或手动调节阀

C. 热量表根据公称流量选型，并校核在系统设计流量下的压降

D. 户内系统入口装置依次由供水管调节阀、过滤器（户用热量表前）、户用热量表和回水截止阀组成

参考答案： B

分析： 根据《民规》第5.3.1条，选项A正确；根据第5.10.4-1条，选项B错误；根据第5.10.3-4条，选项C正确；根据《供热计量技术规程》JGJ 173—2009第6.3.3条，选项D正确。

1.7-10.【单选】城市集中热水供暖系统的分户热计量设计中，有关热计量方法的表述，正确的应是下列何项？【2014-1-07】

A. 不同热计量方法对供暖系统的制式要求相同

B. 散热器热分配计法适合散热器型号单一的既有住宅区采用

C. 对于要求分室温控的住户系统适于采用通断时间面积法

D. 流量温度法仅适用于所有散热器均带温控阀的垂直双管系统

参考答案： B

分析： 根据《三版教材》P113～114，不同热计量方法有其适应的供暖系统形式，不能一概而论，故选项A错误。散热器热分配法适用于目前各种散热器热水集中供暖系统形式，不适用于地板辐射供暖系统，故选项B正确。通断时间面积法室温调节对户内各房间室温作为一个整体统一调节不实施对每个房间单独调节，故选项C错误。流量温度法适用于垂直单管跨越式供暖系统和水平单管跨越式的共用立管分户循环供暖系统，故选项D错误。

1.7-11.【单选】某住宅采用分户热计量集中热水供暖系统，每个散热器均设置有自力式恒温阀。问：各分户供回水总管上的阀门设置，以下哪个选项是正确的？【2017-2-07】

A. 必须设置自力式供回水恒温差控制阀

B. 可设置自力式定流量控制阀

C. 必须设置自力式供回水恒压差控制阀

D. 可设置静态手动流量平衡阀

参考答案： D

分析： 根据《供热计量技术规程》JGJ 173－2009第5.2.3条及条文说明或《民规》第5.10.6条及条文说明可知，不应设自力式定流量控制阀，是否设置自力式压差控制阀应通过热力入口的压差变化幅度确定，选项BC错误，选项D正确；自力式恒温控制阀则不是必须设置的，跟分户计量（变流量系统末端）没有必然的关系，选项A错误。

1.7-12.【单选】下列关于分户热计量中通断时间面积法的说法，正确的应是哪一项？【2017-1-08】

A. 以每户的供水量计量为依据

B. 该方法可以实现分室温控

C. 每户的管路是独立的水平单管串联系统

D. 该方法适用于垂直单管跨越式系统

参考答案： C

分析： 根据《民规》第5.10.2条条文说明第3条可知，通断时间面积法是以每户的供暖系统通水时间为依据，选项A错误；通断时间面积法不能实现分室温控，选项B错误；该方法适用于共用立管分户循环系统，包括户内水平串联系统，户内水平单管跨越和低温地面辐射系统，但垂直单管跨越式系统分户热计量适用流量温度法，散热器热分配计法，不适用通断时间面积法，因此选项C正确，选项D错误。

1.7-13.【多选】某居住建筑设置独立的散热器热水采暖系统，采用哪些措施能够实现运行节能？【2011-1-42】

A. 采用水泵变频装置

B. 采用散热器的温控阀

C. 采用热计量装置

D. 采用自动排气装置

参考答案： AB

分析： 选项C参见《三版教材》P111，进行计量为行为节能，而非运行节能；选项D与节能无关。热计量概念的提出，最早来源于建设部于1995年发布的《建筑节能“九五”计划和2010年规划》，强调热计量打的是节能的“旗号”。

1.7-14.【多选】某栋6层住宅建筑，设计热水集中采暖系统，错误的设计做法是下列哪几项？【2011-1-44】

A. 为保证户内双管系统的流量，热力入口设置定流量调节阀

B. 为保证供暖系统的采暖能力，供暖系统的供回水干管计算，计入向邻户传热引起的耗热量

C. 为延长热计量表使用寿命，将户用热计量表安装在回水管上

D. 为保证热计量表不被堵塞，户用热计量表前设置过滤器

参考答案： AB

分析： 选项C正确：《供热计量技术规程》JGJ 173—2009 3.0.6条文解释；《红宝书》P372。选项D正确：《09技术措施》第3.5.2-5条及《供热计量技术规程》JGJ 173—2009第3.0.6.3条及第6.3.3条。根据《民规》第5.10.6条及条文说明，如果是变流量系统，则不应该设置定流量阀，选项A错误；根据《三版教材》P112及《民规》第5.2.10条，供回水干管计算不应计入户间传热，户内管道计算时才需计入，选项B错误。

1.7-15.【多选】在供暖系统中，下列哪几项说法是错误的？【2012-2-41】

A. 由于安装了热计量表，因而能实现运行节能

B. 上供下回单管系统不能分室控制，所以不能实现运行节能

C. 上供下回单管跨越式系统不能分室控制，所以不能实现运行节能

D. 双管下供上回跨越式系统不能分室控制，所以不能实现运行节能

参考答案： ACD

分析：《供热计量技术规程》JGJ 173—2009第1.01条条文解释：供热计量的目的在于推进供热体制改革，在保证供热质量、改革收费制度的同时，实现节能降耗。室温调控等节能控制技术是热计量的重要条件，也是体现热计量节能效果的基本手段。运行节能主

要体现在能实现变流量调节方面，选项A安装了热量计量表可以从主观上增加人们的节能意识，但不能实现真正节能，还要管网及热源配套调节，从题目的意思来看选项A错；选项C、D均可以实现分室控制，可以实现节能，故选项C、D错误。

扩展：《民规》第5.10.1条文解释：热计量的目的是促进用户自主节能，室温调控是节能的必要手段；室温调节可以是每个房间独立调节，也可以是每户所有房间室温统一调控。

1.7-16.【多选】寒冷地区的居住小区及小区内的公共建筑（物业办公、商店等）采用集中供暖方式，住宅与公共建筑的供暖系统分开。下列运行方式中，哪些方式可在保证室内温度要求前提下，实现供暖系统的节能运行？【2013-1-41】

A. 住宅连续供暖　　B. 住宅间歇供暖

C. 公共建筑连续供暖　　D. 公共建筑间歇供暖

参考答案：AD

分析：《严寒和寒冷地区居住建筑节能设计标准》JGJ 26—2010第5.1.5条。

1.7-17.【多选】某既有居住小区为集中热水供暖系统，各户为独立热水地面辐射供暖系统，热计量改造采用用户分摊方式，在下列改造措施中，哪几项是正确的？【2014-1-43】

A. 在换热站安装供热计量自动控制装置，根据气候变化，结合供热参数反馈，实现优化运行和按需供热

B. 将原来定速循环水泵更换为变频调速泵，性能曲线为平坦型

C. 以热力入口作为结算点，在各热力入口安装静态水力平衡阀、热量结算表，进行系统水力平衡调试

D. 在每一户内典型位置设置室温控制器、在供暖共用立管管井内安装户用热量表直接计量

参考答案：AC

分析：根据《辐射供暖供冷技术规程》JGJ 142—2012第3.8.2条，选项A正确；地面辐射供暖根据室外气温的变化适用的是量调节方式，即气候补偿器系统方式，通过调节流量，间接控制供水温度。根据《供热计量技术规程》JGJ 173—2009第4.2.3条，将原来定速循环水泵更换为变频调速泵，性能曲线应为陡降型，故选项B错误；根据《三版教材》P117，选项C正确；根据《民规》第5.10.2条，“用户热分摊方法有：散热器热分配计法、流量温度法、通断时间面积法和户用热量表法”。根据条文说明，当用户热分摊方法采用户用热量表法时，系统应由各户用热量表以及楼栋热量表组成，选项D仅设置户用热量表，不能采用用户分摊法，而应采用户用热量表直接计量，故选项D错误。

1.7-18.【多选】某9层住宅建筑，设计分户热计量双管热水集中供暖系统，下列选项的哪几个做法是错误的？【2014-1-44】

A. 为保证双管系统的流量，热力入口设置恒温控制阀

B. 户用热计量表安装在回水管上的唯一原因是出于延长热计量表使用寿命的考虑

C. 为保证热计量表不被堵塞，户用热计量表前设置过滤器

D. 为保证供暖系统的供暖能力，供暖系统的供回水管道计算应计入向邻户传热引起

的耗热量

参考答案：ABD

分析：根据《民规》第5.9.3条、第5.10.4条和《三版教材》P117可知，热力入口应按照水力平衡要求和建筑物供暖系统的调节方式，选择水力平衡措施，如静态平衡阀等。恒温控制阀是设置在散热器支管上，而非热力入口处，故选项A错误；根据《民规》第5.10.3条条文解释，用户热量表流量传感器安装于回水管上，除了有利于延长电池使用寿命外，还可改善仪表使用工况，故选项B错误；根据《民规》第5.9.3.2条，选项C正确；根据《民规》第5.2.10条，仅户内采暖设备容量和户内管道计入向邻户传热引起的耗热量，故选项D错误。

1.7-19.【多选】供热系统进行热计量时，规范规定流量传感器宜安装在回水管上，其原因是下列哪几项？【2018-1-45】

A. 改善仪表使用工况　　B. 测试数据更准确

C. 延长仪表的电池寿命　　D. 降低仪表所处环境温度

参考答案：ACD

分析：根据《供热计量技术规程》JGJ 173—2009第3.0.6条及其条文解释可知，选项ACD正确。

1.7.3 节能改造

1.7-20.【单选】对既有采暖居住建筑供热系统节能改造的技术措施中，下列哪一项技术措施是实行其他技术的前提？【2011-2-07】

A. 在热力站安装气候补偿器　　B. 在热网实现水力平衡

C. 在室内安装温控装置　　D. 对用户安装分户热计量装置

参考答案：B

分析：根据《既有居住建筑节能改造技术规程》JGJ 129—2012第6.3.2条条文解释：供热系统水力不平衡是造成供热能耗浪费的主要原因之一，同时，水力平衡又是保证其他节能措施能够可靠实施的前提，因此对系统节能而言，首先应该做到水力平衡。故选项B正确。

1.7-21.【单选】某住宅小区的供暖系统均为共用立管独立分户散热器双管热水供暖系统。对其进行热计量改造，为减小对住户的干扰，热计量采用通断时间面积法。再下列改造技术措施中，哪项是错误的？【2013-2-07】

A. 对楼栋、户间进行水力平衡调节，消除水力失调

B. 在各户的供水管上安装控制器

C. 室温控制器安装于住户房间中不受日照和其他热源影响的位置

D. 对有分室温控要求的住户，在户内主要房间的散热器供水管上设高阻力恒温控制器

参考答案：D

分析：根据《三版教材》P114第（4）条、《民规》《09技术措施》《供热计量技术规

程》JGJ 173—2009 均可知，通断时间面积法不能分室控制，通断时间面积法在各户的分支支路上安装室温通断控制阀，室温控制器应能正确反映房间温度，若受到日照或热源影响，不准。要求户与户之间不能出现明显的水力失调，户内散热末端不能分室或分区控温，以免改变户内环路的阻力。

1.7-22.【多选】根据现行公共建筑节能改造技术规范，在对公共建筑空调系统的节能诊断与改造中，下列哪几项说法是不正确的?【2016-1-41】

A. 经检测判定通过外围护结构节能改造，供暖通风空调系统能耗降低 10%以上，应对外围护结构进行节能改造

B. 经检测判定通过暖通空调及生活热水供应系统节能改造，系统能耗降低 20%以上，且静态投资回收期小于或等于 8 年，宜对暖通空调及生活热水供应系统进行节能改造

C. 经检测判定冷源（水冷冷水机组、单台额定制冷量 2000kW）系统能效系数低于 2.5，且冷源系统节能改造静态回收期小于或等于 5 年，宜对冷源系统进行节能改造

D. 节能改造静态投资回收期等于动态投资回收期

参考答案：ABD

分析：根据《公共建筑节能改造技术规范》JGJ 176—2009 第 4.7.1 条，除选项 A 中的要求外，还应考虑静态投资回收期小于或等于 8 年时，宜对外围护结构进行节能改造，选项 A 错误；根据第 4.7.2 条，系统能耗降低 20%以上，且静态投资回收期小于或等于 5 年时，或者静态投资回收期小于或等于 3 年时，宜对暖通空调及生活热水供应系统进行节能改造，选项 B 错误；根据第 4.3.8 条，选项 C 正确；节能改造静态投资回收期不考虑资金利率，动态投资回收期考虑资金利率，静态投资回收期小于动态投资回收期，选项 D 错误。

1.7-23.【多选】在对公共建筑暖通空调系统的下列节能诊断内容中，哪几项内容是与有关规范要求不一致的?【2016-2-41】

A. 对暖通空调系统的各项指标经过选择后，确定诊断项目，进行现场检测

B. 空调水系统的诊断内容中不包含 ER 指标

C. 供回水温差是检测空调水系统的唯一内容

D. 暖通空调系统诊断内容中不包含室内平均温度、湿度

参考答案：CD

分析：根据《公共建筑节能改造技术规范》JGJ 176—2009 第 3.3.1 条，选项 AB 正确，选项 D 错误；根据第 4.3.9～4.3.11 条，除供回水温差外，还需检查空调系统循环水泵的水量，二级泵空调冷水系统的变频改造等，选项 C 错误。

1.7-24.【多选】某既有住宅小区室内为上供下回垂直单管顺序式系统，楼栋热力入口无调节装置。现拟进行节能改造。改造施工时不影响住户的措施是下列哪几项?【2017-1-42】

A. 室内改成垂直双管上供下回系统，各个立管连接的散热器支管上设置高阻恒温控

制阀

B. 室内改成上供下回垂直单管跨越管系统，连接的散热器支管上设置低阻恒温控制阀

C. 楼栋热力入口设置自力式压差控制阀

D. 楼栋热力入口设置热计量装置

参考答案： CD

分析： 本题考察对供暖系统的认识，并非对教材和规范原文的考察。从题意来看包含了两个信息，达到节能改造的目的且改造施工时不影响住户。选项 ABCD 均能实现节能改造的目的，但是选项 AB 改造时均要在室内进行改造施工，均会对住户造成影响，而选项 CD 的改造施工均在楼栋热力入口，不会对住户造成影响。

1.8 小区热网

1.8.1 热媒、热源与耗热量

1.8-1.【单选】某严寒地区城市集中采暖，以热电厂作为冬季采暖基本热负荷，区域锅炉房作为调峰采暖，热电厂采用热能利用效率最高的汽轮机应是下列哪一项?【2011-2-08】

A. 凝汽式汽轮机改装为供热汽轮机　　B. 单抽汽式供热汽轮机

C. 双抽式供热汽轮机　　D. 背压式供热汽轮机

参考答案： D

分析：《三版教材》P125。

1.8-2.【单选】某严寒地区城市集中供暖采用热电厂为热源，热电厂采用的是背压式供热汽轮机，下列哪项说法是错误的?【2012-1-08】

A. 该供热方式热能利用率最高

B. 该供热方式能承担全年供暖热负荷

C. 该供暖方式需要设置区域锅炉房作为调峰供暖

D. 该供暖方式只能承担供暖季的基本热负荷

参考答案： B

分析：（1）根据《三版教材》P125：背压式汽轮机的热能利用率最高，但由于热、电负荷相互制约，它只适用于承担全年或供暖季基本热负荷的供热量。

（2）热电联产会受供热和发电之间平衡的制约，使得供热可能达不到峰值量（全部热负荷）的需求，只能达到大部分量的需求（基本热负荷），故建议采用调峰区域锅炉房和热电厂相结合的集中供热系统，也就是题目中的选项 C。

1.8-3.【单选】对某新建居住小区设街区水—水换热站，小区内建筑均为低温热水地板辐射供暖系统，下列补水量估算和补水泵台数的确定，正确的是哪一项?【2012-2-09】

A. 每台按供暖系统水容量的 1%～2%，3 台（两用一备）

B. 每台按供暖系统循环水容量的 1%～2%，2 台

C. 每台按供暖系统水容量的2%～3%，2台

D. 每台按供暖系统循环水容量的2%～3%，3台（两用一备）

参考答案：B

分析：(1)《城镇供热管网设计规范》CJJ 34—2010第10.3.8条。注意条文解释很重要：正常补水量按系统水容量计算较合理，但热力站设计时系统水容量统计有时有一定难度。本次修订给出按循环水量和水温估算的参考值。

(2) 间接连接采暖系统，当设计供水温度等于或低于65℃时，可取循环流量的1%～2%。补水泵的台数不应少于两台，可不设备用泵。

扩展：《民规》第8.5.15～8.5.16条：空调冷热水的小时泄漏量宜按水容量的1%计算。补水泵总小时流量宜为系统水容量的5%～10%。《民规》第8.5.16条：空调系统补水泵宜设置2台。当设置1台且在严寒和寒冷地区空调热水用及冷热水合用补水泵时宜设置备用泵。

1.8-4.【单选】在进行集中供暖系统热负荷概算时，下列关于建筑物通风热负荷的说法，哪项是错误的?【2012-2-03】

A. 工业建筑可采用通风体积指标法计算

B. 工业建筑与民用建筑通风热负荷的计算方法不同

C. 民用建筑应计算从门窗缝隙进入的室外冷空气的负荷

D. 可按供暖设计热负荷的百分数进行概算

参考答案：C

分析：《三版教材》P121：通风体积指标法可用于工业建筑。对于一般的民用建筑，室外空气无组织地从门窗等缝隙进入，预热这些空气到室温所需的渗透和侵入耗热量，已计入供暖设计热负荷中，不必另行计算。

1.8-5.【单选】设计小区热力管网时，其生活热水设计热负荷取值错误的为下列哪一项?【2013-1-08】

A. 干管应采用最大热负荷

B. 干管应采用平均热负荷

C. 当用户有足够容积的储水箱时，支管应采用平均热负荷

D. 当用户无足够容积的储水箱时，支管应采用最大热负荷

参考答案：A

分析：《城镇供热管网设计规范》CJJ 34—2010第3.1.6条。

1.8-6.【单选】关于工业建筑通风耗热量计算的说法，下列何项是错误的?【2014-1-04】

A. 人员停留区域和不允许冻结的房间，机械送风系统的空气，冬季宜进行加热，并应满足室内风量和热量平衡的要求

B. 计算局部排风系统的耗热量时，室外新风计算温度采用冬季供暖室外计算温度

C. 计算用于补偿消除余热、余湿的全面排风耗热量时，室外新风计算温度应采用冬季通风室外计算温度

D. 进行有组织通风设计时，可以由室内散热器承担大部分通风热负荷

参考答案： D

分析： 根据《三版教材》：选项ABC参见P174～175；室内散热器承担供暖负荷，而非通风负荷，故选项D错误。

1.8-7. 【单选】下列几中供暖系统热媒及参数选择表述中，何项是错误的？【2014-1-08】

A. 热水供暖系统热能利用率比蒸汽供热系统高

B. 蒸汽供热系统在地形起伏很大的建筑区内，与用户连接方式简单

C. 承担工业建筑供暖、通风和生活热水热负荷的厂区锅炉房，应采用不高于80℃的热水为热媒

D. 当区域锅炉房与热电厂联网运行时，应采用以热电厂为热源的供热系统的最佳供、回水温度

参考答案： C

分析： 根据《三版教材》表1.3-1，工业建筑宜采用高温水。

1.8-8. 【单选】内蒙古某地有一个远离市政供热管网的培训基地，拟建一栋5000 m^2的三层教学、实验楼和一栋4000 m^2的三层宿舍楼，冬季需供暖、夏季需供冷。采用下列哪种能源方式节能，且技术成熟经济合理？【2014-2-02】

A. 燃油热水锅炉供暖

B. 燃油型溴化锂冷热水机组供冷供暖

C. 土壤源热泵系统供冷供暖加蓄热电热水炉辅助供暖

D. 太阳能供冷供暖加蓄热电热水炉辅助供暖

参考答案： C

分析： 由题意知，选项A采用燃油锅炉仅解决供暖需求，供冷无法解决，故错误。选项B采用燃油型溴化锂机组，是可以解决冬季供暖夏季供冷需求，但此类系统的最大缺点就是能耗高，不节能，故错误。选项D采用太阳能供冷供暖，目前某厂家推出了太阳能光伏制冷机组，但厂家较少。其他以太阳能设备为主的厂家主要解决是供暖及生活热水需求。个别厂家推出一种太阳能热泵系统，利用太阳能加热导热油，驱动热泵机组运行，除吸收太阳能量外，同时吸收空气中的热量，机组运行效率较高，原理属一类吸收式热录范畴。但是此热泵不能制冷，只能单独增设溴化锂冷水机组，利用太阳能驱动。该系统由太阳能集热器、太阳能热泵机组、溴化锂冷水机组、辅助热源（电、天然气、油等其他能源）组成。太阳能制冷、制热系统设备价格高昂，目前市场占有率较低，其系统性能还需实践近一步检验。同时由选项D知，冬季太阳能供暖同时，辅助电热水锅炉，是为了防止冬季运行期间，因天气状况长时间恶劣，无法满足室内供暖需求的备用选择。而培训基地由教学、实验楼和宿舍组成，在供冷供暖期间需全天候各时段满足工作生活需求，既然供暖由备用电锅炉作为辅助，那么供冷出现极端恶劣天气，或制冷设备检修、损坏等，该如何解决供冷需求，选项并未说明，是不完善的。综合考虑，太阳能系统运行节能，但初投资高昂且技术成熟性有待提高，故选项D错误。选项C，在无市政供热管网的前提下，采用土壤源热泵耦合电热水锅炉系统形式，技术成熟

可靠，性能运行节能效果显著，且满足全年地源侧运行的平衡性要求。综合考虑，选项C最为合理。

1.8-9.【单选】对某既有居住小区的集中热水供暖系统进行热计量改造，实施分户计量，按户温控。在下列热计量改造设计，哪一项是正确的?【2016-1-07】

A. 小区换热机房热计量装置的流量传感器安装在一次管网的供水管上

B. 具有型式检验证书的热量表可用于换热站作为结算用热量表

C. 校核供暖系统水力工况，在热力入口设自力式流量控制阀

D. 热量表的选型应保证其通过的流量在额定流量与最小流量之间

参考答案：D

分析：根据《供热计量技术规程》JGJ 173—2009 第4.1.2条、《民规》第5.10.13-2条，水-水热力站的热量测量装置的流量传感器安装在一次管网的回水管上，故选项A错误。根据《供热计量技术规程》JGJ 173—2009 第3.0.3条条文说明，不设置于热量结算点的热量表和热量分摊仪表应按照产品标准，具备合格证书和型式检验证书，而用于热量结算点的热量表应该实行首检和周期性强制检定，故选项B错误。根据《三版教材》P117及《民规》第5.10.6条及《供热计量技术规程》JGJ 173—2009 第5.2.3条，当室内供暖系统为变流量系统时，不应设自力式流量控制阀，故选项C错误。根据《供热计量技术规程》JGJ 173—2009 第3.0.6条条文说明，选项D正确。

1.8-10.【单选】对于以区域锅炉房为热源的集中供热系统，在只有供暖、通风和热水供应热负荷的情况下，应采用热水作为热媒，与蒸汽供暖系统相比的优点，下列哪一个选项是错误的?【2018-1-07】

A. 热网热损失小

B. 热源装置效率高

C. 输送相同热量时的耗电量少

D. 室内供暖舒适度好

参考答案：C

分析：根据《三版教材》P126可知，选项ABD均正确，选项C错误，“与热水网路输送网路循环水量所消耗的电能相比，汽网中输送凝结水所耗的电能少得多”。

1.8-11.【单选】哈尔滨某住宅小区需要新建一个供暖热力站，其设计热负荷为6000kW。下列换热器选型方案中哪项是正确的?【2018-1-08】

A. 设置1台换热器，单台换热器设计工况换热量为6600kW

B. 设置2台相同的换热器，单台换热器设计工况换热量为3300kW

C. 设置3台相同的换热器，单台换热器设计工况换热量为2200kW

D. 设置5台相同的换热器，单台换热器设计工况换热量为1320kW

参考答案：C

分析：根据《民规》第8.11.3.1条可知，选项AD错误；由第8.11.3.2条、第8.11.3.3条及其条文解释可知，选项B：当一台停止时，剩余换热器的设计换热量为3300kW＜6000kW×70％＝4200kW，不符合规范要求，选项B错误；选项C：当一台停止时，剩余换热器的设计换热量为2200kW×2＝4400kW＞6000kW×70％＝4200kW，符

合规范要求，选项C正确。

1.8-12.【单选】某商业建筑一次热源为城市热网热水，通过换热器为建筑提供供暖热水。选择下列哪种换热器最合理？【2018-1-09】

A. 螺旋螺纹管式换热器　　B. 板式换热器

C. 卧式波节管式换热器　　D. 立式波节管式换热器

参考答案： B

分析： 根据《三版教材》表1.8-13可知，选项A适用于大温差汽—水换热；选项B适用于水—水小温差；选项CD均可用于水—水换热。但是对比选项BCD可知，板式换热器的传热系数接近波节管式换热器的两倍，所以板式换热器换热效率高，设备体积小，投资少，调节性能好，最合理。

1.8-13.【单选】下列有关热电厂供热和供热汽轮机性能的描述，错误的是哪一项？【2018-2-07】

A. 热电厂的经济性和供热介质温度关系不大

B. 单抽汽式供热汽轮机和双抽汽式供热汽轮机，抽气口形式不同

C. 凝汽式汽轮机改装为供热式汽轮机后，热能利用效率有所提高

D. 背压式汽轮机的热能利用效率是最高的

参考答案： A

分析： 根据《三版教材》P125，单抽汽式供热汽轮机是从汽轮机中间抽汽，而双抽汽式供热汽轮机，带高、低压可调节抽气口，选项B正确；凝汽式汽轮机改装为供热式汽轮机，热能利用效率提高，国家标准规定其全年平均热效率应大于45%，选项C正确；背压式汽轮机的热能利用效率最高，但由于热、电负荷相互制约，它只适用于承担全年或供暖季基本热负荷的供热量，选项D正确；凝汽式汽轮机改造成为供热式汽轮机后，原电厂的发电功率有所下降，另外，供水温度低，供回水温差小，外网管径较粗，供热管网的建设投资增大，选项A错误。

1.8-14.【单选】对某小区集中供热系统的热负荷进行概算时，下列方法中错误的是何项？【2018-2-08】

A. 对小区内建筑供暖热负荷，可采用体积热指标法

B. 对小区内建筑物通风热负荷，可采用百分数法

C. 对小区内建筑空调热负荷，可采用面积热指标法

D. 对小于生活热水热负荷，按照各项最大用热负荷累计法

参考答案： D

分析： 根据《三版教材》P119，供暖热负荷的概算，可采用体积指标法、面积指标法、城市规划指标法，选项A正确；由P121可知，通风热负荷可采用通风体积热指标法或百分数法，选项B正确；空调热负荷（冬季和夏季）可采用面积热指标法，选项C正确；由P122可知，生活热水热负荷是按照各项生活热水平均热负荷累积相加计算，选项D错误。

1.8-15.【多选】关于热电厂集中供热方式的说法，正确的是哪几项？【2011-1-45】

A. 带高、中压可调蒸汽口的机组称作双抽式供热汽轮机

B. 蒸汽式汽轮机改装为供热汽轮机，会使供热管网建设投资加大

C. 背压式汽轮机只适用于承担采暖季节基本热负荷的供热量

D. 抽气背压式机组与背压式机组相比，供热负荷可不受供电负荷的制约

参考答案：BC

分析：《三版教材》P125：选项A应该为“带高、低压……”；选项D，受制约。

1.8-16.【多选】某城市建筑住宅区供热系统，选用下列哪几项热媒的温度范围最合理？【2011-2-45】

A. 150～70℃热水　　B. 130～70℃热水

C. 110～70℃热水　　D. 95～70℃热水

参考答案：ABC

分析：《城镇供热管网设计规范》CJJ 34—2010第4.2.2.1条。

1.8-17.【多选】关于供暖建筑物的通风设计热负荷，采用通风体积指标法概算时，与下列哪几项有关？【2014-2-43】

A. 通风室外计算温度

B. 供暖室内计算温度

C. 加热从门窗缝隙进入的室外冷空气的负荷

D. 建筑物的外围护体积

参考答案：ABD

分析：详见《三版教材》式（1.10-3）说明。

1.8-18.【多选】关于不同热源供热介质选择的说法，下列哪几项是错误的？【2014-2-45】

A. 以热电厂为热源时，设计供/回水温度可取110℃/80℃

B. 以小型区域锅炉房为热源时，设计供回水温度可采用户内供暖系统的设计温度

C. 当生产工艺热负荷为主要热负荷时，应采用蒸汽为供热介质

D. 多热源联网运行的供热系统，各热源的设计供回水温度应为热源自身系统最佳供回水温度

参考答案：ACD

分析：根据《三版教材》P127及《城镇供热管网设计规范》CJJ 34—2010第4.2.2.1条，回水温度不应高于70℃，故选项A错误；根据第4.2.2.2条，选项B正确；根据第4.1.2.1条，缺少条件“必须采用蒸汽供热”，故选项C错误；根据第4.2.2.3条，多热源联网运行的供热系统，各热源的设计供回水温度应一致，且应采用热电厂为热源自身系统最佳供回水温度，故选项D错误。

1.8-19.【多选】采用一级加热的热电厂供热系统，相对正确的供/回水温度组合是以下哪几项？【2016-1-46】

A. 110℃/60℃　　B. 140℃/90℃　　C. 110℃/80℃　　D. 110℃/70℃

参考答案：AD

分析：根据《城镇供热管网设计规范》CJJ 34—2010 第 4.2.2 条，当不具备条件进行最佳供、回水温度的技术经济比较时，热水热力网供、回水温度可按下列原则确定：以热电厂或大型区域锅炉房为热源时，设计供水温度可取 110～150℃，回水温度不应高于 70℃。选项 AD 正确。

1.8-20.【多选】严寒地区小区集中供热系统进行供暖负荷概算，正确的计算方法应是下列哪几项？【2016-2-45】

A. 采用面积热指标法计算，居住区综合面积热指标取 60～80W/m²

B. 采用面积指标法计算，商业建筑面积热指标取 68～90W/m²

C. 采用城市规划指标法计算

D. 采用体积热指标法计算

参考答案：CD

分析：《三版教材》P120，选项 AB 错误，选项 D 正确；根据 P121 第 3 段，体积热指标法可以用于集中供热系统的供暖负荷概算，只不过在国内应用不多，有待进一步整理和总结这方面资料，选项 D 正确。

1.8.2　热网设计

1.8-21.【单选】蒸汽热力网管道采用地下敷设时，应优先采用下列哪种方式？【2012-2-08】

A. 直埋敷设　　B. 不通行管沟敷设

C. 半通行管沟敷设　　D. 通行管沟敷设

参考答案：B

分析：(1) 蒸汽管道采用地下敷设时有两种方式，即地沟敷设和无沟直埋。其中地沟敷设没有特殊要求时首先选不通行地沟，经济合理。

(2)《城镇供热管网设计规范》CJJ 34—2010 第 8.2.4 条：热水或蒸汽管道采用管沟敷设时，宜采用不通行管沟敷设，穿越不允许开挖检修的地段时，应采用通行管沟敷设。结合第 8.2.5 条条文说明：蒸汽管道管沟敷设有时存在困难，例如地下水位高等，因此最好也采用直埋敷设。据此推出，蒸汽管道管沟敷设没有困难时，结合第 8.2.4 条，应优先采用不通行管沟敷设。

1.8-22.【单选】有关城市热力网系统的参数监测与控制的说法，正确的应是下列哪一项？【2013-1-02】

A. 用于供热企业与热源企业进行贸易结算的流量仪表的系统精度。热水流量仪表和蒸汽流量仪表的要求相同，即不应低于 1%

B. 热源的调速循环水泵采用的控制信号应为循环水泵进出口的压差

C. 热源的调速循环水泵采用的控制信号宜为热网的最不利资用压头数值

D. 循环水泵仅在入口设置超压保护装置

参考答案：C

分析：《城镇供热管网设计规范》CJJ 34—2010 第 13.2.4 条、第 13.2.5 条。选项 A，热水流量仪表不应低于 1%，蒸汽流量仪表不应低于 2%，故选项 A 错误。选项 D，循环水泵入口和出口应具有超压保护装置，故选项 D 表述不全面。根据《城镇供热管网设计规范》CJJ 34—2010 第 13.2.5 条；热源的调速循环水泵宜采用维持供热管网最不利资用压头为给定值的自动式手动控制泵转速的方式运行。故选项 B 错误，选项 C 正确。

1.8-23.【单选】对蒸汽供热管网的凝结水应尽量回收。对不宜回收利用的凝结水直接排放至城市下水道时，其排放的温度符合规范规定的应是下列哪一项?【2013-2-08】

A. 小于或等于 35℃　　B. 小于或等于 50℃

C. 小于或等于 65℃　　D. 小于或等于 80℃

参考答案：A

分析：选项 A 详见《09 技术措施》第 3.1.3-3 条及《建筑给水排水设计规范》GB 50015－2003（2009 年版）第 4.1.3-4 条，直接排放至下水道前应降温至 40℃以下。也可参考《城镇供热管网设计规范》CJJ 34—2010 第 4.3.4 条条文说明。

1.8-24.【单选】关于热水供热管网的设计，下列哪项是错误的?【2013-2-09】

A. 供热管网沿程阻力损失与流量、管径、比摩阻有关

B. 供热管网沿程阻力损失与当量绝对粗糙度无关

C. 供热管网局部阻力损失可采用当量长度法进行计算

D. 确定主干线管径，宜采用经济比摩阻

参考答案：B

分析：根据《三版教材》：选项 AB 参见式（1.10-13）；选项 C 参见 P128；选项 D 参见 P129。

1.8-25.【单选】某大型工厂厂区，设置蒸汽供热热网，按照规定在一定长度的直管段上应设置经常疏水装置，下列有关疏水装置的设置，说法正确的是哪一项?【2014-2-08】

A. 经常疏水装置与直管段直接连接

B. 经常疏水装置与直管连接应设聚集凝结水的短管

C. 疏水装置连接的公称直径可比直管段小一号

D. 经常疏水管与短管的底面连接

参考答案：B

分析：由《三版教材》图 1.8-1 和图 1.8-2 可知，选项 AD 错误，选项 B 正确。也可参考《城镇供热管网设计规范》CJJ 34—2010 第 8.5.7 条。根据《三版教材》P93：选择疏水阀时，不能仅考虑最大的凝结水排放量，或简单按管径选用。而是应按实际工况的凝结水排放量与疏水阀前后的压差，并结合疏水阀的技术性能参数进行计算，确定疏水阀的规格和数量；或根据《三版教材》P96：应按疏水阀前、后压差和凝结水量选择相应的规格型号，故选项 C 错误。

1.8-26.【单选】寒冷地区一栋一梯两户住宅楼（8层）采用热水散热器供暖系统（双管下供下回异程式），户内采用水平单管跨越式系统，户内每组散热器进水支管上未设置温控阀。经系统初调节，当供/回水温度为85℃/60℃时，住户的室温均能满足设计工况。而小区实际供水按65℃运行（系统水流量不变），关于室温情况表述正确的，应是下列选项的哪一个？【2016-2-1】

A. 各楼层之间的室温均能满足设计要求

B. 各楼层之间室温不能满足设计要求的程度基本一样

C. 八层比一层户内室温低

D. 八层比一层户内室温高

参考答案：C

分析：水温降低，则供回水密度差降低。在水力计算时，顶层按照较大的重力循环作用压力选择了较小的管径，而实际中水温降低，重力循环作用压力减小，此时相比设计工况顶层不利，故顶层室温会低于底层。

1.8-27.【单选】城市热网项目的初步设计阶段，下列关于热水管网水力计算的说法，正确的是何项？【2016-2-8】

A. 热力网管道局部阻力与沿程阻力的比值可取为0.5

B. 热力网管道局部阻力与沿程阻力的比值，与管线类型无关

C. 热力网管道局部阻力与沿程阻力的比值，仅与补偿器类型有关

D. 热力网输配管线管道局部阻力与沿程阻力的比值，管线采用方形补偿器，其取值范围为0.6～1.0

参考答案：D

分析：根据《城镇供热管网设计规范》CJJ 34—2010表7.3.8可知，热水输送干线热力网管道局部阻力与沿程阻力的比值可取为0.5，但热水输配管线不可以，选项A错误；热力网管道局部阻力与沿程阻力的比值，与管线类型是否是输送干线，输配管线有关，选项B错误；热力网管道局部阻力与沿程阻力的比值，不仅与补偿器类型有关，还与管线类型、管道公称直径有关，选项C错误；选项D正确。

1.8-28.【单选】下列管道热补偿方式中，固定支架轴向推力最大的是哪一项？【2017-1-06】

A. L形直角弯自然补偿

B. 方形补偿器

C. 套筒补偿器

D. 波纹管补偿器

参考答案：D

分析：根据《民规》第5.9.5条条文说明第6款可知，套筒补偿器或波纹管补偿器应进行固定支架推力计算，根据《红宝书》P654可知，方形补偿器具有加工方便，轴向推力小，不需要经常维修等优点，故推论对选项AB可不必进行推力计算，即选项AB的推力明显小于选项CD。根据《三版教材》P104可知，套筒补偿器推力较小，而波纹管补偿器存在较大的轴向推力，故选项D正确。

1.8-29.【多选】选择热网的管道设备附件，正确的是下列哪几项？【2011-1-47】

A. 热力网蒸汽管道应采用钢制阀门及附件

B. 室外采暖计算温度低于－10℃地区热水管道地下敷设，其检查室设备附件不得采用灰铸铁制品

C. 热力管道连接应采用焊接

D. 热力管道公称直径不应小于 32mm

参考答案： AC

分析： 选项 AC 参见《城镇供热管网设计规范》CJJ 34—2010 第 8.3.4 条；选项 B 参见 CJJ 34—2010 第 8.3.4 条的条文说明；选项 D 参见《锅炉房设计规范》GB 50041—2008 第 18.4.2 条，室外热力管道的公称直径不应小于 25mm。

1.8-30.【多选】如右图所示的热水管网系统和水压图。当用户 2 关闭停止使用时，维持进出口压差不变，则关于系统水压图变化，说法正确的应为下列哪项？【2011-2-46】

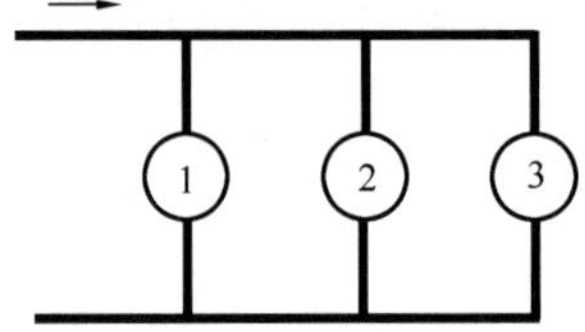

A. 用户 2 关闭，用户 2 之前的水压线会变得更陡（斜率加大）

B. 用户 2 关闭，用户 2 之前的水压线会变得更平缓（斜率减小）

C. 用户 2 关闭，用户 2 之后的水压线会变得更陡（斜率加大）

D. 用户 2 关闭，用户 2 之后的水压线会变得更平缓（斜率减小）

参考答案： BC

分析：《三版教材》P141 第（3）条及图（d）。

1.8-31.【多选】在如下面所示的 4 个建筑内设置的不同供暖系统中，需要在该建筑内的供暖水系统设置膨胀水箱的是哪几项？【2012-1-41】

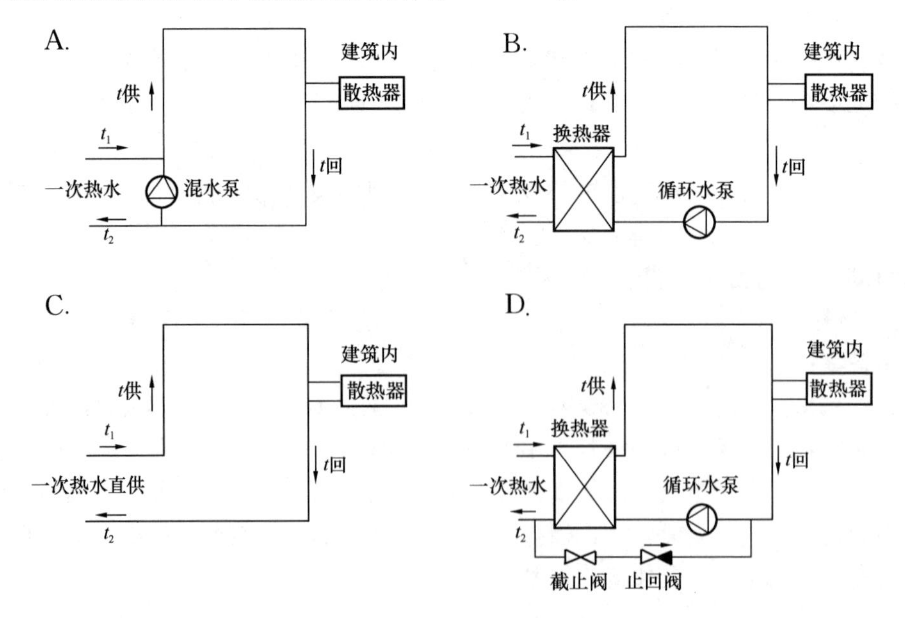

参考答案：BD

分析：本题要求“需要在该建筑内的供暖水系统”设置膨胀水箱而并未强调在建筑外的供水系统。选项A：有混水泵的直接连接方式，补水定压可以通过建筑外管网直接补水定压，无需建筑内补水定压；选项B：建筑内为独立循环水系统，补水和定压需要单独设置，故应设膨胀水箱；选项C：室外直接供水，室内不需再设置膨胀水箱；选项D：图中表示室内为换热器采暖，但通过单向阀连通可以达到补水和定压的效果，本题中止回阀和截止阀是否可达到效果，需要工程经验。另外，选项D，一次网回水压力波动，定压点压力不能保证。

1.8-32.【多选】气候补偿器是根据室外温度的变化对热力站供热进行质调节，某城市热网采用定流量运行，当室外温度高于室外设计计算温度的过程中，热网的供回水温度、供回水温差的变化表述，不符合规律的是哪几项?【2012-1-47】

A. 供水温度下降、回水温度下降、供回水温差不变

B. 供水温度下降，回水温度不变，供回水温差下降

C. 供水温度不变，回水温度下降，供回水温差下降

D. 供水温度下降、回水温度下降、供回水温差下降

参考答案：ABC

分析：根据《供热工程》P281：“随着室外温度的升高，网络和供暖系统的供、回水温度随之降低，供、回水温差也随之减小”。根据供热调节质调节方法和公式，可以看出供回水温度和温差都是减小的。

1.8-33.【多选】某城市一热水供热热网，对应建筑1、建筑2的回水干管上设置有2个膨胀水箱1和2。如下图所示。下列哪几项说法是错误的?【2013-2-46】

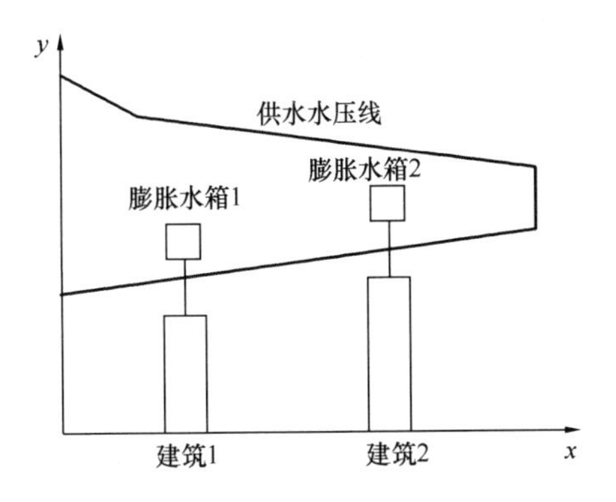

A. 管网运行时两个膨胀水箱的水面高度相同

B. 管网运行时两个膨胀水箱的水面高度不相同

C. 管网运行时膨胀水箱1的水面高度要高于膨胀水箱2的水面高度

D. 管网运行停止时2个膨胀水箱的水面高度相同

参考答案：AC

分析：运行时有压力损失，各点的测压管水头不一致，沿着流向降低，而水箱的水位

代表各点的测压管水头，故选项 A 错误，选项 B 正确从建筑物 2 流过建筑物 1 的方向，沿途测压管水头降低，2 的水位高于 1 的水位故选项 C 错误；停止运行时，无压力损失，各点的测压管水头相等，故选项 D 正确。

1.8-34.【多选】城市热网项目的初步设计阶段，下列关于热水管网阻力计算的说法，哪几项是错误的?【2014-1-46】

A. 热力网管道局部阻力与沿程阻力的比值可取为 0.5

B. 热力网管道局部阻力与沿程阻力的比值，与管线类型无关

C. 热力网管道局部阻力与沿程阻力的比值，仅与补偿器类型有关

D. 热力网管道局部阻力与沿程阻力的比值，管线采用方形补偿器，其取值范围为 0.6～1.0

参考答案： ABCD

分析： 根据《城镇供热管网设计规范》CJJ 34—2010 第 7.3.8 条，热水输送干线热力网管道局部阻力与沿程阻力的比值可取为 0.5，但热水输配管线不可以，故选项 A 错误；热力网管道局部阻力与沿程阻力的比值，与管线类型有关，故选项 B 错误；热力网管道局部阻力与沿程阻力的比值，不仅与补偿器类型有关且与管线类型有关，故选项 C 错误；当管线类型为输配管线时，热力网管道局部阻力与沿程阻力的比值，管线采用方形补偿器，其取值范围为 0.6～1.0，选项 D 中未交代管道类型，故错误。

1.8-35.【多选】如下图所示，某供热管网采用混水泵与终端用户 1 直接连接，经管路 2 混水，热网设计供热温度 110℃，终端热用户 1 设计供/回水温度 50℃/40℃。关于该混水系统的设计混合比，以下哪些数据是错误的?【2014-2-46】

A. 0.14～0.15　　B. 0.8～0.9

C. 6.0　　D. 7.0

答案： ABD

分析： 根据《三版教材》式（1.10-19），$u=\dfrac{110-50}{50-40}=6$。

1.8-36.【多选】在蒸汽热力站的设计中，下列哪几项说法是正确的?【2016-1-47】

A. 热力站的汽水换热器应设凝结水水位调节装置

B. 对采用闭式凝结水箱满流压力回水方式进行冷凝水回收时，可采用无内防腐的钢管

C. 对凝结水应取样，取样管设在凝结水箱的最低水位以上、中轴线以下

D. 凝结水泵吸入侧的压力不应低于吸入口可能达到的最高水温下的饱和蒸汽压力加 40kPa

参考答案： ABC

分析： 根据《城镇供热管网设计规范》CJJ 34—2010 第 10.4.2 条，选项 A 正确；根据第 5.0.7 条，选项 B 正确；根据第 10.4.8 条，选项 C 正确；根据 第 7.5.4 条，选项 D

错误。

1.8-37.【多选】某4层住宅楼采用散热器热水供暖系统，以下关于产生垂直失调现象的论述，哪几项是错误的?【2016-2-42】

A. 双管上连下回系统热水供回水温差加大，底层散热器的供热量会增大

B. 单管系统的垂直失调现象较双管系统更为严重

C. 单管系统的垂直失调现象主要取决于自然循环作用压头的影响

D. 当对供回水温度进行质调节时，单管系统的各层散热器的散热量会发生等比例变化

参考答案： ABCD

分析： 双管系统的垂直失调主要是重力作用压力引起的，而在双管系统中，由于各层散热器与锅炉的相对位置不同，所以相对高度由上向下逐层递减，尽管水温变化相同，但也会形成上层作用压力大、下层作用压力小的现象，因此，双管上连下回系统热水供回水温差加大，顶层散热器的供热量会增大，选项A错误；单管系统垂直失调的原因是各层散热器的传热系数随各层散热器平均计算温度差的变化程度不同，单管系统垂直失调比双管小；双管系统垂直失调的原因是各层散热器重力水头不同，楼层越高，上下层作用压差越大，垂直失调越严重，选项BC错误；当对供回水温度进行质调节时，单管系统各层供回水温度不同，越往下层，进水温度越低，各层散热器的散热量会发生一致不等比失调，选项D错误。

1.8-38.【多选】在下列城镇蒸汽供热系统的冷凝水管网设计中，哪几项是错误的?【2016-2-46】

A. 蒸汽供热系统采用间接换热系统时，对不能回收、水质符合污水排入城市下水道水质标准且数量较大的冷凝水，直接排放到城市下水道中

B. 凝结水管道的设计流量按蒸汽管道的设计流量乘以用户凝结水回收率确定

C. 凝结水管道的设计比摩阻采用100Pa/m

D. 凝结水管道采用无缝钢管或焊接钢管

参考答案： AD

分析： 根据《三版教材》P132，不能回收的凝结水，应充分利用其热能和水资源。因此不能直接排放到城市下水管道中，选项A错误；根据《城镇供热管网设计规范》CJJ 34—2010第7.1.8条，选项B正确；根据第7.3.7条，选项C正确；根据第8.3.2条，凝结水管道宜采用具有防腐内衬、内防腐涂层的钢管或非金属管道。凝结水管道采用具有防腐内衬、内防腐涂层无缝钢管或焊接钢管，选项D错误。

扩展： 本题选项D注意区别《城镇供热管网设计规范》CJJ 34—2010第5.0.7条：当热力网凝结水管采用无内防腐的钢管时，应采取措施保证凝结水管充满水。若题目给出了"凝结水管网满水运行"的条件，则选项D正确。

1.8-39.【多选】在散热器供暖系统的整个供暖期运行中，下列哪几项是能够实现运行节能的措施?【2018-1-42】

A. 外网进行量调节

B. 外网进行质调节

C. 供水温度恒定，提高回水温度

D. 设置散热器恒温阀

参考答案：BD

分析：外网的供热调节方式采用质调节或质—量调节，如果使用量调节，随着室外气温的变化，流量会降低很多，容易造成供暖用户的严重竖向失调。用户采用双管系统的可调节流量和外网量调节是两回事，故选项A错误，选项B正确。选项C不能实现运行节能，实际上是增大了循环水量；选项D，自动恒温阀调节户内系统的循环流量，从而使供热系统的循环流量改变，实现运行节能。

1.9 锅 炉 房

1.9-1.【单选】设计燃气锅炉房，下列做法哪一项正确？【2011-1-08】

A. 当采用双管供气时，每条管道的通过能力按锅炉房总耗气量的65%计算

B. 燃气配管系统适用的阀门选用明杆阀

C. 燃气放散管出口高出屋脊1.5m

D. 燃气管道穿越基础时，有条件时需设置套管

参考答案：B

分析：此题为《二版教材》相关内容。选项A应为75%，选项B正确，选项D应为"需要设置套管"；根据《锅炉房设计规范》GB 50041—2008第13.3.4条，选项C应为2m。

1.9-2.【单选】设计居民小区的锅炉房时，下列哪一项是错误的？【2011-1-09】

A. 单台2.8MW的燃气锅炉炉前净距为2.5m

B. 锅筒上方不需操作和通行时，净空高度为0.7m

C. 操作平台的宽度为0.85m

D. 集水器前通道宽度为1.0m

参考答案：D

分析：根据《锅炉房设计规范》GB 50041—2008第4.4.5条和第4.4.6条，选项AB正确；根据《三版教材—2017》P155可知，选项C正确，选项D错误。

1.9-3.【单选】根据规范规定，锅炉房的外墙、楼地面或屋面应有足够的泄压面积，下列有关泄压面积的表述，哪一项是错误的？【2013-1-09】

A. 应有相当于锅炉间占地面积10%的泄压面积

B. 应有相当于锅炉房占地面积的10%的泄压面积

C. 地下锅炉房的泄压竖井的净横断面面积应满足泄压面积的要求

D. 当泄压面积不能满足要求时，可采用在锅炉房的内墙和顶部敷设金属爆炸减压板作补充

参考答案： B

分析：《锅炉房设计规范》GB 50041—2008 第 15.1.2 条。选项 B 错误，锅炉间不是锅炉房，锅炉房包括锅炉间、燃气调压间或油箱油泵间等其他辅助间。选项 ACD 正确，参见《锅炉房设计规范》GB 50041—2008 第 15.1.2 条。

1.9-4.【单选】下列关于锅炉房设备、系统的说法，错误的是何项？【2014-1-09】

A. 确定锅炉房总装机容量时，室外热管网损失系数取 1.25

B. 目前市场供应的燃煤锅炉绝大部分为层燃炉

C. 燃油锅炉房的烟囱采用钢制材料

D. 燃气锅炉放散管排出口应高出锅炉房屋脊 2m 以上

参考答案： A

分析： 根据《三版教材》：选项 A 参见 P157，室外热管网损失系数取 1.1～1.2；选项 B 参见《三版教材-2017》P156，2. 锅炉燃烧方式的选择-（1）；选项 C 参见《三版教材-2017》P157，（3）风烟道及烟囱设计-1）第 7 条；选项 D 参见 P159(3)-2)。

1.9-5.【单选】某居住小区设独立燃气锅炉房作为集中热水供暖热源，设置 2 台 4.2MW 的热水锅炉。下列烟囱设计的有关要求，哪一项是错误的？【2014-2-09】

A. 2 台锅炉各自独立设置烟囱

B. 水平烟道坡度为 0.01，坡向烟道的最低点并设排水阀排放凝水

C. 烟道和烟囱材料采用不锈钢

D. 不锈钢烟囱不设内衬，壁厚 8mm

参考答案： B

分析： 根据《锅炉房设计规范》GB 50041—2008 第 8.0.5-1 条，燃油、燃气锅炉烟囱宜单台配置，故选项 A 正确；根据《三版教材-2017》P157，（3）风烟道的设计原则 1）可知，选项 B 前半句正确，注意，排水管上不应设置任何阀门；选项 C 参见《三版教材》P157～P158；选项 D 参见《三版教材-2017》P158 第 6 行。

1.9-6.【单选】进行严寒地区某居住小区热力站与燃气锅炉房设计时，下列哪个设计选项是错误的？【2016-1-08】

A. 实际换热器的总换热量取设计热负荷的 1.15 倍

B. 供暖用换热器，一台停止工作时，运行的换热器的设计换热量不应低于设计供热量的 65%

C. 换热器的管内热水流速取 0.8m/s

D. 燃气锅炉房应设置防爆泄压设施

参考答案： B

分析： 根据《民规》第 8.11.3-2 条及《三版教材》P109，换热器选取总热量附加系数，用于供暖（热）时，取 1.10～1.15，选项 A 正确；根据《民规》第 8.11.3-3 条及《三版教材》P109，供暖用换热器，一台停止工作时，运行的换热器的设计换热量应保证基本供热量的需求，寒冷地区不应低于设计供热量的 65%，严寒地区不应低于设计供热

量的70%，选项B错误；根据《三版教材》P108，流速大小应考虑流体的黏度，黏度大的流速应小于0.5～1.0m/s，一般流体管内流速宜取0.4～1.0m/s，易结垢的流体宜取0.8～1.2m/s，选项C正确；根据《三版教材》P149，“设置于建筑内的锅炉房布置要求”7）条，选项D正确。

1.9-7.【单选】有关小区锅炉房中供热锅炉的选择表述，下列何项是错误的?【2016-2-9】

A. 热水锅炉的出口水压采用循环水系统的最高静水压力

B. 热水锅炉的出口水压，不应小于锅炉最高供水温度加20℃相应的饱和水压力（用锅炉自生蒸汽定压的热水系统除外）

C. 燃气锅炉应优先选用带比例调节燃烧器和燃烧安全的全自动锅炉

D. 新建独立锅炉房的锅炉台数不宜超过5台

参考答案：A

分析：根据《09技术措施》第8.2.8-1条，热水锅炉出口水压等于静水压力加上管网最不利环路的压力损失，选项A错误；根据《锅炉房设计规范》GB 50041—2008第10.1.1条及《09技术措施》第8.2.8-2条，选项B正确；根据《09技术措施》第8.2.10-2条，选项C正确。根据《三版教材》P148第4行，锅炉房的锅炉总台数，对新建锅炉房不宜超过5台，选项D正确。

1.9-8.【单选】燃气锅炉房中燃气管道应采用下列哪种管道?【2017-1-09】

A. PVC管　　B. PE管　　C. 铸铁管　　D. 钢管

参考答案：D

分析：根据《锅炉房设计规范》GB 50041—2008第13.3.11条可知，选项ABC错误，选项D正确。

1.9-9.【多选】严寒与寒冷地区小区锅炉房设计中，在利用锅炉产生的各种余热时，应符合下列哪几项规定?【2012-1-42】

A. 散热器供暖系统宜设烟气余热回收装置

B. 有条件时应选用冷凝式燃气锅炉

C. 选用普通锅炉时，应设烟气余热回收装置

D. 热媒热水温度不高于60℃的低温供热系统，应设烟气余热回收装置

参考答案：ABCD

分析：《严寒和寒冷地区居住建筑节能设计标准》JGJ 26—2010第5.2.8条。

1.9-10.【多选】小区集中供热锅炉房的位置，正确的是下列哪几项?【2012-1-46】

A. 应靠近热负荷比较集中的地区

B. 应有利于自然通风和采光

C. 季节性运行的锅炉房应设置在小区主导风向的下风侧

D. 燃煤锅炉房有利于燃料和废渣的运输

参考答案：ABD

分析：根据《锅炉房设计规范》GB 50041—2008 第4.1.1条，选项ABD正确；选项C中全年运行的锅炉房应设置于总体最小频率风向的上风侧，季节性运行的锅炉房应设置于该季节最大频率风向（主导风向）的下风侧，并应符合环境影响评价报告提出的各项要求，故选项C不正确。

1.9-11.【多选】寒冷地区某节能居住小区35万m^2，采用地面辐射供暖系统供暖，供暖热负荷14MW（已包括热网输送效率），冬季供暖热源为燃气热水锅炉，下列关于锅炉设备选择和锅炉房设计的内容，哪几项是正确的？【2013-1-47】

A. 燃气锅炉设烟气余热回收装置

B. 设置2台7.0MW燃气锅炉

C. 设置2台10.5MW燃气锅炉，单台锅炉运行时负担70%热负荷

D. 对锅炉房自动监控的内容为：实时监测、自动控制、按需供热、安全保障、健全档案

参考答案：ACD

分析：《09技术措施》第8.13.8-2条及《严寒和寒冷地区居住建筑节能设计标准》JGJ 26—2010第5.2.8条：选项A正确，采用地面辐射供暖系统，水温不高于60℃，应设烟气余热回收装置。《三版教材》P148：寒冷地区锅炉设计换热量不应低于设计供热量的65%，严寒地区70%；两台7MW，则7/14=50%<65%，两台10.5MW，10.5/14=75%>65%，选项B错误，选项C正确；《严寒和寒冷地区居住建筑节能设计标准》JGJ 26—2010第5.2.19条文说明，选项D正确。

1.9-12.【多选】某住宅小区供暖设地上独立天然气锅炉房，市政天然气经专设的地上调压柜调压后进入锅炉房，在下列对调压柜的设计要求中，哪几项是正确的？【2014-1-47】

A. 调压装置的燃气进口压力不应大于0.8MPa

B. 调压柜的进口压力为0.6MPa时，距建筑物外墙面的最小水平净距为4.0m

C. 调压柜的燃气进、出口之间应设旁通管

D. 调压器的计算燃气流量应按锅炉房最大的小时用气量的1.2倍确定

参考答案：BC

分析：根据《城镇燃气设计规范》GB 50028—2006第6.6.2.2条，居民和商业用户调压装置的燃气进口压力不应大于0.4MPa，故选项A错误；根据《三版教材》P816表6.3-1，0.6MPa为次高压B级燃气管道，根据《城镇燃气设计规范》GB 50028—2006第6.6.3条，调压柜距建筑物外墙面的最小水平净距为4.0m，故选项B正确；根据《城镇燃气设计规范》GB 50028—2006第6.6.10条，选项C正确；根据《城镇燃气设计规范》GB 50028—2006第6.6.9条，调压器的计算燃气流量应按管网小时的最大用气量的1.2倍确定，故选项D错误。

1.9-13.【多选】拟对某办公大楼（2004年建造）实施合同能源管理。对大楼的集中空调系统进行了节能诊断。为既符合国家现行节能改造标准又控制改造资金投入，根据诊

断结果作出下列改造建议中，哪几项是可不采用的?【2014-2-42】

A. 原有燃气锅炉（2.8MW）的额定效率为86%，低于《公共建筑节能设计标准》的要求，对锅炉进行更换

B. 检测燃气锅炉最低运行效率为76%，对锅炉进行更换

C. 锅炉房无随室外气温变化进行供热量调节的自动控制装置，进行相应的改造

D. 检测空调水系统循环水泵的实际循环水量大于原设计值的5%，故更换原有水泵

参考答案：ABD

分析：依据《公共建筑节能改造技术规范》JGJ 176—2009 第4.3.2条相关内容，2.8MW燃气锅炉其运行效率低于76%，且锅炉改造或更换的静态投资回收期小于或等于8年时，宜进行相应的技术改造。选项A所述为锅炉的额定效率为86%，虽然低于《公建节能2015》第4.2.5条规定的额定效率90%，但是未提及实际运行效率，因为不能判定作为改造措施，选项A不选；选项B缺乏改造静态投资回收期小于或等于8年条件，条件不充分，不选；依据第4.3.7条，选项C采用；依据第4.3.9条，选项D不选。

扩展：考生当遇见考题涉及内容为公共建筑节能改造时，首先应想到相应规范为《公共建筑节能改造技术规范》JGJ 176—2009，本题如若考生对《公共建筑节能改造技术规范》不熟悉，极易首先考虑《公共建筑节能设计标准》，造成规范使用误区，导致答案出现错选和漏选。近年来，关于节能改造考点越发得到命题专家的青睐，且考点难度向贴近实际工程案例发展的趋势越发明显，应引起广大考生的重视。

1.9-14.【多选】某燃气供热锅炉房，设于建筑的半地下室，其设计说明给出的送、排风系统设计要求，正确的是下列哪几项?【2017-1-47】

A. 送排风系统按平时换气次数每小时6次、事故换气次数每小时12次设计

B. 锅炉房送排风系统与建筑机械通风系统合并设置

C. 排风机采用防爆型风机

D. 包括锅炉燃烧所需空气量在内，送入的新风总量为锅炉房每小时3次的换气量

参考答案：AC

分析：根据《三版教材》P315及《锅炉房设计规范》GB 50041－2008第15.3.7条可知，选项A正确，选项C正确，选项B错误；根据条文小注可知，换气量中不包括锅炉燃烧所需空气量，选项D错误。

1.9-15.【多选】严寒地区某小区设置地下供暖用燃气锅炉房（多台锅炉共用一条烟道），下列哪几项做法是正确的?【2018-1-46】

A. 每台锅炉烟道上设置防爆门

B. 锅炉烟囱最低点设置泄水阀

C. 锅炉房布置在该小区主导风向下风侧

D. 燃气调压间与锅炉房之间应采用防火墙或甲级防火门分隔

参考答案：AC

分析：根据《锅炉房设计规范》GB 50041—2008第8.0.5.2可知，选项A正确；由根据第8.0.5.3可知，选项B错误，应设置水封式冷凝水排水管道；根据第4.1.1.6条，

“全年运行的锅炉房应设置在总体最小频率风向的上风侧，季节运行的锅炉房应设置于该季节最大频率风向（主导风向）的下风侧”，选项C正确；根据第15.1.1.3条，燃气调压间门窗应向外开启并不应直接通向锅炉房，根据第7.0.5条，燃气调压装置不应设置在地下建、构筑物内，故选项D正确。

扩展：本题类比于【2012-1-46】，选项C未明确“该季节”的要求，可认为错误，但考虑多选题，选项B和选项D更是错误的，故参考答案为AC。

1.9-16.【多选】下列关于锅炉房设计的要求，哪几项是错误的？【2018-2-45】

A. 燃气锅炉设置于首层门厅相邻或在门厅上层

B. 燃气锅炉不得设置在地下一层

C. 锅炉房的人员出入口必须有一个直通室外

D. 燃油锅炉房的控制间和水泵间，应设置防爆泄压设施

参考答案：ABD

分析：根据《锅炉房设计规范》GB 50041—2008第4.1.3条可知，选项AB均错误；第4.3.7条可知，选项C正确，选项C是对于所有锅炉房的最基本要求，锅炉房出入口不应少于2个，其中独立锅炉房满足一定条件出入口（直接对外）可设1个；非独立锅炉房，其人员出入口必须有1个直通室外；由第15.1.3条及其条文解释可知，燃油、燃气锅炉房的锅炉间是可能发生闪爆的场所，用甲级防火门隔开后，辅助间相对安全，可按非防爆环境对待，选项D错误。

第2章　通风专业知识题

本章知识点题目分布统计表

小节	考点名称		2011年至2019年题目统计		近几年题目统计		2019年题目统计
			题目数量	比例	题目数量	比例	
2.1	工业企业及室内卫生		8	3%	3	3%	1
2.2	通风设计的一般要求	2.2.1　通风量计算	10	4%	5	6%	1
		2.2.2　全面通风与事故通风	25	10%	17	19%	4
		2.2.3　通风防爆	12	5%	5	6%	1
		小计	47	18%	27	30%	6
2.3	自然通风		18	7%	12	13%	5
2.4	局部通风与排风罩		15	6%	7	8%	1
2.5	除尘与吸附	2.5.1　除尘器	26	10%	13	14%	1
		2.5.2　吸收吸附	13	5%	7	8%	3
		小计	39	15%	20	22%	4
2.6	通风系统	2.6.1　通风系统设计	6	2%	4	4%	4
		2.6.2　通风系统施工与验收	22	9%	9	10%	0
		2.6.3　除尘通风系统	11	4%	5	6%	0
		小计	39	15%	18	20%	4
2.7	通风机		18	7%	15	17%	5
2.8	消防防火	2.8.1　防烟排烟系统设置	16	6%	5	6%	2
		2.8.2　防烟排烟系统设计	18	7%	8	9%	4
		2.8.3　通风系统的消防要求	10	4%	2	2%	0
		2.8.4　其他消防要求	6	2%	3	3%	0
		小计	50	20%	18	20%	6
2.9	人防工程		11	4%	1	1%	0
2.10	其他考点	2.10.1　车库、设备用房、厨房及卫生间	5	2%	1	1%	0
		2.10.2　锅炉房通风与消防	5	2%	0	0%	0
		小计	10	4%	1	1%	0
合计			255		122		32

说明：2015年停考1年，近几年题目统计为2016年至2019年。

2.1　工业企业及室内卫生

2.1-1.【单选】住宅室内空气污染物游离甲醛的浓度限值是下列哪一项?【2012-1-11】

A. ≤0.5mg/m³　　B. ≤0.12mg/m³

C. ≤0.08mg/m³　　D. ≤0.05mg/m³

参考答案：C

分析：《住宅建筑规范》GB 50368—2005 第7.4.1条表7.4.1。

2.1-2.【单选】某成衣缝纫加工厂房，工人接触时间率为100%，所处地点的夏季通风室外计算温度为29℃，室内工作地点的最高允许湿球温度应为下列哪一项?【2013-2-10】

A. 32℃　　B. 31℃　　C. 30℃　　D. 29℃

参考答案：C

分析：根据《三版教材》表2.3-1、表2.3-2，可确定最高允许湿球温度为30℃。同时可参考《工业场所有害因素职业接触限值 第2部分：物理因素》GBZ 2.2—2007 第10.2.2条及其附录表B.1。

2.1-3.【单选】某地室外通风计算温度为32℃，该地的一个成衣工厂的缝纫车间，工作为8h劳动时间，该车间的WBGT限制应为下列何项?【2014-1-10】

A. WBGT限值为30℃　　B. WBGT限值为31℃

C. WBGT限值为32℃　　D. WBGT限值为33℃

参考答案：B

分析：根据《工作场所有害因素职业接触限值　第2部分：物理因素》GB Z2.2—2007 附录B表B.1查得缝纫的体力劳动强度分级为Ⅰ级；根据该标准第10.1.3条计算接触时间率为8h/8h=100%，查表8得WBGT限值为30℃；根据该标准第10.2.2条，室外通风计算温度≥30℃的地区，按表8中规定的WBGT值增加1℃，即：30+1=31℃。

2.1-4.【单选】以下关于空气可吸入颗粒物的叙述，哪一项是不正确的?【2014-2-10】

A. PM2.5指的是悬浮在空气中几何粒径小于或等于0.025mm颗粒物

B. 国家标准中PM10的浓度限值比PM2.5要高。

C. 当前国家发布的空气雾霾评价指标是以PM2.5的浓度作为依据

D. 新版《环境空气质量标准》中，PM2.5和PM10都规定有浓度限值

参考答案：A

分析：根据《环境空气质量标准》GB 3095—2012 第3.3条，PM2.5指环境空气中空气动力学当量直径小于或等于2.5μm的颗粒物。1μm=0.001mm，2.5μm=0.0025mm，故选项A错误。根据该标准第4.3条表1，选项BD正确。由《三版教材》P165，可作为选项C正确的依据。

2.1-5.【单选】某工业厂房所在地的夏季通风室外计算温度为32℃，室内散热量为

$25W/m^2$，在进行夏季自然通风计算时，室内工作地点最高允许温度（℃），应是下述哪一项？【2017-1-11】

A. 32　　B. 33　　C. 34　　D. 35

参考答案：D

分析：由《工规》第 4.1.4 条可知，夏季通风室外计算温度为 32℃时，工作地点温度最高为 35℃。

2.1-6.【单选】对于人员长时间工作的地点，当其热环境达不到卫生要求时，首选下列何种通风方式？【2018-1-17】

A. 岗位排风　　B. 岗位送风

C. 全面通风　　D. 全面排风

参考答案：B

分析：根据《工规》第 6.5.4 条可知，应设置局部送风，故岗位送风是首选。

2.1-7.【多选】下列污染物中，哪几项是属于需要控制的住宅室内空气环境污染物？【2012-2-49】

A. 甲烷、乙烯、乙烷　　B. 氡、氨、TVOC

C. CO、CO_2、臭氧　　D. 游离甲醛、苯

参考答案：BD

分析：根据《住宅建筑规范》GB 50368—2005 第 7.4 条的规定：氡、甲醛、苯、氨、TVOC 等。

2.2　通风设计的一般要求

2.2.1　通风量计算

2.2-1.【单选】某房间机械送风量为 $1800m^3/h$，机械排风量为 $2000m^3/h$，说法正确的是哪一项？【2011-2-16】

A. 房间形成正压，自然排风量为 $200m^3/h$

B. 房间形成负压，自然进风量为 $200m^3/h$

C. 房间形成正压，自然进风量为 $200m^3/h$

D. 条件不明确，正负压及相应的自然通风量无法确定

参考答案：D

分析：根据《三版教材》P175，风量平衡需通过质量流量进行计算，送排风的温度不同，密度不同，故选项 ABC 直接对体积流量进行加减的做法不合理。因此选项 D 的说法正确。

2.2-2.【单选】某食品车间长 40m、宽 10m、层高 6m，车间内生产（含电热）设备总功率为 215kW，有 150 名操作工，身着薄棉质工作服坐在流水线旁操作，设计采用全面造风形式消除室内余热并对进风进行两级净化处理（初效和中效过滤）。具体为：采用

无冷源的全空气低速送风系统（5台60000m³/h机组送风，沿车间长度方向布置的送风管设在4m标高处，屋顶设有10台23795m³/h的排风机进行排风），气流组织为单侧送（送风速度为2.5m/s），顶部排风。车间曾发生多例工人中暑（该地区夏季通风温度为31.2℃），造成中暑的首选原因应是下列哪一项？【2012-2-13】

A. 新风量不够　　B. 排风量不够

C. 送风量与排风量不匹配　　D. 气流组织不正确

参考答案： D

分析： 此题是对通风空调基本原理的考查。由题意，车间层高6m，单侧送风管设在4m标高且采用无冷源的低速送风。中暑主要是因为温度过高，因此选项A新风量不足不是原因。选项BC均为针对房间排热量的分析，选项D从气流组织的角度考虑问题。题设强调“低速送风系统”，且送风高度在4m，同时在顶部有较大的排风，容易形成短路。因此，气流组织造成中暑问题的可能性较大。另外，对于选项BC，题目给出了体积风量和室外温度，未给出室内温度等参数，无法计算风量平衡，故选项BC有关送排风量和排风量不够的说法无法计算。综上所述，首选原因是气流组织不正确。

2.2-3.【单项】计算冬季全新风送风系统的热负荷时，采用下列哪项室外计算温度是错误的？【2013-1-15】

A. 用于补偿消除室内有害气体的全面排风耗热量时，采用冬季通风室外计算温度

B. 用于补偿排除室内余热的全面排风耗热量时，采用冬季通风室外计算温度

C. 用于补偿排除室内余湿的全面排风耗热量时，采用冬季通风室外计算温度

D. 用于补偿室内局部排风耗热量时，采用冬季供暖室外计算温度

参考答案： A

分析： 根据《工规》第6.3.4-1～2条，选项BCD正确。选项A无依据。

扩展： 选项A的内容，《三版教材》已经删除，可参考《三版教材-2015》的规定：在冬季，对于局部排风及稀释有害气体的全面通风，采用冬季采暖室外计算温度；对于消除余热、余湿及稀释低毒性有害物质的全面通风，采用冬季通风室外计算温度。

《工规》第6.3.4-3～4条新增了对机械通风夏季室外计算温度及相对湿度的规定。同时应注意区别该规定对于不同的室内温度及湿度的要求（要求一般或要求较严格），所采用的室外计算参数不相同。

2.2-4.【单选】关于严寒地区的工业建筑通风耗热量计算的说法，下列哪一项是错误的？【2013-2-04】

A. 人员停留区域和不允许冻结的房间，机械送风系统的空气，冬季宜进行加热，并应满足室内风量和热量的平衡要求

B. 计算补充局部排风的机械送风系统的耗热量时，室外新风计算温度一般采用冬季供暖室外计算温度

C. 计算补充局部排风的机械送风系统的耗热量时，室外新风计算温度应采用冬季通风室外计算温度

D. 计算用于补偿消除余热、余湿的全面排风耗热量时，室外新风计算温度一般采用

冬季通风室外计算温度

参考答案：C

分析：根据《三版教材》P174“3. 工业建筑通风耗热量计算”，选项A正确；由式(2.2-6)有关室外计算温度 t_w 的说明，选项C错误，局部排风采用冬季供暖室外计算温度，同时可参考P173。

2.2-5.【单选】下列关于制冷机房事故通风量的确定依据，哪项是不正确的?【2016-1-12】

A. 氟制冷机房的事故通风量不应小于12次/h

B. 氨制冷机房的事故通风量不应小于12次/h

C. 燃气直燃溴化锂制冷机房的事故通风量不应小于12次/h

D. 燃油直燃溴化锂制冷机房的事故通风量不应小于6次/h

参考答案：B

分析：根据《民规》第6.3.7-2条，选项A正确；根据《民规》第6.3.7-4条，选项B错误；根据《民规》第6.3.7-5条，选项C、D正确。

扩展：详见附录5：关于平时通风和事故通风换气次数的一些规定。

2.2-6.【单选】冬季某地工厂，当机械加工车间局部进风系统的空气需要加热处理时，其室外空气计算参数的选择，下列何项是正确的?【2016-1-13】

A. 采用冬季通风室外计算温度

B. 采用冬季供暖室外计算温度

C. 采用冬季空调室外计算温度

D. 采用冬季空调室外计算干球温度和冬季空调室外计算相对湿度

参考答案：B

分析：根据《09技术措施》第1.3.18条，采用冬季供暖室外计算温度，答案选B。

扩展：详见附录5：室外计算温度使用情况总结。

2.2-7.【单选】北方寒冷地区某车间生产中室内散发大量有机废气，工程设计中设置了全面排风和冬季补充热风的机械通风系统，试问在计算机械送风系统的空气加热器耗热量时，应采用下列哪一项为室外新风的计算温度?【2017-2-02】

A. 供暖室外计算温度

B. 冬季通风室外计算温度

C. 冬季室外平均温度

D. 冬季空气调节室外计算温度

参考答案：A

分析：根据《工规》第6.3.4.1条可知，新风的计算温度应采用供暖室外计算温度，故选项A正确。

2.2-8.【单选】某车间采用全面通风消除有害物质、消除余热、消除余湿所需的通风量分别为：16000m³/h、15000m³/h、14000m³/h，该车间所需的最小通风量（m³/h）为下列哪一项？【2018-1-14】

A. 14000　　B. 16000　　C. 31000　　D. 45000

参考答案：B

分析：根据《工规》第6.1.14条可知，需要按"分别消除有害物质、余热和余湿所需风量的最大值确定"，故最小通风量为16000m³/h。

2.2-9.【多选】进行工业建筑物冬季的全面通风换气的热风平衡计算时，应充分考虑哪几项做法？【2013-2-44】

A. 在允许的范围内，适当提高集中送风的温度

B. 合理选择设计计算温度

C. 利用已计入供暖热负荷的冷风渗透量

D. 按最小负荷班的工艺设备散热量计入得热

参考答案：ABCD

分析：根据《三版教材》P171，"1）在允许范围内适当提高集中送风的送风温度"，选项A正确；由式（2.2-6）参数 t_w 的说明，选项B的说法正确；由P170，选项C正确；由P172，选项D正确。

2.2.2　全面通风与事故通风

2.2-10.【单选】某车间上部用于排除余热、余湿的全面排风系统风管的侧面吸风口，其上缘至屋顶的最大距离，应为下列哪一项？【2013-1-17】

A. 200mm　　B. 300mm　　C. 400mm　　D. 500mm

参考答案：C

分析：根据《三版教材》P173，位于房间上部区域的吸风口，用于排除余热、余湿和有害气体时（含氢气时除外），吸风口上缘至顶棚平面或屋顶的距离不大于0.4m。

2.2-11.【单选】某工程采用燃气直燃吸收式溴化锂制冷机制冷，其制冷机房设置平时通风和事故排风系统。试问在计算平时通风和事故排风风量时取下列哪一组数据是正确的？（数据依次为：平时通风系统换气次数和事故排风系统换气次数）【2014-1-15】

A. $3h^{-1}$和$6h^{-1}$　　B. $4h^{-1}$和$8h^{-1}$

C. $5h^{-1}$和$10h^{-1}$　　D. $6h^{-1}$和$12h^{-1}$

参考答案：D

分析：根据《民规》第6.3.7.2-5条：燃气直燃溴化锂制冷机房的通风量不应小于6次/h，事故通风量不应小于12次/h。燃油直燃溴化锂制冷机房的通风量不应小于3次/h，事故通风量不应小于6次/h。

2.2-12.【单选】某冷库采用氨制冷剂，其制冷机房长10m、宽6m、高5.5m，设置平时通风和事故排风系统。试问其最小事故排风量应为下列何项？【2014-2-15】

A. 10980m³/h　　B. 13000m³/h

C. $30000m^3/h$　　D. $34000m^3/h$

参考答案： D

分析： 根据《民规》第6.3.7-4条，事故通风量为$183\times(10\times6)=10980m^3/h$，且最小排风量不应小于$34000m^3/h$，故选项D正确。

2.2-13.【单选】根据暖通国家标准图集07K120制造的风管止回阀，风机停止运行，防止气流倒流时的哪一项风速是符合止回阀动作所要求的？【2016-1-10】

A. 有气流回流即刻动作　　B. 气流回流速度不小于2m/s

C. 气流回流速度不小于5m/s　　D. 气流回流速度不小于8m/s

参考答案： D

分析： 根据《07K120 风阀选用及安装》P39，止回阀使用条件：要求风管中风速不小于8m/s；阀门工作压差不小于40Pa，关闭时最大允许背压为1500Pa。

2.2-14.【单选】某车间生产时散发有害气体，设计自然通风系统，夏季进风口位置设置错误的是下列何项？【2016-1-14】

A. 布置在夏季主导风向侧

B. 其下缘距室内地面高度不大于1.2m

C. 避开有害污染源的排风口

D. 设置在背风侧空气动力阴影区内的外墙上

参考答案： D

分析： 根据《三版教材》第2.3.1.1节，自然通风设计原则，选项ABC正确；当散发有害气体时，在背风侧的空气动力阴影区内的外墙上，应避免设置进风口，选项D错误。

2.2-15.【单选】以下哪类房间，可不设置事故通风系统？【2016-1-15】

A. 氨制冷机房　　B. 氟利昂制冷机房

C. 地下车库　　D. 公共建筑中采用燃气灶具的厨房

参考答案： C

分析： 根据《民规》第6.3.7-2条，选项AB错误；公共建筑中采用燃气灶具的厨房，以天然气、液化石油气、人工煤气为燃料，火灾危险性主要来自这些爆炸危险的易燃燃料以及因设备控制失灵，管道阀门泄露以及机件损坏时的燃气泄漏，可燃气体与空气形成爆炸混合物，遇明火或热源产生燃烧和爆炸，因此应保证良好通风，应设计事故通风系统，选项D错误；地下车库仅需设置排烟及通风系统即可，选项C正确。

2.2-16.【单选】关于复合通风系统的设置，下列说法错误的是何项？【2016-2-2】

A. 屋顶保温良好，高度10m的大空间展厅采用复合通风系统时，需考虑温度分层问题

B. 复合通风中自然通风量不宜低于联合运行风量的30%

C. 复合通风适用于易在外墙开窗并通过人员自行调节的房间

D. 系统运行时应优先使用自然通风

参考答案： A

分析： 根据《民规》第6.4.4条，高度大于15m的大空间采用复合通风时，宜考虑温度分层问题，选项A错误；根据第6.4.2条，选项B正确；根据第6.4.1条，选项C正确；根据第6.4.3.1条，选项D正确。

2.2-17.【单选】某机械加工车间的建筑尺寸为长100m、宽36m、高12m，有数个局部有害气体产生源。车间原来采用墙壁轴流风机的排风方式，但室内空气质量不能满足现行行业标准《工业企业设计卫生标准》的要求。现拟对通风系统进行改造，采用下列何种通风方案简单易行且效果相对较好？【2017-2-12】

A. 全面通风　　B. 吹吸式通风

C. 局部通风　　D. 置换通风

参考答案： C

分析： 由《工规》第6.1.8条条文说明可知，"在工艺设备上或有害物质的放散处设置自然或机械的局部排风，予以就地排除是经济有效的措施"，故选C。

2.2-18.【单选】天然气锅炉房设事故排风，其事故排风的室内吸风口高度设置，下列哪一项说法是正确的？【2017-2-14】

A. 吸风口设在房间下部，距地面≤1.0m

B. 吸风口设在房间上部，距顶棚≥1.0m

C. 吸风口设在房间下部，距地面≤0.4m

D. 吸风口设在房间上部，距顶棚≤0.4m

参考答案： D

分析： 根据《民规》第6.3.2-1条或《三版教材》P173可知，"除用于排除氢气与空气混合物时，吸风口上缘至于顶棚平面或屋面的距离不大于0.4m"，选项D正确。

2.2-19.【单选】某公共建筑中，假定外窗的开启扇面积为F_A，窗开启后的空气流通截面积为F_B。问：确定该建筑的外窗有效通风换气面积时，下列哪一项是正确的？【2018-1-12】

A. F_A和F_B之和　　B. F_A和F_B之差

C. 当$F_A > F_B$时，为F_A　　D. 当$F_B < F_A$时，为F_B

参考答案： D

分析： 根据《公建节能2015》第3.2.9条，外窗（包括透光幕墙）的有效通风面积应为开启扇面积和窗开启后的空气流通界面面积的较小值，因此选D。

2.2-20.【单选】建筑面积250m^2、吊顶高度为3.6m的医院配药室，有工作人员30名，设置机械通风系统一套，经计算消除余热、余湿所需的通风量分别为3000m^3/h、4000m^3/h。该系统设计通风量（m^3/h）正确的是以下哪项？【2018-1-18】

A. 900　　B. 3000　　C. 4000　　D. 4500

参考答案：D

分析：本题在考虑通风量时，除了考虑消除余热余湿外，还要考虑人员新风量要求。根据《民规》表3.0.6-3，医院配药房最小换气次数为$5h^{-1}$，因此人员新风量为250×3.6×5=4500m^3/h。也因此对比消除余热余湿通风量，人员新风量需求量更大，故系统设计通风量为满足人员新风量的4500m^3/h。

2.2-21.【单选】某负压厂房采用全面通风排除有害气体和余热，排除有害气体需要风量为600m^3/h，排除室内余热需要风量为800m^3/h，室内人员需要新风量为300m^3/h，维持室内要求负压需要的排风量为500m^3/h。问：该厂房全面通风的补风量（m^3/h），以下哪一项是正确的？【2018-2-11】

A. 2200　　B. 1300　　C. 800　　D. 300

参考答案：D

分析：本题相当于小案例题。全面通风量一方面要满足消除余热、余湿和消除有害物，第二方面要保证人员新风量，第三方面满足室内压力要求。本题为负压厂房，因此送风量小于排风量。

由题意，消除有害物风量为600m^3/h，消除余热风量为800m^3/h，因此满足消除余热、余湿和消除有害物为800m^3/h，因此排风量不低于800m^3/h。

对于人员新风量要求，题目要求最小新风量为300m^3/h，因此需要送风量为300m^3/h。

对于负压要求，题目要求负压排风量为500m^3/h。

排风量取大值800m^3/h，送风量取300m^3/h，排风量与送风量之差为500m^3/h，正好满足负压要求。三项需求皆满足，该厂房补风量也为送风量300m^3/h。

2.2-22.【多选】为满足室内卫生条件和生产工艺要求，下列车间的通风设计中，正确的做法是哪几项？【2011-2-43】

A. 设机械排风系统、机械送风系统、风量平衡、在冬季补热

B. 设机械排风系统、自然补风、在冬季补热

C. 设机械排风系统、机械送风系统、风量平衡、每班只运行1h，在冬季不补热

D. 设机械排风系统、自然补风、风量平衡、每班只运行1h，在冬季不补热

参考答案：AD

分析：分析选项内容，由《工规》第6.3.1条可知，当自然补风不能满足卫生工艺要求或技术经济不合理时，宜采用机械送风。从题目所述内容，无法判别采用自然补风时，卫生工艺是否满足要求，技术经济是否合理，因此采用自然补风和机械送风，从本题选项而言不能作为区分正误答案的依据。但对于运行不足2h的机械排风“可”不设“机械送风”补偿所需风量，故从风量平衡角度，选项ACD正确（但选项D相比选项C更适合），选项B未进行判断而采用自然补风，可能不满足室内卫生条件和生产工艺要求，错误。根据《工规》第6.3.1条条文解释，自然补风和机械补风都需要考虑补热，选项CD运行不足2h，针对机械送风系统还应考虑热量平衡，在冬季需要进行补热，故相比较而言，选项C错误，选项D正确。

2.2-23.【多选】大量余热散发的某车间设置了全面通风系统，其吸风口的上缘离顶棚平面距离为下列哪几项时是错误的?【2011-2-53】

A. <0.4m　　　　B. <0.5m

C. <0.6m　　　　D. <0.8m

参考答案：BCD

分析：根据《三版教材》P173 有关“全面排风系统吸风口的布置”的内容，吸风口上缘至顶棚不大于 0.4m，因此选项 BCD 均错误。

2.2-24.【多选】某工厂于有吊顶的房间设置全面排风系统，室内吸风口位置的设定，下列哪几项是错误的?【2014-2-47】

A. 应设在有害气体或爆炸危险性物质放散量可能最大或聚集最多的地点

B. 当向室内放散密度比空气大的气体或蒸汽时，室内吸风口应设在房间下部，吸风口上缘距地不超过 1.2m

C. 当向室内放散密度比空气轻的甲烷时，室内吸风口上缘至吊顶底面的距离为 300mm

D. 当向室内放散密度比空气轻的氢气与空气混合物时，室内吸风口上缘至吊顶底面的距离为 150mm

参考答案：BD

分析：根据《三版教材》P173 可知，选项 A 正确；由 P173 有关“系统吸风口布置”的内容可知，选项 BD 错误。吸风口在下部设置时，下缘距地板不大于 0.3m，故选项 B 错误；对于排除氢气与空气混合物，吸风口上缘距离顶棚不大于 0.1m，即 100mm，故选项 D 错误。

2.2-25.【多选】公共建筑通风和空调系统低速风管内的最大风速的规定，下列哪几项是正确的?【2016-1-50】

A. 干管，8m/s　　　　B. 支管，6.5m/s

C. 风机入口，6m/s　　　　D. 风机出口，15m/s

参考答案：AB

分析：根据《民规》第 6.6.3 条，选项 AB 正确；公共建筑通风与空调系统风机入口最大风速为 5.0m/s，风机出口最大风速为 11m/s，选项 CD 错误。

2.2-26.【多选】下列各排风系统排风口选用的风帽形式，哪几项是错误的?【2016-2-51】

A. 利用热压排除室内余热的自然通风系统的排风口采用圆伞形风帽

B. 排除含有粉尘的机械通风系统排风口采用圆伞形风帽

C. 排除有害气体的机械通风系统的排风口采用筒形风帽

D. 利用风压加强排风的自然通风系统的排风口采用避风风帽

参考答案：ABC

分析：根据《三版教材》P186～P187，利用热压排除室内余热的自然通风系统的排风口采用筒形风帽（自然通风的一种避风风帽），选项 A 错误，选项 D 正确；根据《民规》第6.6.18条及条文说明，排除含有粉尘或有害气体的机械通风系统的排风口采用锥形风帽或防雨风帽，选项BC错误。

扩展：圆伞形风帽，不因风向变化而影响排风效果，适用于一般机械通风系统；锥形风帽，一般在除尘系统或排放非腐蚀性但有毒的机械通风系统中使用。

2.2-27.【多选】事故通风系统排风口的设置，下列哪几项是正确的？【2017-1-51】

A. 排风口不应朝向室外动力阴影区，不宜朝向空气正压区

B. 排风口与相应的机械送风系统进风口的水平距离不足20m时，排风口应至少高于进风口6m

C. 排风口不应布置在人员经常停留或通行的地点

D. 排风口的高度应高于周边20m范围内最高建筑屋面3m以上

参考答案：BCD

分析：根据《民规》第6.3.9.6条4）可知，选项A错误，根据《民规》第6.3.9.6条2），选项BC均正确；选项D关于"排风口高度高出周围20m最高建筑3m以上"，详见《民规》第6.3.9.6条条文说明，正确。

扩展：本题主要考察事故通风，答案对于选项A有明显争议。根据《三版教材》P175及《工规》第6.4.5.4条可知，选项A错误，"不得朝向室外空气动力阴影区和正压区"；但是选项A本身与《民规》第6.3.9.6条4）相关条文是一致的。因本题选项ABC在《民规》和《工规》中都有，但选项D仅来自于《民规》，而本题没有区分工业建筑和民用建筑，出题不够严谨。揣测出题者的思路，建议按同一本规范出处选择答案。

2.2-28.【多选】复合通风系统运用了下列哪几种作用？【2017-2-48】

A. 仅热压或风压分别作用

B. 仅热压和风压共同作用

C. 热压和风压共同作用并与机械作用交替运行

D. 热压或风压作用并与机械作用交替运行

参考答案：CD

分析：《民规》第2.0.9条解释了复合通风；《民规》第6.1.3条文说明解释了自然通风。本题主要考察是否正确认识复合通风。复合通风为自然通风与机械通风相结合的方式，因此选项CD正确。选项AB实际为仅利用自然通风作用。

2.2-29.【多选】关于全面通风的说法，下列哪几项是正确的？【2017-2-49】

A. 工业建筑的室内含尘气体经净化后，气体的含尘浓度小于工作区容许浓度的30%，可循环使用

B. 满足使用要求时，送风温度27℃，排风温度30℃，送风体积流量（m^3/h）和排风体积流量（m^3/h）相等

C. 散发有害物车间所需的最小通风量，为消除有害物质所需通风量、消除余热所需通风量和消除余湿所需通风量三者之和

D. 室内正压、负压控制，可以通过改变机械通风量和机械排风量来实现

参考答案： AD

分析： 根据《三版教材》P172 及《工规》第 6.3.2 条可知，选项 A 正确；不同温度下空气密度不同，体积流量不同，故选项 B 错误；由《工规》第 6.1.14 条及《三版教材》P173～P174，可知，选项 C 错误，需要取三者之间较大值；根据《三版教材》P175 可知，选项 D 正确。

2.2-30.【多选】关于建筑物内、外有害物质和环境控制，正确的说法为下列哪几项？【2017-2-50】

A. 有害物质的产生由工艺决定，可以通过清洁生产方式缓解

B. 粉尘依靠自身能量可以长期悬浮在环境空气中

C. 控制污染物最有效的措施就是控制气流组织

D. 直接向室外排风的机械排风系统抽吸的污染物越多越好

参考答案： AC

分析： 由《工规》第 6.1.2 条可知，选项 A 正确，但无法从根本上解决污染物问题，仍需一定的控制手段；除粒径极小的微尘外，粉尘在没有其他动力的情况下无法长期悬浮在环境空气中，故选项 B 错误；由《工规》第 6.1.1 条条文说明可知，污染物控制最有效的方法是源头控制，因此控制气流组织即为最有效的措施，故选项 C 正确；由《工规》第 6.1.11 条可知，排风不应破坏室内气流组织，抽吸污染物过多势必会形成极大的负压，破坏室内气流组织，直接向室外排风的机械排风系统，根据大气排放标准，应满足排放浓度和排放速率，故选项 D 错误。

2.2.3　通风防爆

2.2-31.【单选】某车间生产过程散发大量粉尘，为改善工作环境，同时减少热损耗，拟在设置局部通风除尘系统中回用一定量的循环空气。试问除尘系统的排风含尘浓度为下列哪一项时，可以采用部分循环空气？【2011-2-15】

A. 小于工作区允许浓度的 50%　　B. 小于工作区允许浓度的 45%

C. 小于工作区允许浓度的 40%　　D. 小于工作区允许浓度的 30%

参考答案： D

分析： 根据《工规》第 6.3.2 条，选项 D 正确。

2.2-32.【单选】关于厂房的排风设备设置和供暖的表述中，下列哪一项是错误的？【2012-2-11】

A. 甲、乙类厂房的排风设备和送风设备不应布置在同一通风机房内

B. 甲、乙类厂房的排风设备不应和其他房间的送风设备布置在同一通风机房内

C. 甲、乙类厂房的排风设备不宜和其他房间的排风设备布置在同一通风机房内

D. 甲、乙类厂房不应采用电热散热器供暖

参考答案： C

分析： 根据《建规 2014》第 9.1.3 条，选项 AB 正确，选项 C 错误，“不应”布置在

同一通风机房内；根据第9.2.2条，选项D正确。

2.2-33.【单选】下列哪种情况，室内可以采用循环空气？【2013-2-13】

A. 压缩空气站站房

B. 乙炔站站房

C. 木工厂房，当空气中含有燃烧或爆炸危险粉尘且含尘浓度为其爆炸下限的25%时

D. 水泥厂轮窑车间排除含尘空气的局部排风系统，排风经过净化后，含尘浓度为工作区允许浓度30%的排风

参考答案：A

分析：根据《工规》第6.3.2条，“甲类生产厂房、丙类生产厂房空气中含有燃烧或爆炸危险粉尘且含尘浓度为其爆炸下限的25%时，含尘空气的局部排风系统，排风经过净化后，其含尘浓度仍等于工作区允许浓度30%时”，不应采用循环空气。

根据《建规2014》P179条文说明表1对生产厂房的分类，乙炔站站房属于甲类厂房，木工厂房属于丙类厂房，水泥厂轮窑厂房属于戊类厂房，因此选项BCD均不可采用循环空气。

本题关于压缩空气站的防火等级无法从考试大纲规范和教材中查得直接依据，实际考试中只能采用排除法确定选A。压缩空气站与《建规2014》表1所给氨压缩站或其他压缩站不同，根据《压缩空气站设计规范》GB 50029—2003第1.0.3条，“除螺杆空气压缩机组成的压缩空气站为戊类外，其他均应为丁类”，因此空气压缩站站房可以采用压缩空气。

2.2-34.【单选】2014年7月，国内某汽车铝合金轮毂抛光车间生产时发生爆炸，造成数十人死亡和大量人员受伤的惨痛事故，下列何项不属于引起爆炸的原因？【2017-2-13】

A. 车间内空气中的铝粉尘含量超过其爆炸极限的下限

B. 车间内空间尺寸较大

C. 车间内的通风和除尘系统未能正常运行

D. 车间内发生有明火或火花

参考答案：B

分析：求解本题需要正确认识防爆原理和爆炸产生的过程。由《工规》第6.9.1条条文说明可知，粉尘防爆主要要控制含尘浓度低于爆炸下限的25%，而粉尘爆炸的起因是有明火或火花，因此选项ACD均可能导致爆炸，而选项B空间尺寸与爆炸发生无关。

2.2-35.【单选】严寒地区某丙类生产车间生产中有粉尘散发，在冬季，若要经过净化处理后（符合室内环境空气质量要求）的含尘空气循环使用，则该含尘空气的最高含尘浓度（%）为下列何项？【2017-1-12】

A. 低于粉尘爆炸下限的15%　　B. 低于粉尘爆炸下限的20%

C. 低于粉尘爆炸下限的25%　　D. 低于粉尘爆炸下限的30%

参考答案：C

分析：由《工规》第6.9.2-2条可知，对于丙类厂房，含尘浓度大于或等于爆炸下限

25%时不允许循环使用，因此选项C的表述合理，低于爆炸下限的25%。

2.2-36.【多选】某车间生产过程有大量粉尘产生，工作区对该粉尘的容许浓度是8mg/m^3，该车间除尘系统的排风量为25000m^3/h，试问经除尘净化后的浓度为下列哪几项时，才可采用循环空气？【2012-1-53】

A. 5mg/m^3　　B. 4mg/m^3

C. 2mg/m^3　　D. 1.5mg/m^3

参考答案：CD

分析：根据《工规》第6.3.2条，经除尘净化后的浓度不应大于允许浓度的30%，8×30%=2.4mg/m^3，故CD满足要求。

2.2-37.【多选】排除某种易爆气体的局部排风系统中，风管内该气体的浓度为其爆炸浓度下限的百分比为下列哪项时符合要求？【2012-2-53】

A. <70%　　B. <60%

C. <50%　　D. <40%

参考答案：CD

分析：根据《工规》第6.9.5条，风管内物质浓度不大于爆炸下限的50%，故选项CD符合要求。

2.2-38.【多选】在排除有爆炸危险粉尘的局部排风系统中，计算排风量时，所依据的风管内粉尘的浓度，下列哪几项不符合规范的规定？【2013-1-51】

A. 按不大于粉尘爆炸浓度上限的60%计算确定

B. 按不大于粉尘爆炸浓度上限的50%计算确定

C. 按不大于粉尘爆炸浓度下限的60%计算确定

D. 按不大于粉尘爆炸浓度下限的50%计算确定

参考答案：ABC

分析：根据《工规》第6.9.5条，仅选项D符合规范的规定。

2.2-39.【多选】北方寒冷地区某车间的生产过程产生大量粉尘，工作区对该粉尘的允许浓度是15mg/m^3，试问哪几项经除尘净化后的尾气浓度符合可采用部分循环空气的条件？【2013-2-49】

A. 5.4 mg/m^3　　B. 4.8 mg/m^3

C. 4mg/m^3　　D. 2mg/m^3

参考答案：CD

分析：根据《工规》第6.3.2条，含尘浓度仍大于或等于工作区容许浓度的30%时，不应采用循环空气。15×30%=4.5mg/m^3，因此仅选项CD符合要求，可以采用循环空气。

2.2-40.【多选】下列哪些场所不得采用循环空气？【2018-1-48】

A. 甲、乙类厂房或仓库

B. 空气中含有浓度为其爆炸下限5%的易燃易爆气体的厂房或仓库

C. 空气中含有浓度为其爆炸下限30%的爆炸危险粉尘的丙类厂房或仓库

D. 建筑物内的甲、乙类火灾危险性的房间

参考答案：ACD

分析：根据《工规》第6.9.2条可知，选项ACD不得采用循环空气。选项B对应第6.9.2-3条，爆炸下限5%没有达到规范限定的10%，因此选项B不满足不得采用循环空气的要求。

2.2-41.【多选】排除爆炸性物质的排风系统，其风管设置原则，以下哪几项是错误的？【2018-1-49】

A. 排风管穿防火墙处设置防火阀并穿过非防爆区后排至室外

B. 将排风管设置在室内通风竖井中，穿各层楼板至屋顶排除

C. 直接穿防火分区的外墙后排至室外

D. 从防爆门斗中穿过办公室后排至室外

参考答案：ABD

分析：根据《工规》第6.9.19条，排除爆炸性物质的排风不应穿过防火墙和有爆炸危险车间的隔墙，选项A不合理；选项B根据第6.9.21条，排风应直接通向室外安全处，而设置通风竖井将可能穿越其他房间，故不合适；选项C，虽然穿防火分区，但是防火分区的外墙，并没有跨越到其他防火分区，也没有穿过防爆危险车间的隔墙，故选项C是可行的；选项D，穿过了有爆炸危险车间的隔墙且穿过人员密集的办公室，不可行。

2.3 自 然 通 风

2.3-1.【单选】关于风帽的选用说法，下列哪一项是错误的？【2011-1-13】

A. 筒形风帽适用自然通风系统

B. 避风风帽适用在室外空气正压区内的自然排风口上安装

C. 锥形风帽适用于除尘系统

D. 圆伞形风帽适用于一般的机械通风系统

参考答案：B

分析：根据《三版教材》P186，“筒形风帽是用于自然通风的一种避风风帽”，选项A正确；根据P187，“禁止风帽布置在正压区内或窝风地带”，选项B错误；由《暖规》第5.8.25条，“对于排除有害气体或含有粉尘的通风系统，其风管的排风口宜采用锥形风帽或防雨风帽”，因此选项C合理。本题选项D没有直接的原文支撑，除去筒形风帽用于自然通风，锥形风帽用于除尘系统和排除有害物的排风口外，其他类型的风帽，即圆形伞形风帽则适用于一般通风系统，因此选项D正确。

2.3-2.【单选】利用天窗排风的工业建筑，下述哪一项应设置避风天窗？【2011-2-13】

A. 夏季室外平均风速小于1m/s的工业建筑

B. 寒冷地区，室内散热量大于 $23W/m^3$ 的工业建筑

C. 室内散热量大于 $35W/m^3$ 的工业建筑

D. 多跨厂房处于动力阴影区的厂房天窗

参考答案：C

分析：根据《工规》第 6.2.8 条，只有选项 C 条件下应设置避风天窗。选项 A 为《工规》第 6.2.9 条有关可不设置避风天窗的条件；选项 B“寒冷地区”属于规范中所述“其他地区”，故不满足应设避风天窗的条件；动力阴影区不应作为排风口的位置，避风天窗属于排风口，因此选项 D 不仅不应设避风天窗，也不应作为其他排风口的位置。选 C。

2.3-3.【单选】下列关于屋顶通风器的描述哪一项是错误的?【2013-2-15】

A. 是一种全避风型自然通风装置　　B. 适用于高大工业建筑

C. 需要电机驱动　　D. 通风器局部阻力小

参考答案：C

分析：根据《三版教材》P184 有关自然通风风帽的介绍，屋顶通风器属于自然通风装置，非机械通风，故无需电机驱动，选项 C 错误。

2.3-4.【单选】某单层厂房（高度 18m，内部有强热源）夏季采用下部侧窗进风、屋顶天窗排风的自然通风方式排除室内余热。在简化计算热压作用下的自然通风量时，下列哪一项做法是错误的?【2016-2-13】

A. 假设车间同一水平面上各点的静压是相等的

B. 室内空气密度采用车间平均空气温度下的密度

C. 下部侧窗室外进风温度采用历年最热月 14 时的月平均温度的平均值

D. 屋顶天窗的排风温度按温度梯度法计算

参考答案：D

分析：根据《三版教材》P181“自然通风计算方法简化条件”（2）、（3）条，选项 AB 正确；根据式（2.3-13），车间的进风温度 $t_j=t_w$，即夏季室外通风计算温度（历年最热月 14 时的月平均温度的平均值），选项 C 正确；根据《三版教材》P183，高度 18m，内部有强热源的车间，应采用有效热量系数法计算室内上部排风温度，选项 D 错误。

2.3-5.【单选】以下用天窗自然排风的厂房，哪一项应采用避风天窗或通风器?【2018-1-15】

A. 南方炎热地区，室内发热量可忽略不计的厂房

B. 寒冷地区，室内散热器大于 $35W/m^3$ 的厂房

C. 夏季室外平均风速小于 1m/s 的地区的厂房

D. 利用天窗能稳定排除余热的厂房

参考答案：B

分析：根据《工规》第 6.2.8 条可知，选项 B 满足应采用避风天窗或通风器的要求（第 6.2.8-2 条）。选项 CD 属于第 6.2.9 条可不设避风天窗的情况；选项 A 相当于没有满足第 6.2.8-1 条的情况，不满足应设置避风天窗的条件，但是也不满足第 6.2.9 条“可不

设避风天窗的天窗”，这种情况是否设置需要其他条件确定。

2.3-6.【多选】计算工业厂房的自然通风，确定厂房上部窗孔排风温度时，哪几项是错误的?【2011-2-51】

A. 对于某些特定的车间，可按排风温度与夏季通风室外计算温度的允许温差确定

B. 对于厂房高度小于15m，室内散热量比较均匀，可取室内空气的平均温度

C. 对于厂房高度大于15m，室内散热量比较均匀，且散热量不大于116W/m²，可按温度梯度法计算排风温度

D. 有强烈热源的车间，可按有效散热系数法计算确定

参考答案：BC

分析：根《三版教材》P183三种排风温度计算方法可知，选项AD正确。排风温度计算不可采用平均温度，故选项B错误；温度梯度法的前提为，厂房高度不大于15m，故选项C错误。

2.3-7.【多选】某车间高12m，车间内散热均匀，平均散热量35W/m³，采用屋顶天窗排除室内余热。以下排风口的排风温度的确定哪几项是错误的?【2013-1-49】

A. 按车间平均温度确定

B. 按排风温度与夏季室外通风计算温度允许值确定

C. 按温度梯度法计算确定

D. 按有效散热量系数法计算确定

参考答案：ABD

分析：根据《工规》附录H，排风口的排风温度有3种确定方法：(1) 有条件时，可按与夏季通风室外计算温度的允许温差确定；(2) 室内散热量比较均匀，且不大于116W/m³时，可用温度梯度法确定；(3) 散热量有效系数法确定。上述方法不包含选项A提及的方法，因此，选项A错误；又依据附录F，就本题来说，采用选项C提及的方法可以由已知的条件确定排风温度，而选项B、D提及的方法无法确定排风温度，故选项C正确，选项B、D错误。

2.3-8.【多选】在设计建筑自然通风时，正确的措施应是下列哪几项?【2014-1-52】

A. 当室内散发有害气体时，进风口应设置在建筑空气动力阴影区内的外墙上

B. 炎热地区应争取采用风压作用下的自然通风

C. 夏季进风口下缘距室内地面的高度不宜大于1.2m

D. 严寒、寒冷地区的冬季进风口下缘距室内地面一般不低于4m

参考答案：BCD

分析：由《三版教材》P180可知，进风口应避免设置在建筑空气动力阴影区内的外墙上，选项A错误。根据《三版教材》P178，选项B正确。根据《三版教材》P177，选项C正确。根据《三版教材》P177及《民规》第6.2.3条条文说明，冬季为防止冷空气吹向人员活动区，进风口下缘距室内地面不宜低于4m，冷空气经上部侧窗进入，当其下降至工作地点时，已经经过了一段混合加热过程，这样就不致使工作区过冷，选项D

正确。

2.3-9.【多选】关于筒形风帽的选择布置，下列哪几项是正确的？【2016-1-51】

A. 安装在热车间的屋面

B. 安装在没有热压作用的库房的屋面

C. 安装在除尘设备的出风口

D. 安装在排风系统排风机的出口

参考答案： AB

分析： 根据《三版教材》P186～P187，筒形风帽即可装在具有热压作用的室内，或装在有热烟气产生的炉口或炉子上，亦可装在没有热压作用的房间，这时仅借风压作用产生少量换气，进行全面排风，选项 AB 正确；一般情况下，除尘设备排风系统阻力较大，仅单独依靠自然通风系统无法满足风压要求，同时根据《民规》第 6.6.18 条条文说明，对于排除有害气体的通风系统的排风口，宜设置在建筑物顶端并采用防雨风帽（一般是锥形风帽），目的是把这些有害物排入高空，以利于稀释，选项 C 错误；筒形风帽是用于自然通风的一种避风风帽，不适用于机械排风系统，选项 D 错误。

2.3-10.【多选】某单层工业厂房采用自然通风方式，采用有效热量系数法进行通风量计算，一般情况下，有效热量系数值与下列哪些因素有关？【2016-1-52】

A. 热源高度

B. 热源占地面积与地板面积之比

C. 热源辐射散热量与总散热量之比

D. 空气比热容

参考答案： ABC

分析： 根据《三版教材》P183“3. 有效热量系数 m 值的确定”可知，选项 ABC 正确；与空气比热容无关，选项 D 错误。

2.3-11.【多选】关于避风风帽的安装，下列哪几项是正确的？【2017-1-50】

A. 避风风帽安装在自然排风出口可以提高系统的抽力

B. 避风风帽安装与邻近建筑物的相关尺寸有关

C. 避风风帽不能安装在屋顶进行全面排风

D. 避风风帽可用于夏季生产大量余热的室内自然通风

参考答案： ABD

分析： 根据《三版教材》P186 可知，选项 A 正确；由《工规》第 6.2.10 条可知，选项 B 正确；根据《三版教材》图 2.3-9 可知，选项 C 错误；根据《三版教材》P187 可知，避风风帽可用于全面排风，选项 D 正确。

2.3-12.【多选】对于寒冷地区的热加工车间，在考虑自然通风时，下列哪几项是正确的？【2017-1-52】

A. 加大进、排风口的高差　　　　B. 采用避风天窗

C. 冬季宜采用上层侧窗进风　　　　　D. 尽量降低中和面的高度

参考答案： ABCD

分析： 本题主要考察对自然通风原理的正确认识。根据《三版教材》P179，加大进排风口的高差可以加大余压，有利于自然通风，故选项A正确；由《三版教材》P185可知，"避风天窗的动力性能良好……能稳定排风，防止倒灌"，因此选项B的做法正确；根据《三版教材》P177及《民规》第6.2.3条条文说明，冬季为防止冷空气吹向人员活动区，进风口下缘距室内地面不宜低于4m，冷空气经上部侧窗进入，当其下降至工作地点时，已经经过了一段混合加热过程，这样就不致使工作区过冷，故选项C正确；由《三版教材》P182可知，"中和面不宜太高"，故选项D正确。

扩展： 题目中给出的是寒冷地区，根据《工规》第6.2.6条规定，冬季自然通风时，其进风口下缘距离地面宜大于4m，因此选项A和选项D在夏季时正确的，但在冬季会使得冷风直接吹向工作区，故选项A和选项D更全面的说法是：当冬季自然进风口下缘距室内地面的高度小于4m时，应采取防止冷风吹向工作地点的措施。

2.3-13.【多选】某工业车间跨度为18m，为坡屋面。屋面坡度为1∶10，用气设备设置烟囱的做法如图所示。问：关于图中的尺寸 a 和 b，以下哪几个选项是不正确的？【2018-1-70】

A. a=3.0m，b=0m

B. a=1.8m，b=0m

C. a=1.5m，b=0m

D. a=1.0m，b=1.8m

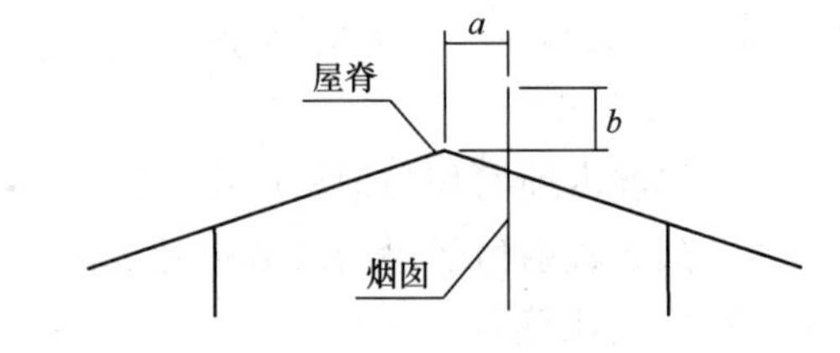

参考答案： ABC

分析： 根据《城镇燃气设计规范》GB 50028—2006第10.7.7条，当烟囱水平距离离屋脊小于1.5m时，应高出屋脊0.6m；当烟囱水平距离离屋脊1.5～3.0m时，烟囱可与屋脊等高；在任何情况下，烟囱应高出屋面0.6m，当烟囱距屋脊距离为1.5m、1.8m、3.0m时，烟囱与屋脊等高时高度分别为0.15m、0.18m、0.3m，故 b 至少需要0.45m、0.42m、0.3m，选项ABC错误，选项D正确。

2.4　局部通风与排风罩

2.4-1.【单选】下列设备所采用的排气罩，哪一项是错误的？【2011-1-14】

A. 粉状物料在皮带运输机卸料处采用外部吸气罩

B. 油漆车间大件喷漆采用大型通风柜

C. 砂轮机采用接受式排气罩

D. 大型电镀槽采用吹吸式排气罩

参考答案： A

分析： 由《三版教材》P190"2）粉状物料"可知，选项A错误；应采用密闭罩；由图2.4-10下方文字可知，选项B正确；由图2.4-5可知，选项C正确；由P196第1段最后一句，当 B>1200mm时宜采用吹吸式排风罩，故选项D正确。选A。

2.4-2.【单选】外部吸气罩应用于下述工艺过程时，所采用的最小控制风速，下列哪一项是错误的？【2011-2-14】

A. 磨削：2.5～10m/s　　B. 喷漆室内喷漆：0.5～1.0m/s

C. 快速装袋：0.5～0.8m/s　　D. 槽内液面液体蒸发：0.25～0.5m/s

参考答案： C

分析：《三版教材》表 2.4-3，快速装袋的最小控制风速应为 1～2.5m/s。

2.4-3.【单选】下列有关局部排风罩的排风量的表述，错误的为哪一项？【2013-1-16】

A. 密闭罩的排风量计算应包括从孔口处吸入的空气量

B. 通风柜的排风量计算应包括柜内污染气体的发生量

C. 工作台侧吸罩的排风量等于吸气口面积和控制点处的吸入风速的乘积

D. 若实现相同排风效果时，四周无边的矩形吸风口的排风量较四周有边时的排风量要大

参考答案： C

分析： 由《三版教材》式（2.4-1）可知，选项 A 正确；由式（2.4-3）可知，选项 B 正确；选项 C 本身表述即错误，应乘以吸风口处的风速；由 P194 可知，选项 D 正确。

2.4-4.【单选】关于密闭阀的说法，下列何项是错误的？【2014-2-13】

A. 密闭排风口应设置在罩口压力较低的部位，以利消除罩内正压

B. 密闭罩吸风口不应设在气流含尘高的部位

C. 局部密闭罩适用于含尘气流流速低、瞬时增压不大的扬尘点

D. 密闭罩的排风量可根据进、排风量平衡确定

参考答案： A

分析： 由《三版教材》P190 可知，选项 A 错误，应设置在压力较高的位置；由 P191 可知，选项 B 正确；由 P190 可知，选项 C 正确；由 P190 可知，选项 D 正确。

2.4-5.【单选】前面有障碍的外部吸气罩的计算风量与下列哪一项的正比关系是错误的？【2016-2-14】

A. 风量与排风罩口敞开面的周长成正比

B. 排风量与罩口至污染源的距离成正比

C. 排风量与边缘控制点的控制风速成正比

D. 排风量与排风罩口敞开面的面积成正比

参考答案： D

分析： 根据《三版教材》式（2.4-9），选项 ABC 正确；排风量与排风罩口敞开面的面积无关，选项 D 错误。

2.4-6.【单选】某工厂的电镀车间的中部布置有电镀生产的前、后处理槽若干，槽宽度均为 800mm，槽上方工艺要求留有较高空间。采用下列哪种局部排风罩，在达到相同排风效果的情况下风量最小？【2016-2-18】

A. 上部接受式排风罩　　B. 低截面周边型条缝罩

C. 高截面周边型条缝罩　　D. 单侧平口式槽边排风罩

参考答案：C

分析：根据《三版教材》P199，上部接受式排风罩一般使用在生产过程或设备本身会产生或诱导一定的气流运动，带动有害物一起运动，如高温热源上部的对流气流及砂轮磨削时抛出的磨屑及大颗粒粉尘所诱导的气流等，与题干要求不符，选项A错误；根据P196，槽宽度均为800mm，即$B>700$mm，应使用双侧平口式槽边排风罩，并且平口式槽边罩因吸气口上不设法兰边，吸气范围大，排风量大，选项D错误；题干要求槽上方工艺要求留有较高空间，可理解为条缝式槽边排风罩采用高截面，根据式（2.4-15）和式（2.4-16）可知，高截面周边型排风罩排风量小于低截面周边型排风罩，选项B错误，选项C正确。

2.4-7.【单选】多台排风柜合并设计为一个排风系统时，系统风量的确定原则应该是下述哪一项？【2017-1-13】

A. 按同时使用的排风柜总风量来确定系统风量

B. 按同时使用的排风柜总风量的90%来确定系统风量

C. 按所有排风柜总风量来确定系统风量

D. 按所有排风柜总风量的90%来确定系统风量

参考答案：A

分析：根据《工规》第6.6.10条，“应按同时使用的排风柜总风量确定系统风量”，故选项A正确。注意同时使用排风柜所需排风量与所有排风柜排风量总和不同。

2.4-8.【单选】某生产车间有一电热设备，散热面为水平面，需要采取局部通风。当生产工艺不允许密封时，排风罩宜优先选择下列何项？【2018-1-16】

A. 低悬接受罩　　B. 高悬接受罩

C. 侧吸罩　　D. 密闭罩

参考答案：A

分析：本题是考察对各类排风罩排风特点的认识。题设条件要求“不允许密封”，选项D密闭罩不可用。本设备具有散热面，可以自身形成热射流，因此对比接受罩与侧吸罩，接受罩更适合。对比高悬罩和低悬罩是本题的难点，高悬罩本身排风量大，容易受横向气流影响，即使设计高悬罩也应尽可能降低安装高度或增加活动卷帘。本题除了不允许密闭外，没有强调其他限制条件，如热源上部空间的要求、横向气流条件，因此对比低悬罩和高悬罩，更适合采用低悬罩。低悬罩接近热源，所需罩口比高悬罩小，而且受气流影响小。

2.4-9.【多选】物料输送过程采用密闭罩，吸风口的位置选择，正确的应该是下列哪几项？【2011-2-52】

A. 斗式提升机输送50～150℃物料时，需于上部、下部均设置吸风口同时吸风

B. 粉状物料下落时，物料的飞溅区不设置吸风口

C. 皮带运输机上部吸风口至卸料槽距离至少为100mm

D. 粉碎物料时，吸风口风速不宜大于2.0m/s

参考答案：ABD

分析：由《三版教材》P190有关“吸风口（点）位置的确定”，选项C错误，至少300～500mm。

2.4-10.【多选】下列有关局部排风罩的排风量的表述，哪几项是正确的？【2013-1-50】

A. 当室内有扰动气流时，外部吸气罩控制点的控制风速取最小控制风速范围的上限

B. 设计上吸式排风罩罩口至污染源的距离与设计的罩口长边尺寸有关

C. 上吸式排风罩的扩张角为65°时，排风罩的局部阻力最小

D. 若实现相同排风效果时，四周无边的矩形吸风口的排风量比四周有边时的排风量要大

参考答案：ABD

分析：由《三版教材》表2.4-4可知，选项A正确；由P195“H尽可能小于或等于0.3a”可知，选项B正确；由P195可知，选项C错误，30°～60°时最小；由P193可知，选项D正确。

2.4-11.【多选】以下关于4种局部排风罩的相关特性的描述，哪几项是错误的？【2013-2-50】

A. 密闭罩的吸风口（排风口）应设在罩内含尘高的部位

B. 通风柜的计算排风量仅取决于通风柜的工作孔的控制风速

C. 对于前面无障碍的外部排风罩，在相同的风量下，吸风口四周有法兰边的比无法兰边的能更好地控制污染物的逸散

D. 当槽长大于1500mm时，槽边吸气罩可沿槽长度方向分设两个或三个排风罩

参考答案：AB

分析：根据《三版教材》P191，为尽量减少把粉状物料吸入排风系统，吸风口不应设在气流含尘高的部位或飞溅区，故选项A错误；通风柜的计算排风量还应包括柜内污染空气发生量，故选项B错误；尽量减小吸气口的吸气范围可以在相同的排风量下更好地控制污染物的逸散，周边加法兰可以减少吸气范围，故选项C正确；根据《三版教材》P196，关于槽边吸气罩条缝口速度均匀性控制的措施，故选项D正确。

2.4-12.【多选】防尘密闭罩和排风口的设置，表述正确的是下列哪几项？【2013-2-51】

A. 斗式提升机输送温度大于150℃的物料时，密闭罩设置于上部吸风

B. 斗式提升机输送温度为50～150℃的物料时，密闭罩设置于下部吸风

C. 当物料落差大于1m时，皮带转运点应在上部设置排风口

D. 粉状物料排风系统的排风口不应设置在飞溅区内

参考答案：AD

分析：根据《三版教材》P190、P191，当输送物料温度大于150℃时，因热压作用，只需在上部吸风，当物料温度为50～150℃时，需上、下同时吸风，故选项A正确，选项

B错误；当物料落差大于1m时，排风口应设在下部，故选项C错误；吸风口不应设在气流含尘浓度高的部位或飞溅区，故选项D正确。

2.4-13.【多选】设计上部接受式排风罩，若风机与管路系统维持不变，改善排风效果的做法，下列哪几项是正确的?【2016-2-52】

A. 适当降低罩口高度　　B. 工艺许可时在罩口四周设挡板

C. 避免横向气流干扰　　D. 减小罩口面积

参考答案： ABC

分析： 根据《三版教材》，适当降低罩口高度，由式（2.4-22），H降低，Z变小，由式（2.4-21），L_Z变小，由式（2.4-31），接受罩的排风量L降低，排风效果改善。同时根据P200，高悬罩设计时应尽可能降低安装高度，选项A正确；同样由P200可知，高悬罩在工艺条件允许时，可在接受罩上设活动卷帘。罩上柔性卷帘设在钢管上，通过传动机构转动钢管，带动卷帘上下移动，相当于在罩口四周设挡板。选项B正确；根据式（2.4-27）～式（2.4-29），低悬罩在横向气流影响较大的场合相对横向气流影响较小的场合而言，罩口尺寸偏大，导致低悬罩的排风量L值大；同时，高悬罩排风量大，易受横向气流影响，工作不稳定。且接受罩的安装高度H越大，横向气流影响越严重。因此，避免横向气流干扰是改善排风效果的有效做法，选项C正确；由P200可知，应用中采用的接受罩，罩口尺寸和排风量都必须适当加大。人为地减小罩口面积，污染气流可能溢入室内，排风效果变差，选项D错误。

2.4-14.【多选】某污染源排风采用上吸式排风罩，排风量按前面有障碍时外部吸气罩计算，关于排风罩扩张角和排风罩局部阻力系数（以管口动压为准）关系的描述哪几项是正确的?【2018-2-47】

A. 扩张角为60°时，圆形断面排风罩比矩形断面排风罩的局部阻力系数小

B. 扩张角为40°时，圆形断面排风罩比矩形断面排风罩的局部阻力系数小

C. 扩张角为60°的圆形断面排风罩比扩张角为80°的圆形断面排风罩的局部阻力系数小

D. 扩张角为40°的矩形断面排风罩比扩张角为20°的矩形断面排风罩的局部阻力系数大

参考答案： ABC

分析： 根据《三版教材》图2.4-17可知，圆形断面排风罩局部阻力系数整体低于矩形断面的罩，因此选项AB均正确。60°的圆罩比80°的圆罩局部阻力系数小，选项C正确。40°为矩形排风罩局部阻力系数最低点，因此选项D错误。

2.5 除尘与吸附

2.5.1 除尘器

2.5-1.【单选】以下有关静电除尘器性能的描述，哪一项是错误的?【2011-1-18】

A. 和其他高效除尘器相比，静电除尘器的阻力较低

B. 可处理 350℃以下的高温含尘气体

C. 对于粒径 1～2μm 以上的粉尘，静电除尘器的效率可达 98%～99%

D. 静电除尘器最适宜的粉尘比电阻范围是 10^{11}～10^{12}Ω·cm

参考答案：D

分析：由《三版教材》P223“静电除尘器的主要特点”第（1）（2）（3）条可知，选项 ABC 均正确。由 P224 可知，“比电阻位于 10^{4}～10^{11}”的为正常型，故选项 D 错误。

扩展：详见附录 5：各种形式除尘器比较。

2.5-2.【单选】关于除尘设备的说法，正确的应是下列哪一项？【2011-2-19】

A. 随着入口含尘浓度的提高，旋风除尘器的压力损失相应增加

B. 脉冲喷吹袋式除尘器的最低过滤风速一般在 1.0m/s 左右

C. 静电除尘器适用于含有比电阻较高的粉尘的气体除尘

D. 几何相似的旋风除尘器，压力损失基本不变

参考答案：D

分析：由《三版教材》P210 可知，选项 A 错误，入口浓度提高，损失明显下降；P219 表 2.5-6 可知，选项 B 错误，过滤速度大于 1m/s，可“右”不可“左”；由 P224 可知，比电阻要适中，故选项 C 错误；由 P210 可知，选项 D 正确。

2.5-3.【单选】下列有关除尘器问题的描述，哪项是错误的？【2012-1-13】

A. 旋风除尘器灰斗的卸料阀漏风率为 5%，会导致除尘器效率大幅下降

B. 经实测袋式除尘器壳体漏风率为 3%，是导致除尘效率下降的主要原因

C. 袋式除尘器的个别滤袋破损，是导致除尘器效率大幅下降的原因

D. 袋式除尘器的滤袋积灰过多，会增大滤袋的阻力，并使系统的风量变小

参考答案：B

分析：由《通风与空调工程施工质量验收规范》GB 50243—2016 第 7.2.6-2 条，旋风除尘器允许漏风率为 3%，故选项 A 说法正确；袋式除尘器允许的最大漏风率为 5%，故选项 B 论述认为漏风率是除尘效率下降的原因是错误的；选项 CD 内容表述正确。

2.5-4.【单选】以下关于除尘器性能的表述，哪项是错误的？【2012-1-18】

A. 与袋式除尘器相比，静电除尘器的本体阻力较低

B. 旋风除尘器的压力损失与除尘器入口的气体密度、气体速度成正比

C. 除尘器产品国家行业标准对漏风率数值的要求，旋风除尘器要比袋式除尘器小

D. 袋式除尘器对各类性质的粉尘都有较高的除尘效率，在含尘浓度比较高的情况下也能获得好的除尘效果

参考答案：B

分析：由《三版教材》P223“静电除尘器的主要特点”第 2）条可知，选项 A 正确；由式（2.5-14）可知，压力损失与入口流速的平方成正比，并非直接正比关系，选项 B 作为待选项；由《通风与空调工程施工质量验收规范》GB 50243—2016 第 7.2.6-2 条可知，

选项C正确，也可查阅JB/T 8532，JB/T 8533和JB/T 8534有关内容；由P212“袋式除尘器的主要特点”中第2）条可知，选项D正确。综上所述，选B。

2.5-5.【单选】为达到国家规定的排放标准，铸造化铁用冲天炉除尘设计采用了带高温烟气冷却装置的旋风除尘器＋袋式除尘器两级除尘系统，关于该除尘系统的表述，下列哪项是错误的？【2012-2-17】

A. 第一级除尘的旋风除尘器的收尘量要多于第二级袋式除尘器的收尘量

B. 旋风除尘器重要作用之一是去除高温烟气中的粗颗粒烟尘

C. 烟气温度超过袋式除尘器规定的上限温度时，只采用旋风除尘器除尘

D. 烟气温度不超过袋式除尘器的设计上限温度，却出现了袋式除尘器的布袋烧损现象，原因是烟尘的温度高于烟气温度所致

参考答案：C

分析：(1)《三版教材》P209：旋风除尘器亦可以作为高浓度除尘系统的预除尘器，与其他类型的高效除尘器合用，P210：在与其他类型高性能除尘器串联使用时，应将旋风器放在前级，故选项A正确；《三版教材》P209：旋风器适用于工业炉窖烟气除尘和工厂通风除尘；旋风除尘器具有可以适用于高温高压含尘气体除尘的特点，故选项B正确；《工业通风》(第四版) P91，注意在高温烟气除尘系统中，烟气温度是烟尘温度的最低温度。原因在于通常监测的烟气温度，而烟尘温度又往往高于烟气温度，尤其是采用局部排风罩进行尘源控制的除尘系统或具有热回收装置的除尘系统，故选项D正确。当使用温度超过滤料耐温范围时，通常采用的含尘烟气冷却方式有：①表面换热器（用水或空气间接冷却）；②掺入系统外部的冷空气。且题意亦说明了该设计采用了带高温烟气冷却装置，故选项C是错误的。

(2) 选C，因为“只采用旋风除尘器除尘”就达不到要求的净化效率了，违背了题目中“为达到国家规定的排放标准”的前提。选项A是正确的，“第一级除尘的旋风除尘器的收尘量要多于第二级袋式除尘器的收尘量”，原因是第一级除尘器首先接触烟尘，其作用如选项B所述，而粗颗粒烟尘的质量大，穿过第一级除尘器而进入第二级除尘器时，烟尘粒径分布已经发生了变化，粗颗粒烟尘比例大大减少。选项B是正确的，这是第一级除尘器的作用。选项C是错误的，题目中已经给出“设计采用了带高温烟气冷却装置”，应用得当，烟气就不会对袋式除尘器产生烧损作用了，所以，不是“只”采用旋风除尘器除尘。选项D是正确的，这种情况有可能出现。选项A的实质是哪一级除尘器收尘量多，而不是怎样设置除尘器。

2.5-6.【单选】关于静电除尘器的说法，正确的应是下列哪一项？【2012-2-18】

A. 粉尘比电阻与通过粉尘层的电流成正比

B. 静电除尘器的效率大于98%时，除尘器的长高比应大于2.0

C. 粉尘比电阻位于10^6～10^8范围时，电除尘器的除尘效率高

D. 粉尘比电阻位于10^8～10^{11}范围时，电除尘器的除尘效率急剧恶化

参考答案：C

分析：由《三版教材》式（2.5-26）可知，比电阻与电流成反比，故选项A错误；

由P223中“静电除尘器的主要特点”第1条可知，其基本过虑效率能达到98%～99%，根据P226第3段有关“长高比的确定”的内容，当过滤效率大于99%时，长高比不应小于1～1.5，因此选项B的说法过于严格；根据P224有关比电阻的范围，正常型为10^4～10^{11}，因此选项D的说法错误，而选项C的说法在正常型范围内，是除尘效率高的情况。对比选项B与选项C，选项B对于长高比的要求过于严格，而选项C的说法没有绝对化，即未表述为“最高”，因此选项C的说法相对正确。另外，从图2.5-21也可看出，比电阻在正常型的左端和右端范围都是有所降低的，比电阻10^4～10^{11}的范围也是相对高的区间。综上所述，选C。

2.5-7.【单选】下述有关两种除尘器性能的描述，哪一项是错误的?【2013-2-18】

A. 重力沉降室的压力损失较小，一般为50～150Pa

B. 旋风除尘器一般不宜采用同种旋风除尘器串联使用

C. 旋风除尘器的压力损失随入口含尘浓度增高而明显上升

D. 重力沉降室能有效捕集50μm以上的尘粒

参考答案：C

分析：由《三版教材》P208可知，选项AD正确；由P210可知，选项B正确，但是教材没有“不宜”的说法；由式（2.5-16）上方2段可知，选项C错误，“随入口含尘浓度提高，压力损失明显下降”。

2.5-8.【单选】有关内滤分室反吹类袋式除尘器的表述，正确的应是下列何项?【2016-1-18】

A. 除尘器反吹的气流流向与除尘气流的方向、路径一致

B. 除尘器反吹作业时，除尘器气流的总入口管道应处于关闭状态

C. 除尘器的反吹作业可由除尘系统所配套的风机完成

D. 除尘器的反吹作业必须另设置专用的反吹风机完成

参考答案：C

分析：根据《内滤分室反吹类袋式除尘器》JB/T 8534—2010第3.1条，内滤分室反吹类袋式除尘器，袋室为分室结构，采用内滤式滤袋，利用阀门逐室切换气流，在反吹气流的作用下，使滤袋缩瘪与鼓胀发生抖动来实现清灰工作的袋式除尘器。根据《三版教材》P212倒数第3行，反向气流可由除尘器前后的压差产生，或有专设的反吹风机供给。由此可知，除尘器反吹的气流流向与除尘气流的方向、路径相反，选项A错误；除尘器反吹作业时，除尘器气流的总入口管道应处于开启状态，选项B错误；除尘器的反吹作业中可设置专用反吹风机完成，而并非必须，故选项D错误。

2.5-9.【单选】下列有关负压运行的回转反吹类袋式除尘器的性能描述，哪一项是错误的?【2016-2-11】

A. 除尘器壳体允许有少量漏风（漏风率不大于4%）

B. 除尘器中的个别布袋破损，也会使除尘器效率大减

C. 除尘器的滤袋积灰逐渐增多，除尘器的阻力逐渐增大

D. 除尘器过滤层的压力损失与气体密度无关

参考答案：A

分析：根据《回转反吹类袋式除尘器》JB/T 8533—2010 第 4.2.1 条表 1，除尘器允许漏风率≤3%，选项 A 错误；除尘器的个别布袋破损，会导致效率衰减，选项 B 正确；根据《三版教材》P212，袋式除尘器工作原理，当滤袋表面积附的粉尘厚度到一定程度时，需要对滤袋进行清灰，以保证滤袋持续工作所需的透气性。因此滤袋积灰逐渐增多，除尘器的阻力逐渐增大，选项 C 正确；根据《三版教材》P218，除尘器过滤层的压力损失与气体密度无关，选项 D 正确。

2.5-10.【单选】下列关于除尘器去除粉尘的性能和冷态试验的表述，正确的应是哪一项?【2016-2-17】

A. 袋式除尘器效率最高，最节能

B. 普通离心式除尘器冷态试验粉尘质量中位径应低于 10um

C. 重力沉降室不能有效捕集 50um 以下的颗粒粉尘

D. 电除尘器捕集 0.2～0.4um 间的粉尘效率最高

参考答案：C

分析：袋式除尘器效率高，节能，但是效率最高，最节能，表述过于绝对，静电除尘器效率较高，对粒径 1～2μm 的尘粒，效率可达 98%～99%，选项 A 错误；根据《离心式除尘器》JB/T 9054—2000 第 6.3.1 条，冷态试验粉尘应采用 325 目医用滑石粉，质量中位径在 8～12μm。对于具体工程应用，也可以采用与使用工况相近的粉尘，选项 B 错误；根据《三版教材》P208，重力沉降室能有效地捕集 50μm 以上的尘粒，即不能有效捕集 50um 以下的颗粒粉尘，选项 C 正确；根据《三版教材》P225，电除尘器捕集 0.2～0.4um 间的粉尘效率最低，选项 D 错误。

2.5-11.【单选】生产制造回转反吹类袋式除尘器，产品应符合相关行业标准，其漏风率和密封法兰的螺栓用绳状密封垫料的搭头长度，符合标准规定的是哪一项?【2017-2-18】

A. 漏风率小于或等于 3%，搭头长度无要求

B. 漏风率小于或等于 3%，搭头长度小于 75mm

C. 漏风率小于 3%，搭头长度不小于 75mm

D. 漏风率不大于 3%，搭头长度大于或等于 75mm

参考答案：D

分析：由《回转反吹类袋式除尘器》JB/T 8533—2010 第 4.2.1 条可知，漏风率不大于 3%，由第 4.4.8.5 条可知，搭头长度要不小于 75mm，故选项 D 正确。

2.5-12.【单选】以下关于袋式除尘器性能参数的描述，哪一项是错误的?【2017-1-14】

A. 对于 1.0um 以上的粉尘，袋式除尘器的除尘率一般可以达到 99.5%

B. 袋式除尘器本体的运行阻力宜为 1200～2000Pa

C. 袋式除尘器的漏风率应小于 5%

D. 脉冲喷吹清灰袋式除尘器的过滤风速可选择为 1.2m/min

参考答案： C

分析： 根据《三版教材》P217 可知，选项 A 正确；根据《三版教材》P219 及《工规》第 7.2.3-2 条可知，选项 B 正确；根据《三版教材》P254 可知，袋式除尘器漏风率一般为 5%左右，但《工规》第 7.2.3-4 条规定袋式除尘器的漏风率应小于 4%，且应满足工艺除尘要求。遵从规定从严原则，选项 C 错误。根据《三版教材》表 2.5-6 及《工规》第 7.2.3-3 条可知，选项 D 正确。

2.5-13.【单选】袋式除尘器，对于粒径为 0.1um 的粉尘，在振打后的滤料状态下，其除尘效率（%）最接近下列何项？【2017-1-15】

A. 75　　B. 88　　C. 96　　D. 99

参考答案： B

分析： 根据《三版教材》图 2.5-14 可知，第 2 条曲线为振打后的滤料，对于 0.1μm 的粒径颗粒，其过滤效率接近 90%但是低于 90%，因此选项 B 最接近。

2.5-14.【单选】某除尘系统：含尘粒径在 0.1μm 以上、温度在 250℃以下，含尘浓度低于 $50g/m^3$，一般情况下宜选用下列何种除尘器进行净化？【2017-2-11】

A. 旋风除尘器　　B. 静电除尘器

C. 袋式除尘器　　D. 湿式除尘器

参考答案： C

分析： 由《工规》第 7.2.3 条可知，题设所给粉尘宜采用袋式除尘器净化，故选项 C 正确。

2.5-15.【单选】对于影响各类除尘器性能的表述，下列哪一项是错误的？【2017-2-16】

A. 影响旋风除尘器性能较大的因素之一是灰斗漏风

B. 重力沉降室除尘效率低是其主要缺点

C. 袋式除尘器采用净化后气流或大气反吹方式，清灰效果最好

D. 影响静电除尘器效率的主要因素之一是粉尘比电阻

参考答案： C

分析： 根据《三版教材》P210 可知，选项 A 正确；由 P208 可知，选项 B 正确；由 P213 可知，选项 C 错误，气流反吹清灰本身是最弱的清灰方式，脉冲喷吹方式的清灰能力最强；由 P223 可知，选项 D 正确。

2.5-16.【单选】下列除尘器的表述，正确的应是下列何项？【2018-2-14】

A. 袋式除尘器对粒径范围为 0.2～0.4μm 粉尘的捕集效率最低

B. 电除尘器的长高比不影响其除尘效率

C. 电袋复合式除尘器的设计原则是应让含尘气流先通过袋式除尘器

D. 静电强化的旋风除尘器通常利用筒体外壁作为放电极

参考答案： A

分析： 根据《三版教材》P217 除尘效率中的第 1 方面可知，选项 A 正确。根据 P225

电除尘器选用的主要步骤可知，电除尘系统的除尘效率主要和有效驱进速度、集尘极面积、电场风速以及长高比有关，故选项B错误。根据P226有关“6. 电袋复合除尘技术”的内容可知，电袋复合降低了袋式除尘区粉尘负荷，只有先经过电除尘区，才能降低含尘浓度，因此说明此种负荷技术中袋式除尘在电除尘之后，故选项C错误。根据P227有关“7. 静电强化的除尘器”中第（3）类可知，静电强化的旋风除尘器，其筒体外壁和排出管的管壁为集尘极，而旋风除尘器中心为放电极，故选项D错误。

2.5-17.【多选】现场组装的静电除尘器，其阴阳极板之间的间距允许偏差，下列哪几项符合相关规定？【2011-1-49】

A. 阳极极板高度>7m，为5mm　　B. 阳极极板高度>7m，为10mm

C. 阳极极板高度≤7m，为5mm　　D. 阳极极板高度≤7m，为10mm

参考答案：BC

分析：参见《通风与空调工程施工质量验收规范》GB 50243—2016第7.3.12-4条。

2.5-18.【多选】设计选用普通离心式除尘器时，产品应符合国家的相关行业标准，问：在冷态条件下，压力损失在1000Pa以下测得除尘效率和漏风率，符合标准规定的是下列哪几项？【2012-1-54】

A. 除尘效率为78.9%　　B. 除尘效率为81.5%

C. 漏风率为1.2%　　D. 漏风率为2.1%

参考答案：BC

分析：根据《离心式除尘器》JB 9054—2000第5.2.2条，效率大于80%，漏风率不大于2%，故应选BC。

2.5-19.【多选】文丘里湿式除尘器主要原理是：含尘气体的尘粒经文丘里管被管喉口部细化水滴捕集，直接进入沉淀罐，较少颗粒则由气流带入旋风脱水器，实现再次捕集尘粒和脱水，现有某文丘里湿式除尘器每经过一段时间运行后，经测定除尘效率有所下降，产生问题的主要原因可能是哪几项？【2012-2-51】

A. 水喷嘴堵塞　　B. 水气比过大

C. 脱水器效率降低　　D. 水气比过低

参考答案：ACD

分析：（1）根据《三版教材》P230和文献《影响文丘里除尘器除尘效率因素的回归分析》一文介绍可知，影响文丘里除尘器效率的因素主要有：喉部风速、文丘里管液气比、捕滴器液气比、阻力、粒子粒径、喉管形状、雾化效果等。其中除尘器效率随着喉管风速的增加而提高；随文丘里管液气比和捕滴器液气比的增加而提高；随粒子粒径的增大而提高。

（2）文丘里湿式除尘器的净化效率与水气比密切相关。按照题意，每经过一段时间运行后都会发生效率下降，则应排除其他偶发因素和故障，且系统运行工况（如处理风量、初始浓度、供水压力、排风机全压等）不变，故唯一可变的因素就是水喷嘴因积灰或水中含杂质而发生堵塞，水气比自然要下降，脱水器效率也会降低。而水气比过大是不会发生的。

(3) 该类题考察的是现场分析问题的能力。该题将文丘里湿式除尘器主要原理介绍得很清楚，答题人只根据题的内容即可回答。既然是“含尘气体的尘粒经文丘里管被管喉口部细化水滴捕集”，“水喷嘴堵塞”意味着水少或无水，故选项A正确；“脱水器效率降低”明显是导致除尘效率下降的原因，故选项C正确；“水气比过低”，则水滴捕集的粉尘少，故选项D正确；与选项D相反，则选项B错误。

2.5-20.【多选】下列作业设备所采用、配置的除尘设备，哪几项是正确的?【2013-2-53】

A. 电焊机产生的焊接烟尘采用旋风除尘器除尘

B. 燃煤锅炉烟气（180℃）采用旋风除尘器＋布袋除尘器净化

C. 炼钢电炉高温（800℃）烟气采用旋风除尘器＋干式静电除尘器净化（不掺入系统外的空气）

D. 当要求除尘设备阻力低且除尘效率高时，优先考虑采用静电除尘器

参考答案：BD

分析：本题主要考查考生能否综合运用所学知识。旋风除尘器主要处理炉窑烟气、气力输送气固分离，这些颗粒粒径比电焊烟尘大很多，因此选项A不合理；旋风除尘器可以处理高温烟尘，布袋除尘器处理烟尘的温度与滤料有关，根据《三版教材》表2.5-5，其中聚四氟乙烯布袋可耐250℃高温，因此选项B合理；根据《三版教材》P221，静电式样除尘器仅可处理温度在350℃以下的气体，故选项C不正确。由《三版教材》P222“静电除尘器的主要特点”第4条可知，选项D即为静电除尘器的优点，故其说法正确。选BD。

2.5-21.【多选】某静电除尘系统，因生产负荷变化，进入静电除尘器的入口气流含尘浓度增大（风量保持不变），导致除尘器的排放浓度上升，下列哪几项是属于引起上述问题的原因?【2014-1-51】

A. 粉尘浓度增大，带来粉尘的比电阻增大

B. 集尘极清灰振打次数增加，形成粉尘的二次扬尘

C. 电极间的粉尘量增加，导致电极间粉尘荷电下降

D. 粉尘浓度过大，导致设备阻力上升

参考答案：BC

分析：根据《三版教材》式（2.5-26）可知，粉尘比电阻与粉尘浓度无关，故选项A错误；选项B清灰振打次数增加，会导致集尘极收集的灰尘逃逸，即形成二次扬尘，另外根据P225第3段“粉尘的粘附力”内容，“清灰时，受振打的作用尘粒易被气流带走”，选项B的说法与其一致，故选项B正确；根据P224倒数第3段可知，入口含尘浓度高，影响电晕放电，因此选项C的说法正确；由P223“静电除尘器的主要特点”第2条，阻力不是影响过滤效率的原因，故选项D错误。

2.5-22.【多选】某厂房内一除尘系统采用两级除尘方式，除尘设备为旋风除尘器＋对喷脉冲袋式除尘器，进入旋风除尘器前的圆形风管连接方式的做法，哪几项是错误的?【2014-2-51】

A. 采用抱箍连接　　B. 采用承插连接

C. 采用立筋抱箍连接　　D. 采用角钢法兰连接

参考答案： ABC

分析： 本题考查考生实际设计经验和分析能力。《通风与空调工程施工规范》GB 50738—2011 第4.2.14条中表4.2-14给出了圆形风管可采用的连接方式，其差异主要在于除了“角钢法兰连接”可以适用于高压风管外，其他不适用于高压风管（高压风管，$P>1500$Pa）。由《三版教材》表2.5-6可知，对喷脉冲袋式除尘器最大允许压力损失为1500Pa，考虑到除尘系统压头还需承担旋风除尘器的损失、风管损失、出口余压等，在进入旋风除尘器前的风压至少需要1500Pa以上，即为高压风管。因此选项ABC三种连接方式均不合适。需要说明的是，《通风与空调工程施工质量验收规范》GB 50243—2016 表4.2.3-1给出除尘风管钢板厚度比高压系统还大，并不表示该风管也为高压风管，除尘系统风管厚度大主要考虑空气中尘粒对风管内壁的磨损问题。

2.5-23.【多选】某工厂的一除尘系统采用一级脉冲喷吹袋式除尘器，投资初期运行正常，3个月后，开始并持续出现除尘器阻力过大的现象（系统中的其他设备均处于正常运行状态），下列哪几项属于排除故障需要检查的项目？【2016-2-49】

A. 脉冲清灰的频率与清灰时间　　B. 压缩空气的供气压力

C. 滤袋表面的粉尘附着情况　　D. 除尘器前入口管路中的堵塞状况

参考答案： ABC

分析： 由题干可知，投资初期运行正常，3个月后，开始并持续出现除尘器阻力过大的现象，脉冲清灰的频率降低与清灰时间缩短，均会导致袋式除尘器清灰不彻底，设备阻力增大现象。选项A正确；由《三版教材》图2.5-10可知，如因压缩空气的供气压力不足，导致短时间内压缩空气量减少，压缩空气速度降低，诱导喷射气流的空气量不足造成袋内不能充分获得较高的压力峰值和较高的压力上升速度，最终导致滤袋壁面无法获得很高的向外加速度，清落粉尘效率降低，除尘器阻力逐步增加，出现阻力过大现象，选项B正确；滤袋表面的粉尘附着较多，粉尘不易清落，同样会导致除尘器设备阻力增大现象，选项C正确；除尘器前入口管路中的堵塞，含尘气体进气量减少，造成除尘器内部负压值增大，漏风量增大，滤袋捕集灰尘量降低，滤袋脉冲喷吹清灰效果增强，除尘器阻力不会出现增大甚至过大现象，不属于排除故障需要检查的项目，选项D错误。

2.5-24.【多选】下列哪些因素会对旋风除尘器的效率产生影响？【2017-1-48】

A. 筒体管径　　B. 入口流速

C. 气体温度　　D. 排气管直径

参考答案： ABCD

分析： 根据《三版教材》P211中有关影响旋风器除尘效率的主要因素可知，选项ABCD均正确。

2.5-25.【多选】下述对除尘器除尘性能的叙述，哪几项是错误的？【2018-2-50】

A. 重力沉降室能有效捕集10μm以上的尘粒

B. 普通离心式除尘器在冷态实验条件下，压力损失 1000Pa 以下时的除尘效率要求为 90%以上

C. 回转反吹类袋式除尘器在标态下要求的出口含尘浓度≤50mg/m^3

D. 静电除尘器对粒径 1～2μm 的尘粒，除尘效率可达 98%以上

参考答案： AB

分析： 根据《三版教材》P208 最后一段可知，重力除尘器适合捕集 50μm 以上的尘粒，故选项 A 错误；根据《离心式除尘器》JB/T 9054—2015 第 5.2.2 条，要求压力损失在 1000Pa 以下时，除尘效率在 80%以上，故选项 B 错误。根据《回转反吹类袋式除尘器》JB/T 8533—2010 第 4.2.1 条表 1 可知，选项 C 正确。根据《三版教材》P223“静电除尘器的主要特点”可知，粒径为 1～2μm 的尘粒，效率可达 98%～99%，故选项 D 正确。

2.5.2　吸收吸附

2.5-26.【单选】固定床活性炭吸附装置的设计参数选取，哪一项是错误的?【2011-1-19】

A. 空塔速度一般取 0.3～0.5m/s

B. 吸附剂和气体接触时间取 0.5～2.0 s 以上

C. 吸附层压力损失应小于 1kPa

D. 采用热空气再生冻结时，脱附再生温度宜为 130～150 ℃

参考答案： D

分析： 根据《三版教材》P235 可知，选项 A 正确；由 P234 可知，选项 BC 正确；由 P238 有关“热空气再生法”的内容可知，选项 D 错误，再生温度要控制在 125℃以下。

2.5-27.【单选】下述关于活性炭的应用叙述，哪一项是错误的?【2012-2-19】

A. 活性炭适宜于对芳香族有机溶剂蒸气的吸附

B. 细孔活性炭不适用于吸附低浓度挥发性蒸气

C. 当用活性炭吸附含尘浓度大于 10mg/m^3 的有害气体时，必须采取过滤等预处理措施

D. 当有害气体的浓度≤100ppm 时，活性炭吸附装置可不设计再生回收装置

参考答案： B

分析： 根据《三版教材》P234 第（1）条可知，选项 A 正确；由第（8）条可知，选项 B 错误；由 P234 第 1 段可知，选项 C 正确，由 P238 中“4. 活性炭吸附装置选用时的浓度界限”可知，选项 D 正确。

2.5-28.【单选】下述哪一项所列出的有害气体，不适合采用活性炭吸附去除?【2013-2-17】

A. 苯、甲苯、二甲苯　　B. 丙酮、乙醇

C. 甲醛、SO_2、NO_x　　D. 沥青烟

参考答案： D

分析：根据《三版教材》表 2.6-3 可知，选项 ABC 中所含有的有害气体都适合采用活性炭吸附，而选项 D 沥青烟适合采用白云石粉吸附，活性炭适合吸附的有害物也没有此种物质。

2.5-29.【单选】关于固定床活性炭吸附装置技术参数的选取，下列何项是错误的？【2014-1-18】

A. 空塔速度取 0.4m/s

B. 吸附剂和气体的接触时间取 0.5～2.0s 以上

C. 吸附层的压力损失应控制小于 1000Pa

D. 固定床炭层高度不应大于 0.6m

参考答案：D

分析：由《三版教材》P235 第 1）条可知，选项 A 正确；由 P234 可知，选项 BC 正确；由 P236 可知，选项 D 错误，炭层高度一般取 0.5～1.0m。

2.5-30.【单选】下述关于各类活性炭吸附装置选用的规定，哪一项是错误的？【2016-1-17】

A. 对于固定床，当有害气体的浓度小于或等于 100ppm 时，可选用不带再生回收装置的活性炭吸附装置

B. 对于固定床，当有害气体的浓度大于 100ppm 时，选用带再生回收装置的活性炭吸附装置

C. 当有害气体的浓度小于或等于 300ppm 时，宜采用浓缩吸附蜂窝轮净化装置

D. 当有害气体中含尘浓度小于或等于 $50mg/m^3$ 时，可不采取过滤等预处理措施

参考答案：D

分析：根据《三版教材》P238，选项 ABC 正确。根据《三版教材》P234，选项 D 错误，当有害气体中含尘浓度大于 $10mg/m^3$ 时，必须采取过滤等预处理措施。也可根据用排除法，选择选项 D。

2.5-31.【单选】关于活性炭吸附装置性能的描述，下列何项是错误的？【2016-2-16】

A. 活性炭不适宜于对芳香族有机溶剂蒸气的吸附

B. 活性炭不适用对高温、高湿的气体的吸附

C. 活性炭不适用对高含尘量的气体的吸附

D. 细孔活性炭适用于吸附低度挥发性蒸气

参考答案：A

分析：根据《三版教材》P233，活性炭适于对有机物蒸气吸附的特点（1），对芳香族化合物的吸附优于对非芳香族化合物的吸附，选项 A 错误；根据特点（5）、（7），选项 B 正确；根据 P234，采用活性炭吸附必须避免高温、高湿和高含尘量，选项 C 正确；根据特点（8），选项 D 正确。

2.5-32.【单选】某车间内的有害气体含尘浓度 $12mg/m^3$。问：下列室内空气循环净

化方式中最合理的是哪一项？【2018-2-13】

A. 二级除尘　　B. 活性炭吸附

C. 除尘＋吸附　　D. 湿式除尘

参考答案： C

分析： 根据《工规》第 7.2.2 条，对于粉尘净化宜选用干式除尘方式。本题没有明显提示该场所适合湿式除尘，因此无需假设湿式除尘更适合的可能性。题目给出的为有害气体，表述为含尘浓度，但是没有明确指出有害物质仅为颗粒状或仅为气体状。因此需要综合考虑消除粉尘，并吸附有害气体。故采用除尘＋吸附的方式更为适合。

2.5-33. 【多选】用液体吸收法净化小于 1μm 的烟尘时，经技术经济比较后下列哪些吸收装置不宜采用？【2012-2-54】

A. 文丘管洗涤器　　B. 填料塔（逆流）

C. 填料塔（顺流）　　D. 旋风洗涤器

参考答案： BCD

分析： 根据《三版教材》表 2.6-9 可知，对于＜1μm 烟尘，只适合采用文氏管洗涤塔和喷射洗涤器。

2.5-34. 【多选】关于活性炭吸附装置性能与参数的描述，下列哪几项是错误的？【2014-2-53】

A. 处理小风量、低温、低浓度的有机废气可使用一般的固定床活性炭吸附装置

B. 固定床吸附装置的空塔速度一般取 1.0 m/s 以下

C. 处理大风量低浓度低温的有机废气，可用蜂窝轮吸附

D. 蜂窝轮吸附装置通过蜂窝轮的面风速为 1.0 m/s 以下

参考答案： BD

分析： 由《三版教材》P234“2. 活性炭吸附装置”中第 1 段第 1 句可知，选项 A 正确；由 P235 第 1 条可知，空塔速度一般取 0.3～0.5m/s，故选项 B 错误，1.0m/s 的范围可能会使空塔速度偏大或偏小；由 P234“2. 活性炭吸附装置”中第 1 段最后一句可知，选项 C 正确；由 P236 可知，选项 D 错误，蜂窝轮面风速为 0.7～1.2m/s。

2.5-35. 【多选】下列关于设计、选用活性炭吸附装置的规定，哪些项不符合规范规定？【2017-1-53】

A. 活性炭装置的风量宜按最大废气排放量进行设计

B. 净化效率不宜小于 90％

C. 吸附剂连续工作时间不应少于 2 个月

D. 吸附剂和气体接触的时间为 0.5～2.0s

参考答案： AC

分析： 由《工规》第 7.3.5-1 条可知，选项 A 错误，按最大废气排放量的 120％设计；由第 7.3.5-2 条可知，选项 B 正确；由第 7.3.5-3 条可知，选项 C 错误，不少于 3 个月；由第 7.3.5-5 条可知，选项 D 正确。

2.6 通 风 系 统

2.6.1 通风系统设计

2.6-1.【单选】如下图所示，采用静压复得法计算的均匀送风系统中，ΔP_X为风机吸风段的阻力，ΔP_1、ΔP_2、ΔP_3分别为风机送风管1、2、3管段的计算阻力，ΔP_K为送风口阻力。当计算风机所需要的全压P时，以下哪项计算方法是正确的?【2012-1-15】

A. $P=\Delta P_x+\Delta P_k$

B. $P=\Delta P_x+\Delta P_1+\Delta P_k$

C. $P=\Delta P_x+\Delta P_1+\Delta P_2+\Delta P_k$

D. $P=\Delta P_x+\Delta P_1+\Delta P_2+\Delta P_3+\Delta P_k$

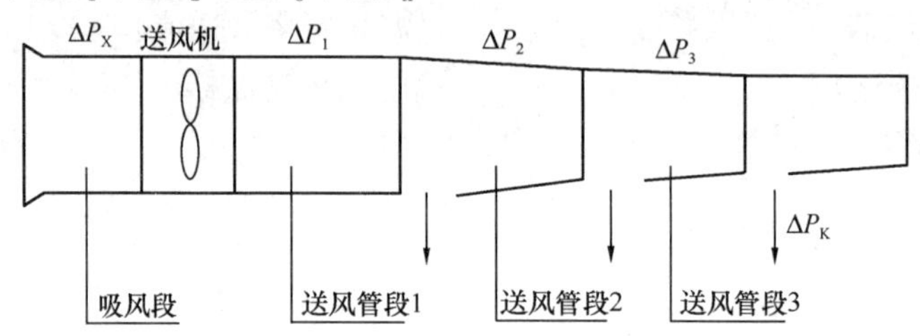

参考答案： D

分析：（1）风机的全压，应为系统中各个组成部分压力损失之和；静压复得法：通过改变管道断面尺寸，降低流速，克服管段阻力，维持所要求的管内静压。参考《二版教材》P247例题及《红宝书》P1162例题。

（2）根据《三版教材》P266，风机全压为风机动压和静压两部分之和，即$P=P_d+P_j$；也是风机出口气流全压与进口气流全压之差。风机入口与大气相同，可认为静压为大气压，那么其相对压力（相对大气压）就为零，则其全压就应是动压P_{d_0}，那么到风机处（空气被风机加压前），其全压应为该处动$P_{d_0}-\Delta P_x$；根据《三版教材》P260～P261可知，实现均匀送风的基本条件是保持各个测压孔静压相等，进而两孔间的动压降等于两侧孔间的压力损失（也就是说静压不损失，动压损失）。故风机出口的全压为：$P_{d_0}+\Delta P_1+\Delta P_2+\Delta P_3+\Delta P_k$（风机吸入口和压出口风量风速没变化，故动压未变，均为P_{d_0}）风机压出口和吸入口的全压差为：$(P_{d_0}+\Delta P_1+\Delta P_2+\Delta P_3+\Delta P_k)-(P_{d_0}-\Delta P_x)=\Delta P_x+\Delta P_1+\Delta P_2+\Delta P_3+\Delta P_k$；即风机全压为：$\Delta P_x+\Delta P_1+\Delta P_2+\Delta P_3+\Delta P_k$。

2.6-2.【多选】关于通风系统设计，正确的为下列哪几项?【2011-2-54】

A. 一般通风系统设计计算要求两并联支管压力损失的相对差额不宜超过15%

B. 采用一台除尘器的除尘系统，除尘器阻力越大，各支管的阻力越容易平衡

C. 合理布置风管可以减少风道阻力

D. 输送潮湿空气时，管道应进行保温，以保证管壁温度高于露点温度10℃以上

参考答案： ACD

分析： 根据《三版教材》P254“4. 管路压力损失平衡计算”中第1段可知，选项A正确。除尘器设置在系统总干管上，不论其阻力如何变化，支管间的不平衡率都不会改

变，故选项B错误；合理布置风管可以减少不必要的弯头和分支，进而减少风道阻力，选项C正确；由P256中间第（6）条可知，选项D正确。

2.6.2　通风系统施工与验收

2.6-3.【单选】用漏光法检测系统风管严密程度时，下列哪一项不符合规范规定？【2011-1-11】

A. 光源可置于风管内测或外侧，但其对应侧应为黑暗环境

B. 若采用手持一定光源，可采用220V不低于100W带保护罩的照明灯

C. 漏光检测中，对发现的条形漏光应做密封处理

D. 应采用具有一定强度的安全光源

参考答案：B

分析：《通风与空调工程施工质量验收规范》GB 50243—2002附录A，要点为如何理解A1.2中“安全光源，低压”概念，应该为36V，而不是220V。

2.6-4.【单选】调节风阀除需要设计文件和制作要求或外购产品质量进行质量检验外，当工作压力应是下列何项时，还要求生产厂提供（在1.5倍工作压力能自由开关）强度试验合格证书？【2011-2-11】

A. $P>500$Pa　　B. $P>700$Pa

C. $P>800$Pa　　D. $P>1000$Pa

参考答案：D

分析：《通风与空调工程施工质量验收规范》GB 50243—2016第5.2.3-5条。

2.6-5.【单选】通风系统运行状况下，采用毕托管在一风管的某断面测量气流动压，下列哪一项测试状况表明该断面适宜作为测试断面？【2012-1-12】

A. 动压值为0

B. 动压值为负值

C. 毕托管与风管外壁垂线的夹角为10°，动压值最大

D. 毕托管底部与风管中心线的夹角为16°，动压值最大

参考答案：C

分析：本题定位上容易错误，若定位至《三版教材》图2.9-8相关文字，则无法确定答案。进行二次定位后，由P279，“气流方向偏出风管中心线15°以上，该截面也不宜作测量截面”，“使动压值最大”，“毕托管与风管外壁垂线的夹角即为气流方向与风管中心线的偏离角”。可知选项AB均错误，动压值不可为0或负值。选项D错误，偏离角过大。

2.6-6.【单选】对空调送风的风管进行严密性试验和强度试验，说法正确的应是下列哪一项？【2013-1-11】

A. 风管严密性试验可在已安装好的风管系统上进行

B. 从制作好的风管中，选取2节连接进行试验

C. 圆形金属风管的允许漏风量为矩形风管规定值的80%

D. 风管的强度试验宜在风管进行严密性试验合格的基础上进行

参考答案：D

分析：根据《通风与空调工程施工规范》GB 50738—2011中第15.1.1条规定，风管批量制作前，应进行风管强度与严密性试验；GB 50738—2011第15.2.1条规定，风管进行严密性试验和强度试验，均不应少于3节，连接成管段后进行试验，因此，选项A与B不正确；根据GB 50738—2011第15.2.3条规定，圆形金属风管的允许漏风量为矩形风管规定值的50%，选项C不正确；根据GB 50738—2011第15.2.4条规定，风管强度试验宜在漏风量测试合格的基础上进行，选项D正确。

2.6-7.【单选】关于风管系统安装，做法符合要求的是下列哪一项?【2014-1-12】

A. 6mm厚乳胶海绵用作净化空调系统风管法兰垫片

B. 直径350mm螺旋风管，两支架间距5.5m

C. 穿越防火墙的风管与其防护套管之间采用离心玻璃棉封堵

D. 不锈钢风管直接安放在碳钢材质吊架上

参考答案：C

分析：根据《通风与空调工程施工规范》GB 50738—2011第8.1.8-3条，选项A错误；根据该规范第7.3.4条表7.3.4-1，水平安装时两支架最大间距为5000mm，该规范第7.3.4-7条，垂直安装时两支架最大间距4000mm，故选项B错误；根据该规范第8.1.2条，风管与防护套管之间应采用不燃且对人体无害的柔性材料封堵，离心玻璃棉满足要求，故选项C正确；根据该规范第7.3.6-11条，应采取防电化学腐蚀措施，故选项D错误。

2.6-8.【单选】下列有关风管制作板材的要求，正确的做法应是何项?【2014-2-11】

A. 厚度2mm的普通钢板风管，风管板材拼接采用咬口连接

B. 厚度2mm的普通钢板风管，风管板材拼接采用铆接

C. 厚度3mm的普通钢板风管，风管板材拼接采用电焊

D. 厚度3mm的普通钢板风管，风管板材拼接采用咬口连接

参考答案：C

分析：根据《通风与空调工程施工规范》GB 50738—2011第4.2.4条，选项ABD错误：均应为电焊连接。

2.6-9.【单选】钢板制作的矩形风管采用法兰（碳素钢材料）连接时，下列要求哪一项是错误的?【2017-1-17】

A. 同一批量加工的相同规格的法兰螺孔排列应一致，并具有互换性

B. 净化空调工程应按制作数量抽查20%且不少于5件

C. 角钢法兰的最小螺栓孔的规格为M6

D. 角钢法兰的最小铆钉孔的规格为ϕ4.5

参考答案：D

分析：由《通风与空调工程施工规范》GB 50738－2011第4.2.8-3条可知，选项A

正确；由《通风与空调工程施工质量验收规范》GB 50243－2002 第 4.3.2 条可知，选项 B 正确；由《通风与空调工程施工规范》GB 50738－2011 第 4.2.8-1 条可知，选项 C 正确，选项 D 错误，最小铆钉孔规格按表 4.2.8-1 为 Φ4。

扩展：由《通风与空调工程施工质量验收规范》GB 50243—2016 第 4.3.4 条可知，按照新规范选项 B 也错误，抽查数量按照Ⅱ方案进行。

2.6-10.【单选】以下风管穿越建筑物变形缝空间的设计图中，哪一个图是错误的（注：下图中，各项标示的距离单位均为毫米；各数字编号代表的部件分别为：1-变形缝，2-楼板，3-风管吊架，4-柔性软管，5-风管）？【2018-1-13】

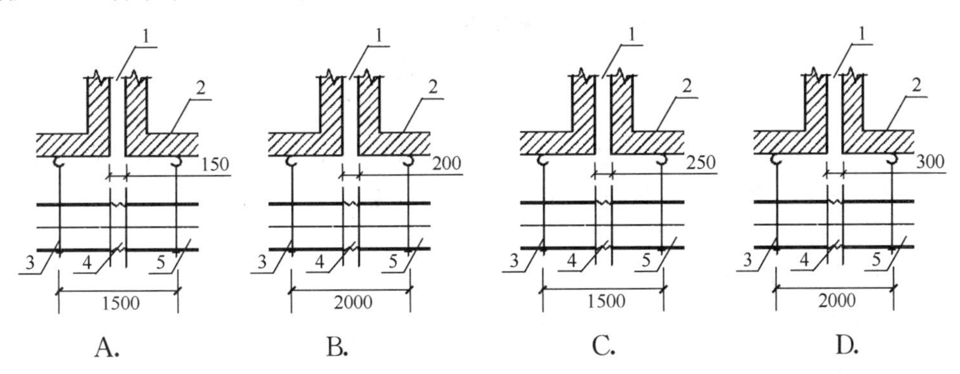

参考答案：A

分析：根据《通风与空调工程施工规范》GB 50738—2011 第 8.4.3 条，“风管穿越建筑物变形缝空间时，应设置长度为 200～300mm 的柔性短管”。因此，选项 A 仅设置 150mm 的柔性短管不满足要求，选项 A 错误。注意穿越变形缝空间与变形缝墙体不同，另外本题设置的柔性短管是穿越变形缝时设置的柔性短管，与一般柔性短管长度要求不同。

2.6-11.【多选】以下风管材料选择，正确的是哪几项？【2012-1-49】

A. 除尘系统进入除尘器前的风管采用镀锌钢板

B. 电镀车间的酸洗槽槽边吸风系统风管采用硬聚氯乙烯板

C. 排除温度高于 500℃气体的风管采用镀锌钢板

D. 卫生间的排风管采用玻镁复合风管

参考答案：BD

分析：除尘系统进入除尘器前的空气携带粉尘，若采用镀锌钢板会对风管造成磨损，因此要看具体情况考虑，选项 A 错误；由《三版教材》P249 中“1）硬聚氯乙烯塑料板”的内容，此种材料适合酸性腐蚀作用的通风系统，故选项 B 正确；由《三版教材》P249 倒数第 6 行有关“2）镀锌薄钢板”的内容，镀锌钢板一般用于无酸雾作用的潮湿环境风管，未提及高温的条件，故无法直接通过《三版教材》判别选项 C 的正误。考试当年采用的《二版教材》，该版教材中指出“高于 500℃气体的风管可采用无机玻璃钢风管，镀锌钢板厚度较小，不能长时间承受高于 500℃的高温气体”，因此选项 C 错误。由《三版教材》P248 有关“7）玻镁风管”的内容可知，玻镁风管无吸潮变形现象，有良好的隔声效果，故适合用于卫生间排风管，故选项D正确。

2.6-12.【多选】复合材料风管的材料应符合有关规定，下列哪几项要求是正确的?【2012-1-51】

A. 复合材料风管的覆面材料宜为不燃材料

B. 复合材料风管的覆面材料必须为不燃材料

C. 复合材料风管的内部绝热材料，应为难燃B1级燃料

D. 复合材料风管的内部绝热材料，应为难燃B1级且对人体无害的材料

参考答案：BD

分析：根据《通风与空调工程施工质量验收规范》GB 50243—2016第4.2.5条：选项A错误，选项B正确，选项C错误，选项D正确。

2.6-13.【多选】设计工作压力为400Pa的低温送风空调系统的金属风管施工安装，下列做法哪几项是正确的（按照GB 50738的规定)?【2013-1-54】

A. 风管的允许漏风量应按高压系统风管的要求确定

B. 矩形风管漏光检测时，所用电源电压为24V

C. 风管的结合缝应填耐火密封填料

D. 矩形风管的管段长度大于1250mm时，管段应采取加固措施

参考答案：BC

分析：工作压力为400Pa的低温送风空调系统为低压系统，根据《通风与空调工程施工规范》GB 50738—2011第15.2.3条规定，系统允许漏风量应按相应设计工作压力确定，故选项A不正确；根据GB 50738—2011第15.1.7条，风管进行漏光检测时，所用电源应为低压电源，根据人的安全与否，36V以下是低电压，因此，选项B正确；根据GB 50738—2011第8.1.3条第4款规定，风管的结合缝应填耐火密封填料，故选项C正确；根据GB 50738—2011第4.2.15条第4款规定，中压和高压风管系统管段长度大于1250mm时，管段应采取加固措施，而题中系统为低压系统，故选项D不正确。

2.6-14.【多选】通风与空调系统的风管系统安装完毕后，关于漏风量测试，下列哪几项表述符合GB 50738的规定?【2013-2-48】

A. 系统中的每节风管应全部进行漏风量测试

B. 中压系统风管的严密性试验，应在漏光检测合格后，对系统漏风量进行测试

C. 排烟系统的允许漏风量按高压系统风管确定

D. 风管的允许漏风量应按风管系统的设计工作压力计算确定

参考答案：BD

分析：根据《通风与空调工程施工规范》GB 50738—2011第15.3.1条第1款规定，低压系统在漏光检测不合格时，才应做漏风量测试，故选项A不正确；根据GB 50738—2011第15.3.1第2款规定，选项B正确；根据GB 50738—2011第15.2.3条第3款规定，排烟系统的允许漏风量应按中压系统风管确定，选项C不正确；根据GB 50738—2011第

15.2.3 条第 1 款规定，选项 D 正确。

2.6-15.【多选】某通风工程设计项目中，提出的下列有关风管制作板材拼接要求的做法，哪几项是错误的？【2014-1-49】

A. 厚度 1.2mm 的镀锌钢板风管，风管板材拼接采用铆接

B. 厚度 1.5mm 的普通钢板风管，风管板材拼接采用铆接

C. 厚度 1.5mm 的镀锌钢板风管，风管板材拼接采用焊接

D. 厚度 1.5mm 的普通钢板风管，风管板材拼接采用咬口连接

参考答案： ABCD

分析： 根据《通风与空调工程施工规范》GB 50738—2011 第 4.2.4 条，选项 A 应为咬口连接，选项 B 应为电焊连接，选项 C 应为咬口连接或铆接，选项 D 应为电焊连接。

2.6-16.【多选】通风与空调系统安装完毕后必须进行系统的调试，该调试应包括以下哪几项？【2014-1-50】

A. 设备单机试运转及调试

B. 系统无生产负荷下的联合试运转及调试

C. 系统带生产负荷下的联合试运转及调试

D. 系统带生产负荷的综合效能试验的测定与调整

参考答案： AB

分析： 根据《通风与空调工程施工规范》GB 50738—2011 第 16.1.1 条或《通风与空调工程质量验收规范》GB 50243—2016 第 11.2.1 条，选项 AB 正确。

2.6-17.【多选】下述关于通风系统中局部排风罩的风量测定及罩口风速测定的做法，哪几项是错误的？【2014-2-52】

A. 可采用热球式热电风速仪均匀移动法测定局部排风罩的罩口风速

B. 可采用叶轮风速仪定点法测定局部排风罩的罩口风速

C. 可用动压法测定局部排风罩风量

D. 优先采用静压法测定局部排风罩风量

参考答案： ABD

分析： 根据《三版教材》P282～P283 中有关均匀移动法和定点测定法的说明，热风速仪适合采用定点测定法，叶轮风速仪适合采用均匀移动法，故选项 AB 错误；排风罩可采用动压法或静压法测定风量，故选项 C 正确；由 P284 可知，“用动压法测流量有一定困难”时，采用静压法，故选项 D 错误。

2.6-18.【多选】关于金属风管制作，下列哪几项说法是错误的？【2016-1-48】

A. 风管板材单咬口连接形式仅适用于低压通风空调系统

B. 洁净空调系统的风管不应采用按扣式咬口连接

C. 板厚大于 1.5mm 的不锈钢板风管采用电焊或氩弧焊拼接

D. 薄钢板法兰风管，不适用于高压通风空调系统

参考答案：ABD

分析：根据《通风与空调工程施工规范》GB 50738—2011 表 4.2.6-1 风管板材咬口连接形式及使用范围，单咬口适用于低、中、高压系统，选项 A 错误；根据第 4.2.6-3 条，空气洁净度等级为 1～5 级的洁净风管不应采用按扣式咬口连接，选项 B 未说明空气洁净度等级，错误；根据表 4.2.4，风管板材的拼接方法，选项 C 正确；根据表 4.2.8-1～2，第 4.2.10 条，薄钢板法兰风管适用于低、中、高压通风空调系统，选项 D 错误。

2.6-19.【多选】对于风管系统的施工要求，下列哪几项是错误的？【2016-2-48】

A. 不同压力的风管系统，其风管强度与严密性试验的试验风管可共用，但控制参数不同

B. 风管强度试验是在严密性试验的基础上进行的，试验压力为设计工作压力的 1.5 倍

C. 风管系统严密性试验均采用测试漏风量的方法

D. 6～9 级洁净空调系统风管的严密性试验应按高压系统风管的规定进行

参考答案：ACD

分析：根据《通风与空调工程施工规范》GB 50738—2011 第 15.1.1-1～2 条，风管批量制作前，进行风管强度与严密性试验；风管系统安装完成后，仅对安装后的主、干风管分段进行严密性试验即可，无需进行强度试验。根据第 15.2.1 条，风管强度与严密性试验应按风管系统的类别和材质分别制作试验风管，均不应少于 3 节，并且不应小于 $15m^2$，根据第 15.3.1 条，风管系统严密性试验应按不同压力等级和不同材质分别进行，因此选项 A 错误；根据第 15.2.4 条，选项 B 正确；根据第 15.3.1-1 条，低压系统风管的严密性试验，宜采用漏光法检测。漏光检测不合格时，应对漏光点进行密封处理，并应做漏风量测试。选项 C 错误；根据第 15.3.1-4 条，6～9 级洁净空调系统风管的严密性试验应按中压系统风管的规定进行，选项 D 错误。

2.6-20.【多选】以下关于通风施工调试的要求，哪几项是错误的？【2017-2-53】

A. 对低压系统的风管采用漏光法检测其严密性时，以每 10m 接缝漏光点不大于 2 处，且 100m 接缝平均不大于 16 处为合格

B. 漏风量检测装置的风机风量，应与被测定系统所配置的风量相同

C. 矩形系统风量测试截面上的测点数量不得小于 4 个

D. 送风口风量测定采用叶轮风速仪贴近风口测量时，应采用匀速移动测量法或定点测量法

参考答案：BC

分析：由《通风与空调工程施工规范》GB 50738—2011 第 15.3.2-5 条可知，选项 A 正确；由《通风与空调工程施工规范》GB 50738—2011 第 15.1.7-2 条及《通风与空调工程施工质量验收规范》GB 50243—2016 第 C.2.3 条可知，选项 B 错误，漏风量测试

装置的风机，风压和风量宜为被测定系统或设备的规定试验压力及最大允许漏风量的1.2倍及以上。启动漏风量测试装置内的风机时，应分段调高转速直至达到规定试验压力；由《通风与空调工程施工规范》GB 50738—2011表16.3.4-2可知，选项C错误，测点不少于5个；由《通风与空调工程施工规范》GB 50738—2011表16.3.4-2可知，选项D正确。

2.6-21.【多选】在如下图所示的通风系统及管道尺寸条件下，直管段上风量测定断面的选取，哪几个图是错误的（注：下图中，各项标示的距离以及风管尺寸的单位均为毫米）？【2018-1-51】

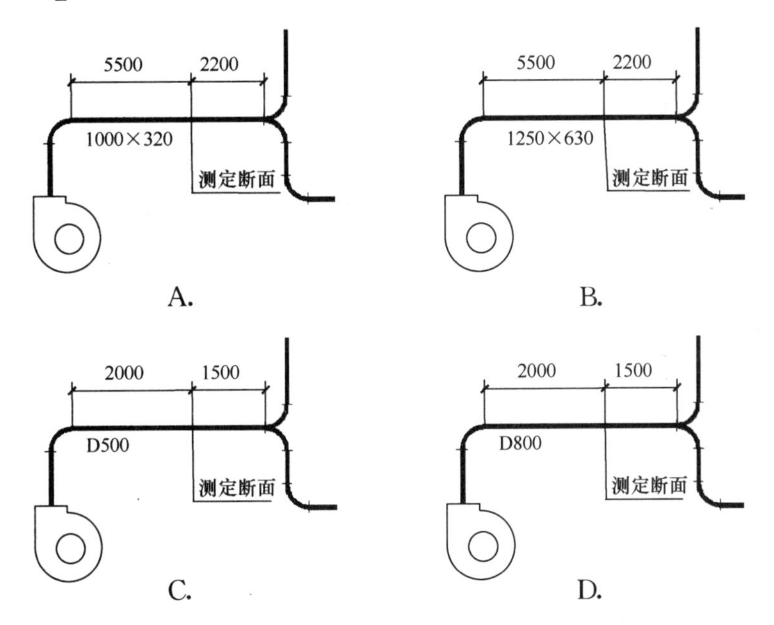

参考答案：BCD

分析：根据《三版教材》图2.9.1或《通风与空调工程施工规范》GB 50738—2011表16-3-4.3中的图16.3.4可知，测定位置要大于或等于局部阻力之后5倍矩形风管长边/圆风管直径尺寸，大于或等于局部阻力之前2倍矩形风管长边/圆风管直径尺寸。

风管	矩形风管长边或圆形风管直径	局部阻力后5倍	局部阻力前2倍
A矩形风管	1000mm	5000mm	2000mm
B矩形风管	1250mm	6250mm	2500mm
C圆形风管	500mm	2500mm	1000mm
D圆形风管	800mm	4000mm	1600mm

根据上面核算情况可知，仅选项A满足要求，BCD均不满足要求。

2.6-22.【多选】以下风管穿越建筑物变形缝空间和建筑变形缝墙体的设计图中，哪几个图是正确的（注：下图中，各项标示的距离以及风管尺寸的单位均为mm；各数字编号代表的部件分别为：1-墙体，2-变形缝，3-风管吊架，4-钢制套管，5-风管，6-柔性软管，7-柔性防水填充材料）？【2018-1-52】

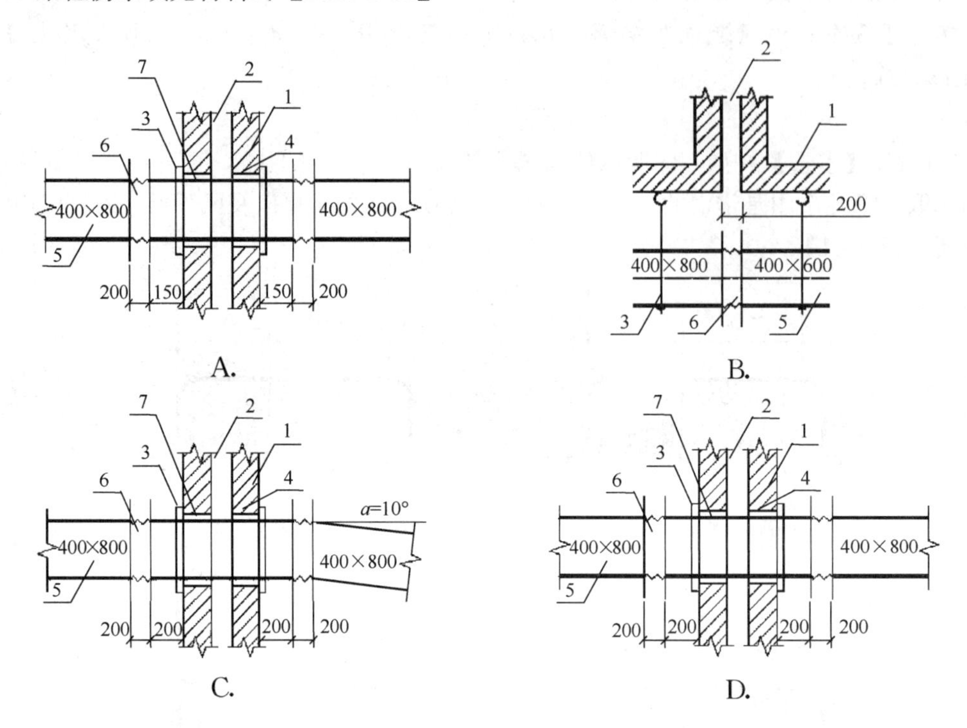

参考答案：ACD

分析：本题选项ACD均为风管穿越变形缝墙体，选项B为穿越变形缝空间。根据《通风与空调工程施工规范》GB 50738—2011第8.4.3条可知，穿越变形缝时，应设200～300mm的柔性短管，故选项B设置柔性短管合理，但是根据第8.4.2条，柔性短管不应作为找正找平的异径连接管，柔性短管左右两边风管管径不同，不应采用柔性短管变径，故选项B错误。穿越变形缝墙体时，应在变形缝墙两侧设长度为150～300mm的柔性风管，且柔性风管距离变形缝墙体宜为150～200mm，因此选项ACD均满足上述要求。但选项C中风管经柔性风管处形成10°弯折，根据第8.4.4条可知柔性风管应顺畅、严密，由第8.4.4条第2款可知，柔性风管转弯处弯曲角度应大于90°，故选项C中形成170°弯曲角度，满足要求。综上所述，本题选AD。

2.6-23.【多选】对某建筑物通风空调系统进行施工验收，下列哪几项做法是错误的？【2018-1-53】

A. 地下车库中有一根*DN*20水管从尺寸为1600mm×400mm的排烟风管中穿过

B. 一层酒精间与开水间共用排风系统

C. 吊顶内一风管表面温度50℃，未采取防烫伤措施

D. 屋面排风管一拉锁与避雷针连接

参考答案：ABD

分析：根据《三版教材》P257 中间第 5）条第 3 款可知，选项 A 水管穿越排烟风管出现管线交叉，此种方式不允许出现，水管应绕过风管避开管线交叉。根据第 5）条第 4 款，输送空气温度超过 80℃时应采取保温隔热，故选项 C 的做法可行。根据第 7）条可知，室外风管系统的拉锁等金属固定件严禁与避雷针或避雷网连接，选项 D 错误。酒精化学名称为乙醇，属于甲类物质，应单独设置排风，故选项 B 与排风系统合用不合理。

2.6-24.【多选】下列关于空调风管试验压力的取值，哪几项不正确？【2018-2-58】

A. 风管工作压力为 400Pa 时，其试验压力为 480Pa

B. 风管工作压力为 600Pa 时，其试验压力为 720Pa

C. 风管工作压力为 800Pa 时，其试验压力为 960Pa

D. 风管工作压力为 1000Pa 时，其试验压力为 1500Pa

参考答案：AB

分析：风管压力≤500Pa 为低压，500Pa＜风管压力≤1500Pa 为中压，风管压力＞1500Pa为高压，根据《通风与空调工程施工质量验收规范》GB 50243—2016 第 C.1.2 条，低压风管试验压力不应低于 1.5 倍，即 600Pa，选项 A 错误；中压风管不应低于 1.2 倍且不低于 750Pa，选项 B 错误，选项 CD 正确。

2.6.3 除尘通风系统

2.6-25.【单选】下图所示为石英砂尘的除尘系统，其除尘器前的风管标注英文大写字母的部位中，哪一部分应是风管内壁磨损最严重的部位？【2013-1-13】

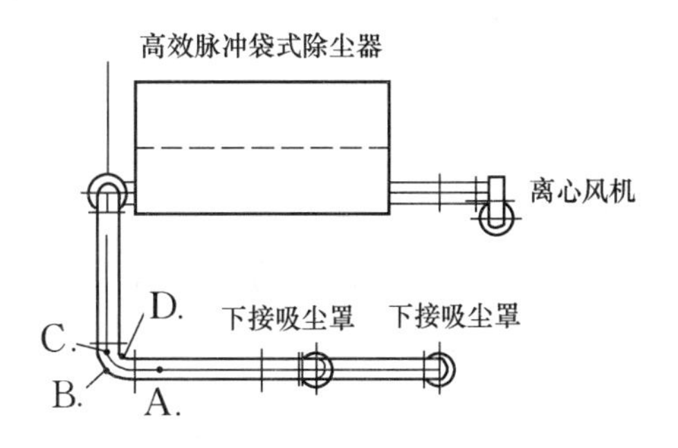

参考答案：B

分析：本题考查对空气流动的基本认识，经过弯头时，尘粒由于在惯性作用下，容易脱离弯曲的空气流线撞击到风管内壁面。因此 B 点附近即为颗粒在惯性作用下，脱离流线的撞击区域。

2.6-26.【单选】下述关于除尘系统的设计规定，何项是错误的？【2014-1-14】

A. 系统排风量应按其全部吸风点的排风量总和计算

B. 系统的风管漏风率宜采用 10%～15%

C. 系统各并联环路压力损失的相对差额不宜超出 10%

D. 风机的选用设计工况效率，不应低于风机最高效率的90%

参考答案：A

分析：根据《暖规》第5.6.6条、第5.8.2条、第5.8.3条、第5.7.2-4条，选项A错误，应为其全部吸风点同时工作计算；选项BCD正确。

扩展：本题根据2015年执行的《工规》作答，则错误的选项为AB：根据《工规》第7.1.5条，选项A错误，按“同时工作”计算；根据《工规》第6.7.4条，选项B错误，除尘系统的风管漏风率不超过3%；根据《工规》第6.7.5条，选项C正确；根据《工规》第6.8.2-3条，选项D正确。

2.6-27.【单选】以下除尘系统的设计方案，哪一项是符合要求的？【2017-1-18】

A. 木工厂房中加工设备的除尘系统除尘器前排风管路在可清扫的地沟内敷设

B. 面粉厂房中碾磨设备的除尘系统除尘器前排风管道在地面下埋设

C. 卷烟厂房中制丝设备的除尘系统除尘器前排风管道在地面下埋设

D. 石棉加工车间的除尘系统除尘器前排风管道在地面下埋设

参考答案：D

分析：由《工规》第6.9.21条“排除有爆炸危险物质的排风管应采用金属管道，并应直接通到室外的安全处，不应暗设”。根据《建规2014》第3.1.1条条文说明表1可知，选项ABCD对应厂房火灾危险性等级分别为丙类、乙类、丙类、戊类；除戊类厂房常温下使用和加工不燃烧物质的生产外，选项ABC均含有能与空气形成爆炸性混合物的浮游状态的粉尘、纤维或可燃固体，故选项D正确。

2.6-28.【单选】某工厂的木工车间，连接木工刨床（粗刨花）的圆形除尘管道的直径，设计正确的应是下列何项？【2017-2-15】

A. 80mm　　B. 100mm

C. 120mm　　D. 160mm

参考答案：D

分析：由《工规》第6.7.9-2条，排送刨花的风管直径不小于130mm，选项D正确。

2.6-29.【多选】下述关于除尘系统设计的规定，哪几项是错误的？【2011-1-52】

A. 除尘系统的排风量，应按其全部同时工作的吸风点计算

B. 风管的支管宜从主管的下面接出

C. 风管的漏风率宜采用10%～15%

D. 各并联环路压力损失的相对差额不宜超过15%

参考答案：ABCD

分析：根据《工规》第7.1.5条，选项A不完备，还应计算间歇工作中的排风点漏风量；根据《工规》第6.7.9-4条，选项B错误，应采用上面或侧面连接；根据《工规》第6.7.4条，选项C错误，除尘系统的网管漏风率不超过3%；根据《工规》第6.7.5条，选项D错误，不宜超过10%。

2.6-30.【多选】有关除尘设备的设计选用原则和相关规定，哪几项是错误的？【2011-1-54】

A. 处理有爆炸危险粉尘的除尘器、排风机应与其他普通型的风机、除尘器分开设置

B. 含有燃烧和爆炸危险粉尘的空气，在进入排风机前采用干式或湿式除尘器进行处理

C. 净化有爆炸危险粉尘的干式除尘器，应布置在除尘系统的正压段

D. 水硬性或疏水性粉尘不宜采用湿法除尘

参考答案：BC

分析：根据《建规2014》第9.3.6条，选项A正确；由第9.3.5条，选项B错误，有些不能用湿式；由第9.3.8条，选项C错误，应在负压段。由《三版教材》P202“（6）润湿性”的内容，水硬性颗粒与水不能互相依附，根据《三版教材》P228“8. 湿式除尘器”有关湿式除尘器的运行原理可知，需要借助颗粒与水的相互作用，使空气被分离，因此水硬性颗粒不宜采用湿法除尘，选项D正确。

2.6-31.【多选】某厂房一机加工线产生铸铁粉尘，配置除尘系统达标排放，连接除尘器的风管管材选项，下列哪几项要求或做法是不合理或者不经济的？【2013-2-47】

A. 除尘器前、后的风管管材材质及厚度必须相同

B. 除尘器前、后的风管管材均采用厚度相同的镀锌钢板

C. 除尘器前、后的风管管材均采用普通碳钢板

D. 除尘器前、后的风管管材均采用厚度相同的不锈钢板

参考答案：ABD

分析：本题考查考生对风管材质和厚度选择的能力。经过除尘器后，风管内粉尘大部分被过滤，风管内壁被颗粒磨损的可能性降低，因此过滤后的风管厚度不必与过滤前的相同，选项ABD采用相同厚度的要求不经济不合理。普通碳钢板可以用于除尘系统，故选项C合理。

2.6-32.【多选】某厂房一机加工线生产铸铁粉尘，配置除尘系统，有关除尘器连接的风管管材刷漆做法，下列哪几项是不合理的？【2014-2-48】

A. 采用普通碳钢板时，除尘器前、后的风管内外都必须刷防腐面漆两道

B. 采用普通碳钢板时，除尘器前、后的风管内外都必须刷防腐底漆两道＋面漆两道

C. 采用普通碳钢板时，仅除尘器后的风管内外刷防腐底漆两道＋面漆两道

D. 采用普通碳钢板时，仅除尘器前的风管内壁不刷漆

参考答案：ABCD

分析：由题意，除尘系统输送的是含粉尘或粉屑的空气，无腐蚀性。根据《三版教材》表2.7-5可知，内表面涂防锈底漆1道，外表面图防锈底漆1道＋面漆2道。故选项ABCD均不合理。

2.6-33.【多选】以下工程中排风热回收装置的新、排风管路的连接做法和旋风除尘器的排风管路连接法，哪几项是正确的？【2016-2-47】

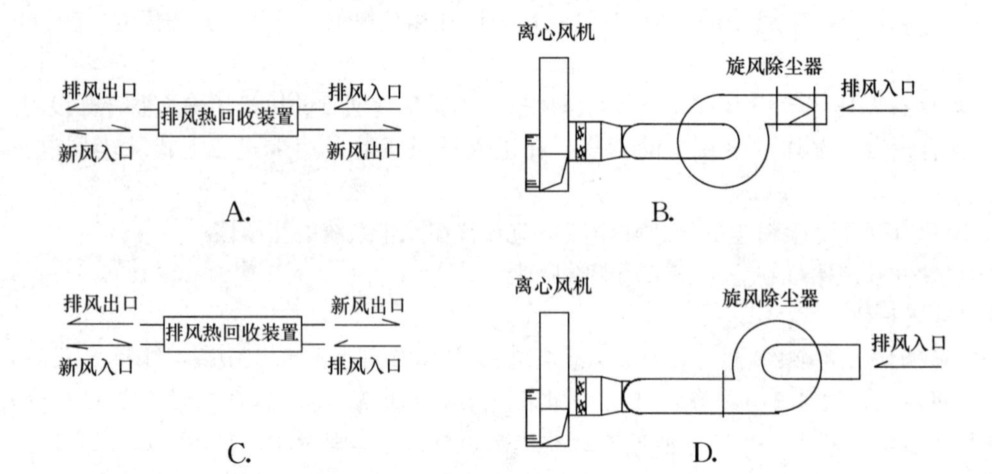

参考答案：ABC

分析：根据《空调系统热回收装置选用与安装》06K301-2 P24～25，转轮热回收式机组，P54～P55，P57～P58，热管式热回收机组的新、排风管路连接做法如选项A，即顺气流方向新、排风管路同侧连接；根据P38、P40～P41，板式及板翅式热回收机组的新、排风管路连接做法如选项C，即顺气流方向新、排风管路异侧交叉连接；根据《三版教材》图2.5-6，含尘气体侧进上出，选项B正确，选项D错误。

扩展：选项BD为俯视图，考生易把旋风除尘器俯视图看作离心风机，导致考试时出现审题错误，选择错误。考生应注意审题。

2.6-34.【多选】某苎麻工厂的一除尘系统，进入除尘器前有较长的水平风管，下列消除水平风管严重积尘的措施，哪几项为正确选项？【2016-2-50】

A. 保证水平风管内的风速大于10m/s

B. 内部设置压缩空气助吹管，定期进行风管内部的清扫

C. 除尘系统启动运行时间早于工艺设备启动时间

D. 除尘系统停止运行时间滞后于工艺设备停止时间

参考答案：BCD

分析：根据《三版教材》表2.7-3中除主风管的最低风速可知，苎麻工厂的除尘系统水平风管内的风速应大于13m/s，故选项A错误；除尘器前有较长的水平风管，选项BCD均为消除水平风管严重积尘的有效措施。

2.6-35.【多选】处理含有铝粉的除尘系统，下列哪几项做法是正确的？【2018-2-49】

A. 除尘器布置在系统正压段上

B. 除尘器布置在系统负压段上

C. 排风管道采用无机玻璃钢风管

D. 除尘器设置泄爆装置

参考答案：BD

分析：铝粉属于乙类物质。根据《工规》第6.9.13条，除尘器应布置在系统的负压

管段上，且应设置泄爆装置，故选项A错误，选项BD正确。根据第6.9.21条，排除有爆炸危险物质的排风管应采用金属管道，故选项C采用无机玻璃钢风管错误。

2.7 通　风　机

2.7-1.【单选】关于通风机的风压的说法，正确的应是下列哪一项？【2012-1-19】

A. 离心风机的全压与静压数值相同

B. 轴流风机的全压与静压数值相同

C. 轴流风机的全压小于静压

D. 离心风机的全压大于静压

参考档案： D

分析：（1）全压＝动压＋静压，全压有正负值，动压永远大于0，静压有正负值，据此选D。

（2）《三版教材》P264，轴流式通风机的叶片安装于旋转轴的轮毂上，叶片旋转时，将气流吸入并向前方送出。《三版教材》P262，离心式通风机由旋转的叶轮和蜗壳式外壳所组成，叶轮上装有一定数量的叶片。气流由轴向吸入，经90°转弯，由于叶片的作用而获得能量，并由蜗壳出口甩出。如选项C改为轴流风机的全压大于静压，则选项C也正确。此题考点跟风机的形式无关。

2.7-2.【单选】某离心式通风机在标准大气压条件下，输送空气温度 $t_0=20$℃（空气密度 $\rho_0=1.2\text{kg/m}^3$），风量 $Q_0=2540\text{m}^3/\text{h}$，出口全压 $\Delta P_0=510\text{Pa}$，使用时出现风机全压下降现象，造成问题的原因应是下列哪一项？【2012-2-12】

A. 风量不变，空气温度＞20℃

B. 风量不变，空气温度＜20℃

C. 空气温度 $t=20$℃，增加支管数量，风量加大

D. 空气密度 $\rho>1.2\text{kg/m}^3$，减少支管数量，风量减少

参考答案： A

分析： 空气温度＞20℃，空气密度小于 1.2kg/m^3，密度减小，风机风压减小。详见《三版教材》式（2.8-5）及表2.8-6。

扩展： 详见附录5扩展2-7：几种标准状态定义总结。

2.7-3.【单选】下列关于变频风机的说法，哪一项是正确的？【2014-2-18】

A. 变频器的额定容量对应所适用的电动机功率大于电动机的额定功率

B. 变频器的额定电流应等于电动机的额定电流

C. 变频器的额定电压应等于电动机的额定电压

D. 采用变频风机时，电动机功率应在计算值上附加10%～15%

参考答案： A

分析： 根据《三版教材》P266，选项A正确，选项BC错误，变频器的额定电流（电压）应大于或等于电动机的额定电流（电压）。依据《三版教材》P270，电动机功率应在

计算值上附加15%～20%，选项D错误。

2.7-4.【单选】下列关于通风机的描述，哪一项是错误的?【2017-1-16】

A. 通风机运行时，越远离最高效率点，噪声越小

B. 多台风机串联运行时，应选择相同流量的通风机

C. 排烟用风机必须用不燃材料制作

D. 多台通风机并联运行时，应采取防止气体短路回流的措施

参考答案：A

分析：由《工规》第6.8.2-3条条文说明可知，选项A错误，“越远离最高效率点，噪声越大”；由第6.8.3-2条可知，选项B正确；由《三版教材》P315可知，选项C正确；选项D参照《09技术措施》第4.6.4条，正确。

2.7-5.【单选】下图所示为两台同型号风机的出风管与同一管道相连接的不同做法的设计平面图，哪一项是更合理的?【2017-2-17】

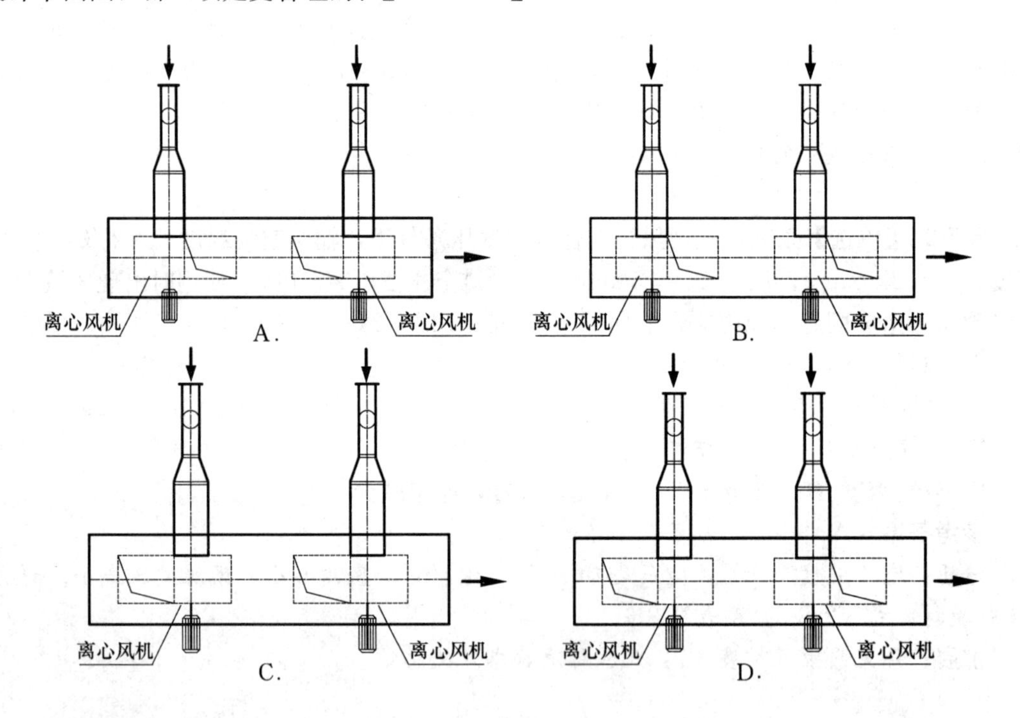

参考答案：C

分析：根据《三版教材》图2.8-6第一排第3、4、5通风机与风管的连接方式对比可知，选项C的两个风机的连接方式为较好的连接方式。

2.7-6.【单选】按平原的大气压工况进行设计计算与选型的风道系统和通风机，如果将该系统直接放在高原地区，下列关于系统性能的说法哪一项是错误的?【2018-2-15】

A. 风机全压下降

B. 风机风量增大

C. 系统内的风阀阻力下降

D. 风机轴功率下降

参考答案： B

分析： 根据《三版教材》第 2.8.2 节第 1 部分的第（5）条，风机工况变化时，风量不变，但风压要根据工况空气密度变化进行修正。因此选项 B 风机风量增大错误。其他选项，对于高原地区，大气压比标准大气压低，因此根据式（2.8-5）可知高原地区空气密度低于标准密度，由式（2.8-4）可知，风机全压将下降，选项 A 正确。风机轴功率与风机风量和风压乘积成正比，按照上面的分析，风机轴功率将下降，选项 D 正确。选项 C 在第 2.8.2 节无法找到合适答案，风阀阻力位局部阻力，$\Delta P=\xi\frac{\rho v^2}{2}$，当空气密度下降时，明显看到局部阻力将下降，正确。

2.7-7.【单选】关于通风机的选用，以下哪一项说法是正确的?【2018-2-16】

A. 某工程的排风系统中，非本排风区的负压风管总长度为 60m，排风机风量选型时风管漏风量附加率不应超过 5%

B. 该工程若采用变频排风机，风压选型时需附加 10%～15%

C. 风量需求随时间变化时，宜选用双速或变频风机

D. 使用参数要求相同时，前向叶轮式离心风机的效率一般都高于后向叶轮式离心风机的效率

参考答案： C

分析： 根据《工规》第 6.7.4 条，对于非除尘系统风管漏风率不超过 5%，但根据其条文说明，此漏风率适合负压管段不大于 50m 的排风，故选项 A 排风风管总长 60m 不适合 5%漏风率，故选项 A 错误。由第 6.8.2-4 条可知，变频风机电机轴功率应按工况参数确定，但轴功率应附加 15%～20%，因此风压无需附加，故选项 B 错误。调节流量最节能的方法就是调速，因时间需要改变风量采用双速或变频调速最合适，故选项 C 的说法正确。根据《泵与风机》教材可知，前向叶轮其风压中的动压成分大，损失大，效率低，一般适合小型、微型风机；后向叶轮相反。因此在使用参数要求相同时，前向叶轮式离心风机的效率一般都小于后向叶轮式离心风机的效率，故选项 D 错误。

2.7-8.【单选】下列关于工业建筑通风机选型原则，哪一项是错误的?【2018-2-17】

A. 通风机风量应在系统计算风量的总风量上附加风管和设备的漏风量

B. 通风机压力应在系统计算的压力损失上附加 10%～15%

C. 通风机的选用设计工况效率不应低于通风机最高效率的 90%

D. 通风机输送介质温度较高时，电动机功率应为设计工况的计算结果

参考答案： D

分析： 根据《工规》第 6.8.2 条第 1 款可知，选项 AB 均正确，由第 3 款可知，选项 C 正确，由第 4 款可知，选项 D 错误，介质温度较高时，电动机功率应按冷态运行进行附加。

2.7-9.【多选】关于风机试运转与调试的要求，下列哪几项是正确的？【2016-1-49】

A. 风机电机运转电流值应小于电机额定电流值

B. 额定转速下的试运转应无异常振动与声响

C. 检查电机转向正确

D. 额定转速下连续运行2h后，测定滑动轴承外壳最高温度不超过70℃

参考答案： ABCD

分析： 根据《通风与空调工程施工规范》GB 50738—2011表16.2.2，选项ABCD正确。

2.7-10.【多选】某民用建筑的送风系统中，有关通风机的选用规定，下列哪几项是错误的？【2016-2-53】

A. 在设计工况下，通风机的效率不低于90%

B. 通风机风量应附加15%的风管和设备的漏风量

C. 定速通风机的压力在计算系统总压力损失上宜附加20%

D. 变频通风机的额定风压应为计算系统总压力损失

参考答案： ABC

分析： 根据《民规》第6.5.1-4条，在设计工况下，通风机的效率不应低于其最高效率的90%，选项A错误；根据第6.5.1-1条，送风系统可附加5%～10%的风管和设备的漏风量，选项B错误；根据第6.5.1-2条，定速通风机的压力在计算系统总压力损失上宜附加10%～15%，选项C错误；根据第6.5.1-3条，选项D正确。

2.7-11.【多选】关于离心式通风机性能特点的一般性原则表述中，正确的是下列哪几项？【2018-2-51】

A. 风机型号规格和转速相同时，前向式离心式通风机的风压高于后向式离心式通风机的风压

B. 风量风压相同时，多叶前向式离心式通风机的效率通常高于后向式离心式通风机的效率

C. 风量风压相同时，在大部分中心频率处前向式离心式通风机的噪声高于后向式离心式通风机的噪声

D. 风量风压相同时，前向式离心式通风机的体积尺寸一般小于后向式离心式通风机的体积尺寸

参考答案： ACD

分析： 由《三版教材》表2.8-1可知，前向压力大，故选项A正确；效率，前向低于后向，故选项B错误；后向风机比前向风机小，故选项C正确；由表2.8-1上方文字可知，后向风机尺寸较大，故选项D正确。

2.7-12.【多选】在下列影响离心风机运行能耗的因素中，正确的是哪几项？【2018-2-52】

A. 风机的转速

B. 风机所在地区的大气压力

C. 风机所在系统的总阻力

D. 风机所输送的气体温度

参考答案： ABCD

分析： 能耗主要为风机功率计算，因此与风量和风压有关。风机转速变化时，风量与风压均发生变化，故选项A会影响运行能耗。根据《三版教材》P270可知，风机使用工况变化时，风压随使用工况密度的变化而变化。因此影响密度的选项BD均将影响风机风压，进而影响运行能耗。风机所在系统的总阻力主要表现为风管的阻力曲线，风管阻力曲线与风机曲线的交点为工况点，因此系统总阻力发生变化时会影响风机运行工况点，进而会影响运行能耗，故选项C会影响能耗。

2.7-13.【多选】对采用后向叶片式离心风机的通风系统的特性描述，下列哪几项是正确的？【2018-2-53】

A. 风机转速不变的情况下，关小管道上的阀门，风机特性曲线不变

B. 风机转速不变的情况下，关小管道上的阀门，管网特性曲线不变

C. 风机转速不变的情况下，关小管道上的阀门，风机风量减少

D. 风机转速不变的情况下，关小管道上的阀门，风机功率下降

参考答案： ACD

分析： 本题主要考察对风机曲线的理解。关小阀门后，风机曲线不变，风管曲线变陡峭，因此选项A正确，选项B错误。两条曲线交点位于原工作点的左上方，因此风量下降，风压增大，故选项C正确。当风机转速不变情况下，关小管道上的阀门，管网特性曲线变陡（系统阻抗变大），风机的特性曲线不变，流量变小，风压增加，风机功率下降（详《三版教材》表2.8-1），故选项D正确。

2.8　消　防　防　火

2.8.1　防烟排烟系统设置

2.8-1.【单选】下列场所应设置排烟设施的是哪一项？【2012-1-10】

A. 丙类厂房中建筑面积大于200m^{2}的地上房间

B. 氧气站

C. 任一层建筑面积大于5000m^{2}的生产氟利昂厂房

D. 建筑面积20000m^{2}的钢铁冶炼厂房

参考答案： D

分析： 根据《建规2014》P179第3.1.3条条文说明表1可知，钢铁冶炼属于丁类厂房，氧气站是乙类，氟利昂属于戊类，钢铁冶炼厂无法确定火灾危险等级。根据《建规2014》第8.5.2条，选项A可能不设，面积要求为大于300m^2；选项B应设置防爆，不设置防排烟；选项C戊类厂房无设置排烟设施要求。按照排除法，选D。

2.8-2.【单选】某25层的办公建筑，有一靠外墙的防烟楼梯间，该防烟楼梯间共有

25个1.5m×2.1m的通向前室的双扇防火门和20个1.5m×1.6m的外窗。该防烟楼梯间及前室设置防烟措施正确，且投资较少的应是下列哪一项？【2012-2-16】

A. 仅对该楼梯间加压送风

B. 仅对该楼梯间前室加压送风

C. 该楼梯间和前室均应加压送风

D. 该楼梯间和前室均不设加压送风

参考答案：C

分析：25层的办公建筑，建筑高度必然超过50m。根据《防排烟规》第3.1.2条，建筑高度大于50m的公共建筑，其防烟楼梯间、独立前室应采用机械加压送风系统。选项C正确。

2.8-3.【单选】关于排烟设施的设置，说法正确的是下列哪一项？【2013-1-10】

A. 大型卷烟厂的联合生产厂房（包括切丝、卷制和包装）应设置排烟设施

B. 工业厂房设置排烟设施时，应采用机械排烟设施

C. 单台额定出力1t/h的地上独立燃气热水锅炉房应采用机械排烟设施

D. 面积为12000m^2铝合金发动机缸体、缸盖的单层机加工厂房应设置排烟设施

参考答案：A

分析：根据《建规2014》第3.1.3条条文说明表1，选项A卷烟厂属于丙类厂房；选项C锅炉房锅炉间属于丁类厂房；选项D铝合金机加工厂非铝塑加工厂房，属于非镁合金加工厂房，即戊类厂房。根据《建规2014》第8.5.2条，大型卷烟厂生产房间一般大于300m^2，因此选项A基本正确；设置排烟设施可以采用自然排烟，只有自然排烟不满足要求才应设机械排烟，选项B错误；建筑面积大于5000m^2的丁类厂房应设排烟设施，题目未交代建筑面积，故无法判断是否设置排烟，另外燃气锅炉房的燃气调压间属于甲类生产厂房，应设防爆设施，另外选项C表述要求设置机械排烟的说法也是错误的。选项D为戊类生产厂房，无设施排烟设施的要求。

2.8-4.【单选】建筑高度超过32m的二类高层建筑应设机械排烟设施的部位是下列哪一项？【2013-1-18】

A. 封闭避难层

B. 不具备自然排烟条件的防烟楼梯间

C. 有自然通风，长度超过60m的内走道

D. 采用自然排烟设施的防烟楼梯间，其不具备自然排烟条件的前室

参考答案：C

分析：根据《高规》第8.3.1条，选项ABD均应设独立的机械加压送风，而非排烟设施，故选项ABD错误。根据《高规》第8.4.1.1条，选项C内走道长度超过60m，应设排烟设施。需要说明的是，《建规2014》取消了“内走道”的说法，概念上严格定义为“疏散走道”。内走道与疏散走道是两个不同的走道定义方式，内走道是指平时供通行的通道，疏散走道是火灾时人员疏散所用的通道。当内走道长度超过20m，但是不作为疏散走道时，也不必设排烟设施。做题时，对于这一点差异要灵活应用。

2.8-5.【单选】关于城市交通隧道的排烟与通风设计，说法正确的是下列哪一项？【2013-2-12】

A. $L \leqslant 500$m 通行危险化学品等机动车的城市隧道可采取自然排烟方式

B. 只有 $L > 500$m 通行危险化学品等机动车的城市隧道才采取机械排烟方式

C. 城市长隧道的通风方式采用横向通风方式时，是利用隧道内的活塞风

D. 城市长隧道的通风方式需采用横向和半横向的通风方式

参考答案： A

分析： 根据《建规2014》第12.1.2条，选项A为三类隧道，选项B为一类或二类隧道。由第12.3.1条和第12.3.2条条文说明，对于一、二、三类隧道均应设置排烟设施，但未明确必须自然排烟或必须机械排烟（《三版教材》表2.10-13错误）。故选项A正确，选项B错误。根据第12.3.4条，活塞风是汽车行驶造成的，横向通风是通过排风管道排烟，属于机械排烟方式，并非利用活塞风，选项C错误。根据第12.3.4条，采用全横向和半横向通风方式时，隧道内设置的排烟系统可通过排风管道排烟，但并未规定城市长隧道的通风方式需采用横向和半横向的通风方式，故选项D错误。

2.8-6.【单选】下列情况中，室内可以采用循环空气的是何项？【2014-1-13】

A. 燃气锅炉房

B. 乙炔站站房

C. 泡沫塑料厂的发泡车间，当空气中含有燃烧或爆炸危险粉尘且含尘浓度为其爆炸下限的25%时

D. 加工厂房中含铸铁尘的空气经局部排风系统净化后，其含尘浓度为工作区的容许浓度的25%时

参考答案： D

分析： 根据《锅炉房设计规范》GB 50041—2008第15.1.1条，锅炉间属于丁类生产场所，而燃气调压间属于甲类生产场所。由《建规2014》第3.1.1条条文说明表1，乙炔站站房属于甲类厂房，泡沫塑料厂的发泡车间为丙类生产厂房。根据《工规》第6.9.2条，选项A燃气锅炉房中的燃气调压间和选项B乙炔站站房不应采用循环空气；选项C含尘浓度达到不应采用循环空气的要求；选项D可采用循环空气。

2.8-7.【单选】下列何项不符合现行防火设计规范的要求？【2016-2-15】

A. 防烟楼梯间设置防烟设施

B. 商业步行街顶棚设置自然排烟设施时，排烟口的有效面积取为步行街地面面积的20%

C. 建筑面积6000m^2的发动机机械加工厂房设置排烟设施

D. 建筑面积1000m^2的服装加工厂房设置排烟设施

参考答案： B

分析： 根据《建规2014》第8.5.1.1条，选项A正确；根据第5.3.6.7条，商业步行街顶棚设置自燃排烟设施并宜采用常开式的排烟口，且自然排烟口的有效面积不

应小于步行街地面面积的25%，选项B错误；根据第8.5.2.2条，建筑面积大于5000m²的丁类生产车间，第8.5.2.1条，丙类厂房内建筑面积大于300m²且经常有人停留或可燃物较多的地上房间，人员或可燃物较多的丙类生产场所均应设置排烟设施。同时，根据《建规2014》P181表1，生产的火灾危险性分类举例可知，发动机机械加工厂房属于丁类（金属冶炼、锻造、铆接、热轧、铸造等），服装加工厂房属于丙类。选项CD正确。

2.8-8.【单选】以下建筑部位的哪项无需设置排烟设施？【2018-1-10】

A. 公共建筑内建筑面积为150m²的地上办公室

B. 建筑地下室建筑面积为100m²的人员休息室

C. 建筑高度为24m的丙类厂房内，长度为20m的疏散走道

D. 建筑面积为10000m²的丁类生产车间

参考答案：C

分析：根据《建规2014》第8.5.4-4条，高度不大于32m的"其他厂房（仓库）内长度大于40m的疏散走道"需要设置排烟设施，因此选项C无需设置排烟设施。其他选项参考第8.5.4-3条，第8.5.3-3条，第8.5.4条。

2.8-9.【多选】某建筑高度为23m的旅馆，应设机械防烟措施的是下列哪几项？【2011-1-48】

A. 不能天然采光和自然通风的封闭楼梯间

B. 设置自然排烟设施的防烟楼梯间，其不具备自然排烟条件的前室

C. 不具备自然排烟条件的消防电梯间前室

D. 不具备自然排烟条件的防烟楼梯间

参考答案：ABCD

分析：《建规2014》第6.4.1-1条：楼梯间应能天然采光和自然通风；《建规2014》第6.4.2-1条：不能自然通风或自然通风不能满足时，应设机械加压系统或防烟楼梯间；根据《建规2014》第8.5.1-1条：防烟楼梯间及其前室应设置防烟设施，故选项A正确；根据《建规2014》第8.5.1条：选项BCD正确。

2.8-10.【多选】某居住建筑为复式住宅层高5.1m，共16层，有关防烟设施的设计错误的是哪几项？【2011-2-48】

A. 靠外墙的防烟楼梯间及其前室采用自然排烟设施

B. 不靠外墙的防烟楼梯间及其前室分别采用机械加压防烟设施的加压送风系统

C. 不靠外墙的防烟楼梯间及其前室分别采用机械加压防烟设施各自为两个独立的加压送风系统

D. 确定加压送风量时，按其实际负担的层数的计算值与规范标列值的大者确定

参考答案：BCD

分析：本题为2011年真题，按《高规》内容考虑，另外本题一些文字表述容易使考生困惑。选项A的说法存在歧义，"靠外墙"一词是仅针对防烟楼梯间的定语，还是也包

括“其前室”，对结果影响较大。考虑到若“其前室”不靠外墙，则根本无法采用自然排烟设施，因此选项 A 实际所指仅为防烟楼梯间及其前室均靠外墙的情况，如此选项 A 是正确的。BC 两个选项内容一样，但考虑到《高规》第 8.3.1 条条文说明，防烟楼梯间设置加压送风，其前室不送风，选项 BC 的做法没有必要；根据《住宅建筑规范》GB 50368—2005 第 9.1.6 条，“复式住宅层高按两层考虑”，如此负担层数为 16×2=32 层，而非实际层数，故选项 D 错误。至此，本题只有选项 D 为严格意义上的设计错误，考虑到本题为多选题，故选项 BC 也判断为错误。

2.8-11.【多选】有关排烟设施的设置，下列哪几项是正确的?【2012-1-50】

A. 某个地上 800m^2 的肉类冷库可不考虑设置排烟设施

B. 某个地上 800m^2 的肉类冷库应考虑设置排烟设施

C. 某个地上 1200m^2 的肉类冷库不考虑设置排烟设施

D. 某个地上 1200m^2 的鱼类冷库应考虑设置排烟设施

参考答案：AD

分析：根据《建规 2014》第 3.1.3 条条文说明表 3，冷库中的鱼、肉间属于丙类仓库。根据《建规 2014》8.5.2-3 条，占地面积大于 1000m^{2}的丙类仓库应设置排烟，因此选项 AD 正确。

2.8-12.【多选】下列哪些场所可不设排烟设施?【2013-1-52】

A. 某建筑面积为 350m^2 的丙类车间

B. 某 31.5m 高的电子厂房，长度为 25m 的疏散内走道

C. 某储存电子半成品的丙类仓库，占地面积 980m^2

D. 某单层建筑面积为 20000m^2 的商场，长度为 54m 的内走道

参考答案：BC

分析：根据《建规 2014》第 8.5.2～8.5.3 条规定，丙类厂房中建筑面积大于 300m^2 的地上房间应该设置排烟设施，故选项 A 应设排烟设施；高度大于 32m 的高层厂房中长度大于 20m 的内走道应设置排烟设施，选项 B 中厂房高度不大于 32m，可不设排烟设施；占地面积大于 1000m^2 的丙类仓库应设置排烟设施，选项 C 中丙类仓库占地面积不大于 1000m^2，可不设排烟设施；公共建筑中经常有人停留或可燃物较多，且建筑面积大于 300m^2 的地上房间，长度大于 20m 的内走道，应设置排烟设施。

2.8-13.【多选】有关排烟设施的设置，下列哪几项是错误的?【2014-2-49】

A. 地上 800m^{2}的植物油库可不考虑排烟设施

B. 地下 800m^{2}的植物油库应考虑设置排烟设施

C. 地上 1200m^{2}的单层机油库不考虑设置排烟设施

D. 地上 1200m^{2}的单层白坯棉不应考虑设置排烟设施

参考答案：BCD

分析：由《建规 2014》第 3.1.3 条条文说明表 3，植物油、机油属于丙类仓库，白坯棉属于“棉、毛、丝、麻及其织物”，即丙类；根据第 8.5.2 条，占地面积大于 1000m^{2}的

丙类仓库应设排烟设施，故选项 A 正确，选项 BCD 错误。

2.8-14.【多选】建筑中的下列哪几个场所应该设置防烟设施？【2018-2-48】

A. 消防电梯前室

B. 避难间

C. 避难走道

D. 普通电梯井道

参考答案：ABC

分析：根据《建规 2014》第 8.5.1 条，应设置防烟设施的范围包括选项 ABC。而选项 D，普通电梯非火灾疏散救援关键部位，因此不必设置防烟设施。

扩展：避难走道为安全区域，应防烟而非排烟，否则对避难走道前室做防烟无意义。

2.8.2 防烟排烟系统设计

2.8-15.【单选】某高层公共建筑内不具备自然排烟的中庭，体积为 20000m³，设计选取合理的机械排烟量应是下列哪一项？【2011-1-16】

A. 不应小于 80000m³/h　　B. 不应小于 91000m³/h

C. 不应小于 102000m³/h　　D. 不应小于 120000m³/h

参考答案：C

分析：根据《高规》第 8.4.2.3 条，20000×4＝80000m³/h，取 102000m³/h。

2.8-16.【单选】某高度为 30m 的医院有较长的内走道（宽度为 2.4m），内走道的两端及中部的外墙上部各开一扇 1.8m×1.2m 的外窗（平开窗）。拟采用自然排烟方式，内走道的最大允许长度是下列哪一项？【2011-1-17】

A. 42m　　B. 54m

C. 66m　　D. 72m

参考答案：B

分析：30m 高的医院，为高层建筑。根据《高规》第 8.2.2.3 条：长度不超过 60m 的内走道可开启外窗面积不应小于走道面积的 2%。假设走道长度为 60m，走道面积的 2%为 60×2.4×2%＝2.88m²；外窗面积＝1.8×1.2×1×3＝6.48 m²（平开窗，可开启系数取 1）；6.48 m²＞2.88m² 满足自然排烟的开窗面积。所以，据题意选择 B。

扩展：争议源于《09 技术措施》第 4.9.3 条第 5 款的注，走道多处开窗，可以分段考虑，本题 3 处开窗，故可分 2 段考虑，则走道最大允许长度为 2×60＝120m；但《高规》第 8.4.1 条明确说，不可大于 60m。题中给的答案没有 120m，按题目原话：“……，内走道最大允许长度是 72m（66m）。”显然，这话与《09 技术措施》和《高规》两边的论述都不对。因此，就做题而言，选 B 更合理。《高规》是国家规范，具有一定法律效应，是设计和审图的依据，而《09 技术措施》是对规范具体实施时的技术指导性文件，不具法律效应。《高规》第 8.2.2.3 条和第 8.4.1.1 条都明确给出限制长度为 60m，用词均为“应”，故选 B。从题目给出的条件看，是想考虑走廊分段问题，选最大允许长度为

选项 D 的逻辑不通。

2.8-17.【单选】在对某建筑工程进行机械防烟系统设计时，若以“＋＋”、“＋”、“－”表示？位静压由大到小的顺序，其压力控制不正确的是下列哪一项？【2011-2-17】

A. 对防烟楼梯间及其前室分别加压送风时，楼梯间“＋＋”，前室“＋”

B. 前室和合用前室加压送风时，前室“＋”，走廊“－”

C. 防烟楼梯间及其前室分别加压送风时，楼梯间“＋”，合用前室“＋＋”

D. 防烟楼梯间及其消防电梯间的合用前室分别加压送风时，楼梯间“＋＋”，前室“＋”，走廊“－”

参考答案： C

分析： 本题考察着火时各区域的压力控制，着火时要求防烟楼梯间压力＞防烟楼梯间前室或合用前室＞与房间相连的疏散走道＞着火房间，因此选项 C 不满足要求。

2.8-18.【单选】某 6 层楼的厂房需设排烟系统，该系统承担 6 个楼层火灾时的排烟量分别为：45600m^3/h、57600m^3/h、30000m^3/h、32000m^3/h、35000m^3/h、45600m^3/h。选择排烟风机的排烟量应是下列哪一项？【2011-2-18】

A. 57600m^3/h　　B. 103200m^3/h

C. 178800m^3/h　　D. 245800m^3/h

参考答案： A

分析： 根据《建规 2006》第 9.4.5 条，担负一个防烟分区时，按 60m^3/（h·m^2）计算排烟量；当承担两个及两个以上防烟分区时，按最大面积乘以 120m^3/（h·m^2）计算排烟量。6 个楼层中最大排烟量为 57600m^3/h，假设其为承担两个或两个以上防烟分区，若各层合用一个风机，则风机排烟量为 57600m^3/h 对应楼层最大房间面积乘以 120m^3/（h·m^2）。因此，风机排烟量为 57600m^3/h。另外，若考虑每层仅为 1 个房间，各层不划分防烟分区，则 6 层合用的排烟风机风量为 57600/60×120＝115200m^3/h，无合理答案。综上所述，本题内涵假定了各层排烟量已为承担了其层内两个或两个以上防烟分区排烟量的情况，应选风机排烟量为 57600m^3/h。

2.8-19.【单选】某超高层建筑的一避难层净面积为 800m^2，需设加压送风系统，正确送风量应为下列哪一项？【2012-1-17】

A. ≥24000m^3/h　　B. ≥20000m^3/h

C. ≥16000m^3/h　　D. ≥12000m^3/h

参考答案： A

分析： 根据《防排烟规》第 3.4.3 条：避难层正压送风量不小于 30m^3/(h·m^2)。800×30m^3/h＝24000m^3/h。

2.8-20.【单选】剧场观众厅的排烟量可按换气数（次/h）乘以观众厅容积或单位排烟量［m^3/（h·m^3）］乘以观众厅地面面积计算，取两者中的大值。以下换气次数的选择，哪一项是正确的？【2013-2-16】

A. 换气6次/h　　B. 换气8次/h

C. 换气10次/h　　D. 换气13次/h

参考答案： D

分析：《09技术措施》第4.11.3条。

2.8-21.【单选】某地下汽车库内设置独立的排烟系统，在其中一个防烟分区内设置3个常闭排烟口，下列何项是错误的？【2017-1-10】

A. 布置排烟口时，保证每个排烟口距本防烟分区内最远点的距离不超过30m

B. 人工开启3个排烟口中的任何一个，其余2个均联动开启

C. 排烟口应具有手动和远控自动开启功能

D. 在排烟口上设置280℃自动熔断装置

参考答案： A

分析： 由《汽车库、修车库、停车场设计防火规范》GB 50067—2014第8.2.6条可知选项A错误，保证分区内任意一点距离最近排烟口距离不大于30米即可，而非每个排烟口都要距离最远点不超过30m；由《防排烟规》第5.2.2.4条及第5.2.3条可知，选项B正确，“系统中任一排烟口或排烟阀开启时，排烟风机自动启动”，“当火灾确认后，火灾自动报警系统应在15s内联动开启相应防烟分区的全部排烟阀、排烟口、排烟风机和补风设施”；由《防排烟规》第5.2.3条可知，选项C正确，“机械排烟系统中的常闭排烟阀或排烟口应具有火灾自动报警系统自动开启、消防控制室手动开启和现场手动开启功能”；由《建规2014》第9.3.11条条文说明表18可知，选项D正确。

2.8-22.【单选】建筑高度为50m的某公共建筑，防排烟系统设计要求正确的是下列哪一项？【2018-1-11】

A. 同一楼层中，一个机械排烟系统不允许负担多个防烟分区

B. 非金属排烟管道允许漏风量应按高压系统要求

C. 防烟楼梯间正压送风宜隔层设置一个常闭风口

D. 采用敞开凹廊的前室，其防烟楼梯间可不另设防烟措施

参考答案： D

分析： 根据《防排烟规》第4.4.1条和第4.4.10.2条及第4.6.4条可知，排烟系统横向应按防火分区设置，但可以负担多个防烟分区，故选项A的说法错误。根据《通风与空调工程施工质量验收规范》GB 50243—2016第4.2.1-5条可知，排烟系统风管的严密性应符合中压风管的规定，故选项B中按高压系统的要求说法错误。根据《防排烟规》第3.3.6条可知，选项C错误，防烟楼梯间宜每隔2～3层设一个常开式百叶送风口。根据《防排烟规》第3.1.3.1条可知，选项D正确。

2.8-23.【单选】某无吊顶地下汽车库设置机械排烟系统。问：下列做法中，最合理的是哪一项？【2018-2-10】

A. 利用梁高为800mm的框架梁作为挡烟垂壁划分防烟分区

B. 设置排风兼排烟系统，车库上部的排风口均匀布置且车库内任一位置与风口的距

离小于 20m，火灾时通过各排风口排烟

C. 按防火分区设置排烟系统，排烟量为最大防火分区面积乘以 $120m^3/(h \cdot m^2)$

D. 排烟风机直接吊装于车库顶板下，风机下部净空间高度不小于 2.1m

参考答案：A

分析：根据《汽车库、修车库、停车库设计防火规范》GB 50067—2014 第 8.2.2 条可知，选项 A 的做法是合理的；根据 8.2.6 条可知，选项 B 合理；根据第 8.2.5 条可知，车库排烟量与车库面积无关，与车库净高有关，故选项 C 不合理；根据《建规 2014》第 8.1.9 条可知，排烟风机应设在专用机房，故选项 D 直接吊装在车库顶板下不合理。设置上选项 AB 均合理，但是选项 B 从规范的角度仅要求排烟口距离防烟分区内最远点的水平距离不应大于 30m，而选项 B 减小为 20m。排烟口与最远排烟地点太近需要多设排烟管道，不经济（条文说明），因此从经济性上选项 B 不如选项 A 合理。综上所述，最合理的是选项 A。

2.8-24.【单选】设有消防控制室的地下室采用机械排烟，三个防烟分区共用一个排烟系统。关于其工作程序，下列何项是错误的？【2018-2-12】

A. 接到火灾报警信号后，由控制室开启有关排烟口，联动活动挡烟垂壁动作、开启排烟风机

B. 排烟风机开启时，应同时联动关闭地下室通风空调系统的送、排风机

C. 三个防烟分区内的排烟口应同时全部打开

D. 通风空调管道内防火阀的熔断信号可不要求与通风空调系统的送、排风机连锁控制

参考答案：C

分析：本题考察对排烟系统运行的理解，可参考《三版教材》第 2.10.10 节第 2 部分内容。选项 A，由图 2.10-26 可知正确，接收到火灾报警信号时，相关控制均由控制室执行，仅人发现火灾时才进行手动开启。由图 2.10-26 可看到排烟风机为联动排烟口开启运行，此时对应联动停止空调通风系统，选项 B 正确。选项 C 错误，火灾报警时仅开启着火防烟分区的排烟口。根据图 2.10-26，防火阀熔断信号没有要求与排风机连锁，由表 2.10-24 可知，对于防火阀有反馈信号功能的需要给定相关功能，而非必须采用的功能，故选项 D 正确。

2.8-25.【多选】某高层建筑的中庭面积为 $850m^2$，平均净高度为 25m，设计选取合理的机械排烟量时，错误的应是下列哪几项？【2011-1-53】

A. $51000m^3/h$　　B. $85000m^3/h$

C. $102000m^3/h$　　D. $127500m^3/h$

参考答案：ABD

分析：根据《高规》第 8.4.2.3 条计算。中庭体积 $V=850\times25=21250>17000m^3/h$，按 4 次/h 计算排烟量。$L=21250\times4=85000\ m^3/h<102000m^3/h$，最小排烟量为 $102000\ m^3/h$。因此选项 AB 排烟量过小。

选项 D，$127500m^3/h$ 的合理性存在争议，认为其合理的原因是计算的结果为最小排

烟量，凡是比起大的即为合理。但是从经济性的角度，按照最大20%漏风量，中庭排烟量为102000×1.2=122400m^3/h<127500m^3/h，选项D排烟量放大过大。不能随意放大选取的排烟量过大的排烟量会使得防烟分区形成过大负压，吸取周围空间过量的氧气，进一步帮助燃烧。

2.8-26.【多选】某30层的高层公共建筑，其避难层净面积为1220m^2，需设机械加压送风系统，符合规定的加压送风量是哪几项？【2012-1-52】

A. 34200m^3/h　　B. 37500～34200m^3/h

C. 38000～34200m^3/h　　D. 40200～34200m^3/h

参考答案：BCD

分析：根据《防排烟规》第3.4.3条：避难层正压送风量不小于30m^3/（h·m^2）。1220×30m^3/h=36600m^3/h。选项A加压送风量不满足规范要求，选项BCD都正确。

2.8-27.【多选】某高层公共建筑的中庭，体积为18000m^3，下列哪几项设计排烟量符合要求？【2013-1-53】

A. 7.2×10^4 m^3/h　　B. 10.2×10^4 m^3/h

C. 10.8×10^4 m^3/h　　D. 11.2×10^4 m^3/h

参考答案：BCD

分析：根据《高规》第8.4.2.3条规定，该中庭体积大于17000m^3，其排烟量按其体积的4次/h换气计算，得7.2×10^4 m^3/h，但因其排烟量小于10.2×10^4 m^3/h，按照规定，取最小排烟量为10.2×10^4 m^3/h，因此，选项B、C、D正确。

2.8-28.【多选】某高层建筑设置有避难层，避难层的净面积为650m^2，需设加压送风系统，下列设计送风量的哪几项不符合要求？【2013-2-52】

A. ≥22500m^3/h　　B. ≥19500m^3/h

C. ≥16000m^3/h　　D. ≥12000m^3/h

参考答案：CD

分析：根据《防排烟规》第3.4.3条，避难层正压送风量不小于30m^3/（h·m^2）。650×30=19500m^3/h，故选项CD中加压送风量要求过小。

2.8.3 通风系统的消防要求

2.8-29.【单选】某公共建筑的地下房间内设置排烟系统，房间不吊顶，排烟管明装，设板式排烟口，下列哪一项的设置方法是合理的？【2012-1-16】

A. 板式排烟口设置于风管顶部

B. 板式排烟口设置于风管侧面

C. 板式排烟口设置于风管底部

D. 板式排烟口可设置于风管的任何一个面

参考答案：C

分析：（1）《防排烟规》第4.4.12条："排烟口宜设置在顶棚或靠近顶棚的墙面上，

应设置在储烟仓内”，说明排烟口要设置在房间上部，但规范并没有提及在风管上设置的具体要求。因此，本题需要按照实际设计的合理性进行具体分析。

（2）首先排除选项D，因为是单选，而且题目问的是“合理”而不是“最合理”，选项D和选项ABC矛盾。

（3）接着排除选项A，因为排烟口设在风管顶部，对于排烟口的施工安装、打开复位、运行管理都有产生影响，所以不是“合理的”。

（4）板式排烟口为DC 24V电源控制阀门打开，远距离手动复位关闭，手动开启，且与排烟风机联锁，远距离控制缆绳长度不超过6m，板式排烟口一般不具有打开后烟气温度达280℃时重新关闭的功能。板式排烟口可以装在走道吊顶板上或墙上。图集07K103-2中有板式排烟看在吊顶上安装和竖井上安装的详图。

（5）本题的房间不吊顶和排烟管明装是迷惑条件，并且题目也隐含着任何一个面都是在储烟仓内这个条件。认准了板式排烟口这个考点，可知道是选项C。

2.8-30.【单选】一办公建筑的某层内走廊需设置机械排烟，下列哪项是正确的排烟口布置图？【2012-2-15】

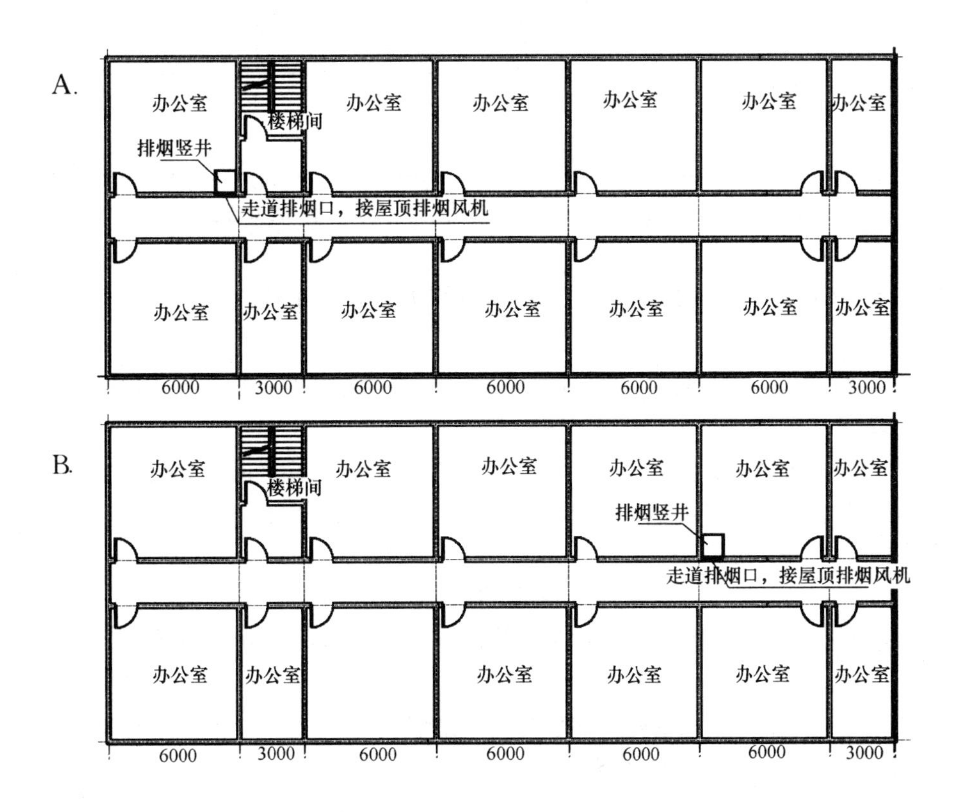

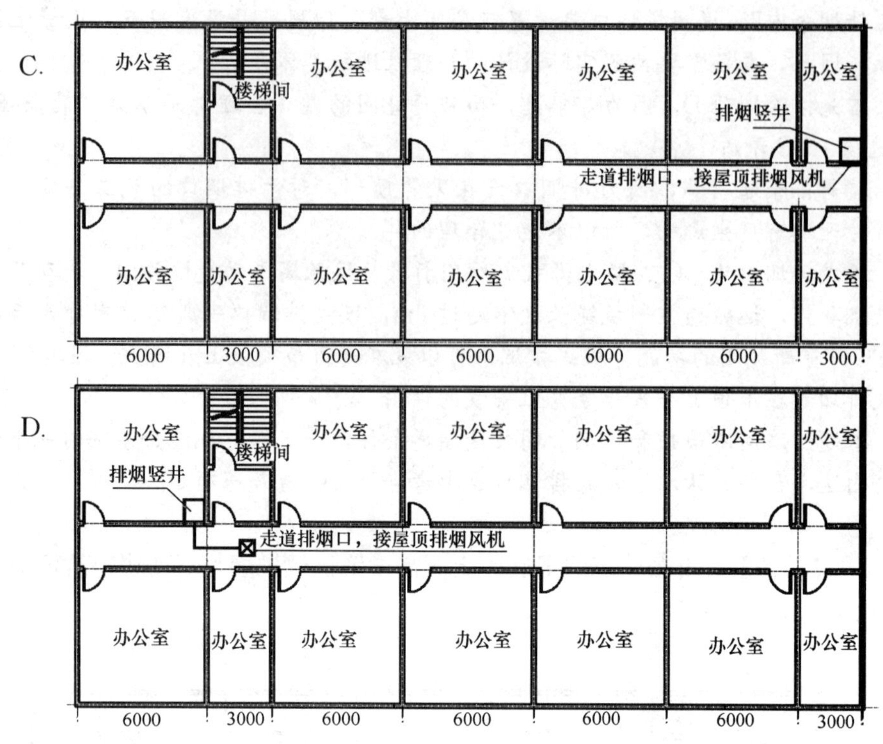

参考答案：B

分析：根据《高规》第8.4.4条和《建规2006》第9.4.6.3条，排烟口距离安全出口边沿的水平距离不小于1.5m，选项AD错误。选项C排烟口距离内走道最远距离超过30m。

扩展：详见附录5：关于进、排风口等距离的规范条文小结。

2.8-31.【单选】关于防火阀、排烟防火阀、排烟阀的说法，下列何项是错误的?【2014-1-16】

A. 防火阀平时呈开启状态　　B. 排烟防火阀平时呈开启状态

C. 排烟阀平时呈关闭状态　　D. 阀门的阀体板材厚度应不小于1.0mm

参考答案：D

分析：根据《建筑通风和排烟系统用防火阀门》GB 15930—2007第3.1条，选项ABC正确。根据《三版教材》P318，板材厚度应不小于1.5mm，故选项D错误。

2.8-32.【单选】某工程设有排烟系统，其排烟管道尺寸为800mm×630mm，试问排烟管道的钢板厚度应为下列何项?【2014-1-17】

A. 0.5mm　　B. 0.6mm

C. 0.75mm　　D. 1.0mm

参考答案：D

分析：根据《通风与空调工程施工规范》GB 50738—2011第4.1.6条，排烟系统按高压系统选定，风管长边尺寸800mm，选得最小钢板厚度为1.0mm。

2.8-33.【单选】某二层楼车间，底层为抛光间，生产中有易燃有机物散发，故设排风系统，其排风管需穿过楼板至屋面排放，在风管穿越楼板处设置防护套。试问该防护套的钢板厚度下列哪一项符合规定？【2014-2-17】

A. 1.0mm　　B. 1.2mm　　C. 1.5mm　　D. 2.0mm

参考答案：D

分析：根据《通风与空调工程施工规范》GB 50738—2011 第8.1.2条：应设壁厚不小于1.6mm的钢制防护套管。只有选项D符合要求。

2.8-34.【单选】下列哪个阀门（风口）动作时，一般不需要连锁有关风机启动或停止？【2016-1-16】

A. 排烟风机入口的280℃排烟防火阀

B. 防烟楼梯间前室常闭加压送风口

C. 各防烟分区的排烟口

D. 穿越空调机房的空调进风管上的70℃防火阀

参考答案：D

分析：选项ABC所提及的280℃排烟防火阀，常闭加压送风口，防烟分区的排烟口应设置于有关风机连锁，特别指出，排烟系统中，排烟主管与支管连接处常开型排烟防火阀可不与风机连锁，选项ABC错误；根据《建规2014》第9.3.11条，穿越通风、空气调节机房的房间隔墙和楼板处应设置防火阀。《建规2014》条文说明中说明防火阀的目的是主要防止机房的火灾通过风管蔓延到建筑物的其他房间，或者防止建筑内的火灾通过风管蔓延至机房内。并未对空调机房的空调进风管上的70℃防火阀连锁风机启动或停止进行规定，一般认为可不设置风机连锁，选项D正确。

2.8-35.【多选】有关排烟系统阀门的启闭状态表述，下列哪几项是错误的？【2012-2-50】

A. 排烟阀平时是呈开启状态　　B. 排烟防火阀平时是呈开启状态

C. 排烟阀平时是呈关闭状态　　D. 排烟防火阀平时是呈关闭状态

参考答案：AD

分析：《三版教材》P317及《建筑通风和排烟系统用防火阀门》GB 15930—2007第3.1～3.3条：排烟防火阀平时呈开启状态、排烟阀平时呈关闭状态。

2.8-36.【多选】排烟系统排烟风道的用材选择，下列哪几项是错误的？【2014-2-50】

A. 矩形排烟风道采用钢板制作，钢板厚度按高压系统的厚度执行

B. 采用无机玻璃钢排烟风管，板材厚度可按高压系统的厚度执行

C. 1500mm×630mm的矩形排烟钢板风管，钢板厚度采用1.0mm

D. 排烟系统的风管允许漏风量执行中压系统风管的规定数值

参考答案：BC

分析：根据《通风与空调工程施工规范》GB 50738—2011第4.1.6条及表4.1.6-1，选项A正确；选项B错误；选项C错误，应≥1.2mm；根据15.2.3-3条，选项D正确。

2.8-37.【多选】某风机房风机的送风管穿越隔墙时，风管上需要装70℃防火阀。试问该阀距风机房隔墙表面的安装距离可为下列哪几项？【2014-1-53】

A. 0.15m　　B. 0.20m　　C. 0.30m　　D. 0.40m

参考答案：AB

分析：根据《通风与空调工程施工规范》GB 50738—2011第8.1.6条：防火阀距墙不应大于200mm。

2.8-38.【多选】下列排风系统设计中，哪些是错误的？【2017-1-49】

A. 穿越防火卷帘处设置70℃防烟防火阀

B. 穿越重要会议室隔墙处设置70℃防火阀

C. 穿越防火分隔处的变形缝处，在一侧设置70℃防火阀

D. 进入排风机房隔墙上设置排烟防火阀

参考答案：CD

分析：由《建规2014》第9.3.11条及条文解释可知，选项AB正确，防火卷帘属于防火分隔（第5.3.3条），用于分隔两个防火分区，并且排风风管上也可设置防烟防火阀；需要在两侧分别设置防火阀，而非一侧，选项C错误；选项D需要设置70℃防火阀而非排烟防火阀。

2.8.4 其他消防要求

2.8-39.【单选】下列哪种管道为严禁穿过厂房中防火墙的管道？【2011-1-10】

A. 热水采暖干管　　B. 蒸汽采暖管道

C. 有爆炸危险厂房内的排风管道　　D. 有爆炸危险厂房内的送风管道

参考答案：C

分析：根据《建规2014》第6.1.5条，可燃气体和甲乙丙类液体的管道严禁穿过防火墙。选项AB均非可燃气体或甲乙丙类液体，可穿过防火墙。有爆炸危险厂房的送风管道内为室外新风，无可燃气体，故可穿越。但是有爆炸危险厂房的排风风管内为室内空气，含有可燃气体，故排风风管严禁穿越防火墙。

2.8-40.【单选】某棉花仓库堆放成捆的棉花，设有机械排烟系统。试问棉花的堆高距排烟管道的最小距离（未采取隔热措施）不得小于下列何项？【2014-2-16】

A. 100 mm　　B. 150 mm　　C. 200 mm　　D. 250 mm

参考答案：B

分析：棉花堆属于可燃物体，排烟管道排烟时烟气温度高于80℃，根据《建规2014》第9.3.10条，最小间隙不应小于150mm。

2.8-41.【多选】建筑内电梯井设计时，下列哪几项要求是错误的？【2012-2-48】

A. 电梯井内不宜敷设可燃气体管道

B. 电梯井内严禁敷设甲、乙类液体管道

C. 电梯井内严禁敷设甲、乙、丙类液体管道

D. 电梯井内严禁敷设电线电缆

参考答案： ABD

分析：（1）根据《建规 2014》第 6.2.9 条第 1 款：电梯井应独立设置，井内严禁敷设可燃气体和甲、乙、丙类液体管道，并不应敷设与电梯无关的电缆、电线等。可见，选项 A 错误，错在“不宜”，应为“严禁”；选项 D 错误，错在缺少“与电梯无关”的限制。

（2）分歧之处在于选项 B 和选项 C，因为有了选项 C 的对照，显得选项 B 那么“此地无银”。而且从规范的解读来说选项 B“电梯井内严禁敷设甲、乙类液体管道”可以推导出“电梯井内可以敷设丙类液体管道”，这与《建规 2014》第 6.2.9 条第 1 款是矛盾的，因此考生会揣测这是出题老师的意图和陷阱。本题判别正确的原则是要将每一部分的内容表述完整才算正确，所以选项 B 针对规范要求是错误的。

2.8-42.【多选】某生产车间火灾危险性为乙类，车间内散发可燃粉尘，其供暖热媒为高压蒸汽，下列哪几项供暖方式是不安全的？【2016-2-44】

A. 散热器　　B. 暖风机　　C. 吊顶辐射板　　D. 全新风热风系统

参考答案： ABC

分析： 根据《建规 2014》第 9.2.1 条，散发可燃粉尘，为了防止供暖表面温度过高，导致粉尘自燃，供暖表面温度不应超过 82.5℃。散热器、吊顶辐射板均位于生产车间内，表面温度超过 82.5℃，可燃粉尘易自然，选项 AC 错误；暖风机采用高压蒸汽时，根据《三版教材》P68～69，因小型暖风机送风温度不宜低于 35℃，不应高于 55℃，不能选用，应选用大型暖风机，而选项 B 未说明是何种形式暖风机，采用小型暖风机导致送风温度过高，易出现危险，不安全，选项 B 错误；根据《三版教材》P63“热风供暖条件”（3），由于防火、防爆和卫生要求，必须采用全新风热风系统，选项 D 正确。

2.8-43.【多选】设有火灾自动报警系统和消防控制室的建筑内，人员通过现场远程控制装置开启房间排烟口后，一些设备或阀门应进行连锁动作。下列哪几项连锁是正确的？【2017-2-52】

A. 与排烟风口对应的排烟系统的排烟风机

B. 空调风管穿越空调机房隔墙处的 70℃防火阀

C. 排烟风机入口处的 280℃排烟防火阀

D. 发生火灾的防火分区内的其他通风机

参考答案： AD

分析： 根据《三版教材》图 2.10-26 与图 2.10-27 可知，选项 AD 正确，着火时需要联动开启防火分区内排烟口、排烟风机，并停止防火分区内空调系统和通风系统。火灾报警动作后，防火阀 70℃熔断关闭，而非联动，故选项 B 错误；选项 C：排烟防火阀为常开阀门（参见《建筑通风和排烟系统用防火阀门》JB/T 8532—2008），故火灾发生初期无需连锁动作，根据《三版教材》P315 可知，排烟风机入口处的 280℃排烟防火阀与排烟风机连锁是烟温超过 280℃，排烟防火阀自行关闭，连锁排烟风机关闭，即风阀关闭连锁风机。

2.8-44.【多选】某建筑通风和排烟系统用防火阀门的分类代号和规格为：PFHF-WSDC-Y1000×500。根据相关规范要求，对该阀门的下列性能表述中，哪几项是错误的？【2018-1-50】

A. 该阀为排烟防火阀

B. 该阀具有温感器控制自动关闭、手动关闭、电控电磁铁关闭方式

C. 该阀具有风量调节功能

D. 该阀在环境温度下，两侧保持300Pa的气体静压差时，规定的漏风量应不大于$500m^3/h$

参考答案：CD

分析：根据《建筑通风和排烟系统用防火阀门》GB 15930—2007第4.4.4条可确定阀门各标识位的含义。由第4.4.2条可知，PFHF表示排烟防火阀，选项A正确。由表1可知，W表示温度器控制自动关闭，S表示手动控制关闭或开启，DC表示电动控制关闭或开启，电控电磁铁关闭或开启，因此选项B正确。根据表2，F表示具有风量调节功能，且应处在第3标识位，但本阀门仅标识了Y功能，即远距离复位功能，故选项C错误。根据第6.11.1条，在保持300Pa静压差时，漏风量为单位面积不大于$500m^3/h$，阀门截面积为$1×0.5=0.5m^2$，故总漏风量应为$250m^3/h$，而选项D错误理解为总漏风量不大于$500m^3/h$，故选项D错误。

2.9　人　防　工　程

2.9-1.【单选】防空地下室平时和战时合用一个通风系统时，关于选用防护设备的规定，下列哪一项是错误的？【2011-1-12】

A. 按最大计算新风量选用清洁通风管管径、粗过滤器、密闭阀门

B. 按战时清洁通风的计算新风量选用门式防爆波活门，并按门扇开启时的平时通风量进行校核

C. 应按战时工况计算新风量

D. 过滤吸收器的额定风量必须大于滤毒通风时的进风量

参考答案：C

分析：根据《人民防空地下室设计规范》GB 50038—2005第5.3.3条，选项AB正确，选项C错误；根据第5.2.16条：设计选用的过滤吸收器，其额定风量严禁小于通过该过滤吸收器的风量，故选项D正确。

2.9-2.【单选】保障防空地下室战时功能的通风，说法正确的是哪一项？【2012-1-14】

A. 包括清洁通风、滤毒通风、超压排风三种

B. 包括清洁通风、隔绝通风、超压排风三种

C. 包括清洁通风、滤毒通风、平时排风三种

D. 包括清洁通风、滤毒通风、隔绝通风三种

参考答案：D

分析：根据《人民防空地下室设计规范》GB 50038—2005第5.2.1.1条可知，选项

D 正确。平时排风非战时功能，超压排风措施不是通风方式。

2.9-3.【单选】平时为汽车库，战时为人员掩蔽所的防空地下室，其通风系统作法，下列哪项是错误的?【2012-2-14】

A. 应设置清洁通风、滤毒通风和隔绝通风

B. 应设置清洁通风和隔绝防护

C. 战时应按防护单元设置独立的通风空调系统

D. 穿过防护单元隔墙的通风管道，必须在规定的临战转换时限内形成隔断。

参考答案：B

分析：根据《人民防空地下室设计规范》GB 50038—2005 第 5.2.1-1 条：战时为医疗救护工程、专业队队员掩蔽部、人员掩蔽工程以及食品站、生产车间和电站控制室、区域供水站的防空地下室，应设置清洁通风、滤毒通风和隔绝通风，故选项 A 正确，选项 B 错误；根据第 5.3.2-1 条，选项 C 正确；根据第 5.3.12-3 条，选项 D 正确。

2.9-4.【单选】关于人防工程防护通风设备的表述，下列哪一项是错误的?【2013-1-14】

A. 防爆波活门是阻挡冲击波沿通风口进入人防工程内部的消波设施

B. 防爆波活门的选择根据工程的抗力级别和清洁通风量等因素确定

C. 防爆超压自动排气活门可用于抗力为 0.25MPa 的排风消波系统

D. 密闭阀门是人防通风系统的平时与战时转换通风模式的控制部件，只能开关，不能调节风量

参考答案：D

分析：根据《人们防空地下室设计规范》GB 50038—2005 中术语的第 2.1.37 条解释，防爆波活门在冲击波到来时能够自动关闭，属于消波设施，选项 A 正确；根据 GB 50038—2005 第 5.2.10 条规定，防爆波活门的选择，应根据工程的抗力级别和清洁通风量等因素确定，选项 B 正确；根据 GB 50038—2005 第 5.2.14 条规定，防爆超压自动排气活门只能用于抗力不大于 0.30MPa 的排风消防系统，选项 C 正确；根据 GB 50038—2005 第 2.1.53 条规定，密闭阀门是保障通风系统密闭防毒的专用阀门，选项 D 错误。

2.9-5.【单选】某人防地下室二等人员掩蔽所，已知战时清洁通风量为 $8m^3/(p \cdot h)$，其战时的隔绝防护时间应≥3h，在校核验算隔绝防护时间时，其隔绝防护前的室内 CO_2 初始浓度宜为下列哪一项?【2013-2-11】

A. 0.72%～0.45%　　B. 0.45%～0.34%

C. 0.34%～0.25%　　D. 0.25%～0.18%

参考答案：C

分析：根据《人民防空地下室设计规范》GB 50038—2005 表 5.2.5。

2.9-6.【单选】当人防地下室平时和战时合用通风系统时，下列哪一项是错误的?【2013-2-14】

A. 应按平时和战时工况分别计算系统的新风量

B. 应按最大计算新风量选择清洁通风管管径、粗过滤器和通风机等设备

C. 应按战时清洁通风计算的新风量选择门式防爆波活门，并按门扇开启时，校核该风量下的门洞风速

D. 应按战时滤毒通风计算的新风量选择过滤吸收器

参考答案：C

分析：根据《人民防空地下室设计规范》GB 50038—2005 第5.3.3条，选项AB正确；选项C错误，应按“平时通风量”进行校核；根据第5.2.16条：设计选用的过滤吸收器，其额定风量严禁小于通过该过滤吸收器的风量，故选项D正确。

2.9-7.【多选】人防地下室应具备通风换气条件的部位，应是哪几项？【2011-1-51】

A. 染毒通道　　B. 防毒通道

C. 简易洗消间　　D. 人员掩蔽部

参考答案：BCD

分析：根据《人民防空地下室设计规范》GB 50038—2005 图5.2.9可知，染毒通道不进行通风换气，实际凡是有人员隐蔽和工作的人防地下室均应具备通风换气条件。

2.9-8.【多选】进行人防通风系统设计时，下列哪几项是错误的？【2011-2-50】

A. 战时进风系统均应设增压管

B. 经过加固的油网滤尘器抗空气冲击波允许压力值小于0.05MPa

C. 战时电源无保障的防空地下室应采用人力通风机

D. 人员掩护工程应有随时了解人防工程内外染毒和超压情况的装置

参考答案：ABC

分析：根据《人们防空地下室设计规范》GB 50038—2005 图5.2.8可知，只有清洁通风与滤毒通风合用风机时才设置增压管，故选项A错误；根据GB 50038—2005第5.2.11条可知，选项B错误，应大于0.05MPa；根据GB 50038—2005第5.5.4条可知，选项C错误，应设置电力、人力两用通风机。根据GB 50038—2005第5.2.1条和5.2.17条可知，选项D正确。

2.9-9.【多选】某既有人防工程地下室，战时的隔绝防护时间经校核计算不满足规范规定值，故战时必须采取有效的延长隔绝防护时间的技术措施，下列哪几项措施是正确的？【2012-2-52】

A. 设置氧气再生装置、高压氧气罐

B. 尽量减少战时掩蔽人数

C. 尽量较少室内人员活动数、严禁吸烟

D. 加强工程的气密性

参考答案：ABCD

分析：根据《人民防空地下室设计规范》GB 50038—2005 第5.2.5条，当计算出的隔绝通风防护时间不满足规定时，应采取生O_2、吸收CO_2或减少掩蔽人数的等措施。选项A的“高压氧气瓶”是提高室内O_2浓度的方法之一（设置氧气再生装置、设置高压氧

气瓶、清除 CO_2）。因此选项ABCD皆正确。本题通过教材和规范无法直接判别答案，主要考查实际设计经验。

扩展：(1) 根据《防空地下室设计手册：暖通、给水排水、电气分册》的相关规定：影响隔绝防护时间长短的因素除掩蔽人员的数量、掩蔽空间的容积以及隔绝防护前地下室内二氧化碳的初始浓度等因素外，还有两个：1）工程结构本身和孔口防护设备的气密性是防止毒剂进入工程的关键。这些部位不严密，室外毒剂就会在风压等因素的作用下，沿缝隙进入室内，当毒剂达到最低伤害浓度时，隔绝时间就到了，应转入滤毒式通风；2）人员活动量、吸烟和燃点灯烛也是耗氧和产生二氧化碳的重要因素。

延长隔绝防护时间的措施主要有：

1）设置产生氧气的装置和吸收二氧化碳的装置，如氧气再生装置、高压氧气瓶等。

2）适当减少战时掩蔽人员的数量。

3）加强工程的气密性。施工时要确保工程质量，搞好密闭处理的各环节（如混凝土应捣固密实，防止蜂窝产生；出入口的门必须能关闭严密；各种穿墙管及套管应填密实不漏气；地漏要采用防爆防毒地漏；与战时无关的管道应严格按规范要求尽量不穿越防护密闭墙或密闭墙），保证防护设备（如密闭阀门）具有良好的密闭性能；战时需要封堵的各种孔洞必须严密不漏气；加强工程平时的维护管理，使各相关设备或部件始终保持完好状态；定期对工程进行气密性检查，以便及时发现问题、解决问题。

4）尽量减少二氧化碳的发生量和氧气的消耗量。室内氧气浓度降低和二氧化碳浓度增加的主要原因是人员呼吸、吸烟等，所以战时应做到：尽量减少室内人员的活动量、严禁吸烟和燃点灯烛等。

(2) 根据《2009全国民用建筑工程设计技术措施—防空地下室》的相关规定：当计算出的隔绝防护时间不能满足规定时，应采取生 O_2、吸收 CO_2 或减少战时掩蔽人数等措施。通常宜采用减少战时掩蔽人员数量的措施。

2.9-10.【多选】人防地下室应具备通风换气条件的部位是下列哪几项？【2013-1-48】

A. 染毒通道　　B. 防毒通道

C. 简易洗消间　　D. 人员掩蔽部

参考答案：BCD

分析：根据《人民防空地下室设计规范》GB 50038—2005 图5.2.9，染毒通道不进行通风换气，实际凡是有人员隐蔽和工作的人防地下室均应具备通风换气条件。本题与【2011-1-51】相同。

2.9-11.【多选】人防工程二等人员掩蔽所的通风包含下列哪些方式？【2017-2-51】

A. 平时通风　　B. 清洁通风

C. 滤毒通风　　D. 隔绝通风

参考答案：ABCD

分析：根据《三版教材》P323～P324可知，人防工程通风方式分为平时通风和战时通风（防护通风）两类，根据《人民防空地下室设计规范》GB 50038—2005 第5.2.1-1条可知，人员掩蔽所战时通风需要设置清洁通风、滤毒通风和隔绝通风。根据《人民防空地下室设计规范》GB 50038—2005 第 5.1-1 条可知，防空地下室的供暖通风必须确保战时防护要求，并应满足战时及平时的使用要求。二等人员掩蔽所作为人防工程的一种防护类型，同样需满足人防工程平时及战时的不同使用要求，因此 ABCD 四个选项均正确。

2.10　其　他　考　点

2.10.1　车库、设备用房、厨房及卫生间

2.10-1.【单选】某车库的排风系统拟采用采集车库气体成分的传感器控制排风机的运行，正确选用的传感器应是下列何项？【2014-1-11】

A. O_2传感器　　B. CO_2传感器　　C. CO 传感器　　D. NO_x传感器

参考答案：C

分析：根据《公建节能 2015》第 4.5.11 条条文说明，通过对其主要排放污染物 CO 浓度的监测来控制通风设备的运行。国家相关标准规定一氧化碳 8h 时间加权平均允许浓度为 20mg/m^3，短时间接触允许 30mg/m^3。选项 C 正确。

2.10-2.【单选】关于公共厨房通风排风口位置及排油烟处理的说法，下列何项是错误的？【2014-2-12】

A. 油烟排放标准不得超过 2.0mg/m^3

B. 大型油烟净化设备的最低去除效率不宜低于 85%

C. 排油烟风道的排风口宜放置在建筑物顶端并设置伞形风帽

D. 排油烟风道不得与防火排烟风道合用

参考答案：C

分析：根据《民规》第 6.3.5.4 条，选项 D 正确。根据《民规》第 6.3.5.4 条条文说明，选项 AB 正确，选项 C 错误，一般为锥形风帽。

2.10-3.【单选】关于住宅建筑的厨房竖向排风道的设计，下列何项是错误的？【2014-2-14】

A. 顶部应设置防止室外风倒灌装置

B. 排风道不需加重复的止回阀

C. 排风道阻力计算可采用总流动阻力等于两倍总阻沿程阻力的计算方法

D. 计算排风道截面总风量时，同时使用系数宜取 0.8

参考答案：D

分析：根据《民规》第 6.3.4-4 条，选项 A 正确；根据第 6.3.4-4 条条文说明，选项 BC 正确。其中要注意选项 B 中不需加重复的止回阀指的是排风主管道，但在竖向集中排油烟中，在烟道上用户排油烟机软管接入口处安装可靠逆止阀，且材料应防火。两处的止回阀代表含义有所区别，需引起注意。根据条文说明，同时使用系数宜取 0.4～0.6，故选项 D 错误。

2.10-4.【多选】要求某厨房灶具台上的两个排油烟罩的排风量相同（不设置阀门调

节)，且使用中维护工作量尽可能减少，以下几个厨房排油烟系统的设计方案，哪几项是不符合要求的?【2014-1-48】

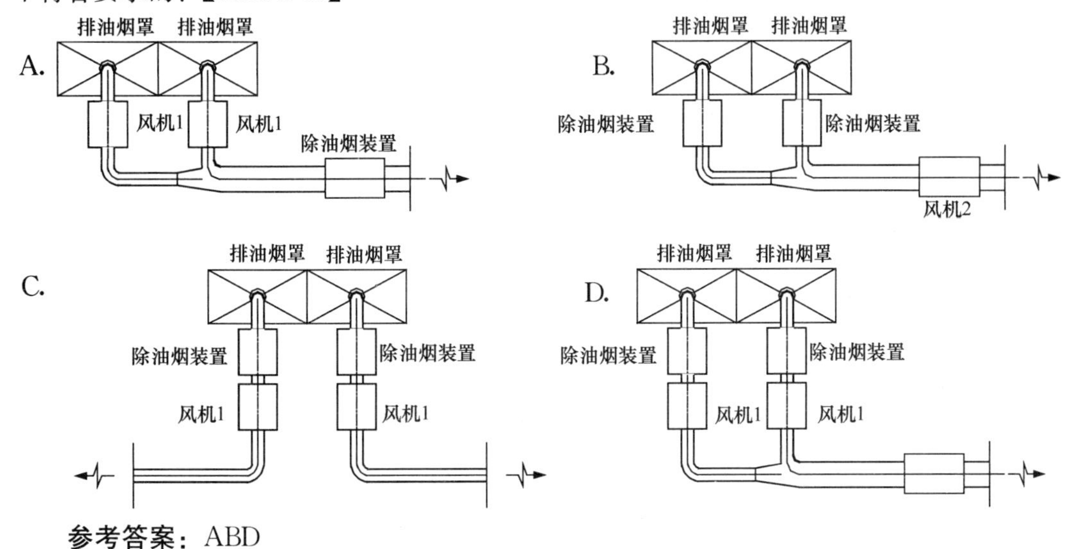

参考答案：ABD

分析：由题意可知，首先除油烟装置应设置排油烟风机前方，将油烟处理后，再经过风机，有助于风机高效运行，降低维护工作量，故选项 A 错误。选项 B，无论两组排油烟罩同时运行还是任何一组独立运行时，风机 2 均需运行，风机长时间处于运行状态，不经济的同时，风机故障率出现概率大大增加，即维护工作量也会增加。选项 D，当仅开一组风机时，因各组排油烟系统均不设置阀门调节，风机出口油烟极有可能通过另一组不运行风机返流回排油烟罩，造成气流短路，不合理。选项 C，各组排油烟系统完全独立，分区使用，合理、经济、高效。

2.10-5.【多选】当用稀释浓度法计算汽车库排风量时，下列哪些计算参数是错误的?【2016-1-53】

A. 车库内 CO 的允许浓度为 $30mg/m^3$

B. 室外大气中 CO 的浓度一般取 $2\sim3mg/m^3$

C. 典型汽车排放 CO 的平均浓度通常取 $5000mg/m^3$

D. 单台车单位时间的排气量可取 $0.2\sim0.25m^3/min$

参考答案：CD

分析：根据《三版教材》P337～P338 及《民规》第 6.3.8 条条文说明，按照稀释浓度法计算汽车库排风量，选项 AB 正确；典型汽车排放 CO 的平均浓度通常取 $55000mg/m^3$，单台车单位时间的排气量可取 $0.02\sim0.025m^3/min$，选项 CD 错误。

2.10.2　锅炉房通风与消防

2.10-6.【单选】根据规范规定，燃气锅炉房的锅炉间火灾危险性分类是哪一项?【2011-1-07】

A. 属于甲类生产厂房　　B. 属于乙类生产厂房

C. 属于丙类生产厂房　　D. 属于丁类生产厂房

参考答案：D

分析：《建规 2006》第 3.1.1 条条文说明或《建规 2014》条文说明 P182 表 1。《锅炉房设计规范》GB 50041—2008 第 15.1.1-1 条。

2.10-7.【单选】燃气锅炉房设事故排风系统，其排风量按照换气次数计算，规范规定事故排风的最小排风量，应为下列哪一项？【2011-1-15】

A. $\not<6h^{-1}$　　B. $\not<10h^{-1}$

C. $\not<12h^{-1}$　　D. $\not<15h^{-1}$

参考答案：C

分析：《锅炉房设计规范》GB 50041—2008 第 15.3.7-1 条。

2.10-8.【单选】根据规范规定燃气锅炉房的火灾危险性分类，下列表述哪项是正确的？【2012-2-07】

A. 锅炉间和燃气调压间应属于甲类生产厂房

B. 锅炉间和燃气调压间应属于乙类生产厂房

C. 锅炉间应属于丙类生产厂房，燃气调压间应属于乙类生产厂房

D. 锅炉间应属于丁类生产厂房，燃气调压间应属于甲类生产厂房

参考答案：D

分析：根据《锅炉房设计规范》GB 50041—2008 第 15.1.1 条或《建规 2014》第 3.1.1 条条文说明表 1。

2.10-9.【多选】燃油、燃气锅炉房布置在某多层商场建筑物内时，位置正确的是哪几项？【2011-2-47】

A. 首层靠外墙部位　　B. 地下一层外墙部位

C. 地下二层　　D. 屋面层

参考答案：AB

分析：根据《建规 2014》第 5.4.12 条。

2.10-10.【多选】某采用天然气为燃料的热水锅炉房，试问其平时通风系统和事故通风系统的设计换气能力正确的为下列哪几项？【2012-1-48】

A. 平时通风 $3h^{-1}$ 和事故通风 $6h^{-1}$

B. 平时通风 $6h^{-1}$ 和事故通风 $6h^{-1}$

C. 平时通风 $6h^{-1}$ 和事故通风 $12h^{-1}$

D. 平时通风 $9h^{-1}$ 和事故通风 $12h^{-1}$

参考答案：CD

分析：根据《锅炉房设计规范》GB 50041—2008 第 15.3.7 条或《建规 2014》第 9.3.16 条。

扩展：详见附录 5 扩展 2-17：关于平时通风和事故通风换气次数的一般规定。

第3章　空气调节与洁净技术专业知识题

本章知识点题目分布统计表

小节	考点名称		2011年至2019年题目统计		近几年题目统计		2019年题目统计
			题目数量	比例	题目数量	比例	
3.1	空调系统基本理论	3.1.1　空调冷热负荷与焓湿图原理	21	7%	14	13%	4
		3.1.2　舒适性与环境控制	9	3%	7	6%	2
		小计	30	10%	21	19%	6
3.2	空气处理过程与设备		19	6%	11	10%	4
3.3	空调风系统	3.3.1　全空气空调系统	13	4%	10	9%	2
		3.3.2　风机盘管加新风系统	9	3%	2	2%	2
		3.3.3　空调系统的选择	14	5%	8	7%	2
		小计	36	12%	20	18%	6
3.4	空调系统设备		13	4%	6	5%	1
3.5	气流组织		10	3%	3	3%	2
3.6	空调水系统	3.6.1　水系统形式与设计	12	4%	7	6%	0
		3.6.2　水泵与系统运行	26	9%	12	11%	3
		3.6.3　水系统定压与检测	6	2%	3	3%	1
		3.6.4　冷却水系统	8	3%	6	5%	1
		小计	52	18%	28	25%	5
3.7	空调系统的控制	3.7.1　阀门与机组控制	15	5%	4	4%	1
		3.7.2　系统控制	24	8%	10	9%	1
		小计	39	13%	14	13%	2
3.8	节能措施		28	9%	11	10%	4
3.9	空气洁净技术	3.9.1　洁净原理与洁净室	17	6%	8	7%	3
		3.9.2　过滤器与洁净系统	18	6%	10	9%	2
		3.9.3　空气过滤器	12	4%	6	5%	1
		小计	47	16%	24	22%	6
3.10	其他考点	3.10.1　保温保冷	9	3%	1	1%	0
		3.10.2　隔振与消声	13	4%	9	8%	2
		小计	22	7%	10	9%	2
合计			296		148		38

说明：2015年停考1年，近几年题目统计为2016年至2019年。

3.1　空调系统基本理论

3.1.1　空调冷热负荷与焓湿图原理

3.1-1.【单选】某办公建筑的非轻型外墙外表面采用光滑的水泥粉刷墙面，其外表面有多种颜色可选。会导致空调计算冷负荷最大的外墙外表面颜色是哪一项？【2012-1-26】

A. 白色　　B. 浅灰色　　C. 深灰色　　D. 黑色

参考答案：D

分析：《民用建筑热工设计规范》GB 50176—2016 第 6.1.3-1 条：宜采用浅色外饰面，如浅色粉刷、涂层和面砖等。

3.1-2.【单选】四个典型设计日逐时得热量完全相同的全天 24h 运行的空调房间，它们的全天逐时冷负荷计算结果如下图的曲线所示。问：最大蓄热能力的房间，是下列哪一个？【2014-1-23】

A. 房间 1　　B. 房间 2

C. 房间 3　　D. 房间 4

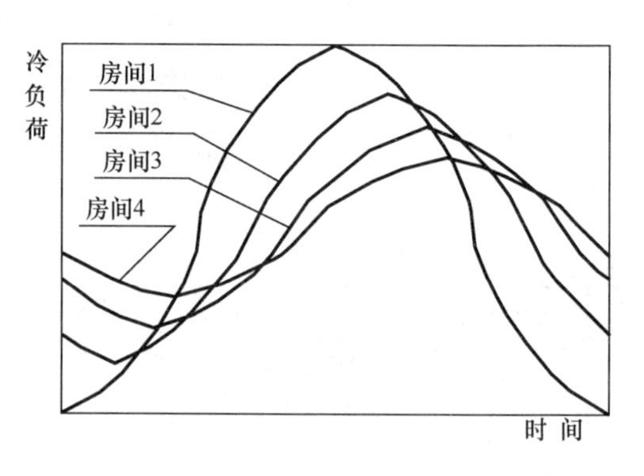

参考答案：D

分析：根据《空气调节》P35，得热量转化为冷负荷过程中，存在着衰减和延迟现象。冷负荷的峰值不只低于得热量的峰值，而且在时间上有所滞后，这是由建筑物的蓄热能力所决定的。蓄热能力越强，则冷负荷衰减越大，延迟时间也越长。由题意知，房间 4 的蓄热能力最大。本题也可参见《三版教材》P357 中“冷热负荷形式机理”的相关内容。

扩展：现阶段，建筑结构蓄能系统已在个别项目中使用，充分利用围护结构传热系数低、热惰性大的特点，结合峰谷电价时段及系统高效运行外部条件，将冷热蓄存与建筑结构中，待建筑需要供冷供暖时，不开启或少开启制冷供暖设备，以达到节能的目的。

3.1-3.【单选】下列何项得热可以采用稳态计算方法计算其形成的空调冷负荷？【2014-1-24】

A. 轻质外墙传热　　B. 办公室人员散热

C. 北向窗户太阳辐射热　　D. 电信数据机房工艺设备散热

参考答案：D

分析：根据《民规》第 7.2.5.4 条，“全天使用的设备散热量”可按照稳态方法计算夏季冷负荷，故选项 D 正确。选项 ABC 均应采用非稳态方法计算逐时冷负荷。

3.1-4.【单选】假定空气干球温度、含湿量不变，当大气压力降低时，下列何项正确？【2014-1-25】

A. 空气焓值上升　　B. 露点温度降低　　C. 湿球温度不变　　D. 相对湿度不变

参考答案： B

分析： 题干给定“空气干球温度、含湿量不变”，由焓值计算式 $h=1.01t+d$（2500+1.84t）可知，焓值不变，选项 A 错误。由《空气调节》P11 图 1-6 得，大气压力变小、含湿量与干球温度均不变时，相对湿度降低、露点温度降低、湿球温度降低。因此选项 B 正确，选项 CD 错误。本题采用《空气调节》教材的图才可分析出答案，如采用考试教材基本无从下手，疑似超纲。

3.1-5.【单选】某定风量一次回风空调系统服务于 A、B 两个设计计算负荷相同的办公室，系统初调试合格后，夏季设计工况下完全满足 A、B 两个房间的空调设计指标。夏季运行时，采用设定的回风温度来自动控制通过空调机组表冷器的冷水流量（保持回风温度不变）。问：供冷工况下，当 A 房间的冷负荷低于设计工况、B 房间的冷负荷处于设计工况时，空调机组的回风温度 t_H、各房间室内温度（t_A、t_B）之间的关系（系统风量与房间风量不变），以下哪一项是正确的?【2014-1-26】

A. $t_H<t_A$　　B. $t_H<t_B$　　C. $t_H=t_A$　　D. $t_A>t_B$

参考答案： B

分析： 思路一：A 房间冷负荷低于设计工况，此时 A 房间回风温度降低；B 房间处在设计工况，故 B 房间温度高于 A 房间。定风量一次回风系统，空调机组回风温度为房间 A 与 B 回风混合后的温度。因此 $t_A<t_H<t_B$，故选项 B 正确。

思路二：因系统为定风量系统，A、B 房间送风温度相同，风量不变，故不论如何调试系统，在题设情况下，A 房间与 B 房间室内温度均不相同，A 房间的回风温度会降低，为使回风温度不变，调小冷水量（调高送风温度），最终 $t_A<t_B$。回风温度 t_H 始终处于 A 房间和 B 房间之间，由此可判断选项 A 与选项 D 同对同错，选项 C 必错，由此也可判定选项 B 为正确答案。

3.1-6.【单选】以下四个定性反映某酒店客房夏季（全天空调）得热量与空调冷负荷关系的曲线图中，哪个图是正确的?（以下图中的横坐标为时刻 0：00～24：00）【2016-1-22】

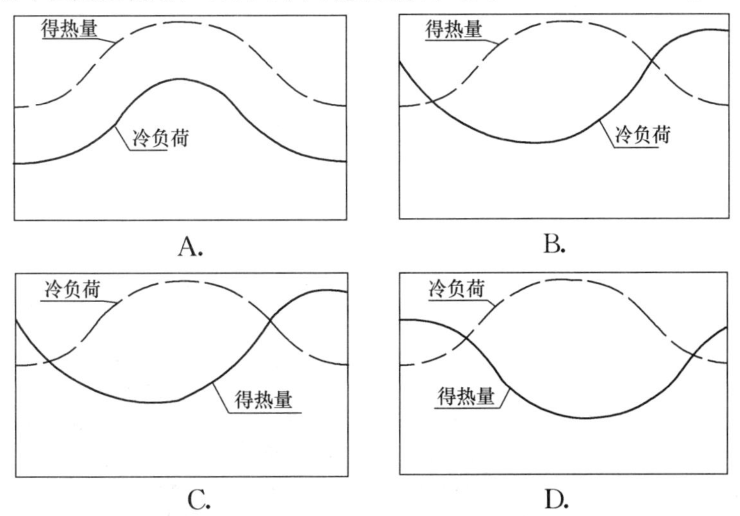

参考答案：B

分析：根据《三版教材》P356～357，得热量是指在某一时刻进入室内的热量或在室内产生的热量，这些热量中有显热或潜热，或两者兼有之。冷负荷是指在维持室温恒定条件下，室内空气在单位时间内得到的总热量，也就是采用通风（或其他冷却）方式的空调设备在单位时间内自室内空气中取走的热量。得热量不一定等于冷负荷。因为只有得热量中的对流成分才能被室内空气立即吸收，而得热量中的辐射成分却不能直接被空气立即吸收。根据酒店客房夏季运行关系，定性的认为，0：00～12：00，因入住客人逐步休息并与上午时段逐步离开酒店的实际情况，同时室内灯光、电气等设备用能情况逐步减少，室外温湿度逐步降低，逐时冷负荷逐渐降低，逐时得热量逐渐增大，并且逐时冷负荷小于逐时得热量；当12：00～0：00时段，因外围护结构逐时冷负荷的逐渐增加，冷负荷出现等增趋势，而得热量由峰值逐步降低，某一时段，得热量小于逐时冷负荷。从全天时段分析，得热量转化为冷负荷过程中，存在着衰减和延迟现象，冷负荷的峰值不只低于热热量峰值，而且在时间上有所滞后，这是由建筑物的蓄热能力决定的。综上所述，选项B正确。

3.1-7.【单选】假定存在水蒸气可以透过、但是空气不能透过的膜，膜的一侧是绝对湿度高的空气，另一侧是绝对湿度低的空气。当两侧空气的绝对含湿量保持不变，采用下列哪一种方法能使水蒸气由绝对湿度低的一侧向绝对湿度高的一侧渗透？【2016-1-25】

A. 提高绝对湿度低的空气的温度　　B. 提高绝对湿度高的空气的温度

C. 提高绝对湿度低的空气的压力　　D. 提高绝对湿度高的空气的压力

参考答案：C

分析：根据题意，膜两侧空气中水蒸气分压力的差值是水分在膜两侧传递的驱动力。当提高绝对湿度低的空气压力，使得绝对湿度低的空气水蒸气分压力大于绝对湿度高的水蒸气分压力，水蒸气即能够从绝对湿度低的一侧向绝对湿度高的一侧渗透。选项C正确。

3.1-8.【单选】干空气质量分别为m_1和m_2的两种状态的湿空气混合，如果按照焓湿图计算，得出的混合后状态点（t_1、d_1、h_1）将位于过饱和区。问：在绝热定压条件下充分混合并长时间稳定后，其稳定后的湿空气状态点（t_2、d_2、h_2）和干空气总质量m符合下列哪项？【2017-1-23】

A. $d_1>d_2$

B. $t_1>t_2$

C. $h_2>h_1$

D. $m_1+m_2>m$

参考答案：A

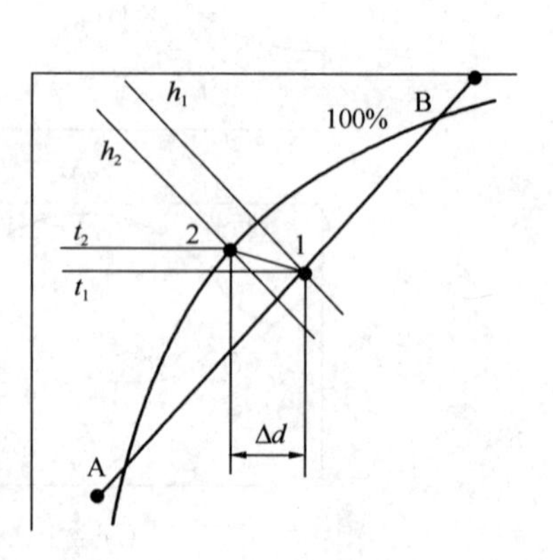

分析：根据题意，按照焓湿图计算得出的混合状态点1位于过饱和区，而实际上该状态点是不存在的，实际混合过程中将析出水分，最终稳定后达到状态点2（如右图），因此$d_1>d_2$，$t_1<t_2$，$h_1>h_2$，选项A正确，选项BC错误；根据干空气质量守恒，混合前后有

$m_1+m_2=m$，选项D错误。

扩展：关于选项D，注意题干中m_1和m_2为干空气质量，因此凝结析水不影响干空气质量守恒，若是将m_1和m_2理解成湿空气质量，则会得出$m_1+m_2>m$的错误答案。

3.1-9.【单选】空调房间每种得热的冷负荷系数是指该得热之后各时间段产生的房间冷负荷与得热量的比值。在进行房间的空调冷负荷计算时，下列哪项得热第一个小时的冷负荷系数为1?【2017-1-24】

A. 房间外墙传导得热　　　　B. 室内灯具辐射得热。

C. 室内人员潜热得热　　　　D. 新风带入的潜热得热

参考答案：D

分析：根据《三版教材》P358或《民规》第7.2.3条条文说明，得热量不一定等于冷负荷，是因为只有得热量中的对流成分才能被室内空气立即吸收，冷负荷系数为1即表示得热量中全部为对流得热而没有辐射得热，选项ABC错误，均含有辐射得热，选项D正确，仅为对流得热。

3.1-10.【单选】以下关于建筑空调设计冷负荷计算的说法，哪一项是正确的?【2017-2-19】

A. 按稳态方法计算时，建筑外墙冷负荷计算中的温差采用夏季室外空调计算干球温度与室内设计温度的差值

B. 按非稳态方法计算时，建筑外墙冷负荷计算中的温差采用夏季室外空调计算干球温度与室内设计温度的差值

C. 按非稳态方法计算时，建筑外墙冷负荷计算中所采用的夏季室外逐时外墙计算温度仅与建筑所在城市相关

D. 利用计算软件进行夏季空调冷负荷计算时，采用夏季室外空调计算干球温度作为计算参数之一

参考答案：D

分析：根据《民规》第7.2.8-1条，选项A错误，应采用夏季空调室外计算日平均综合温度与室内设计温度的差值；根据《民规》第7.2.7-1条，选项B错误，应采用外墙的逐时冷负荷计算温度与室内设计温度的差值；根据《民规》附录H，室外逐时冷负荷计算温度除所在城市外，还与小时数、外墙类型与朝向相关，故选项C错误；夏季室外空调计算干球温度用于计算夏季新风冷负荷，是夏季空调冷负荷的组成部分，故选项D正确。

3.1-11.【单选】某工厂生产厂房采用一个变风量空调系统承担多个同时使用的空调区时，该系统夏季设计冷负荷应按下列何项确定?【2017-2-20】

A. 各空调区逐时冷负荷的综合最大值

B. 各空调区逐时冷负荷最大值的累计值

C. 各空调区中，逐时冷负荷最大的空调区的冷负荷值

D. 各空调区中，空调面积最大的空调区的冷负荷值

参考答案：A

分析：根据《工规》第8.2.16-2-1）条及条文说明及《三版教材》P364～P365，变风量系统设计冷负荷应按各空调区逐时冷负荷的综合最大值确定，故选项A正确。

3.1-12.【多选】下列计算方法中，哪几项不属于空调系统全年耗能量计算方法？【2011-2-58】

A. 谐波反应法
B. 负荷频率法
C. 冷负荷系数法
D. 满负荷当量运行时间法

参考答案：AC

分析：根据《三版教材》P367第3.2.4节第一段，全年耗能量计算方法有满负荷当量运行时间法、负荷频率表法和电子计算机模拟计算法等。

3.1-13.【多选】下列关于热湿负荷的说法，哪几项是错误的？【2012-1-59】

A. 某商业建筑的空调设计负荷可以小于实际运行中出现的最大负荷
B. 某建筑冬季有分别需要供冷和供热的两个房间，应按两个房间净热抵消后的冷热量来选择冷热源
C. 对于夏季需要湿度控制的工艺类空调，采用冷凝除湿后的空气与未处理前的空气进行热交换，可以显著减少再热量，但不会影响选择冷机的制冷量
D. 对于室内仅有温度要求而无湿度要求的风机盘管加新风系统，空调系统的设计负荷可仅考虑显热负荷

参考答案：BCD

分析：选项A：因为空调设计中有不保证小时数的概念，是允许出现选项A所述的情况的，选项A正确；选项B：根据不同的空调系统会有不同大小的冷热源需求，不能简单地冷热抵消后选择冷热源，选项B错误；选项C：“冷凝除湿后的空气”是指经过表冷器后的送风，处于机器露点，为低温低湿状态，需要再热到ε线上才能送入室内，而“未处理前的空气”可理解成直流系统的新风或一次回风系统的回风或一次回风系统的混风，其温度均高于送风，通过显热回收，“冷凝除湿后的空气”吸热从而减少了再热量，“未处理前的空气”放热从而降低了新风冷负荷，可以降低冷机的制冷量，选项C错误；选项D：室内无湿度要求只是说明允许的湿度变化范围较大，但仍应保证湿度在人员的舒适区内，且风机盘管一般都是湿工况运行，系统设计时不可只考虑显热负荷，选项D错误。

3.1-14.【多选】关于室内空调冷负荷计算，下列哪几项是正确的？【2016-2-54】

A. 通过窗户的得热曲线与空调负荷曲线一致
B. 室内散湿量均直接成为湿负荷
C. 当室内为负压时，应计算室外空气渗透换热量
D. 冷负荷包括按稳态方法和非稳态方法计算形成的两部分负荷

参考答案：BCD

分析：根据《三版教材》P357～P358，透过窗户所形成的冷负荷由外窗传热形式的

逐时冷负荷与透过玻璃窗进入的太阳辐射得热形成的逐时冷负荷两部分组成。而得热量不一定等于冷负荷。得热量中的对流成分才能被室内空气立即吸收，而辐射得热要透过室内物体的吸收、再放热的过程间接转化为冷负荷，使得冷负荷的峰值小于得热量的峰值冷负荷峰值出现时间晚于得热量峰值出现时间，选项A错误；根据《民规》第7.2.9条，进入到室内的散湿量均成为计算散湿量（湿负荷），选项B正确；根据《民规》第7.2.2—7条，选项C正确；根据《民规》第7.2.4～5条，选项D正确。

3.1-15.【多选】下列关于围护结构蓄热能力与温度波衰减和延迟时间的关系的说法，哪几项是错误的？【2018-1-55】

A. 围护结构蓄热能力越强，温度波衰减越快

B. 围护结构蓄热能力越弱，温度波衰减越快

C. 围护结构蓄热能力越强，延迟时间越长

D. 围护结构蓄热能力越弱，延迟时间越长

参考答案： BD

分析： 根据《三版教材》P355热惰性指标相关内容及P358冷负荷形成机理，蓄热能力越强，温度衰减越快，延迟时间越长，选项AC正确，选项BD错误。

3.1-16.【多选】下列为已知的两个空气参数。问：无法直接在焓湿图上确定空气状态点的，是哪几个选项？【2018-1-57】

A. 相对湿度φ，水蒸气分压力p_q

B. 含湿量d，露点温度t_L

C. 湿球温度t_S，焓h

D. 干球温度t_g，饱和水蒸气分压力p_{qb}

参考答案： BCD

分析： 根据《三版教材》P345，为确定任一点的位置，需要知道四个独立参数t、d、h、φ中的任意两个参数，知道水蒸气分压力等同于知道含湿量d，选项A可以；露点温度是与含湿量d相关的参数，湿球温度是与焓h相关的参数，饱和水蒸气分压力是与温度t相关的参数，均不是独立参数，因此选项BCD无法确定空气状态点。

3.1-17.【多选】为降低严寒地区全年供暖空调能耗，下列关于玻璃性能的说法哪几项是错误的？【2018-2-54】

A. 传热系数越小且太阳得热系数越大，则节能效果越好

B. 传热系数越大且太阳得热系数越小，则节能效果越好

C. 传热系数越小且太阳得热系数越小，则节能效果越好

D. 传热系数越大且太阳得热系数越大，则节能效果越好

参考答案： BCD

分析： 根据《公建节能2015》第3.2.2条条文说明，严寒地区主要考虑建筑的防寒保温，太阳辐射得热有利于冬季节能，降低传热系数可以减小热损失，因此选项A正确，选项BCD错误。

3.1.2　舒适性与环境控制

3.1-18.【单选】某住宅空调设计采用按户独立的多联机系统，无集中新风系统，其夏季空调冷负荷计算时，新风换气次数宜取下列哪一项？【2012-1-25】

A. 0.5h^{-1}　　B. 1.0h^{-1}　　C. 1.5h^{-1}　　D. 2.0h^{-1}

参考答案： B

分析：《住宅设计规范》GB 50096—2011 第 8.6.4 条。

3.1-19.【单选】下列哪个因素不影响空调房间中人员的热舒适度？【2016-2-24】

A. 大气压力　　B. 外墙窗墙比

C. 室内 VOC 浓度　　D. 室内空气湿度

参考答案： C

分析： 根据《三版教材》P349，人体冷热感与组成热环境的下述因素有关：（1）室内空气温度；（2）室内空气相对湿度；（3）人体附近的空气流速；（4）围护结构内表面及其他物体表面温度。选项 D 是影响因素；根据 P345 式（3.1-5），相对湿度 $\varphi=\frac{P_{q}}{P_{q,b}}$，根据 P344 式（3.1-1），$P=P_{g}+P_{q}$，即相对湿度与大气压力有关，选项 A 是影响因素；外墙窗墙比直接影响外围护结构的逐时冷负荷，从而引起房间人员的热舒适度，选项 C 是影响因素；室内 VOC 浓度，影响的是室内空气质量，而非人员热舒适度，答案选 C。

3.1-20.【单选】下列关于人体舒适感的说法，哪项是正确的？【2017-2-24】

A. 舒适度不变时，风速的高低与空气温度的高低呈反相关关系

B. 影响人体蒸发散热的因素是空气相对湿度

C. 空气相对湿度越大则人体闷热感越强

D. 黑球温度不能反映空气湿度

参考答案： D

分析： 根据《民规》第 3.0.2 条条文说明，舒适度不变时，空气温度越高则允许的风速越高，反之亦然，二者呈正相关关系，故选项 A 错误；根据《三版教材》P347，汗液的蒸发强度不仅与周围空气温度相关，而且与相对湿度、空气流动速度都有关，故选项 B 错误；根据《三版教材》P348，空气相对湿度加大，高温时会增加人体闷热感，而低温时会增加人体寒冷感，故选项 C 错误；黑球温度又称实感温度，标志着在辐射热环境中人或物体受辐射热和对流热综合作用时的实际感觉温度，所测的黑球温度值一般比环境温度也就是空气温度值高一些，不能反映空气湿度，故选项 D 正确。

扩展： 湿球黑球温度综合考虑了空气温度、风速、空气湿度和辐射热四个因素，注意与选项 D 中的黑球温度概念进行区分。

3.1-21.【单选】下列关于空调室内设计参数的说法或做法，正确的是哪一项？【2018-1-25】

A. 某办公建筑为了实现供热工况 $-1\leqslant PMV<-0.5$ 和 $PPD\leqslant 20\%$ 的室内舒适度目标，则其室内设计相对湿度应大于 30%

B. 供冷工况下，写字楼门厅人员活动区的设计风速 0.6m/s

C. 冬季供热工况下，加工车间内人员活动区的设计风速为 0.25m/s

D. 医院门诊室最小新风量根据 $30m^3$/（h·人）的标准确定

参考答案：C

分析：根据《民规》第 3.0.4 条，供热工况 $-1 \leqslant PMV < -0.5$ 和 $PPD \leqslant 20\%$ 属于二级热舒适，又根据第 3.0.2-1 条，二级热舒适对室内相对湿度无要求，选项 A 错误；门厅属于人员短期逗留区域，根据第 3.0.2 条，设计风速不宜大于 0.5m/s，选项 B 错误；根据第 3.0.3 条，供热工况活动区风速不宜大于 0.3m/s，选项 C 正确；根据第 3.0.6-2 条，门诊室最小新风量不宜小于 $2h^{-1}$，选项 D 错误。

3.1-22.【单选】下列关于人体舒适性的说法，正确的是哪项？【2018-2-24】

A. 在相同的室内空气环境参数下，冬季和夏季人体的热感觉不同

B. 夏季空调房间室内风速越大，人体越舒适

C. 在预计平均热感觉指数 PMV=0 的环境中，预计不满意者的百分数 PPD=0

D. 室温较低时，室内空气相对湿度增相会使人感到闷热

参考答案：A

分析：根据《三版教材》P349，在同样室内参数条件下，围护结构内表面温度高低会影响人体的热感觉，选项 A 正确；根据《民规》第 3.0.2 条条文说明，室内风速与室内温度、空气紊流度相关，并非风速越大人越舒适，选项 B 错误；根据《三版教材》P350，PMV=0 时，PPD 为 5%，选项 C 错误；根据 P348，在低温下，空气潮湿会加剧人体的寒冷感，选项 D 错误。

3.1-23.【多选】夏热冬冷地区某建筑设有地下阶梯式报告厅，报告厅分别有楼梯间直接通室内和室外地坪。雨季时节，室内地坪的围护结构的内表面产生严重结露返潮现象，甚至出现大量积水。试提出若干解决措施，正确的应是下列哪几项？【2011-2-49】

A. 增设机械通风，雨季加强报告厅的全面通风

B. 雨季加强密闭措施，关闭与室外连接的楼梯间门，最大限度减小室外空气进入

C. 结露的围护结构部分，增设保温板

D. 增设除湿机

参考答案：BCD

分析：雨季室外空气湿度非常大，温度也高于地下报告厅，无论是从楼梯间自然进风还是通过机械进风，高湿高温空气进入室内后遇到地坪冷表面即发生结露。选项 A：增设简单的机械通风，会使更多高温高湿空气进入室内，导致结露更严重，选项 A 错误，新风应经空调机组除湿后送入室内；选项 B：加强密闭措施，减少室外高温高湿空气自然渗入量，选项 B 正确；选项 C：增设保温板可加大围护结构热阻，提高表面温度，选项 C 正确；选项 D：增加除湿机除湿可降低室内露点温度，保证围护结构表面温度高于露点温度，即可改善结露现象，选项 D 正确。

3.1-24.【多选】某政府机关办公楼，办公房间的夏季设计温度取为 25℃，关于室内

人员热舒适度的说法，下列哪几项是正确的？【2016-2-57】

A. 符合Ⅰ级热舒适度等级对温度的要求

B. 热舒适度等级由PMV、PPD评价决定

C. 夏季室内设计温度取值越高，设计的空调系统越能满足人员舒适度要求

D. 对个体而言在Ⅰ级热舒适度环境下不一定比Ⅱ级热舒适度环境下感觉更舒适

参考答案： ABD

分析： 根据《民规》第3.0.2-1条，选项A正确，选项C错误；根据第3.0.4条，选项B正确；不同热舒适度环境等级是按照采用预计平均热感觉指数（PMV）和预计不满意的百分数（PPD）评价，因人体个体化差异，会出现在Ⅰ级热舒适度环境下不一定比Ⅱ级热舒适度环境下感觉更舒适现象，选项D正确。

3.2　空气处理过程与设备

3.2-1.【单选】采用喷水室处理空气，不能实现的处理过程应是下列哪一项？【2011-1-24】

A. 实现等焓加湿过程

B. 实现等温加湿过程

C. 实现降温减湿过程

D. 实现等湿加热过程

参考答案： D

分析：《三版教材》P375：喷水室可以根据水温的不同，实现升温加湿、等温加湿、降温升焓、绝热加湿（即等焓加湿）、减焓加湿、等湿冷却和减湿冷却（即降温减湿）7种典型的空气状态变化过程。

3.2-2.【单选】空气处理机组的水喷淋段所能处理的空气状态表述，下列哪一项是错误的？【2012-2-27】

A. 被处理的空气可实现减湿冷却

B. 被处理的空气可实现等焓加湿

C. 被处理的空气可实现增焓减湿

D. 被处理的空气可实现增焓加湿

参考答案： C

分析：《三版教材》P375：喷水室可以根据水温的不同，实现升温加湿、等温加湿、降温升焓、绝热加湿（即等焓加湿）、减焓加湿、等湿冷却和减湿冷却（即降温减湿）7种典型的空气状态变化过程。

3.2-3.【单选】空气处理系统的喷水室不能实现下列哪一项空气处理过程？【2014-2-26】

A. 等温加湿

B. 增焓减湿

C. 降温升焓

D. 减焓加湿

参考答案： B

分析：《三版教材》P375：喷水室可以根据水温的不同，实现升温加湿、等温加湿、降温升焓、绝热加湿（即等焓加湿）、减焓加湿、等湿冷却和减湿冷却（即降温减湿）7种典型的空气状态变化过程。

3.2-4.【单选】利用高压喷雾加湿器对室内空气加湿，且为唯一空气处理过程时，下列何项是正确的?【2016-2-25】

A. 水雾粒子蒸发热量主要来自于室内空气

B. 水雾粒子蒸发热量主要来自于加湿器电机功率

C. 加湿后室内空气变化的热湿比为$+\infty$

D. 加湿后室内空气相对湿度增加，温度不变

参考答案： A

分析： 高压喷雾加湿属于等焓加湿，当与外界无能量交换的前提下，传热原理为：水蒸发吸收的汽化潜热来自空气，空气通过温差传给水，水吸收热量蒸发到空气中。对空气而言，水蒸气的汽化潜热即是来源于空气本身的热量，而非来自于水，仅增加了水蒸气代入空气中液态水的焓，选项A正确；等焓加湿过程的热湿比$\varepsilon = h_{水} = 4.19t_{水} \approx 0$，选项C错误；由焓湿图可知，加湿后室内相对湿度增加，温度降低，选项D错误。

3.2-5.【单选】某舒适性空调系统，冬季采用直流水高压喷雾装置为室内空气加湿。水源温度高于室内空气温度5℃，加湿后室内状态的变化，下列何项是正确的?【2017-2-21】

A. 室内空气的温度升高，含湿量增加

B. 室内空气的温度升高，焓值不变

C. 室内空气的温度下降，含湿量增加

D. 室内空气的温度不变，焓值增加

参考答案： C

分析： 根据《红宝书》P1610表21.6-1及《三版教材》P376和P473，高压喷雾实现等焓加湿过程，空气中潜热增加，温度降低，含湿量增加。

3.2-6.【单选】某风量为30000m³/h的空气处理机组，表冷器迎风面积为4m²，冷水进水温度为6℃，设计送风温度为15.5℃，表冷器位于送风机上游。该机组夏季运行中发现机组底部渗水，打开检修门发现凝水盘大量积水。出现上述现象最有可能的原因是下列哪一项?【2018-1-24】

A. 未设挡水板

B. 冷水进水温度偏低

C. 凝水盘排水管未设水封或水封高度不够

D. 表冷器换热面积过大

参考答案： C

分析： 根据《民规》第7.5.4-3条，计算得表冷器迎面风速<2.5m/s，不需设置挡水板，选项A错误；冷水进水温度偏低、或表冷器换热面积过大会产生更多的冷凝水，但如果排水顺畅，不会导致凝水盘大量积水，选项BD错误；排水管未设置水封或水封高度不够会导致因机组内负压造成排水不畅，从而出现大量积水，选项C正确。

3.2-7.【单选】上海地区某车间室内设计温度为20℃，相对湿度要求不大于30%，回

风量为送风量的70%。下列夏季空气热湿处理过程中，最合理的是何项？【2018-2-25】

A. 表冷器冷却除湿＋直膨机组冷却除湿＋再热

B. 表冷器冷却除湿＋转轮除湿

C. 表冷器冷却除湿＋转轮除湿＋表冷器冷却

D. 转轮除湿＋表冷器冷却

参考答案：C

分析：夏季室内参数为20℃、30%，含湿量为4.3g/kg，含湿量非常低，一般冷却除湿机器露点温度很低，无法达到，需要采用转轮除湿，转轮除湿接近等焓升温除湿，因此可配置前表冷器和后表冷器，前表冷器为预降温和预除湿，后表冷器主要是降温，若无前表冷器，则转轮除湿量太大造成转轮选型大，转轮除湿后温度过高会造成后表冷选型大，整体设备偏大，若无后表冷降温，则由于转轮除湿后温度升高，送风状态点温度无法低于20℃。选C。

3.2-8.【多选】夏热冬暖地区某高层办公楼仅设夏季空调，冷冻机房位于地下室，送到空调末端的供回水温度分别为7℃、12℃，哪几项标准层空调方式的选择是错误的？【2011-1-59】

A. 风机盘管加新风空调系统，每层采用一套带喷水室的新风空气处理机组

B. 变风量空调系统，每层采用一套带表冷器的空气处理机组

C. 送风温度9℃的低温送风空调系统

D. 风机盘管加新风空调系统，每层采用一套带表冷器的新风空气处理机组

参考答案：AC

分析：喷水室体积大，民用建筑一般不采用带喷水室的新风空气处理机组，且分散在各层占用面积太大，选项A错误；选项B是变风量空调系统的常规做法，正确；根据《民规》第7.3.13-1条，空气冷却器的出口温度与冷媒进口温度之间的温差不宜小于3℃，本题采用7℃的冷冻水很难达到9℃的送风温度，选项C错误；选项D是风机盘管加新风系统的常规做法，正确。

3.2-9.【多选】下列关于湿空气参数与处理过程的说法，哪几项是错误的？【2011-2-59】

A. 闭式冷却塔夏季工作时的出风温度一定高于进塔的风温

B. 高温热水对空气进行喷淋处理可以实现任意热湿比线的加热升温过程

C. 游泳池对底部进行加热，则稳定时表面水温应不高于上部空气温度

D. 间接蒸发冷却不仅可以产生低于湿球温度的冷水，也可产生低于湿球温度的风

参考答案：ABC

分析：(1) 闭式冷却塔运行时，其工作原理为：在间壁式换热器外喷淋水并强制通风，热量从间壁式换热器内的冷却水中通过壁面传导给壁面外的喷淋水，再通过喷淋水与空气的强制对流传给空气，喷淋水向空气的传热，主要是由喷淋水蒸发潜热和喷淋水与空气的显热交换过程构成，整个换热过程为全热交换。夏季工作时，可以确定的是冷却塔的出风焓值高于进风焓值，并无法确定出风温度一定高于进塔风温，选项A错误。

（2）高温热水喷淋只能实现升温加湿过程，无法实现等湿升温、除湿升温过程，选项B错误。

（3）只要加湿量足够，在达到热稳定时，水温可以高于上部空气温度，选项C错误。

（4）《三版教材》及《民规》主要是对间接蒸发冷却冷风装置做了详细规定及解读，并未对间接蒸发冷却系统进行分类说明，容易引起考生的误解和混淆。间接蒸发冷却系统，按照产出物的不同，分为间接蒸发冷却冷风装置和冷水装置。间接蒸发冷却冷水装置又称为蒸发冷却冷水机组，产出高温冷水供空调末端使用，用以去除室内显热负荷，按照《09技术措施》P127第5.17.9.1注释1，间接蒸发冷水机组供水温度可达到空气湿球温度与露点温度的平均值，可产出低于空气湿球温度，但高于露点温度的冷水。间接蒸发冷却冷风装置，尤其是多级间接蒸发冷却冷风装置，换热过程中，一部分风被等湿降温、一部分排风被加热加湿排出；二次排风来源、二次排风量决定了一次风被冷却的极限温度。以二级间接蒸发冷却冷风为例，当二次排风采用经二级冷风装置处理后的循环冷却水，使水温近似等于空调送风温度的湿球温度，再用循环水冷却经一级蒸发冷却处理后的一级冷风，则经二级蒸发冷却处理后的空调送风温度可低于室外空气的湿球温度。选项D正确。

3.2-10.【多选】位于成都市的某玻璃纤维工厂的拉丝车间（全年不间断连续运行），采用全新风系统，要求全年送风温度为22℃，相对湿度≥95%。对新风处理仅采用喷水室，进行喷水室设计时，以下哪几项措施是正确的？【2013-1-57】

A. 冷季采用循环水喷淋处理新风　　B. 夏季采用循环水喷淋处理新风

C. 冬季采用热水喷淋处理新风　　D. 夏季采用冷水喷淋处理新风

参考答案： CD

分析： 循环水喷淋是等焓加湿过程，极限温度为湿球温度，根据《民规》附录A查得，成都夏季室外计算湿球温度为26.4℃，冬季室外干球温度为1℃，采用循环水喷淋，无论夏季还是冬季，都无法达到22℃的送风状态点，夏季应采用冷水喷淋，冬季采用热水喷淋才可以，故选项AB错误，选项CD正确。

3.2-11.【多选】表面式换热器的热湿交换过程根据被处理空气的参数与水温不同，可实现下列哪几个空气处理过程？【2014-2-59】

A. 等湿加热　　B. 降湿升焓

C. 等湿冷却　　D. 减湿冷却

参考答案： ACD

分析： 根据《三版教材》P375中空气的冷却过程和空气的加热处理过程相关内容可知，表面式换热器可实现等温冷却、减湿冷却和等湿加热三个过程。

3.2-12.【多选】在某大型纺织车间的空调系统中，组合式空调需设置等温加湿段，下列哪几项加湿器是不适合采用的？【2014-2-61】

A. 电极式加湿器　　B. 干式蒸汽加湿器

C. 超声波加湿器　　　　　　　　　　D. 高压喷雾加湿器

参考答案： ACD

分析： 根据《三版教材》P375～376 可知，干式蒸汽加湿器和电极式加湿器为等温加湿，超声波加湿器和高压喷雾加湿器为等焓加湿，根据 P376，电极式加湿器宜使用在加湿量需求不大的小型空调系统中，故选项 A 不适合。

3.2-13.【多选】附图为一新风空调机组的夏季空气处理流程示意图，需将空气有状态点 B 处理到状态点 A。问以下四个表示该新风机组处理空气的焓湿图中，哪几个选项是错误的？【2016-1-57】

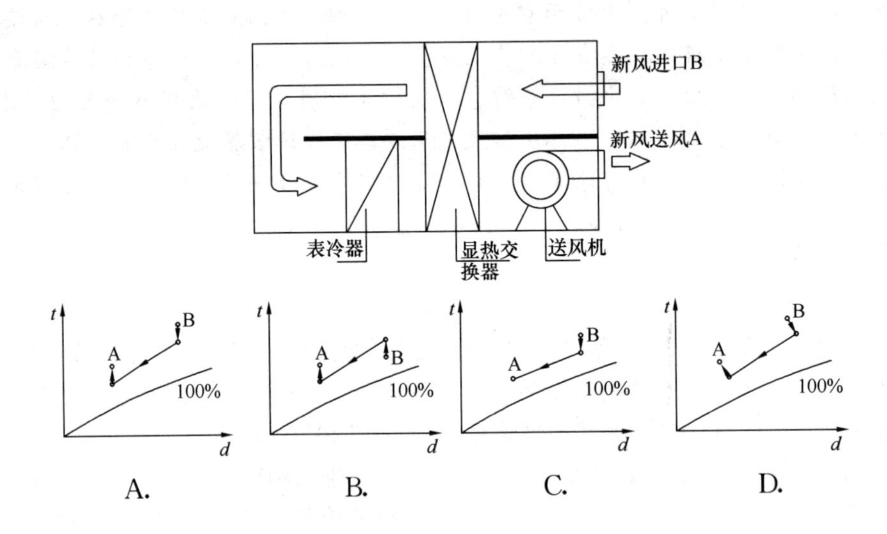

参考答案： BCD

分析： 由新风机组处理段可知，室外新风首先经过显热热回收段，为等湿降温过程，排除选项 BD，选项 BD 错误；后新风经过表冷器段，为减湿降温过程，最后再经过显热热回收段，为等湿升温过程，选项 A 正确，选项 C 错误。

3.2-14.【多选】图1～图4 为几种的空气处理与送风过程的焓湿图。其中：W 为新风状态点（包括不同处理过程图中的不同新风状态点 W1、W2），N 为室内状态点，L 为机器露点，C 为混合点，S 为冬季送风点。问：对 4 个图的空气处理与送风过程的分别描述，正确的是下列哪几个选项？【2018-1-59】

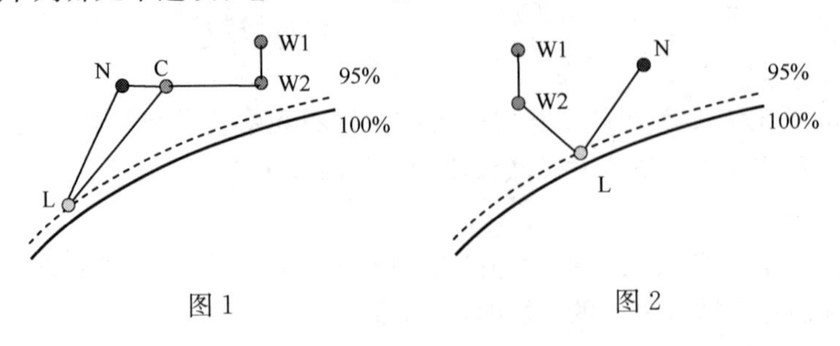

图 1　　　　　　　　图 2

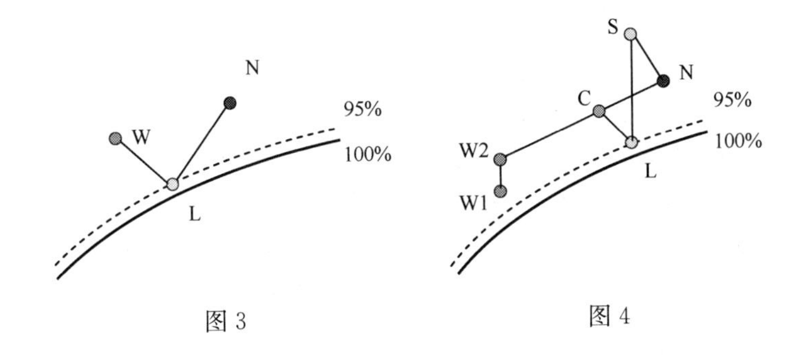

图 3　　　图 4

A. 图 1：间接蒸发冷却、新回风混合、直接蒸发冷却、送风

B. 图 2：间接蒸发冷却、表冷器冷却、送风

C. 图 3：直接蒸发冷却、送风

D. 图 4：新风预热、新回风混合、直接蒸发冷却、加热器加热、送风

参考答案：CD

分析：选项 A 中，C-L 过程为冷却除湿过程，不可能是直接蒸发冷却（等焓加湿），选项 A 错误；W2-L 过程为降温加湿，不是表冷器冷却（冷却除湿或等湿冷却），选项 B 错误；选项 CD 处理过程对应且正确。

3.2-15.【多选】下列关于空气处理过程的描述，哪几项是正确的?【2018-2-56】

A. 喷循环水冷却加湿为等焓加湿过程

B. 干蒸汽加湿为等温加湿过程

C. 转轮除湿可近似为等焓减湿过程

D. 表冷器降温除湿为减焓减湿过程

参考答案：ABCD

分析：根据《三版教材》P375～P377，循环水喷淋为等焓加湿，选项 A 正确；干蒸汽加湿为等温加湿，选项 B 正确；转轮除湿近似为等焓减湿，选项 C 正确；表冷器降温除湿为减焓减湿，选项 D 正确。

3.3 空调风系统

3.3.1 全空气空调系统

3.3-1.【单选】与一次回风系统相比，全空气二次回风系统的下列说法正确的是哪一项?【2012-2-26】

A. 过渡季节二次回风比可以加大新风量，实现新风供冷

B. 适用于室内热负荷较大、湿负荷较小的场合

C. 调节二次回风量，可以实现风机节能

D. 夏季要求较低的冷冻水温度

参考答案：D

分析：(1)《三版教材》P382及《空气调节》P123，二次回风空调系统所需的机器露点比一次回风空调系统低（热湿比≠∞），这样制冷系统运转效率较差，此外，由于机器露点低，也可能使天然冷源的使用受到限制。选项B，热负荷大、湿负荷较小，则热湿比线接近无穷大。可提高机器露点，降低再热负荷。但《红宝书》P1679表22.3-2表述一次回风系统适合于室内散湿量较大的场合，与选项B有出入。

(2) 与一次回风系统相比，二次回风系统比一次回风系统要求的冷冻水温度要低，是其区别于一次回风系统的主要特征，所以选项D的描述正确。一、二次回风系统都可以适用于室内热负荷较大、湿负荷较小的场合，且这种场合二次回风系统更有利于发挥其优点避免其劣势，不能说选项B的描述错误。但选项B不是区别于一次回风系统的二次回风系统的主要特征，题目有不严谨之处。

3.3-2.【单选】某办公建筑采用了带变风量末端装置的单风机单风道变风量系统。设计采用空调机组送风出口段总管内（气流稳定处）的空气定静压方式来控制风机转速。实际使用过程中发现：风机的转速不随冷负荷的变化而改变。下列哪一项不属于造成该问题发生的原因？【2014-2-24】

A. 送风静压设置值过高

B. 变风量末端控制失灵

C. 风机风压选择过小

D. 静压传感器不应设置于送风出口段总管内

参考答案：D

分析：静压设定值过高和变风量末端控制失灵都会造成系统控制出现问题，故选项AB明显错误。选项C，风机风压选择过小，满足不了设计设定的定静压设定值，则会产生无法控制的问题。根据《09技术措施》第5.11.12.3条，静压传感器宜放置在送风机与最远末端装置之间75%距离的气流稳定段，题意中“设计采用空调机组送风出口段总管内（气流稳定处）的空气定静压方式来控制风机转速”虽未完全满足《09技术措施》的距离要求，但不属于造成定静压控制无法实现的原因。

3.3-3.【单选】同一个空调房间，对采用二次回风系统与采用一次回风系统加再热设计相比较，夏季供冷工况下，关于二次回风系统空气处理机组的处理空气的表述何项是正确的？【2016-2-23】

A. 送风量更小

B. 送风温度更低

C. 送风含湿量更低

D. 表冷器机器露点温度更低

参考答案：D

分析：根据《三版教材》P382，二次回风系统所需的机器露点比一次回风空调系统低，选项D正确。

3.3-4.【单选】某夏热冬冷地区建筑内的内区多功能厅设置无变风量末端的一次回风全空气变风量空调系统。在使用中，请问下列哪项控制逻辑不正确？【2017-1-25】

A. 调节空调冷水管路电动阀以保持设定的送风温度

B. 调节空调机组送风机转速以保持设定的送风静压

C. 调节新风阀开度以保证设定的室内 CO_2 浓度

D. 冬季调节新风侧开度以保持设定的混风温度

参考答案：B

分析：根据《民规》第 9.4.4-2 条，选项 A 正确；根据《三版教材》P383～P387，变风量空调系统即为 VAV 系统，变风量末端装置是变风量空调系统关键设备之一。根据《三版教材》P531，VAV 系统控制参数有其独特之处，通过末端风阀的开度不同，对风机转速的调节，维持所设定的送风静压值不变是该系统特有控制方式之一。题干所述无变风量末端的一次回风全空气变风量空调系统非 VAV 系统，实际是由常规变风量空气处理机组和风管、送风口组成的一次回风全空气变风量系统（广义变风量空调系统），调节空调机组送风机转速是通过采集送风温度或回风温度改变送风量来控制室温不变，而不是采用 VAV 系统所特有的控制方式（定静压法）进行控制，故选项 B 错误；根据《三版教材》P530，"以室内 CO_2 浓度为被控参数，调节房间的新风送风量（通过风机变频、风阀调节等手段）"可知，故选项 C 正确；因为夏热冬冷地区内区多功能厅多为常年供冷，冬季加大新风量可利用低温新风调节混风温度（送风温度），有利空调节能，故选项 D 正确。

扩展：选项 D 做法，是目前全年供冷系统一种较为常规且节能的运行方式。空调工况（表冷器通冷水）时，新风阀开度控制首先是调节新风量，满足运行阶段实时变化室内最小新风量需求；免费供冷工况（表冷器不通冷水），新风阀调节的首要考虑因素是送风温度满足室内负荷要求，因本题处于夏热冬冷地区，新风调节风量免费供冷工况下，不会低于空调工况下最小新风量要求，因此，在不考虑送风机温升时，送风温度＝混风温度，考虑送风机温升时，送风温度大于混风温度，需进一步加大新风调节阀开度满足室内冷负荷要求。并且需提醒的是，根据《民规》第 9.4.2 条及条文说明，多工况下控制逻辑在控制器中分别设定，按需转换，不应以某一工况的控制逻辑代替全部工况进行问题分析。

3.3-5.【单选】关于多房间变风量空调系统设备性能和选择计算的说法，下列哪一项是正确的？【2018-1-21】

A. 变风量空调机组的设计风量应为各房间最大风量之和

B. 空调系统集中设置新、排风定风量装置时，可以保证系统最小新风量，但不能保证所有房间的最小新风量

C. 变风量末端一次风最大风量应根据房间的最大负荷计算，一次风最小风量则应根据房间最小负荷计算

D. 当采用串联式风机动力型末端时，需设置高诱导比送风口，以防止一次风小风量时气流组织恶化

参考答案：B

分析：根据《三版教材》P387，变风量空调机组的设计风量应根据系统的逐时负荷最大值确定，而不是各房间最大风量之和，因此系统总送风量往往大于各房间最大送风量之和，选项 A 错误；根据《民规》7.3.8.5 条文，应采取保证系统最小新风量的措施，新

排风集中设置定风量装置时，由于各末端变风量装置仍可以调节，故只能保证系统最小新风量，不能保证所有房间都满足最小新风量，这也是变风量系统的缺点之一，选项B正确；根据《09技术措施》第5.11.4-1条及第5.11.4-2条，一次风的最大风量应按空调区显热冷负荷综合最大值和送风温差经计算确定，一次风最小风量由末端装置的可调范围、温控区的最小新风量和新风分配均匀性要求等因素确定，选项C错误；根据《三版教材》P386，串联型FPB始终以恒定风量运行，因此不需要设置高诱导比送风口防止气流组织恶化，选项D错误。

3.3-6.【单选】下列关于变风量空调系统节能原因的说法，哪个是错误的？【2018-2-20】

A. 变风量空调系统可“按需供应”满足末端冷热需求

B. 变风量空调系统可不断减少系统新风量而降低机组的冷热量

C. 变风量空调系统可防止各区域温度的失控

D. 变风量空调系统可节省机组送风机的全年运行能耗

参考答案：B

分析：变风量系统可以根据需要对内区供冷，同时对外区供热，因此能“按需供应”满足末端冷热需求，选项A正确；由于需要满足室内最小新风量的需求，因此变风量系统不能无限的降低新风量，选项B错误；变风量系统是通过各房间独立的温度感测器控制各自房间末端的风量，因此可防止各区域温度的失控，选项C正确；变风量系统可根据房间负荷调节末端风量，全年大部分时间处于部分负荷状态，送风机为低频运转状态，相比定风量系统，可节省运行能耗，选项D正确。

3.3-7.【多选】下列哪些场所不适合采用全空气变风量空调系统？【2014-1-56】

A. 剧场观众厅

B. 设计温度为24±0.5℃，设计相对湿度为55%±5%的空调房间

C. 游泳馆

D. 播音室

参考答案：ABCD

分析：根据《民规》第7.3.7条，空调区允许温湿度波动范围或噪声标准要求严格时，不宜采用变风量空调，故选项B首先排除。根据《民规》第7.3.7条条文说明，不宜应用于播音室等噪声要求严格的空调区，故选项A与选项D不适合。同时，由《民规》第7.3.7.1条，选项AC不属于单一区域部分负荷运行时间长范畴。根据《民规》第7.3.4.1条，空间较大、人员较多的场所适合采用全空气定风量系统，选项AC适合采用定风量全空气系统。

3.3-8.【多选】对于单风道变风量空调系统，当室内显热负荷下降，湿负荷不变时，下列说法哪几项是正确的？【2016-1-55】

A. 送风状态点不变时，随着送风量下降，室内相对湿度增加，温度不变

B. 随着送风量下降，送风状态点仅温度下降，可同时保证室内含湿量不变，温度不变

C. 只要以设计热湿比线上的状态点送风，就能同时消除室内余热和余湿

D. 无论送风量大小，室内状态总是沿实际热湿比线变化

参考答案： AD

分析： 室内显热负荷下降，湿负荷不变，全热负荷降低，热湿比变小，当送风状态点不变时，热湿比线以送风状态点为基准点向右侧偏移，斜率降低，导致室内相对湿度增加。同时 $Q_x = cmV_t$，当显热负荷 Q_x 降低，且随着送风量 m 下降，V_t 可能保持不变，而 $V_t = t_n - t_s$，t_s 保持不变时，t_n 不变，选项 A 正确；当送风量下降，送风状态点仅温度下降，送风含湿量保持不变时，因热湿比变小，可能导致室内温度不变，但含湿量变大，选项 B 错误；当实际送风状态点与设计热湿比线上的送风状态点相同时，因实际热湿比线发生变化，无法实现同时消除室内余热和余湿；当送风状态点高于设计热湿比线与相对湿度 $\varphi = 90\%$ 交点，增大送风风量，可以消除室内显热，但不能完全消除室内余湿，选项 C 错误。在实际处理过程中，无论送风量大小，室内状态总是沿实际热湿比线变化，选项 D 正确。

3.3-9.【多选】某办公楼设置一次回风全空气变风量空调系统，内区设置单风道变风量末端，外区设置并联风机再热型变风量末端，采用送风管定静压控制，下列哪几种情况会导致空调系统空调机组送风机转速不会降低？【2016-1-56】

A. 送风管道漏风量过高

B. 送风静压设定值过高

C. 供冷工况的末端设定温度过低

D. 供热工况的末端设定温度过高

参考答案： ABC

分析： 当送风管道漏风量过高时，空调机组送风机需提供更多风量来维持送风管内静压恒定，送风机组转速不会降低，选项 A 正确；送风静压设定值高于设计工况需求静压值时，为了维持高静压值，送风机长时间处于高速运行状态，送风机转速不会降低，选项 B 正确；供冷工况时，内外区变风量末端均处于送冷风状态，末端设定温度过低，当低于设计室温较多时，空调机组送风机处于工频运行状态，转速不会降低，选项 C 正确；供热工况时，仅外区供热，内区供冷。空调机组送风温度恒定，外区多余热量由再热型变风量末端提供，当外区末端设定温度过高时，变风量末端再热盘管回水管路电动水阀以及风阀长期处于全开状态，但内区单风道变风量末端风阀开度随室内温度波动而变化，会导致风机转速降低，选项 D 错误。

3.3-10.【多选】夏热冬冷地区某南北朝向办公楼的楼层四面外墙上均有外窗，内区需要全年供冷，外区夏季供冷，冬季不同朝向会交替出现供冷或供热需求。为此，在设计空调系统时，下列哪几项选项可以满足使用要求？【2017-1-59】

A. 内区设一套带单风道末端的变风量空调系统，外区设四管制风机盘管加新风空调系统

B. 内外区分别设置一套带单风道末端的变风量空调系统

C. 内外区合用一套变风量空调系统，其中内区采用单风道末端，外区采用带加热盘管的风机动力型变风量末端

D. 内外区合用一套变风量空调风系统，内外区分别设置单风道末端装置

参考答案： AC

分析：根据题意，空调系统需要满足如下功能：内区全年供冷，外区各房间根据实际需要分别供冷或供暖。选项A可以满足题意需求，正确；选项B，外区所有房间只能同时供冷或供暖，不能满足题意需求，错误；选项C可以满足题意需求，正确；选项D，内外区所有房间只能同时供冷或供暖，错误。

3.3-11.【多选】夏热冬冷地区某办公楼每层设置一个VAV系统，新风比可在30%～100%之间调节，外区设置“并联风机＋电加热型”VAV BOX，内区设置“单风道型”VAV BOX。办公楼工作时间为9：00～17：00。下列哪些运行状态是正确的？【2018-1-60】

A. 需要供热房间的一次风为最小风量

B. 冬季工况时空调机组的送风温度低于室温

C. 过渡季的某些条件下，新风比可为100%

D. 在夏季非工作时间段，当室外气温低于室温时运行空调机组

参考答案：AB

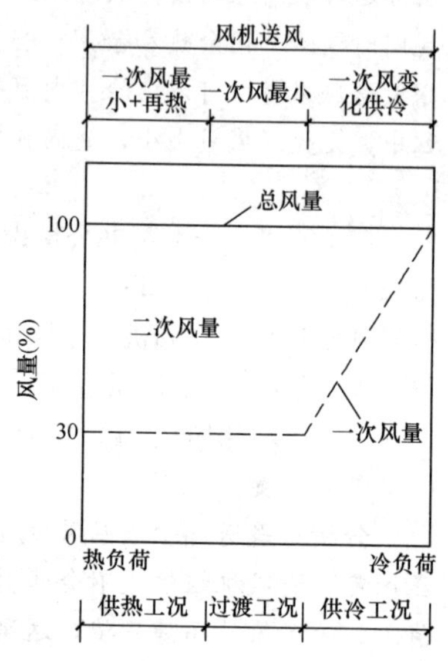

分析：VAV系统统一设置AHU空气处理机组为内外区供应空调风（一次风），由于内区常年供冷，因此送风温度低于室内温度，选项B正确，因外区是供热房间，为降低冷热抵消，故外区一次风为最小风量运行，只需满足最小新风需求即可，选项A正确；根据《红宝书》P1827，外区为“并联风机＋电加热型”VAV BOX，并联风机在过渡季和冬季运行工况为一次风量最小二次风量最大，因此即使一次风采用全新风，也不能做到100%新风比（见右图），选项C错误；非工作时段，不必开启空调机组，选项D错误。

3.3.2　风机盘管加新风系统

3.3-12.【单选】夏热冬冷地区某办公楼的空调系统为风机盘管（吊顶内暗装且吊顶内无房间隔墙、吊顶外墙设有通风格栅）＋新风系统（新风单独送入室内）。夏季调试时，发现所有房间内风机盘管的送风口风量均高出其回风口风量10%以上，以下哪一项不是产生该问题的原因？【2013-2-24】

A. 送风口风量包含有新风风量

B. 室内回风口与风机盘管回风箱未进行连接

C. 室内回风口与风机盘管回风箱连接短管不严密

D. 风机盘管回风箱的箱体不严密

参考答案：A

分析：根据题意，新风单独送入室内，正常运行时，风机盘管送风口风量应等于回风口风量，出现送风口风量高于回风口风量的问题，选项BCD都有可能。

3.3-13.【单选】某多层办公楼考虑将风机盘管＋新风系统改造为变风量空调系统，

下列哪项改选理由是合理的？【2013-2-25】

A. 各层建筑平面进行了重新布置，风机盘管方式无法实现空调内、外分区的设计要求

B. 办公楼各层的配电容量不够，采用变风量空调方式可以减少楼层配电容量

C. 改造方案要求过渡季增大利用新风供冷的能力

D. 改造方案利用原有的新风机房作为变风量空调机房，可以缓解原有机房的拥挤状况

参考答案： C

分析： 分区两管制或四管制系统，风机盘管均可实现内外分区设计，选项 A 错误；变风量空调系统属于全空气系统，其配电容量大于风机盘管系统，选项 B 错误；变风量系统采用一次回风空调机组，可实现过渡季增大新风供冷，风机盘管无法实现，且变风量系统的占用机房面积大于风机盘管加新风系统，选项 C 正确，选项 D 错误。

3.3-14. 【单选】某建筑空调为风机盘管＋新风系统，经检测，有部分大开间办公室在夏季运行时室内 CO_2 浓度长期为 1000ppm，下列哪一项是造成室内 CO_2 浓度偏高的原因？【2014-2-25】

A. 新风机组过滤器的过滤效率没有达到设计要求

B. 新风机组表冷器的制冷量没有达到设计要求

C. 出问题房间没有设置有效的排风系统

D. 出问题房间的门窗气密性太差

参考答案： C

分析： 选项 A 中的过滤器过滤效率及选项 B 中的制冷量均与 CO_2 浓度无关；CO_2 浓度偏高的原因在于新风量小于设计值，根据空气平衡，只有当房间没有设置有效的排风系统时，新风量才会低于设计值，故选项 C 正确；选项 D 中门窗气密性差，有可能造成室外新风渗透，室内 CO_2 浓度会降低。

3.3-15. 【多选】武汉市某办公楼采用风机盘管＋新风系统空调方式，调试合格，冬季运行一段时间后，出现房间内温度低于设计温度的现象，问题出现的原因可能是哪几项？【2012-1-57】

A. 风机盘管的空气过滤器没有及时清洗

B. 风机盘管的水过滤器没有及时清洗

C. 排风系统未开启

D. 进入房间新风量严重不足

参考答案： AB

分析：（1）空气过滤器没有及时清洗、水过滤器没有及时清洗导致风量、水量不足，导致房间温度下降。

（2）排风系统未开，新风不足，主要影响室内空气质量。此时空调系统只有室内负荷，没有新风负荷。这时要看该设计的新风系统承担哪些负荷：如果新风系统不承担室内热（冷）负荷，则不会影响房间温度；如果新风承担部分室内热（冷）负荷，则会影响温

度。一般来讲，绝大多数办公楼采用风机盘管＋新风系统空调方式，设计的新风系统不承担室内热（冷）负荷，夏季新风处理到等于室内焓值，冬季加热到等于室内温度，不会影响房间温度。但湿度有可能得不到保证。选项D与选项C等同。

3.3-16.【多选】某办公建筑采用风机盘管＋新风的集中空气调节系统，冷源为离心式冷水机组，夏季室内设计温度t＝26℃，冷水供/回水设计温度为12℃/17℃，下列哪几项说法是错误的?【2012-2-58】

A. 选用冷水供/回水温度为7℃/12℃的机组，在设备中标明供/回水设计温度为12℃/17℃的要求

B. 采用常规风机盘管，同等风量，同等水量，同等阻力条件下，其传热系数保持不变

C. 采用常规风机盘管，同等风量条件下，其输出冷量保持不变

D. 同等冷量条件下，冷水供/回设计温度为12℃/17℃的系统较7℃/12℃的系统，所需水泵功率明显下降

参考答案：ABCD

分析：冷冻水供/回水温度为12℃/17℃，仍然选用7℃/12℃的机组，只是简单标注是不行的，还需要设备厂家对设备在12℃/17℃工况下进行能力校核，若不能满足使用需求是不行的，选项A错误；传热系数与换热温差有关，供回水温度升高，导致换热温差变小，传热系数会降低，风量不变的情况下输出冷量也降低，选项BC错误；12℃/17℃与7℃/12℃供回水温差均为5℃，因为冷量需求相同，水量需求也相同，水泵功率不变，选项D错误。

3.3-17.【多选】夏热冬暖地区某宾馆的空调系统为风机盘管＋新风系统，设计合理。夏季调试时，发现同一个新风系统所服务区域，有少数房间的温度偏高，经测定出现问题房间内风机盘管和新风的风量均满足要求，考虑采取的检查项目，下列哪几项不属于合理解决问题的范畴?【2013-1-55】

A. 问题房间风机盘管的送风温度

B. 问题房间新风的送风温度

C. 问题房间风机盘管的风机

D. 问题房间风机盘管的电机输入功率

参考答案：BCD

分析：风机盘管的送风温度偏高有可能导致房间温度偏高，需检查，故不选A；新风的送风温度不满足设计要求，如偏高时需风机盘管承担额外的部分新风冷负荷，有可能会导致房间温度偏高，但实际情况是由于选择风机盘管冷量往往大于计算负荷，即使新风温度不满足，部分房间也可能不出现温度偏高的现象，且题干中说同一个新风系统中有少数房间温度偏高，若是新风温度不满足会导致同系统中所有房间温度偏高，故选项B不合理；题干已明确风量满足要求，说明风机盘管风机及电机功率均正常，不需检查。选项C、D不合理。

3.3-18.【多选】不宜采用风机盘管系统的空调区是哪几项?【2013-2-59】

A. 房间未设置吊顶

B. 房间面积或空间较大、人员较多

C. 房间湿负荷较小

D. 要求室内温、湿度进行集中控制的空调区

参考答案: BD

分析: 风机盘管可以明装也可以暗装，是否设置吊顶与风机盘管系统能否采用无关，故选项A宜采用；根据《民规》第7.3.4条，房间空间较大，人员较多，宜采用全空气系统，故选项B不宜采用；湿负荷小，有利于提高风机盘管系统的卫生条件，故选项C宜采用；要求室内温湿度集中控制的空调去适宜采用全空气系统，故选项D不宜采用。

3.3.3　空调系统的选择

3.3-19.【单选】夏热冬冷地区某城市的不同建筑采用多联式空调（热泵）机组，说法正确的应为下列哪一项?【2011-1-30】

A. 同一型号、规格的多联式空调（热泵）机组应用于办公楼比应用于商场的实际能效比更高

B. 同一型号、规格的多联式空调（热泵）机组应用于商场比应用于办公楼的实际能效比更高

C. 多联式空调（热泵）机组需要设置专门的运行管理人员

D. 多联式空调（热泵）机组可实现分室计量

参考答案: D

分析: 根据《多联式空调机组能效限定值及能效等级》GB 21454—2008第3.1.5条：多联式空调系统的能效比与很多因素有关，其部分负荷时的能效比要高于满负荷，办公楼与商场营业时一般都会内机全部打开满负荷运行，很难笼统地比较出哪个实际能效比更高，选项AB无法确定；多联机不需专门的运行管理人员，选项C错误；多联机是由一台室外机带多台室内机，变制冷剂流量的直膨式空调系统，内机配置电子膨胀阀，可通过专门的计费管理系统，按制冷剂流量比例分摊的方法实现分室计量，选项D正确。

3.3-20.【单选】就建筑物的用途、规模、使用特点、负荷变化情况、参数要求及地区气象条件而言，以下措施中，明显不合理的是哪一项?【2014-2-27】

A. 十余间大中型会议室与十余间办公室共用一套全空气空调系统

B. 显热冷负荷占总冷负荷比例较大的空调区采用温湿度独立控制系统

C. 综合医院病房部分采用风机盘管+新风空调系统

D. 夏热冬暖地区全空气变新风比空调系统设置空气—空气能量回收装置。

参考答案: A

分析: 根据《民规》第7.3.2条，使用时间不同的空调区宜分别设置空调风系统。选项A中，办公室与会议室从使用时间、负荷特点等都不应共用一个全空气系统。另外，办公室要求独立控制，应采用风机盘管加新风系统，不合理。选项B中，显热负荷较大，湿负荷较小，采用温湿度独立控制系统比较合理；对于病房区的空气质量和温湿度波动不

是要求严格的空调区，可以采用风机盘管加新风系统故选项C合理；采用变新风比热回收装置，是合理的节能措施，故选项D合理。

3.3-21.【单选】某多层商业写字楼考虑将风机盘管+新风系统改造为变风量空调系统，下列何项改造理由是正确的?【2016-1-19】

A. 各层建筑平面进行了重新布置，导致了明显的空调内、外分区的出现

B. 楼层各层的配电容量不够，采用变风量空调方式可以减小楼层配电容量

C. 改造方案要求楼层内不允许出现凝露现象

D. 改造方案利用原有的新风机房作为变风量空调机房，可以缓解原有机房的拥挤状况

参考答案： C

分析：（1）根据《民规》第7.3.9条，空调区较多，建筑层高较低且各区温度要求独立控制时，宜采用风机盘管加新风空调系统，故选项A错误，即使存在内外区，也不是必须采用变风量空调系统。

（2）变风量空调系统装置耗电设备主要为空调机组风机以及末端装置，且末端装置一次风最大送风量按所服务空调区的逐时显热冷负荷综合最大值和送风温差计算确定，所配置末端风机（风机动力型）需满足风量及风压要求，因此采用该系统方式无法减小楼层的配电容量，故选项B错误。

（3）根据《民规》第7.3.7条条文说明，与风机盘管加新风系统相比，变风量空调系统由于末端装置无冷却盘管，不会产生室内因冷凝水而滋生的微生物和病菌等，对室内空气质量有利，故选项C正确。

（4）原有的新风机房仅安装新风空调机组，从负荷担负情况而言，新风机房主要以新风负荷为主，室内冷负荷由空调区风机盘管担负，改用变风量空调机组，新风冷负荷+室内冷负荷全部由变风量空调机组担负，设备容量及尺寸大于新风机组，利用原有的新风机房作为变风量空调机房，不仅无法缓解原有机房的拥挤状况，甚至会出现原有机房无法安装变风量空调机组的情况，故选项D错误。

3.3-22.【单选】某办公楼采用集中式空调风系统。下列各项中，划分相对合理的做法是何项?【2017-1-20】

A. 将多个办公室与员工餐厅划分为一个空调风系统

B. 将多个办公室与员工健身房划分为一个空调风系统

C. 将小型会议室与员工餐厅划分为一个空调风系统

D. 将多个办公室与小型会议室划分为一个空调风系统

参考答案： D

分析： 根据《三版教材》P370或《民规》第7.3.2-1条，使用时间不同的空调区，宜分别设置空调风系统，办公室和会议室使用时间为工作时间，而餐厅和健身房使用时间为休息时间或业余时间，因此选项ABC不合适，选项D相对合理。

3.3-23.【多选】采用蒸发冷却方式制取空调冷水的示意图中，当热交换比较充分时，

空调冷水的供水温度 t_{w1} 与室外干球温度 t_g、湿球温度 t_s、露点温度 t_l 三者的关系下列哪几项是错误的？【2012-1-58】

A. $t_{w1} \leqslant t_l$　　B. $t_l < t_{w1} < t_s$　　C. $t_s \leqslant t_{w1} \leqslant t_g$　　D. $t_{w1} \geqslant t_g$

参考答案：ACD

分析：题干中未说明采用直接蒸发冷却还是间接蒸发冷却，对于直接蒸发冷却制取冷水的最终温度是室外空气的湿球温度 t_s，而间接蒸发冷却，根据《09技术措施》第5.17.9条及其注2，出水温度可达到湿球温度与露点温度的平均值，及低于湿球温度，高于露点温度 t_l，选项AD明显错误，题干中又说明了“换热比较充分时…”，所以认为冷水应该达到了最低的温度，不会大于湿球温度，故选项B正确，选项C错误。

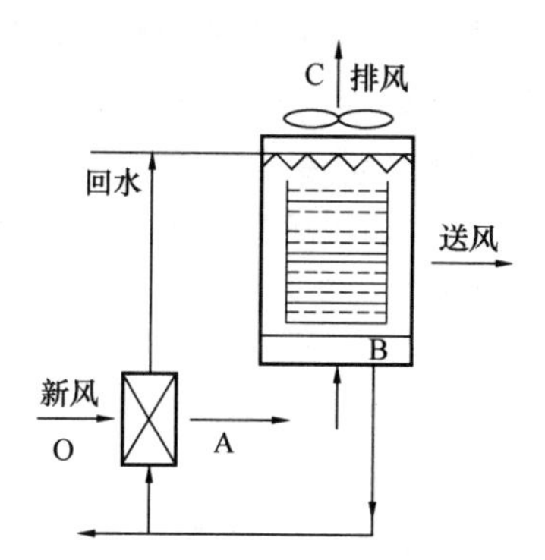

3.3-24.【多选】某建筑面积为5000m² 的办公楼采用变制冷剂流量多联分体式空气调节系统，其新风供应方案选择正确的是哪几项？【2012-1-61】

A. 开窗获取新风

B. 风机直接送入新风到室内机的回风处

C. 设置新风机组

D. 采用全热交换装置

参考答案：BCD

分析：根据《三版教材》P396，多联机空调系统的新风供给方式一般有以下三种：采用热回收装置、采用新风机组、室外新风直接接入室内机的回风处，选项BCD正确；5000m² 的办公楼面积较大，仅靠开窗很难满足新风需求，选项A错误。

3.3-25.【多选】某办公建筑设计温、湿度独立控制系统，以下哪几项说法是正确的？【2013-1-58】

A. 控制湿度的系统主要用于处理室内的回风

B. 控制湿度的系统，若采用冷却除湿，采用的供水宜用高温冷水，以利节能

C. 溶液除湿系统是控制湿度的一种可选方案

D. 溶液除湿系统的溶液回路有再生回路

参考答案：CD

分析：根据《三版教材》P373“1. 湿度控制系统”，采用新风处理系统来控制室内湿度，选项A错误；若采用冷却除湿必须采用低温冷水，选项B错误；根据P373溶液除湿相关描述，选项CD正确。

3.3-26.【多选】下列场所有关空调系统的应用，哪几项是正确的?【2014-2-58】

A. 剧场建筑的观众厅宜采用新风比可调的全空气空调系统

B. 气候干燥地区宜采用蒸发冷却空调系统以降低制冷耗电量

C. 大型数据机房宜采用冰蓄冷冷源以降低制冷机机组装机容量

D. 有条件时室内游泳馆宜采用低温送风空调系统以降低系统风量

参考答案：AB

分析：采用新风比可调的全空气系统，过渡季可以增大新风量，利用较低参数的室外新风供冷，减少全年冷源设备的运行时间，达到节能的目的，选项 A 正确；根据《09 技术措施》第 5.15.1-1 条、第 6.1.3-11 条，室外湿球温度较低、干湿球温差较大且水源丰富的地区宜采用蒸发冷却空调，选项 B 只说气候干燥地区很难判断是否适用，选项 B 待定；大型数据机房一般都是 24h 持续运行，空调系统必须持续供冷，没有蓄冷时间，另外冰蓄冷系统一般采用大温差，低温供水低温送风，除湿能力大，根据《三版教材》P419，湿度过低会产生静电，将干扰设备的正常运行和损坏电子元器件，同时根据《民规》第 7.5.1 条，大型数据中心机房负荷峰谷相差不大，不宜采用冰蓄冷系统，选项 C 错误；游泳馆室内环境特点为高温高湿，低温送风易造成室内人员不舒适，也易造成风口结露，选项 D 错误。根据排除法，选项 B 应判定为正确。

3.3-27.【多选】某全年 24h 连续运行、负荷较稳定的大型数据机房设置集中冷源（水冷冷水机组）时，下列关于空调冷源的设计技术要求，哪几项是合理的?【2016-1-58】

A. 设置备用冷水机组

B. 采用蓄冷冷源

C. 应配置变频冷水机组以提高低负荷运行效率

D. 应选用允许最低冷却水温度更低的冷水机组

参考答案：ABD

分析：数据中心设计目标主要为：极高的安全性，极高的可靠性，智慧管理型，技术先进性，绿色环保、高效节能，高度灵活性和扩展性，高度可管理性，经济性等。根据题意，全年 24h 连续运行、负荷较稳定的大型数据机房，由《电子信息系统机房设计规范》GB 50174—2008 与《数据规划建中心电信基础设施标准》TIA-942 可知，本数据机房应属于国标 A 级，国际 Tier Ⅳ 级，冷冻机组、冷冻和冷却水泵、机房专用空调配置 $N+X$ 冗余（$X=1\sim N$）；多路电源和制冷系统，“双主用”全冗余，多路同时使用，支持容错，消除单点故障，支持在线维护。因此，本数据中心应设置备用冷水机组，冷冻和冷却水泵，备用电源，选项 A 正确。

根据《民规》第 8.7.1-8 条条文说明：对于某些特定的建筑（例如数据中心等），城市电网的停电可能会对空调系统产生严重的影响时，需要设置应急的冷源（或热源），这时可采用蓄冷（热）系统作为应急的措施来实现。冷源系统采用蓄冷形式，主要目的是蓄冷水罐可在冷水机组停车时，维持数据中心空调 5～10min 的延时运行，保证数据中心供冷的稳定性。该蓄冷系统与常规的全负荷蓄冷、部分负荷蓄冷有本质差异。主要功能并非是利用峰谷电价差实现运行的经济型，而是维持系统运行的可靠稳定角度考量；同时该蓄冷量较常规形式蓄冷量较小，属于应急备用冷源，选项 B 正确。

因该数据中心负荷较稳定，全年低负荷运行概率较低，应配置变频冷水机组提高低负荷运行效率，说法过于绝对，且从经济角度出发，可不配置，选型C错误。

因全年24h不间断运行，在过渡季冷却塔免费供冷无完全满足机房冷负荷时，需连续运行制冷机组，此时，冷却塔出水温度受室外空气湿球温度影响，换热效果好，水温较低，选用允许最低冷却水温度更低的冷水机组是极为必要的，选项D正确。

3.3-28.【多选】不适合采用水环热泵系统的建筑是下列哪几项？【2018-2-57】

A. 位于上海的高层住宅楼

B. 位于三亚的旅游宾馆

C. 位于北京、平面为正方形、体形系数为0.5的办公楼

D. 哈尔滨的大型商场

参考答案： AB

分析： 根据《三版教材》P372，水环热泵适用于建筑规模较大，各房间或区域负荷特性相差较大，尤其是内部发热量较大，冬季需同时分别供热和供冷的场合，选项A不适合；冬季不需供热或供热量小的地区不宜采用水环热泵，选项B不适合；选项C建筑有明显内外区，同时供热供冷，适合；哈尔滨大型商场内、外区同时供热供冷，内区冷负荷较小，外区供热负荷较大，外区供热可采取辅助热源补充，选项D适合。

3.3-29.【多选】空调系统设计时，下列哪些说法或做法是错误的？【2018-2-59】

A. 多分区空调系统根据各分区负荷变化调节各分区送风量

B. 工艺性空调，室内温湿度允许波动范围为：温度±0.5℃、相对湿度±5%，采用全空气变风量空调系统

C. 温湿度独立控制空调系统的湿度控制可采用溶液除湿或转轮除湿

D. 风量为3000m^3/h、送风温度为9℃的空气处理机组，表冷器迎风面积为3m^2

参考答案： BD

分析： 根据《三版教材》P382，对于变风量方式多分区空调系统可以根据各分区负荷变化调节各分区送风量，选项A正确；根据《民规》7.3.7条，温湿度波动范围要求严格时不宜采用全空气变风量系统，选项B错误；根据《三版教材》P398，选项C正确；根据《民规》第7.3.13-3条，低温送风表冷器迎面风速宜为1.5～2.3m/s，选项D表冷器迎面风速达到2.77m/s，错误。

3.3-30.【多选】关于空调系统形式选择和设计的做法，下列哪些项是不合理的？【2018-2-60】

A. 某地区室外夏季空气设计参数为：干球温度30℃，湿球温度17℃，设计一幢建筑面积为10000m^2的写字楼建筑，采用风机盘管+新风系统，冷源为电制冷风冷冷水机组

B. 夏热冬暖地区一座50000m^2的商业综合体，经计算维持建筑室内微正压所需风量约为90000m^3/h，设计总新风量为91000m^3/h，过渡季全新风运行，为节约能源集中空调系统设置排风热回收

C. 某温湿度独立控制空调系统，采用表冷器对新风进行冷却除湿，新风机组送风状态点的含湿量与室内设计状态点的等含湿量相同

D. 青海省西宁市某商业建筑舒适性空调系统，室内设计参数干球温度为26℃、相对湿度为55%，设计采用一次回风全空气系统

参考答案：BCD

分析：选项A，写字楼内大部分为小开间办公室，设计风机盘管+新风系统，方便独立温控，选项A合理；选项B，维持建筑室内微正压所需风量约为90000m³/h，假设建筑净高为3m，则该风量对应的换气次数为0.6次/h，可认为为维持门窗缝隙漏风所需的风量，因此新风量中有90000m³/h从门窗缝隙中渗出，排风量为1000m³/h，新、排风量相差悬殊，选项B设置热回收不合理；选项C，因为新风机组送风状态点的含湿量与室内设计状态点的含湿量相同，所以新风不能负担室内湿负荷。选项C错误；西宁夏季空调室外计算温度26.5℃，湿球温度16.6℃，室外新风焓值56kJ/kg，而室内设计状态点焓值65.1kJ/kg，因此采用一次回风全空气系统不合理，选项D错误。

3.4　空调系统设备

3.4-1.【单选】空气处理机组（AHU）常用的离心风机有前向式和后向式两种，下列哪一项说法是正确的？【2011-1-23】

A. 前向式比后向式效率高，应优先用于风量大、机外余压高的空气处理机组

B. 后向式比前向式噪声低，应优先用于风量小、机外余压低、噪声要求高的空气处理机组

C. 后向式比前向式的风机性能曲线平滑，有利于变风量空气处理机组的风量调节

D. 后向式比前向式结构紧凑，适用于小型空气处理机组

参考答案：C

分析：根据《09技术措施》第5.11.7-7-1）条，大风量高静压情况下宜采用后向式离心通风机，选项AB错误；根据《三版教材》P262，前向式离心风机主要用于要求体积小型化的小型机组及高压风机，根据P263，与前向式和径向式相比，在同样流量情况下，后向式的风压最低，尺寸较大，选项D错误；根据表2.8-1可知，后向式风机比前向式风机的特性曲线平滑，有利于变风量调节，选项C正确。

3.4-2.【单选】某车间的集中式空调系统，由锅炉房供应1.3MPa的饱和蒸汽、冷冻站供应7℃的冷水。室内环境的要求是：夏季$t=20\pm1$℃，$\varphi=60\%\pm10\%$；冬季$t=20\pm1$℃，$\varphi=60\%\pm10\%$；空气的洁净度：ISO7（10000级）。系统中的组合式空调机组的功能段，除（新回风）混合段、粗效过滤段、中效过滤段、加热段、表冷段、风机段外，至少还需下列哪个基本功能段？【2012-2-25】

A. 中间段　　B. 加湿段

C. 均流段　　D. 高效过滤段

参考答案：B

分析：(1) 根据《三版教材》表3.6-2：粗效过滤器，有效捕集粒径≥2μm；中效过滤器，

有效捕集粒径≥0.5μm；满足空气洁净度 ISO7 级要求；喷水室，可以实现空气的加热、冷却、加湿、和减湿等多种空气处理过程，可以保证较严的相对湿度要求。

（2）根据《三版教材》P405，为增加空气的含湿量以达到规定的相对湿度要求时，就需要对空气进行加湿处理，可采用各种形式的加湿装置，构成组合式空气调节机组的加湿段。

3.4-3.【单选】两台相同的组合式空调机组并联运行，机组内为一台离心风机，机组自机房内回风，新风管道布置相同（回风与新风系统图中未表示，机房高度受到限制），能够保证机组并联运行时，送风量最大的组合方式为下列哪一项？【2013-1-12】

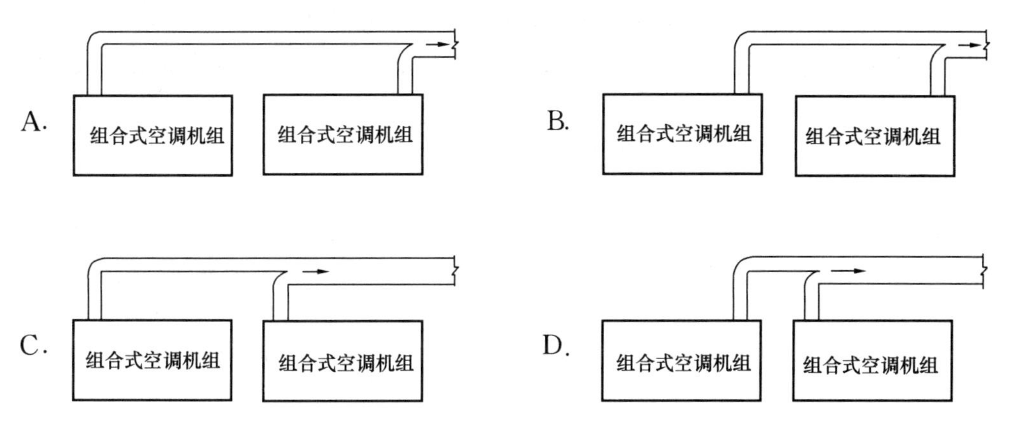

参考答案：C

分析：本题重点在于考察机组内离心风机与管道连接关系，根据《三版教材》图 2.8-6，只有选项 C 的连接方式能够保证两台机组风机出口损失最小，风量最大。

3.4-4.【单选】空调系统安装完成后，进行节能性能检测时，以下哪一项说法是错误的？【2014-1-20】

A. 空调水系统总流量允许偏差≤10%

B. 空调机组水流量允许偏差≤20%

C. 空调风系统的总风量允许偏差≤10%

D. 各风口的风量允许偏差≤20%

参考答案：D

分析：根据《建筑节能工程施工质量验收规范》GB 50411—2007 表 14.2.2，选项 ABC 正确，选项 D 错误，各风口的风量允许偏差≤15%。

3.4-5.【单选】空调水系统施工过程中，应对阀门试压，以下哪一项说法是正确的？【2014-2-21】

A. 严密性试验压力为阀门公称压力的 1.5 倍

B. 强度试验压力为阀门公称压力的 1.1 倍

C. 工作压力大于 0.6MPa 的阀门应单独进行强度和严密性试验

D. 主管上起切断作用的阀门应单独进行强度和严密性试验

参考答案： D

分析： 根据《通风空调工程施工规范》GB 50738—2011 第 15.4.2 条及第 15.4.3 条，选项 AB 均错误。根据该规范第 15.4.1 条，工作压力大于 1.0MPa 的及主管上起切断作用的阀门应单独进行水压试验，故选项 C 错误，选项 D 正确。

3.4-6.【单选】某大楼采用了 20 个变风量空调系统，每个系统的空调机组出口余压均为 650Pa。对其风管系统安装的严密性检验要求，下列哪一项是符合规范规定的?【2016-2-10】

A. 可不进行风管系统的严密性检验

B. 可采用漏光法进行风管系统的严密性检验，且抽检数量不低于 1 个系统

C. 首先应对风管系统采用漏光法检验，检验合格后，再进行漏风量测试，测试的抽检数量不少于 4 个系统

D. 必须对 20 个系统分别进行漏风量测试

参考答案： C

分析： 根据《通风与空调工程施工质量验收规范》GB 50243—2002 第 4.1.5 条，该项目变风量空调系统属于中压系统；根据第 6.2.8.1 条，中压系统风管的严密性检验，应在漏光法检测合格后，对系统漏风量测试进行检验，抽检率为 20%，且不得少于一个系统。同时，可参考《通风与空调工程施工规范》GB 50738—2011 第 15.3.1.2 条，选项 C 正确。

3.4-7.【单选】某组合式空调器用于寒冷地区的舒适性空调的一次回风空调系统，下列哪项基本功能段的组合顺序（顺气流方向）是正确的?【2018-1-19】

A. 混合段→盘管段→喷雾加湿段→风机段→粗效过滤段

B. 混合段→粗效过滤段→喷雾加湿段→盘管段→风机段

C. 混合段→粗效过滤段→盘管段→喷雾加湿段→风机段

D. 混合段→粗效过滤段→风机段→盘管段→喷雾加湿段

参考答案： C

分析： 根据《三版教材》图 3.4-4，一般的一次回风空调系统选项 B 为正确顺序。但室外空气设计参数很低的场合，有可能使一次混合点的空气比焓值低于其露点焓值而结露，寒冷地区的舒适性空调的一次回风空调系统，由于室外新风和室内回风混合状态点温度较低，在这种情况下，为保证喷雾加湿的效果，需先将新风进行预热，使预热后的新风和室内空气混合后的状态点落在 h_L 线上或者将加湿段至于加热段之后。故可采取混合段→粗效过滤段→预热盘管段→喷雾加湿段→盘管段→风机段或者混合段→粗效过滤段→盘管段→喷雾加湿段→风机段，相比较，选 C。

3.4-8.【单选】对于热泵驱动的溶液调湿新风机组，下列何项是错误的?【2018-2-31】

A. 夏季对新风除湿时，蒸发器的作用是在除湿单元中对溶液进行冷却

B. 新风机组可以实现降温除湿、加热加湿、等温加湿、等焓除湿过程

C. 溶液再生所需热量与溶液冷却冷量相等

D. 机组出风口的空气参数与除湿单元的溶液浓度有关

参考答案：C

分析：根据《三版教材》P400、P567及《红宝书》P1812可知，选项ABD正确，选项C错误，热泵循环蒸发器的制冷量用于降低溶液温度以提高除湿能力和对新风降温，冷凝器排热量用于浓缩再生溶液，制冷量与排热量不相等。

3.4-9.【多选】北京市某建筑的办公楼空气调节系统采用风机盘管加新风系统，其新风机组部分平面图设计中哪几项是错误的？【2012-1-60】

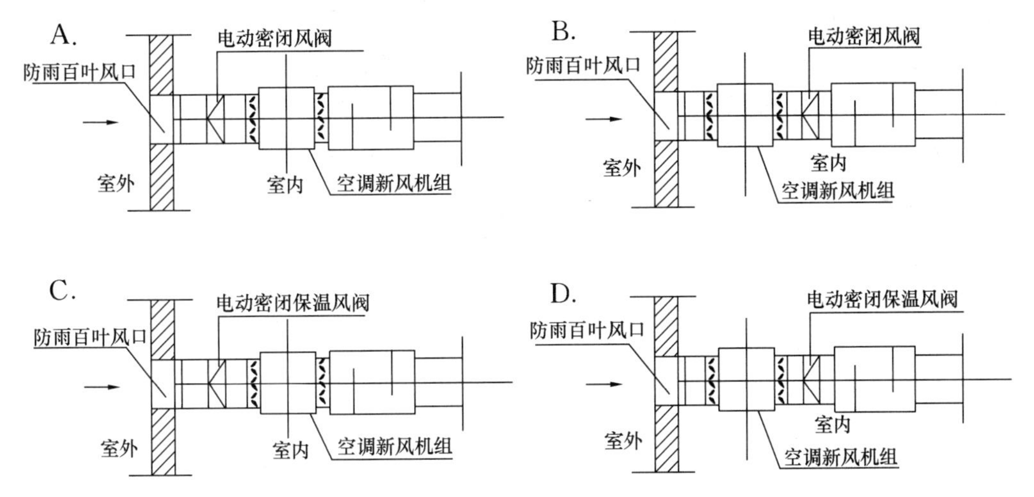

参考答案：ABD

分析：北京市属于寒冷A区，根据《民规》第7.3.21条，严寒地区严密关闭的阀门宜设保温。

3.4-10.【多选】某空调机组表冷器设计供/回水温度为12℃/17℃，采用电动两通调节阀进行控制，安装方式如下图所示，其中A、B、C为水平管，D为垂直管，指出其中的错误选项？【2012-2-61】

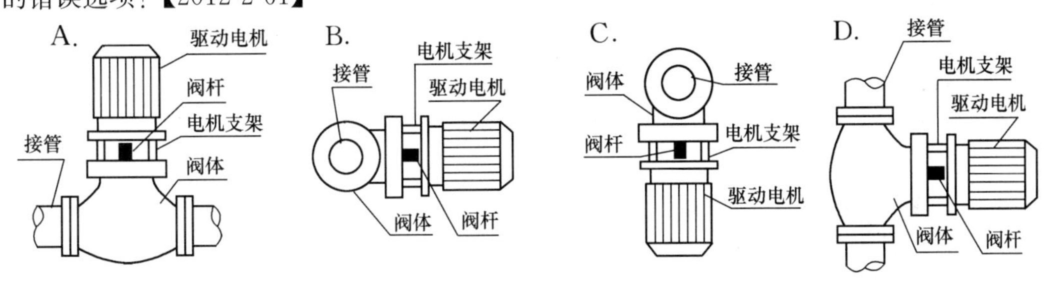

参考答案：BCD

分析：根据《09技术措施》第11.3.4.6的要求，驱动电机宜垂直安装。

3.4-11.【多选】下列哪些数据与计算全空气系统空调机组表冷器换热面积有关？【2017-1-61】

A. 空调系统新风比　　B. 表冷器出口水温

C. 表冷器水侧工作压力　　D. 表冷器迎面风速

参考答案：ABD

分析：根据《三版教材》P407～P408相关内容，表冷器的换热面积与空气的进出口温度、水的进出口温度、迎面风速等因素有关。选项A中新风比不同，造成表冷器空气进口温度不同，正确；选项BD正确；选项C中水侧工作压力与表冷器换热面积无关，错误。

3.4-12.【多选】某空调工程夏季采用表面式冷却器处理空气，当实际运行风量小于设计风量时（进风参数和进水温度不变），关于该表冷器处理能力和空气参数的变化，下列哪几项是正确的？【2017-2-54】

A. 总换热量下降　　　　　　　　B. 总换热量增加

C. 出口处空气含湿量降低　　　　D. 出口处空气干球温度升高

参考答案：AC

分析：根据《空气调节》P84公式 $K_s=\left[\frac{1}{AV^m\xi^p}+\frac{1}{B\omega^n}\right]^{-1}$，可知表冷器的传热系数与迎风风速成正比，运行风量小于设计风量时，表冷器迎面风速降低，换热系数降低，因此总换热量下降，选项A正确，选项B错误；表冷器通用热交换效率与迎风风速成反比，随迎风风速减小而增加，夏季采用表面式冷却器处理空气过程通常为冷却去湿过程如《三版教材》P407图3.4-25所示（见右图），表冷器出口空气状态由状态点2随通用热交换效率提高变为状态点3，出口空气温度、含湿量、焓值都会降低，选项C正确，选项D错误。

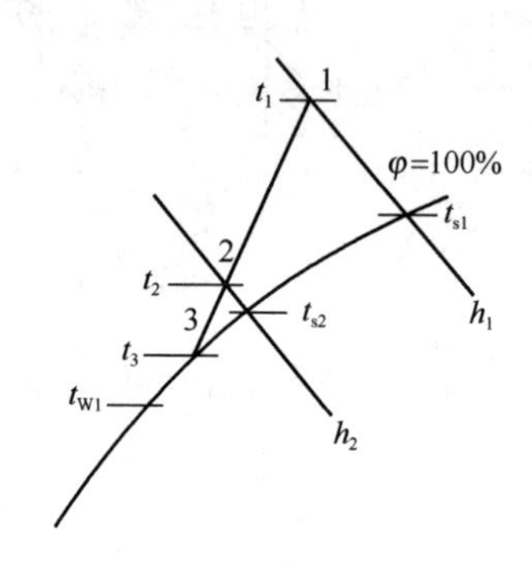

3.5　气　流　组　织

3.5-1.【单选】室内温度允许波动范围为±1℃的恒温恒湿空调区，设计确定送风温差时，下列取值最合适的应是下列哪一项？【2011-2-22】

A. 12℃　　B. 8℃　　C. 4℃　　D. 2℃

参考答案：B

分析：《民规》第7.4.10-3条及《工规》表8.4.9，要求送风温差6～9℃。

3.5-2.【单选】某展览馆的展厅室内空调设计为集中送风，采用分层空调，送风口为喷口，下列设计方法，正确的应是下列哪一项？【2011-2-24】

A. 工作区应处于射流区的始端区域

B. 工作区应处于射流区的中部区域

C. 工作区应处于射流区的末端区域

D. 工作区应处于射流区的回流区域

参考答案：D

分析：参见《三版教材》P450。

3.5-3.【单选】夏热冬冷地区的某剧场空调采用座椅送风方式，下列哪种说法从满足节能与舒适度的角度看是合理的?【2013-1-23】

A. 宜采用一次回风系统，系统简单

B. 宜采用全新风空调系统，提高舒适度

C. 宜采用一次风再热系统，宜提高送风温度

D. 宜采用二次回风系统，以避免再热损失

参考答案：D

分析：《三版教材》P380：选项A采用一次回风系统如无再热，若节能就必须是（露点送风）最大温差送风，送风温度低，不舒适；选项B采用全新风空调系统不节能；选项C采用一次风再热系统，不节能，故选D。

3.5-4.【多选】建筑大空间采用分层空气调节的说法，错误的应是下列哪几项?【2011-2-60】

A. 分层空调用于夏季和冬季均有明显的节能效果

B. 空间高度大于10m，宜采用分层空调系统

C. 分层空调采用喷口时，其射程为该喷口服务区域的最远水平距离

D. 分层空调采用喷口时，其出口风速应不大于8m/s

参考答案：ABCD

分析：根据《公建节能2005》第5.3.22条条文说明，分层空调在冬季供暖工况下运行时并不节能，选项A错误；根据第5.3.22条，缺少条件“且体积大于10000m^3时”，选项B错误；根据《三版教材》P450（3）—2)，射程长度一般为送风口到最远距离的0.7～0.8倍，选项C错误；根据《三版教材》P449（1）—1)，送风速度以4～10m/s为宜，选项D错误。

扩展：选项AB，根据《公建节能2015》第4.4.4条及条文说明，分层空调是一种仅对室内下部人员活动区进行空调，而不对上部空间空调的特殊空调方式，与全室性空调方式相比，分层空调夏季可节省冷量30%左右，因此，能节省运行能耗及初投资，冬季运行时，并不节能。

3.5-5.【多选】有关空调系统风口的做法，下列哪几项是不合理的?【2012-2-59】

A. 某大型展厅60m跨度，设置射程为30m的喷口两侧对吹

B. 某会议室净高3.5m，采用旋流送风口下送风

C. 某剧场观众厅采用座椅送风口

D. 某净高4m的车间（20±2℃）采用孔板送风

参考答案：AD

分析：根据《工规》第8.4.8条和《民规》第7.4.9条，双侧对送射流，其射程按喷口至中点距离的90%计算，选项A错误；根据《三版教材》表3.5-5，旋流风口用于空间较大的公共建筑（上送风），但《三版教材》P434也明确旋流风口也可以用于地板送风（下送风）；根据《三版教材》P435，座椅下送风口设置在影院、会场的座椅下，选项C正确；根据《三版教材》表3.5-5，孔板送风用于室温波动范围为±1℃或≤0.5℃的工艺空调，选项D错误。

3.5-6.【多选】某展览馆的展厅为高大空间，拟采用分层空调送风方式，下列哪几项设计选择及表述是正确的?【2013-1-59】

A. 于空间顶部采用散流器下送风

B. 于空间侧部采用喷口侧送风，使人员处于射流区

C. 于空间侧部采用喷口侧送风，使人员处于回流区

D. 采用喷口侧送风，设计的射流出口温度与射流周围温度差值增大时，阿基米德数会增大

参考答案：CD

分析：根据《民规》第7.4.2-3条，分层空调宜采用双侧送风，跨度小于18m时亦可单侧送风，高大空间分层空调采用顶部送风必定是错误的，选项A错误；根据第6.5.5-1条，采用喷口送风，人员活动区宜处于回流区，选项B错误，选项C正确；根据《三版教材》式(3.5-5)及其前后两段的描述，送风温差变大会导致阿基米德数变大，选项D正确。

3.5-7.【多选】有关空调系统风口的选择，下列哪几项是不合理的?【2013-2-57】

A. 某净宽为60m的大型餐厅，采用射程为30m的喷口两侧对吹

B. 某净高为2.8m的会议室，采用散流器送风

C. 某剧场观众厅采用座椅送风口

D. 某净高6m的恒温恒湿（20±2℃）车间采用孔板送风

参考答案：AD

分析：根据《民规》第7.4.9.2条，双侧对送射流，其射程按喷口至中点距离的90%计算，选项A错误；层高2.8m，采用散流器送风是合理的，选项B正确；根据《三版教材》P435，座椅下送风口设置在影院、会场的座椅下，选项C正确；根据表3.5-5，孔板送风用于层高较低或净空较小的建筑，选项D错误。

3.5-8.【多选】某工艺性空调的室温允许被动范围为±0.5℃，其空调系统的进风温差，以下哪几项是合理的?【2016-1-54】

A. 2℃　　　　B. 4℃

C. 6℃　　　　D. 8℃

参考答案：BC

分析：根据《工规》表8.4.9、《民规》第7.4.10条以及表7.4.10-2，工艺性空调的室温允许被动范围为±0.5℃，其空调系统的进风温差为3～6℃，故选项BC正确。

3.6　空调水系统

3.6.1　水系统形式与设计

3.6-1.【单选】空调一次泵冷水系统（水泵定转速运行）的压差控制旁通电动阀的四种连接方式如下图所示，哪种连接方式是错误的?【2011-2-28】

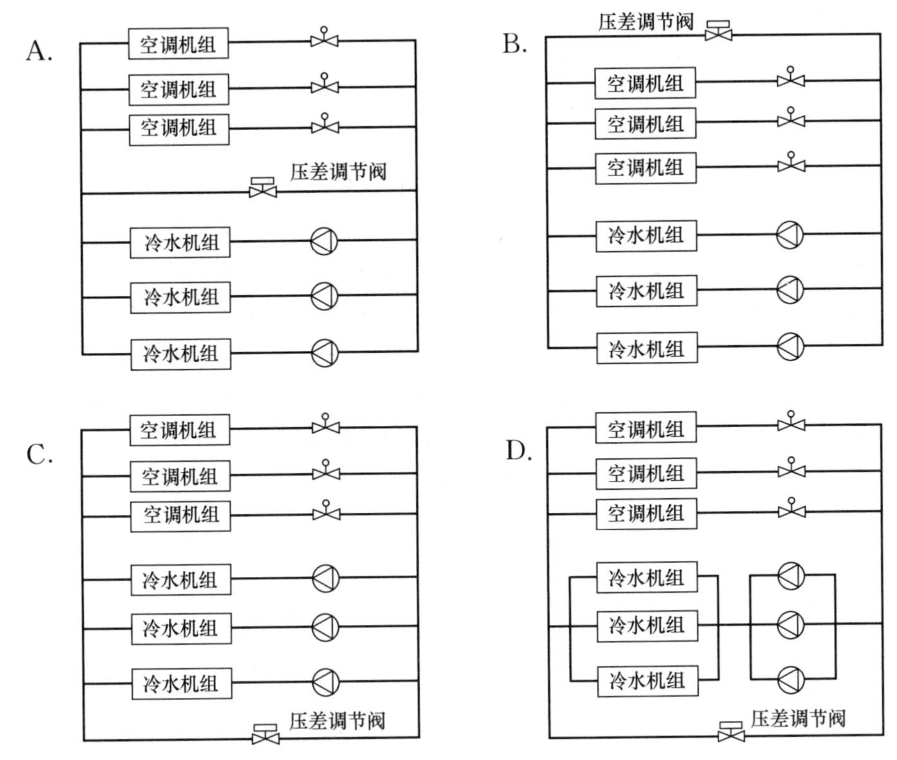

参考答案：B

分析：《民用建筑供暖通风与空气调节设计规范宣贯辅导教材》第9.5.5条：对于机组定流量运行的变流量一级泵系统，设置旁通阀的目的是为了使流过机组蒸发器的流量恒定。《民规》第8.5.8条，旁通阀的设计流量为最大单台冷水机组的额定流量。据此，选项ACD均能设置满足要求的旁通阀，只有选项B设在末端的支管路上，其流量难于满足上述要求。

3.6-2.【单选】下列关于空调冷水系统设置旁通阀的说法哪一项是错误的?【2013-1-25】

A. 空调冷水机组冷水系统的供回水总管路之间均设置旁通阀

B. 在末端变流量、主机定流量的一级泵变流量系统中，供回水总管之间应设置旁通阀

C. 末端和主机均变流量的一级变流量系统中，供回水总管之间应设置旁通阀

D. 多台相同容量的冷机并联使用时，供回水总管之间的旁通阀打开时的最大旁通流量不大于单台冷机的额定流量

参考答案：A

分析：《07节能专篇》第5.2.9条：定流量的一级泵系统可以不设旁通阀，选项A错误。

扩展：根据《民规》第8.5.8条、第8.5.9条规定，选项D中没有说明是冷水机组定流量或变流量，严格说也是错的。根据《民规》第8.5.9条：应取机组的最小流量。

3.6-3.【单选】在舒适性空调中，针对水系统节能，下列哪一项措施不宜采用?【2014-1-22】

A. 空调末端采用电动二通阀通断控制

B. 空调末端采用电动三通阀旁通控制

C. 空调循环水泵采用变频控制

D. 当环路的压力损失差额大于50kPa时，采用二级泵系统

参考答案：B

分析：末端设置电动三通阀属于定流量空调水系统，根据《三版教材》图3.7-5右侧，定流量水系统的控制比较简单，水系统运行过程中，除了设置多台水泵的系统依靠水泵运行台数变化来改变能耗外，不能做到实时的节省能源，根据《民规》第8.5.4-1条，除设置一台一组的小型工程外，不应采用定流量一级泵系统，选项B节能性较差。选项AC为变流量系统，根据《三版教材》P478，它可以比一级泵定流量系统节省运行能耗，选项AC节能性较好；根据《公建节能2015》第4.3.5-3条及条文说明：当系统各环路阻力相差较大时，如果分区分环路按阻力大小设置和选择二级泵，有可能比设置一组二级泵更节能。阻力相差“较大”的界限推荐值可采用0.05MPa，通常这一差值会使得水泵所配电机容量规格变化一档，选项D节能性较好。

3.6-4.【单选】在某冷水机组（可变流量）的一级泵变流量空调水系统中，采用了三台制冷量相同的冷水机组，其供回水总管上设置旁通管，旁通管和旁通阀的设计流量应为下列哪一项？【2014-2-19】

A. 三台冷水机组的额定流量之和　　B. 二台冷水机组的额定流量之和

C. 一台冷水机组的额定流量　　D. 一台冷水机组的允许最小流量

参考答案：D

分析：根据《民规》第8.5.9条，一级泵变流量系统采用冷水机组变流量方式时，旁通调节阀的设计流量应取各台冷水机组允许的最小流量的最大值，故选项D正确。

3.6-5.【单选】在集中空调冷水系统设计时，对于一级泵变频（冷水机组变流量）系统的设计，以下哪项是必须考虑的安全措施？【2016-1-26】

A. 冷水机组的最小装机容量限值　　B. 冷水机组的最大装机容量限值

C. 冷水泵变频器的最低频率限值　　D. 冷水系统的耗电输冷比（*ECR*）限值

参考答案：C

分析：根据《民规》第8.5.9-2条，变流量一级泵系统采用冷水机组变流量方式时，旁通阀的设计流量应取各台冷水机组允许的最小流量中的最大值。即循环水泵变流量运行时的最小流量有限定要求，目的是保证变流量冷水机组的安全运行。而水泵变流量，机组运行的安全流量最小值是依靠水泵变流器频率变化实现，是必须考虑的安全措施，选项C正确。

3.6-6.【单选】夏热冬冷地区某办公楼的集中式空调冷水系统为一级泵系统，采用三台同型号冷水机组与冷水泵，机组与水泵一一对应连接后并联设置（先串后并），分析系统三台泵并联运行的总冷水流量时，以下哪一项说法是正确的（假设管网的阻力特性曲线保持不变）？【2017-1-21】

A. 管网的阻力特性曲线越平缓时，三台并联运行的总流量是单台泵运行时流量的三倍

B. 管网的阻力特性曲线越陡峭时，三台并联运行的总流量是单台泵运行时流量的三倍

C. 三台并联运行的总流量与单台运行时流量的差值，和管网的阻力特性曲线是平缓还是陡峭无关

D. 三台并联运行的总流量，与管网的阻力特性曲线是平缓还是陡峭无关

参考答案： A

分析： 三台水泵并联工况分析如下图所示，

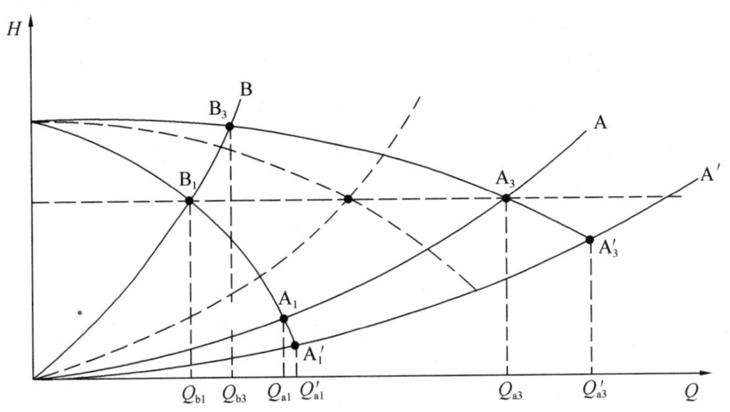

设计工况下，三台水泵并联运行状态点为 A_3，对应并联水泵流量为 Q_{a3}。已知条件管网的阻力特性曲线保持不变时，单台水泵运行状态点为 A_1，对应并联水泵流量为 Q_{a1}。当管网特性曲线 A 向右下方偏移至 A'时，单台水泵及三台并联水泵运行工况点分别移至 A'_1点和 A'_3点。对应状态点流量分别由 Q_{a1} 变为 Q'_{a1}，Q_{a3} 变为 Q'_{a3}。因管网特性曲线的逐渐平缓，导致 Q'_{a3}流量增加值远大于 Q'_{a1}流量增加值，这主要是因为三台并联水泵特性曲线与单台水泵特性曲线的弧率不同导致。由图可知，$Q_{a3}/Q_{b1}=3$，则 $Q_{a3}/Q_{a1}<3$，且 $3>Q'_{a3}/Q'_{a1}>Q_{a3}/Q_{a1}$，随着管网特性曲线越发平缓，三台并联运行的总流量越接近单台水泵运行时流量的三倍，但无法达到三倍流量，选项 A 待定。管网的阻力特性曲线越陡峭时，如图所示，Q_{b3}/Q_{b1}远小于 3，选项 B 错误。$Q_{a3}-Q_{b1}>Q_{b3}-Q_{b1}$，因此三台并联运行的总流量与单台运行流量的差值，与管网曲线平缓还是陡峭有关，选项 C 错误。不同的管网特性曲线 A，B 条件下，三台并联运行对应总流量 $Q_{a3}>Q_{b3}$，选项 D 错误。综合考虑四个选项，选项 A 更接近正确答案。

扩展： 题干中所提及管网的阻力特性曲线保持不变，此种情况意味着供冷水系统自动控制及电动控制阀门均无法正常使用，无法依据末端需冷负荷实时供给。如图所示，当三台水泵并联运行手动变为一台水泵及机组运行时，单台水泵实际运行状态点由 B_1 点移至右下方 A_1 点，偏离水泵高效运行点，水泵超流量运行，易造成水泵电机过热甚至烧毁事故发生。实际运行中，应尽量避免。

3.6-7.【单选】寒冷地区办公楼设置三台水冷离心式变频冷水机组为空调系统供冷，同时配置了冷水循环泵、冷却水循环泵、冷却塔各三台。下列冷源系统技术措施正确的是哪一项？【2018-1-22】

A. 机组在冬季供冷运行时，应在冷却水供回水总管之间设置旁通管

B. 冷却塔的运行台数应与主机运行台数相同

C. 冷水循环泵必须设置备用泵

D. 部分负荷时，各台冷水机组应同步变频调速

参考答案：B

分析：选项A：根据《民规》第9.5.8.2条条文说明，当室外气温很低时，为保证冷却冷却水进水温度最低水温限制要求，可在供回水总管之间设置旁通调节阀，而不是旁通管，错误；

选项B：根据题意，冷却塔台数和水泵、机组台数同为3台，通过集管连接时，根据《民规》第8.6.9.2条，每台机组进水或出水管上安装与水泵联锁开关的电动阀，这意味着水泵和机组运行台数保持一致，又根据第8.6.9.3条，每台冷却塔进水管上应安装与水泵联锁开关的电动阀，这意味着冷却塔和水泵运行台数保持一致，由此推断冷却塔、水泵和机组运行台数应保持一致，正确；

选项C：《民规》第8.5.13条，对冷水泵台数做了要求，但并没有要求必须设备用泵，错误；

选项D：根据《民规》第9.5.3条条文说明，机组运行台数应按冷量控制；又根据《红宝书》P2305，对多台离心冷水机组并联运行时，随着负荷的减少机组运行台数减少是节能运行措施，故应优先台数控制，而不是同步变频。

3.6-8.【单选】某公共建筑空调冷水系统采用了一级泵变频变流量系统，冷水机组变流量运行在供回水总管之间设置了旁通管和电动旁通阀，请问下列关于旁通管设计流量选取的说法中，哪一项是合理的？【2018-2-19】

A. 选取容量最大的单台冷水机组的设计流量

B. 选取容量最小的单台冷水机组的设计流量

C. 选取各台冷水机组允许最小流量的最大值

D. 选取各台冷水机组允许最小流量的最小值

参考答案：C

分析：根据《民规》第8.5.9条，变流量一级泵系统主机变流量时，旁通阀设计流量应取各台冷水机组允许的最小流量的最大值，选项C正确。

3.6-9.【多选】空调水系统设计时，以下哪几项是变流量系统？【2014-1-55】

A. 空调机组水路配置电动二通阀的二级泵系统、二级泵变频调速

B. 空调机组水路配置电动二通阀的一级泵系统、采用供回水总管压差控制电动旁通阀流量

C. 空调机组水路配置电动三通分流阀的一级泵系统

D. 空调机组水路不配置电动阀的一级泵系统

参考答案：AB

分析：根据《三版教材》P477，定流量系统是指空调水系统中用户侧的实时系统总水量保持恒定不变（或者总流量只是按照水泵启停的台数呈现“阶梯式”的变化），变流量系统是指用户侧的系统总水量随着末端装置流量的自动调节而实时变化。选项AB用户侧总水量由于两通阀的调节，水泵变速及压差旁通调节，用户侧总流量实时变化，为变流量系统，正确；选项C虽然三通阀会使进入末端设备的流量发生变化，但对用户侧总流

量来说，不会实时改变，因此选项C为定流量系统；选项D没有电动阀调节水量，显然是定流量系统。

3.6-10.【多选】对于集中空调的冷水系统，下列哪几项说法是正确的?【2016-2-56】

A. 供水温度恒定的定流量一级泵系统在部分负荷时，通过冷水机组的冷量调节实现供冷量减小，系统中水流量不变，且回水温度升高

B. 在多台冷水机组变流量一级泵的系统中，当水温差符合设计要求，但实测冷水机组流量明显偏小时，说明此时冷水机组运行台数过多，应减少运行台数

C. 在变流量二级泵系统中，如果两个环路供回水总管总长度相差300m，且总管沿程比摩阻取150Pa/m，局部阻力为沿程阻力的50%，则该两个环路应分别设置二级泵

D. 变流量二级泵系统中，如果系统的回水直接从平衡管旁通后进入供水管，会引起的结果是用户侧水系统的“小温差、大流量”现象

参考答案：BCD

分析：供水温度恒定的定流量一级泵系统在部分负荷时，末端用冷量降低致使冷冻水回水温度降低，冷水机组通过减载，保持机组出水温度不变，选项A错误；在多台冷水机组变流量一级泵的系统中，当水温差符合设计要求，实测冷水机组流量明显偏小时，水泵降频运行，通过已运行各主机分配流量变小，减机运行，实现系统的高效运行，选项B正确，同时一级泵变流量系统配置和设计要求详见《红宝书》P2021表26.7-3；根据《民规》第8.5.4-3条条文说明，阻力相差较大的界限推荐值可采用0.05MPa，通常这一差值会使得水泵所配电机容量规格变化一档。选项C中两个环路阻力相差0.0675MPa，大于0.05MPa界限，则该两个环路应分别设置二级泵，该选项正确；变流量二级泵系统中，如果系统的回水直接从平衡管旁通后进入供水管，即所谓“逆向混水”现象，应尽量避免，否则会逐步导致供水温度持续升高，末端变冷器换热能力逐步下降，供水系统从回水管路抽取更多的冷冻水回水进入供水管路，进入恶性循环，“小温差、大流量”现象加剧。选项D正确。

3.6-11.【多选】下列哪些位置不应使用动态流量平衡阀（自力式定流量控制阀）?【2017-2-59】

A. 风机盘管设电动双位温控阀的空调水系统支路

B. 多台冷水机组并联时每台冷水机组冷水出水接管

C. 建筑内散热器设温控阀的垂直双管供暖系统的回水立管

D. 热源为区域锅炉房、散热器均设自力式温控阀的供暖系统热力入口

参考答案：ACD

分析：动态流量平衡阀能将管道的实际流量恒定在需求流量值，能在一定范围内消除系统压力波动的影响。根据《红宝书》P2007表26.6-2可知，自动流量平衡阀如设置在变流量系统的支路中，当一些末端设备需要小流量时，自动流量平衡阀在一定压差范围内仍维持设定的流量，例如当一些风机盘管自控阀门关闭时，由于支路总流量恒定，正在使用的风机盘管的流量会增加，会引起风机盘管控制阀的频繁启闭，因此不应采用，故选项A错误；依据表26.6-2可知，多台并联的定流量冷水和冷却水循环泵，宜设置自动流量平衡阀；当多台冷水机组并联

运行时，也即多台水泵并联运行，当单台冷水机组运行时也只有一台水泵对应运行，此时水泵的运行流量加大，若管路特性不向增加阻力的方向变化，则水泵电机有可能超载，故在每台冷水机组出水管上设置动态流量平衡阀，有利于保持流量恒定，避免水泵超载，故选项B正确；散热器设置自力式温控阀，属于变流量供暖水系统，根据《供热计量技术规程》JGJ 173—2009第5.2.3条，变流量系统不应设置自力式流量控制阀，选项C错误；根据第5.2.2条，热力入口应安装静态水力平衡阀，选项D错误。

扩展： 风机盘管支路设置平衡阀分析：

1. 当支路仅设置1台风机盘管时，根据《红宝书》P2007 表 26.6-2 可知，必要时可设置双位调节的动态平衡电动两通阀。动态平衡电动两通阀根据 P2003 表 26.6-1 可知，属于多功能平衡阀范畴而不属于动态流量平衡阀（自力式定流量控制阀）范畴，此种组合方式可以有效地节省安装空间。部分考生认为采用电动双位温控阀＋动态流量平衡阀（自力式定流量控制阀）串联代替双位调节的动态平衡电动两通阀，这种方式，《红宝书》未明确，且规定适宜采用一个阀（动态平衡电动两通阀）；同时，从投资造价及施工难度分析，笔者认为不可取。

2. 当支路设置多台风机盘管时，支路不应设置动态流量平衡阀（自力式定流量控制阀），末端单台风机盘管宜设置双位调节的动态平衡电动两通阀。

3.6-12.【多选】某高层建筑空调设置变频二级泵空调冷源系统，如下图所示，图中的手动阀门在初调试完成后固定阀门开度，定压补水点设置于集水器上。问：下列哪几项关于该冷源系统的分析是正确的？【2018-2-66】

A. 二级泵台数少于一级泵台数有利于防止平衡管中出现反向水流

B. 两台及以下主机运行时，分水器供水温度会高于主机设定供水温度

C. 两台及以上主机运行且一级泵流量大于二级泵流量时，各运行的主机进水温度有差异

D. 应按一台二级泵额定流量和设定的供回水压差进行压差旁通阀选型计算

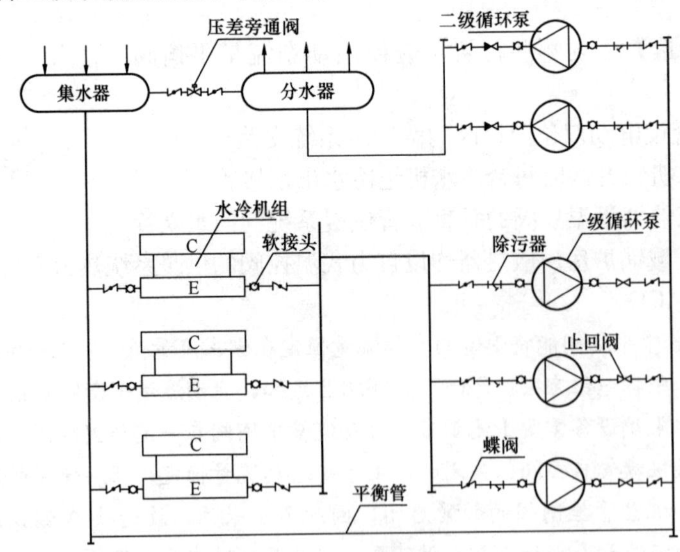

参考答案： ABC

分析： 变频二级泵空调冷源系统冷水机组定流量运行，运行台数根据系统的冷量需求进行控制，一级泵的运行台数与冷水机组对应联动启、停控制。二级水泵的运行台数根据负荷侧的压差进行控制。平衡管的水流方向是供水管流向回水管，当二级泵的流量需求大于一级泵提供的流量，但冷量需求没有达到多开一台冷水机组和一级水泵时，一部分空调回水会通过平衡管回流到供水管（选项A正确），因此到达分水器的水温是这部分回水和冷水机组出水混合后的温度，高于冷冻水机组出水温度，从而出现二级泵环路的供水温度升高且高于冷水机组设定温度，选项B正确。从图中看到，当一级泵总流量大于二级泵总流量时，一级泵冷水供水会有部分通过平衡管回流至机组进水管处，由于机组进水管处的总回水温度与旁通回流的部分冷水供水温度存在温差，混合不匀会造成各冷水机组进水温度有差异，选项C正确。二级泵采用变频变流量控制时，根据旁通管压差调节泵的转速（变频），分集水器上的压差旁通阀流量按一台二级泵下限流量和设定的供回水压差进行选型，选项D错误。

扩展： 本题的图毫无意义，首先原题的分集水器箭头标注错误，第二，二级泵的设置错误，应设在分水器后面对应不用的用户区域，如图中设置法，在同一侧设置两级水泵，并且台数还不对应的做法不知道目的是为何。

3.6.2　水泵与系统运行

3.6-13.【单选】关于空调循环水系统的补水、定压的说法，正确的是下列哪一项?【2011-1-26】

A. 补水泵扬程应保证补水压力比系统静止时补水点压力高30～50kPa

B. 补水泵小时流量不得小于系统水容量的10%

C. 闭式循环水系统的定压宜设在循环水泵的吸入侧，定压点最低压力应使系统最高点的压力高于大气压力2kPa以上

D. 系统定压点不得设于冷水机组的出口处

参考答案： A

分析： 选项A正确：《民规》第8.5.16-1条，应保证补水压力比补水点的工作压力高30～50kPa；《工规》第9.9.13-1条，补水泵的扬程应保证补水压力比系统静止时补水点的压力高30～50kPa。选项B错误：《民规》第8.5.16条，应为5%～10%。选项C错误：《民规》第8.5.18条和《工规》第9.9.15-1条，应为5kPa。选项D错误：《09技术措施》第5.7.7-2条，在一定条件下，定压点也可以设置在冷水机组出口处。

扩展： 选项BCD都错，选项A按《民规》错误，而按《工规》正确，综合比较而言，选项A相对来说是正确的。

3.6-14.【单选】空调水系统为闭式系统时，调试时常发生因水系统中的空气不能完全排除，而造成无法正常运行的情况，试问引起该问题的原因是下列哪一项?【2011-1-27】

A. 水泵的设计扬程太小

B. 水泵的设计流量不足

C. 膨胀水箱的底部与系统最高点的高差过大

D. 膨胀水箱的底部与系统最高点的高差不够

参考答案： D

分析： 选项B水泵流量过小，会导致管道内的气泡在局部滞留而无法排除，不过如果是流量过小，会一直存在空气不能排除的问题，而题目中说明是"时常发生"，说明不是流量不足问题，故选项B错误，空气不能完全排除可能是因为水箱高度不够造成负压而吸入空气所致。

3.6-15.【单选】水泵的电动机（联轴器连接）实际运行耗用功率过大，导致能源浪费加剧，引起问题发生的原因，下列哪一项是错误的？【2012-2-22】

A. 电动机转速过高

B. 水泵的填料压得过紧

C. 水泵叶轮与蜗壳发生摩擦

D. 水泵与电动机的轴处于同心

参考答案： D

分析： 水泵电机转速过高造成流量扬程变大，耗功率变大，选项A正确；填料压得过紧、叶轮与蜗壳发生摩擦都会增加阻力损失，耗功变大，选项BC正确；水泵与电机轴同心是正确的安装要求，能避免振动增加效率，选项D不是引发耗功过大的原因。

3.6-16.【单选】某高层建筑，采用闭式空调水循环系统，水泵、制冷机、膨胀水箱均设置在同一标高的屋面上，调试时，水泵和管道剧烈振动，且噪声很大，以至无法正常运行，试问产生该问题的原因可能是下列哪一项？【2012-2-23】

A. 水泵的压头过大

B. 水泵的水量过大

C. 膨胀水箱的底部与系统最高点的高差过大

D. 膨胀水箱的底部与系统最高点的高差不够

参考答案： D

分析：《三版教材》图3.7-19，选项D高差不够将产生负压，导致系统进入空气，将导致水泵和管道剧烈振动。

3.6-17.【单选】某体育馆比赛大厅的集中式空调系统采用风冷热泵机组，循环水泵设置在一层的水泵房内，组合式空调机组分别布置在二层看台两侧的机房内，膨胀水箱设置在屋面。调试时，循环水泵显著发热且噪声很大，无法正常运行，试问产生该问题的原因是下列哪一项？【2013-2-20】

A. 所选水泵的扬程小于设计值

B. 所选水泵的水量小于设计值

C. 膨胀水箱的底部与系统最高点的高差过大

D. 空调循环水系统内管道中存有过量空气

参考答案： D

分析： 选项AB均会导致水泵实际运行流量小于设计值，功率也低于设计值，不会出现水泵显著发热的现象，故选项AB错误；膨胀水箱底部与系统最高点高差过大只会造成系统工作压力偏高，根据题目描述，并没有设备耐压不足的问题，故选项C错误；如果水系统中存在过量空气，空气进入水泵会造成水泵电流大幅摆动，功耗提高而发热，同时大量气泡进入叶轮区后爆破并冲击叶轮产生很大噪声，故选项D正确。

3.6-18.【单选】某集中空调水系统的设计水量为100m^3/h，计算系统水阻力为300kPa。采用一级泵水系统，选择水泵的流量和扬程分别为105m^3/h和315kPa，并按此参数安装了合格的水泵。初调试时发现：水泵实际扬程为280kPa。问：对水泵此时的实际流量G_s的判定，以下哪一项是正确的？【2014-1-21】

A. G_s>105m^3/h　　B. G_s=105m^3/h

C. 105m^3/h>G_s>100m^3/h　　D. G_s=100m^3/h

参考答案：A

分析：作水泵-管路工作特性曲线图，如下图所示：

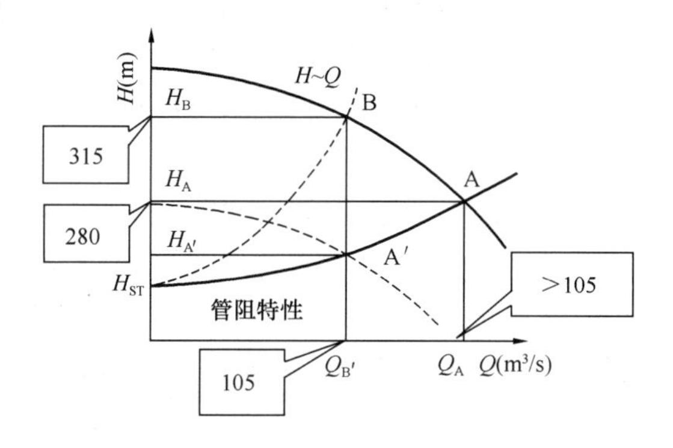

设计状态下，选择水泵的流量和扬程分别为105m^3/h和315kPa，当实际水泵扬程为280kPa时，即水泵实际运行状态点A位于设计工况点B右下方，如图所示，G_s>105m^3/h。

3.6-19.【单选】某工程空调闭式冷水系统的设计流量为200m^3/h，设计计算的系统阻力为35m H_2O水柱。选择水泵时，对设计流量和计算扬程均附加约10%的安全系数，设计选泵B3，参数为：流量220m^3/h，扬程38m H_2O。图中B1、B2、B3分别为三台不同水泵的性能曲线。OBC、OAD分别为设计与实际的水系统阻力特性曲线。问：水泵实际运行工作点应为以下哪一个选项？【2016-1-23】

A. A　　B. B　　C. C　　D. D

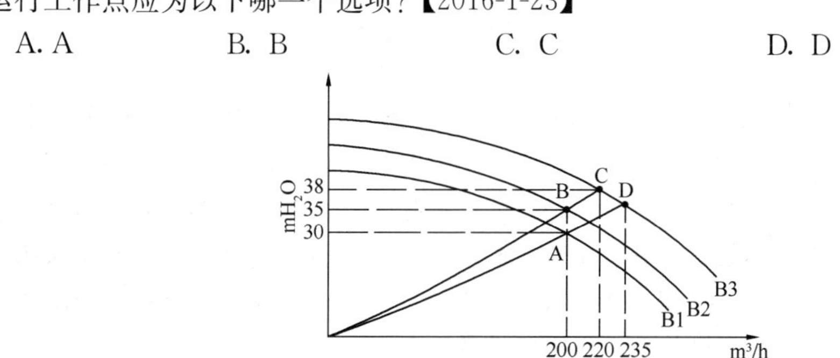

参考答案：D

分析：由题意知，设计工况点为B，水泵设计运行工况点为C，因此实际选择水泵为B3，因C点水泵扬程大于设计工况点系统阻力，多余水头转换为流量，实际运行工况点由C点向右下角偏移至D点。选项D正确。

3.6-20.【单选】（接上题）假定Bl、B2、B3三种水泵在流量为200m^3/h时的水泵效率相同，要使得水泵在设计流量（200m^3/h）恒定运行时，用以下哪个方法，是最为节能的？【2016-1-24】

A. 选择B1水泵

B. 选择B3水泵，并配置变频器

C. 选择B3水泵，关小水泵出口阀门

D. 选择B2水泵，并配置变频器

参考答案：B

分析：本题为上题的继续，节流（关阀门）是牺牲一部分流量去增加一些扬程，然后这个增加的扬程直接消耗在阀门上了，等于就是浪费了这个能量了，而变频降速以后，功率会按3次方的比例下降，虽然变频器也有一些能耗，但必然是收益更大的，故变频器一定比节流更节能，排除选项C。

设计想要稳定在200 m^3/h流量，那么就不能选A，B1的确非常合适，但是合适过头了，没有考虑10%的余量，只有对完全干净的管网是完美匹配的，一旦运行一周、一个月，过滤器堵塞越来越严重，管道也不干净了，流量就永远小于200m^3/h了，调整都没法调，因为阀门已经开到最大，变频器也没有，有也可能超载运行，所以排除选项A。

选项B和选项D，都配置了变频器，管网情况有变也不要紧，可以通过变频器调整，这样都能满足200m^3/h稳定运行，且节能，但是B2的总能力不能满足题设10%余量的需求，实际应用虽然没问题，但对解题来说就是不足的，所以应该选择B3＋变频器。

3.6-21.【单选】在对某公共建筑空调水系统进行调试时发现，循环水泵选型过大，输送能耗过大，必须进行改造，下列哪一项措施的节能效果最差？【2016-2-19】

A. 换泵　　B. 切削水泵叶轮

C. 增设调节阀　　D. 增设变频装置

参考答案：C

分析：循环水泵选型过大，输送能耗过大，通过更换适合公共建筑水系统运行要求的水泵，满足水系统运行流量及扬程要求，是较好的节能措施，选项A正确；通过切削水泵叶轮，是降低水泵扬程的手段之一，选项B正确；增设变频装置，通过频率的降低，调节水泵运行转速，水泵的流量和扬程均降低，节能效果较好，选项D正确；增设调节阀，使多余水泵压头通过增加局部阻力克服，可以达到水系统运行要求，但是水泵输送能耗降低较少，节能效果较小，是四个选项中节能效果最差的一个，选项C错误。

3.6-22.【单选】某高层建筑集中空调系统的冷却塔设置于60m高的主楼屋面上。计算出的冷却水系统总阻力为30m，配置冷却水泵扬程为90m。当系统投入运行时发现：冷却水泵总是跳闸而无法正常运行。问：既解决问题又更节能的措施，以下哪个选项是最合理的？【2016-2-27】

A. 更换一个小扬程的冷却水泵

B. 更换一个更大的冷却水泵电流限流开关

C. 关小冷却水泵的出口阀门

D. 为冷却水泵配置变频器

参考答案：A

分析：冷却水系统属于开式循环水系统，水泵扬程=冷却水系统总阻力+提升水高度（通常为冷却塔集水盘水位至布水器高差，而不是建筑物高度）。冷却水泵设选型扬程约为33～36m范围，配置冷却水泵扬程为90m，导致水泵扬程与实际需要扬程相差悬殊，既解决问题又更节能的措施是更换小扬程水泵。选项A正确。

3.6-23.【单选】某高层建筑空调冷水系统运行后冷水循环泵频繁过载保护，最可能的原因是下列哪项？【2018-1-26】

A. 所选择的水泵扬程远高于实际系统阻力

B. 所选择的水泵流量小于设计流量

C. 水泵配置电机额定功率过大

D. 水泵效率过低

参考答案：A

分析：水泵发生过载保护，是由于水泵实际运行流量过大导致电流过大，超过保护限值所致。选项A，水泵扬程高于系统实际阻力，当水泵放在系统中运行时，根据水泵和管网特性曲线，实际运行工况下的流量将高于设计流量，可能会导致过载保护，正确；选项B，流量小于设计值，电流偏小，不会过载保护，错误；选项C，电机额定功率大，对应设置的保护器也会较大，水泵流量不高于设计值，不会发生过载保护，错误；选项D，水泵效率低不会导致流量超过设计值，不会发生过载保护，错误。

3.6-24.【单选】某离心式冷水机组系统有3台主机，3台冷水泵的出水共管后再分支管接至各台冷水机组，每台水泵出口设有止回阀。系统运行调试时，除止回阀外冷水机组和水泵前后其他阀门均处于开启状态。当开启1台冷水机组和1台冷水泵调试运行时，冷水机组蒸发器低流量保护报警。下列解决措施中，哪一项是正确的？【2018-2-26】

A. 再开启1台冷水泵，两台水泵同时运行

B. 关小运行水泵的出口阀

C. 关闭停运的两台水泵前（或后）的阀门

D. 关闭停运的两台冷水机组前（或后）的阀门

参考答案：D

分析：选项A，开启2台水泵的办法不能解决1台主机和水泵运行低流量保护报警的

问题，错误；选项B，关小阀门会导致流量更小，错误；选项C，每台水泵出口设有止回阀，不会导致回流，关闭阀门也无法解决低流量报警问题，错误；选项D，关闭另外两台冷水机组的阀门，可以避免运行水泵的流量被分流，可以解决运行主机的低流量报警问题，正确。即当开启1台冷水机组和1台冷水泵调试运行时，冷水机组蒸发器低流量保护报警的原因是1台冷水泵流出的冷冻水分由3台冷水机组的蒸发器流出所造成的，只有选项D正确。

3.6-25.【单选】一个定流量运行的空调水系统，实测发现：系统水流量过大而水泵扬程低于铭牌值。下列哪一种整改措施的节能效果最差？【2018-2-27】

A. 调节水泵出口阀门开度

B. 增设变频器，调节水泵转速

C. 切削水泵叶轮，减小叶轮直径

D. 更换适合系统特性和运行工况的水泵

参考答案：A

分析：选项A，关小阀门，可以调整流量和水泵扬程处于设计工况，但节流造成了能量的浪费，正确；根据水泵相似率，选项BC的变频调速、减小叶轮直径只能同时调小水泵的流量和扬程，不能解决水泵扬程低的问题；选项D，更换合适水泵，较选项A节能。

3.6-26.【多选】右图为两台同型号水泵并联运行的性能曲线图，说法正确的是哪几项？【2011-1-57】

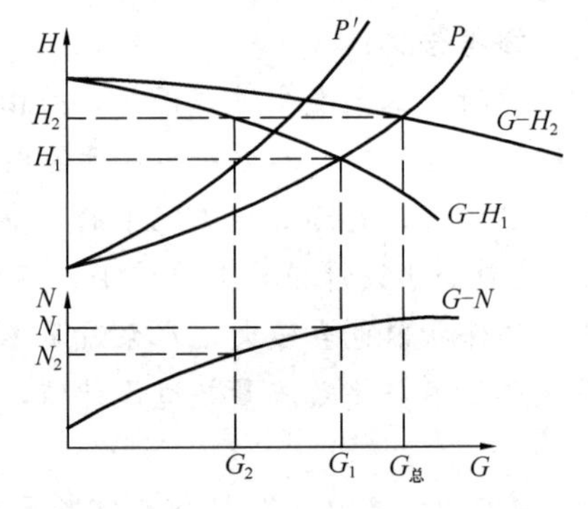

图中：G-H_1：单台泵运行特性曲线；

G-H_2：2台泵并联运行特性曲线；

P：管路特性曲线；

G-N：单台水泵功率曲线；

$G_{总}$：2台泵并联运行的总流量；

G_2：2台泵并联运行单台泵流量 $G_2=0.5G_{总}$；

N_2：2台泵并联运行时单台泵功率。

A. 系统阻力系数不变时，单台泵运行水泵流量 $G_1>G_2$

B. 系统阻力系数不变时，单台泵运行功率 $N_1>N_2$

C. 水泵单台运行时有可能发生电机过载

D. 多台水泵并联运行的单台泵流量应考虑并联衰减，可加大水泵选型规格

参考答案：ABC

分析：如图所示，选项AB正确；水泵并联运行的系统，当单台运行时，其流量和功率，都要大于水泵并联运行时单台水泵的流量，当按照并联运行时的单台水泵功率配电时，就可能发生电机过载，故选项C正确；多台水泵并联的系统，只需考虑并联运行时能满足设计要求即可，不能因为并联运行时的单泵流量小于单泵运行时的流量就加大水泵规格，否则更容易造成单泵运行时电机过载，选项D错误。

3.6-27.【多选】某空调水系统为闭式循环系统，采用膨胀水箱定压，其膨胀水箱的底部高出水泵进口 20m，膨胀水箱的底部高出系统最高处的水平管道 500mm，高出最高处水平管道上的自动放气阀顶部 150mm，水泵的扬程为 35m。系统在调试初期发现水泵喘振、不能正常工作，试问以下哪几项措施不可能解决该问题？【2011-1-58】

A. 更换扬程更大的水泵

B. 更换流量更大的水泵

C. 进一步降低膨胀水箱底部与系统最高处水平管道上的自动放气阀顶部的高差

D. 加大膨胀水箱的底部与系统最高处水平管道上的自动放气阀顶部的高差

参考答案： ABC

分析： 水泵喘振的主要原因是因为定压值不够引起的管路中空气过多，只有选项 D 能解决该问题。

3.6-28.【多选】某空调冷水系统两根管径不同的管道，当管内流速相同时，关于单位长度管道沿程阻力 R 的说法错误的应是下列哪几项？【2011-1-60】

A. 小管径的 R 值小　　　　B. 大管径的 R 值小

C. 两种管径的 R 值相同　　　　D. 小管径的 R 值大

参考答案： AC

分析： 沿程阻力损失即管道的摩擦压力损失，根据《三版教材》P493 式（3.7-5）可知，管径 d 与摩擦压力损失 ΔP_m 成反比关系，故选项 BD 正确，而选项 AC 错误。

3.6-29.【多选】某空调冬季热水系统的设计热负荷为 1163kW，热水设计供/回水水温为 60℃/50℃，水泵设计参数为：扬程 20mH_2O、流量 100m^3/h。实际运行后发现房间室温未达到设计值，经检测，水泵的实际运行扬程为 12mH_2O，热水系统的实际供/回水水温为 60℃/30℃，问：以下哪些选项不是产生该问题的原因？【2012-2-57】

A. 水泵的设计扬程不够　　　　B. 水泵的设计流量不够

C. 热水系统的设计阻力过小　　　　D. 水泵性能未达到要求

参考答案： ABC

分析： 根据题干，热负荷为 1163kW，流量应为 $V=\dfrac{1163\times3600}{4.18\times1000\times(60-50)}=$ 100m^3/h，水泵的设计流量没有问题，因此首先排除选项 B；题干中温差变为了 30℃，扬程为 12mH_2O，水泵实际运行的流量和扬程均低于设计值。选项 A：假如水泵性能满足设计值，只是设计扬程不够，根据水泵—管网特性曲线，实际运行时将会导致水泵扬程增大而流量降低，即水泵实际运行扬程将大于 20mH_2O，与检测的 12mH_2O 不符，选项 A 错误；选项 C：如果水泵性能满足设计值，而热水系统设计阻力过小（只有 12mH_2O），根据水泵—管网特性曲线，实际运行时将会导致扬程下降而流量增大，即水泵实际运行流量将大于 100m^3/h，供回水温差将小于 10℃，与检测的 60℃/30℃ 不符，选项 C 错误；综上所述，产生该问题的原因只能是水泵性能未达标，水泵选型的流量和扬程都低于设计值，选项D正确。

3.6-30.【多选】某闭式空调冷水系统，水泵吸入口设有Y形水过滤器，安装运行后发现：循环泵入口压力表常显示为负压，同时在长时间运行后，且补水量很小的情况下，系统仍持续排气。以下哪些情况是导致该现象产生的原因?【2014-1-54】

A. 系统定压点位置不合理 B. 水泵扬程偏高

C. Y形水过滤器阻力过大 D. 多台水泵并联运行

参考答案：AC

分析：根据《三版教材》图3.7-27及相关文字描述，系统定压点位置不合理、Y形过滤器阻力过大，使管段出现负压吸入空气，导致了系统持续排气，选项BD与题目中现象无关。

3.6-31.【多选】某集中空调水系统的设计工况如下：设计水流量900m³/h，系统循环水环路总阻力为300kPa。现要求配置三台同型号的水泵并联运行（选择水泵参数时，不考虑安全裕量）。对于各单台水泵参数的选择，以下哪几项不符合设计要求?【2014-1-57】

A. 流量330m³/h，扬程330kPa B. 流量330m³/h，扬程300kPa

C. 流量300m³/h，扬程330kPa D. 流量300m³/h，扬程300kPa

参考答案：ABC

分析：根据题意，选择水泵参数时，不考虑安全裕量，因此三台水泵并联时，单台水泵额定流量为900/3＝300 m³/h，扬程300 kPa。注意，因为不考虑安全裕量，故水泵扬程附加值不必考虑。如此，只有选项D符合设计要求，选项ABC均选型过大。

3.6-32.【多选】某三层（层高均为5m）工业建筑，每层设置有组合式空调机组，其集中空调冷水系统为开式系统，且在地下室设置空调冷水汇集池。问：以下哪几项设计措施是合理的?【2014-1-58】

A. 冷水泵扬程计算时，应考虑冷水系统的提升高度

B. 冷水供/回水管道系统应采用同程系统

C. 冷水泵的设置位置应低于冷水池的运行水面高度

D. 应采用高位膨胀水箱对系统定压

参考答案：AC

分析：根据《三版教材》P475，在开式系统中，水泵的扬程需要克服供水管和末端设备的水流阻力以及将水从水箱水位提升到管路最高点的高度差H，选项A正确；水泵的吸入侧应有水箱水面高度给予的足够的静水压头，确保水泵吸入口不发生汽化现象，选项C正确；根据P475，开式系统采用同程意义不大，选项B错误；高位膨胀水箱用于闭式系统定压，无法用于开式系统。

3.6-33.【多选】某空调工程冷冻水为一级泵压差旁通控制变流量系统，包括三台螺杆式机组（处于水泵出口）和三台水泵，机组与水泵一对一连接，再并联。设计工况的单

台水泵配置参数为：扬程0.36MPa，流量0.07m^3/s。系统调试时，测试仅单台水泵运行的参数为：扬程0.16MPa，到分水器总管流量0.025m^3/s，造成供水水量不足的原因可能是下列哪几项？【2014-2-56】

A. 压差旁通控制阀未正常工作

B. 未运行冷水机组的冷水管路阀门处于开启状态

C. 未运行水泵出口止回阀关闭不严

D. 运行水泵出口止回阀阻力过大

参考答案： BC

分析： 选项A：压差旁通阀调节的是分集水器只用户侧的流量，未正常工作不会导致分水器总管流量低于水泵流量，错误；选项BC：会导致水流量进入分水器总管之前进行分流，从开启的阀门或止回阀关闭不严的主机支路逆流旁通，结果达到分水器总管的流量变小，正确；选项D：止回阀阻力过大会使水泵扬程变大，水泵实际运行扬程将大于0.36MPa，与测试的0.16MPa不符，错误。

扩展： 本题根据《09技术措施》P91图5.7.3-1，默认差压旁通阀及旁通管安装在分集水器上。根据实际工程经验及国家标准图集《空调用电制冷机房设计与施工》07R202的做法，压差旁通阀及旁通管也可以安装在分集水器之前的总管上（循环水泵并联后总管至分集水器的管段），该情况下则选项A有可能造成供水量不足。

3.6-34.【多选】以下关于集中式空调系统中冷（热）水系统采用的水泵及其交流异步电动机变频调速方式的说法，正确的应是哪几项？【2017-1-58】

A. 由于受到交流异步电动机自身的制约，水泵变频时，转速的降低存在下限值

B. 电动机的变频装置自身要消耗电能

C. 理论上水泵的耗功与转速的二次方成正比

D. 理论上水泵的耗功与转速的三次方成正比

参考答案： ABD

分析： 变频电机一般采用强迫通风冷却方式，主要利用装在轴上的风扇进行冷却，若电机转速降低过多，则风扇冷却效果下降，最终导致无法承受发热而烧毁，故选项A正确；变频器需要消耗一定的电能，选项B正确；水泵的性能参数变化关系与通风机类似，根据《三版教材》表2.8-6，水泵耗功与转速的三次方成正比，故选项C错误，选项D正确。

3.6-35.【多选】某空调水系统，当两台型号完全相同的离心式水泵并联运行时，测得系统的总流量$G=100m^3/h$，总阻力$H=200kPa$。如果系统不做任何调整，该用一台水泵运行，则下列哪些数据不可能成为系统实际运行数据？【2017-2-58】

A. 流量$G=50m^3/h$，阻力$H=200kPa$

B. 流量$G=50m^3/h$，阻力$H<200kPa$

C. 流量$G>50m^3/h$，阻力$H<200kPa$

D. 流量$G<50m^3/h$，阻力$H<200kPa$

参考答案： ABD

分析：根据《三版教材》P496～P498相关内容可知，两台水泵并联运行的系统，当一台水泵单独运行时，其流量大于两台水泵并联运行时单台水泵的流量，即$G>50m^3/h$，因系统流量减小，阻力相应减小，阻力$H<200kPa$，选项ABD不可能出现。

3.6.3　水系统定压与检测

3.6-36.【单选】某空调水系统如图所示，其中的水泵扬程30m，问：当按相关规定进行水压（强度）试验时，右图中的压力表哪一个读数是正确的？（按10m水柱为0.1MPa）【2013-2-19】

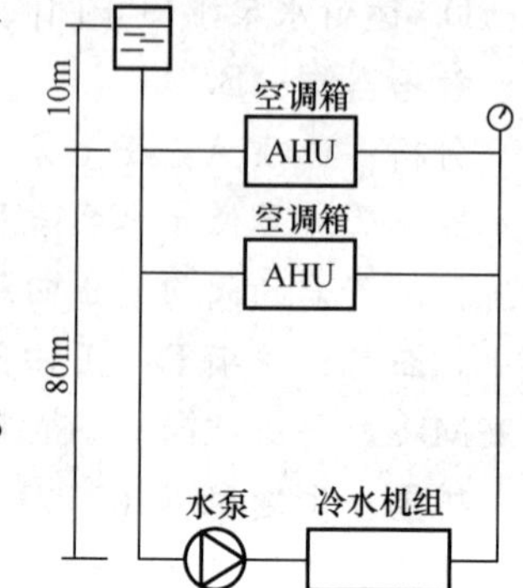

A. 1.35 MPa　　B. 1.8 MPa

C. 0.9 MPa　　D. 1.7 MPa

参考答案：C

分析：系统工作压力＝10m＋80m＋30m＝120m＝1.2MPa>1.0MPa，根据《通风与空调工程施工规范》GB 50738—2011第15.5.1-1条，试验压力＝1.2＋0.5＝1.7MPa，则压力表数值为1.7－0.8＝0.9MPa。

3.6-37.【单选】某空调冷冻水系统管道材质为碳钢，设计工作压力为0.3MPa，该管道系统的最低试验压力应选下列何项？【2016-2-26】

A. 0.33MPa　　B. 0.45MPa　　C. 0.60MPa　　D. 1.00MPa

参考答案：C

分析：根据《通风与空调工程施工规范》GB 50738—2011第15.5.1-1条，设计工作压力小于或等于1.0MPa时，金属管道的强度试验压力应为设计工作压力的1.5倍，但不应小于0.6MPa，选项C正确。

3.6-38.【单选】多台同型号空调系统用圆形冷却塔进行试运转时，下列要求的哪一项是符合规范规定的？【2017-1-22】

A. 进行试运转测试时，冷却塔内应无水

B. 启动冷却塔风扇，连续运转时间采用1.5h

C. 在冷却塔的进风口方向为一倍塔体直径及离地面高度1.5m处测量噪声

D. 试运转时，只要求测量冷却塔风量

参考答案：C

分析：根据《通风与空调工程施工规范》GB 50738—2011第16.2.4条中的试运转方法与要求，需要检查冷却水循环系统的工作状态，故选项A错误；冷却塔风扇连续运转时间不应少于2h，故选项B错误；选项C的描述符合规范规定；除测量冷却塔风量外，还需测量冷却塔进出口水温、喷水量等多项内容，故选项D错误。

3.6-39.【多选】某采用集中空调系统的高层酒店，其空调水系统的最高点与最低点的垂直高差为105m，管材采用金属管道，进行空调冷（热）水系统的强度试验时，按照GB 50738的规定，下列哪几项做法是错误的？【2013-2-55】

A. 系统的试验压力为设计工作压力的1.5倍

B. 系统的试验压力为设计工作压力加0.5MPa

C. 分区域分段试压可与系统试压同时进行

D. 系统试压时，应升至试验压力，稳压10min，压力下降不得大于0.02MPa，管道系统应无渗漏

参考答案：AC

分析：根据《通风与空调工程施工规范》GB 50738—2011第15.5.1.1条时，当系统工作压力大于1.0MPa时，强度试验压力应为设计工作压力加上0.5 MPa，故选项A错误，选项B正确；根据GB 50738—2011第15.5.3.1条，系统水压试验应在各分区、分段与系统主、干管全部接通后进行，故选项C错误；根据GB 50738—2011第15.5.3.2条，选项D正确。

3.6-40.【多选】某夏热冬暖地区的地上32层（建筑高度98m）办公建筑为集中空调系统，设计的机房布置在建筑负一层，系统示意图见右图。系统安装前，对设计图纸分析，发现按图施工会造成水系统空调末端运行压力过高的现象发生，因而提出改善措施，问：属于可降低水系统的运行压力的措施是下列哪几项？【2014-1-59】

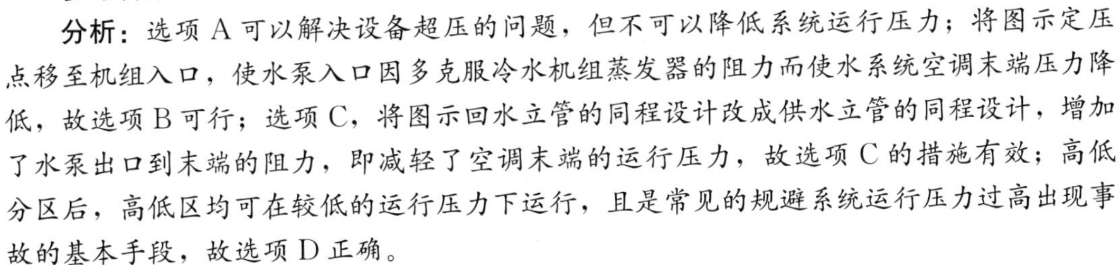

A. 提高对设备、管材及阀件的承压能力

B. 将定压点移至冷水机组的入口回水管路上

C. 将回水立管的同程设计改成供水立管的同程设计

D. 对水系统进行高低压分区

参考答案：BCD

分析：选项A可以解决设备超压的问题，但不可以降低系统运行压力；将图示定压点移至机组入口，使水泵入口因多克服冷水机组蒸发器的阻力而使水系统空调末端压力降低，故选项B可行；选项C，将图示回水立管的同程设计改成供水立管的同程设计，增加了水泵出口到末端的阻力，即减轻了空调末端的运行压力，故选项C的措施有效；高低分区后，高低区均可在较低的运行压力下运行，且是常见的规避系统运行压力过高出现事故的基本手段，故选项D正确。

3.6.4 冷却水系统

3.6-41.【单选】下列哪一项原因不会导致某空调系统用冷却塔的出水温度过高？【2012-1-22】

A. 循环水量过大　　B. 冷却塔风机风量不足

C. 室外空气的湿球温度过低　　D. 布水不均匀

参考答案：C

分析：(1) 循环水量过大、冷却塔风机的风量不足及冷却塔的布水不均匀，均能导致

冷却塔的冷却效果下降，从而导致冷却塔的出水温度过高；而室外空气湿球温度降低，则有利于冷却塔冷却效果的提高，降低冷却塔的出水温度。

（2）《三版教材》P564，开式冷却塔是依靠空气湿球温度来进行冷却的设备，因此冷却后的出水温度必需高于空气的湿球温度。从目前的设备情况来看，一般可以认为，在低温状态下，出水温度比湿球温度高2～3℃，故选项C不会导致冷却塔出水温度过高。

3.6-42.【单选】某项目所在城市的夏季空调室外计算湿球温度为22℃。为该项目设计集中空调冷却水系统时，采用的成品冷却塔性能符合相关国家产品标准的要求。问：该项目冷却塔的设计出水温度（℃），以下哪个选项理论上是最合理的？【2016-1-21】

A. 31～32　　B. 29～30　　C. 27～28　　D. 21～22

参考答案： C

分析： 冷却塔冷却换热能力与夏季空调室外计算湿球温度有直接关联，较低的湿球温度可以制取温度较低的冷却塔出水温度，而制冷机组冷却水进水温度的降低，有利于机组制冷效率的提高。通常情况下，冷却塔的出水温度＝夏季空调室外计算湿球温度＋（4～5）℃，当夏季空调室外计算湿球温度为22℃，冷却塔的出水温度＝22＋(4～5)＝26～27℃，选项C正确；选项AB未能充分利用较低的室外湿球温度，不够合理，错误；设计出水温度不能小于或等于室外计算湿球温度22℃，选项D错误。

3.6-43.【单选】下列关于冷却塔和冷却水系统的描述，哪一项是错误的？【2017-1-19】

A. 受条件限制，冷却塔遮挡安装时，应按冷却塔本身的进风面积核对进风风量保证措施

B. 受条件限制，冷却塔遮挡安装时，应按冷却塔的进排风相对位置核对进风湿球温度保证措施

C. 冷却塔性能，仅与冷却塔的冷却水流量和进水温度有关

D. 开式冷却塔，排污泄露损失的冷却水补水量一般按照冷却水系统循环水量的0.3%计算

参考答案： C

分析： 根据《三版教材》P490～P491，选项A、B正确；根据式（3.7-1），冷却塔的冷却能力与总焓移动系数、填料层高度、冷却水进出口水温及对应温度下的饱和空气焓值、室外空气的进出口湿球温度及对应温度下的饱和空气焓值等多项因素有关，故选项C错误；根据《民规》第8.6.11条条文说明或《09技术措施》第6.6.13-3条，选项D正确。

3.6-44.【单选】在所示的4个空调冷却水系统设计原理图（立面图）中，设计采用了开式逆流式冷却塔。问：以下哪一项是正确的？【2017-2-25】

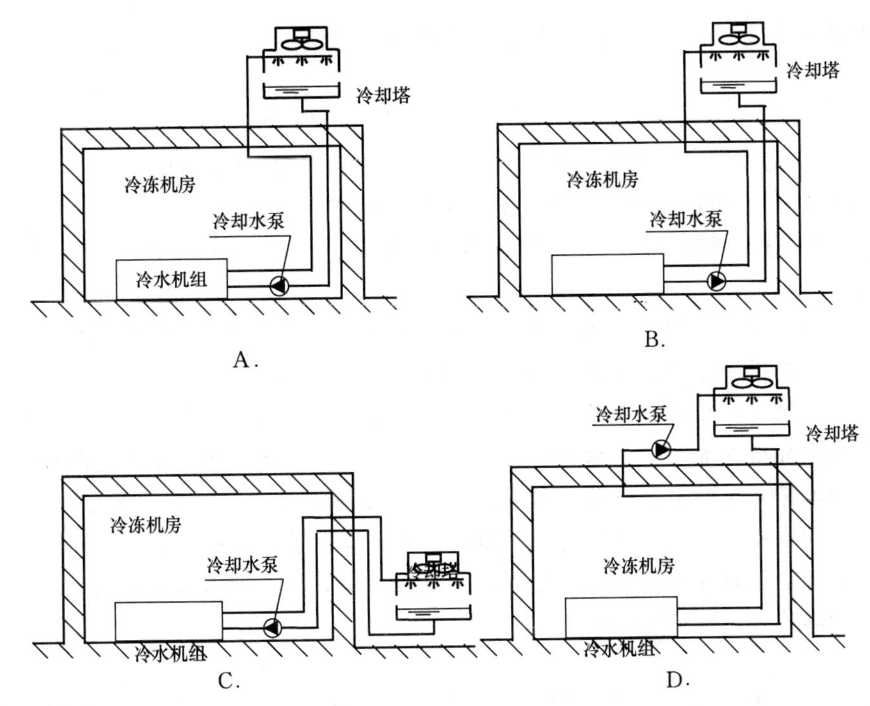

参考答案： A

分析： 由于采用开式冷却塔，选项B中水泵水流出口方向与冷却水供水（冷却塔出水）方向相反，冷却水系统无法正常运行，错误；开式冷却塔安放位置应高于冷水机组及冷却水输送管路，选项C中当冷却水供回水管路位于系统高点时，系统运行时，冷却水供水管路长，弯头多，阻力大，易造成水泵吸入口负压；当系统停止运行时，供回水管路中的冷却水通过开式冷却塔溢流出来，导致系统无法二次启动，错误；选项D中冷却水泵安装位置，水泵吸入口压力除克服管路阻力损失外，更需克服机组阻力，水泵易出现“气蚀”现象，且冷却塔进水喷嘴压力过大，流速增大，冷却塔冷却效果差，错误；选项A满足要求。

3.6-45.【多选】冷却塔的冷却水出水温度高于设计值时，会影响冷水机组的效率，下列原因分析与改善措施，正确的是哪几项？【2011-2-56】

A. 冷却水量不够，应加大冷却水泵的流量

B. 冷却塔通风不好，应改善通风环境，避免热气旁通

C. 冷却塔风机风量不够，应加大风量

D. 冷却塔出水管在室外暴露部分过长，应加强保温

参考答案： BC

分析： 根冷却塔冷却水出水温度高，会导致冷水机组冷却水进水温度高，使得冷凝温度升高，冷水机组 *COP* 下降。冷却塔出水水温高主要是由于冷却塔冷却能力不够导致的，选项BC都是提高冷却塔能力的改善措施。选项A增加冷却水量，在换热量不变的情况下，会使得冷却塔冷却水出水温度更高，错误。选项D会使得进入冷水机组的冷却水温度升高，但不影响冷却塔本身的冷却水出水温度，故错误。

3.6-46.【多选】某制冷机房内设置了冷水机组、冷水泵和冷却水泵。当采用开式冷

却塔对冷水机组直接供应冷却水时，对于冷却塔的安装位置，以下哪几个选项是错误的？【2016-1-61】

A. 当制冷机房单独建设时，可设置于制冷机房的屋顶

B. 当制冷机房设置于建筑的地下室时，可设置于建筑裙房的屋顶

C. 冷却塔的存水盘标高应与制冷机房地面标高相同

D. 冷却塔的存水盘标高应低于制冷机房地面标高

参考答案：CD

分析：由题意知，冷却水系统属于开式冷却塔供应冷水机组。当制冷机房单独建设时，为降低冷却水供回水管路长度，减少输送能耗，冷却塔就近布置在通风换热良好区域，设置于制冷机房的屋顶是一种较好的选择，选项A正确；当制冷机房设置于建筑的地下室时，将冷却塔设置于建筑裙房的屋顶，而非设置于塔楼屋面，降低设备及管路承压是较好的一种选择，同时应做好降噪措施，选项B正确；根据《民规》第8.6.7、8.6.8条，应尽量减少冷却塔和存水盘的高差。因采用开式冷却塔，冷却水泵需克服高差增加的静压损失，冷却塔与积存水盘高差增大，水泵扬程越大，且存水盘安装与冷却塔的下方，尽量靠近冷却塔设置，选项CD错误。

3.6-47.【多选】三亚市某度假酒店空调冷源的冷却水系统配置三大一小横流式冷却塔，冷却塔出水首先汇总到开式冷却水水箱，再通过总管与冷水机组相连接。请问下列哪几项设置是不合理的？【2016-2-59】

A. 冷却水系统补水直接补到冷却水箱内

B. 冷却水供回水总管间设置旁通管＋旁通调节阀

C. 每台冷却塔出水管道上设置电动两通阀

D. 每台冷却塔进水管道上设置电动两通阀

参考答案：BC

分析：根据《民规》第8.6.11条，设置集水箱的系统应在集水箱处补水，选项A正确；在冷却水供回水总管间设置旁通管＋旁通调节阀，是为了防止冷却塔出水温度过低，通过抽取冷却塔进水管路冷却水回水相混合，满足冷却水供水温度恒定。而该酒店位于三亚市，属于热带气候，根据《民规》附录A，查得三亚市夏季空调室外计算湿球温度为28.1℃，冷却塔出水温度不会低于28.1℃，无需再设置冷却水供回水总管间设置旁通管＋旁通调节阀，根据《民规》第8.6.3条，即使在冬季，三亚计算湿球温度为13℃（三亚市冬季空调室外计算湿球温度为15.8℃，冬季空调室外计算相对湿度为73%），冷却塔出水温度可估计为17℃左右，高于电动压缩冷水机组的15.5℃要求，而且也无需全年运行，因此不需对冷却水采取温度调节措施，选项B错；根据《民规》第8.6.9-3条，选项C错误，选项D正确。

3.7　空调系统的控制

3.7.1　阀门与机组控制

3.7-1.【单选】某空调系统的末端装置设计的供/回水温度为7℃/12℃，末端装置的回水支管上均设有电动二通调节阀。冷水系统为一次泵定流量系统（在总供回水管之间设

有旁通管及压差控制的旁通阀）。当压差旁通阀开启进行旁通时，与旁通阀关闭时相比较，正确的变化应为哪一项？【2011-2-26】

A. 冷水机组冷水的进出水温差不变

B. 冷水机组冷水的进出水温差加大

C. 冷水机组冷水的进出水温差减小

D. 冷水机组冷水的进水温度升高

参考答案：C

分析：当室内侧负荷逐渐变小，空调末端的电动两通阀将逐渐关小或关闭，旁通阀逐渐开启，较少的冷水供向空调末端，而较多的冷水通过旁通阀回流，由于室内负荷侧回水为12℃，通过旁通管的水温为7℃，回水与旁通水混合后进入冷水机组，因此冷水机组进水温度将会降低，又因冷水机组供水温度不变，因此进出水温差会减小，故选项C正确。

3.7-2.【单选】某空调建筑要求控制空调热水系统供水温度恒定，采用热交换器与区域热网间接连接，热水温度传感器的设定位置，正确的是下列哪一项？【2011-2-27】

A. 设置于换热器一次水的进水管

B. 设置于换热器一次水的出水管

C. 设置于换热器二次水的进水管

D. 设置于换热器二次水的出水管

参考答案：D

分析：空调热水供水也就是换热器二次出水。

3.7-3.【单选】某空调系统安装有一台冷水机组，其一次冷水循环泵采用变频调速控制，下列哪项说法是错误的？【2012-2-20】

A. 冷水循环泵采用变频调速带来水泵用能的节约

B. 冷水循环泵转速降低时，冷水机组蒸发器的传热系数有所下降

C. 采用变频的冷水循环泵可以实现低频启动，降低启动冲击电流

D. 冷水循环泵转速降低时，其水泵效率会得到提高

参考答案：D

分析：水泵变频可参考《三版教材》表2.8-6风机运行调节的内容，水泵功率与转速的3次方成正比，变频调速可以使水泵节能，选项A正确；水泵转速降低流量变小，经过蒸发器的流速变小，传热系数降低，选项B正确；选项C正确；转速变化效率基本不变，选项D错误。

3.7-4.【单选】空调自动控制系统的电动调节阀选择时，以下哪种选项是不合理的？【2013-1-26】

A. 换热站中，控制汽水换热器蒸汽侧流量的调节阀，当压力损失比较大时，宜选择直线特性的阀门

B. 控制空调中的表冷器冷水侧流量的调节阀应选择直线特性的阀门

C. 系统的输入与输出都尽可能成为一个线性系统的基本做法是：使得“调节阀+换

热器”的组合尽可能接近线性调节

D. 空调水系统中，控制主干管压差的旁通调节阀宜采用直线特性的阀门

参考答案： B

分析： 根据《三版教材》P529，蒸汽换热器控制阀，当阀权度较大时宜采用直线性阀门，选项A合理；水换热器控制阀采用等百分比阀门更为合理，选项B错误；根据P526第二行，设计师需要采用合理的调节阀，使得“调节阀加换热器”的组合尽可能接近线性特性，选项C正确；压差旁通控制阀宜采用直线特性的阀门，选项D正确。

3.7-5.【单选】下列关于组合式空调机组自动控制信号的说法，何项是错误的？（注：AI—模拟量输入；AO—模拟量输出；DI—数字量输入；DO—数字量输出）【2014-1-19】

A. 室内外分别设置的温、湿度传感器——均为AI

B. 冷水盘管设置的电动调节阀——AO

C. 送风机的启停状态、启停、变速控制——DI、DO、AO

D. 过滤器压差报警——AO

参考答案： D

分析： 根据《三版教材》P534集中监控系统的几个术语相关描述，温湿度属于连续变化的参数为模拟量，应用AI，选项A正确；电动调节阀应用模拟量控制，应用AO，选项B正确；风机启停属于数字量，监测启停状态用DI，控制启停用DO，电机转速应用模拟量控制，应用AO，选项C正确；过滤器压差报警为数字量，应用DO控制，选项D错误。

3.7-6.【单选】下列有关空调制冷系统自动控制用传感器的性能及要求，哪一项是不合理的？【2014-2-03】

A. 传感器输出的标准电信号是直流电流信号、直流电压信号

B. 对设备进行安全保护，应使用连续量传感器监视

C. 湿度传感器采用标准电信号输出

D. 温度传感器可采用电阻信号输出

参考答案： B

分析： 根据《三版教材》P515，从传感器送往控制器的电气信号，当前通用的有0～10V直流电压信号和4～20mA的直流电流信号，选项AC正确；根据P516，如果仅仅是出于安全保护的目的，应尽量采用以开关量输出的传感器，选项B错误；根据P515，热电阻温度越高电阻越大，利用这一规律可以制成温度传感器，PTC型和CTR型热敏电阻在临界温度附近电阻变化十分剧烈，适合用作双位调节的温度传感器，NTC型热敏电阻适合用于连续作用的温度传感器，从以上描述可知，热电阻温度传感器和热敏电阻温度传感器主要利用电阻信号检测温度，选项D正确。

3.7-7.【单选】由多台变频冷冻水泵并联组成的空调变流量冷水系统中，关于供、回水总管之间旁通调节阀的要求，下列何项是正确的？【2014-2-20】

A. 旁通调节阀的流量与开度应为等百分比关系

B. 水泵台数变化时，旁通调节阀应随之调节

C. 旁通调节阀的工作压差应为全负荷运行时，阀门两端的计算压差值

D. 旁通调节阀应具备防止水回水总管流向供水总管的功能。

参考答案：B

分析：根据《三版教材》P529，压差旁通控制阀宜采用直线特性的阀门，选项A错误；根据P481及P496中有关压差旁通阀控制变流量冷水系统的相关描述，选项B正确；根据P496，随着用户侧负荷的减少，末端温控阀关小，供回水压差提高，因此全负荷运行时，旁通阀两端的压差是最低的，根据《民规》第8.5.8、8.5.9-2条，变流量一级泵系统冷水机组定流量时，旁通阀设计流量宜取单台冷水机组的额定流量，变流量一级泵系统冷水机组变流量时，旁通阀设计流量应取各台冷水机组允许的最小流量中的最大值，根据《三版教材》P479，二级泵水系统的压差旁通阀的最大设计流量为一台定速二级泵的设计流量，可见各个系统的旁通阀设计流量不同，但均为部分负荷下的流量，其压差必定大于系统全负荷运行时的旁通阀差压，选项C错误；旁通阀本身不具备止回功能，且根据系统设计，压差旁通管不会出现逆流，二级泵系统的盈亏管需要防止逆流，选项D错误。

3.7-8.【单选】用于舒适性空调的某组合式空调器，要求其供冷量随空调房间的负荷变化而改变。在实际工程设计中，关于其电动两通调节阀工作特性选择的说法，下列哪一项是最合理的？【2016-2-21】

A. 两通阀的阀权度越大越好

B. 两通阀的阀权度越小越好

C. 两通阀＋表冷器的组合尽量实现线性调节特性

D. 两通阀的全开阻力值应等于整个空调水系统的总阻力值

参考答案：C

分析：根据《三版教材》P529，如果 P_v 过小，有可能对调节和调节精度产生不利影响；如果 P_v 过大，使得控制阀的全开阻力过大，将增加对水泵扬程的要求，对于节能不利。选项AB错误；由《三版教材》图3.8-22、图3.8-23，两通阀＋表冷器的组合尽量实现线性调节特性，有利于系统热力工况平衡的前提，选项C正确；空调水系统的总阻力值包括两通阀的全开阻力值，管网的局部阻力、沿程阻力，末端换热器阻力，制冷机房阻力，选项D错误。

3.7-9.【单选】采用定压差（旁通管与主供回水干管接口点之间的设计控制压差为100kPa）旁通压差控制方式的空调一级泵水系统，选择电动压差旁通阀时，为降低压差旁通阀两侧压差，在旁通管压差旁通阀两侧各设置一个高阻力阀（两个高阻力阀及其所连接的管道合计设计阻力为60kPa）。问：此时宜选择下列哪一种理想流量特性的阀门？【2017-2-23】

A. 直线特性　　B. 等百分比特性

C. 快开特性　　D. 抛物线特性

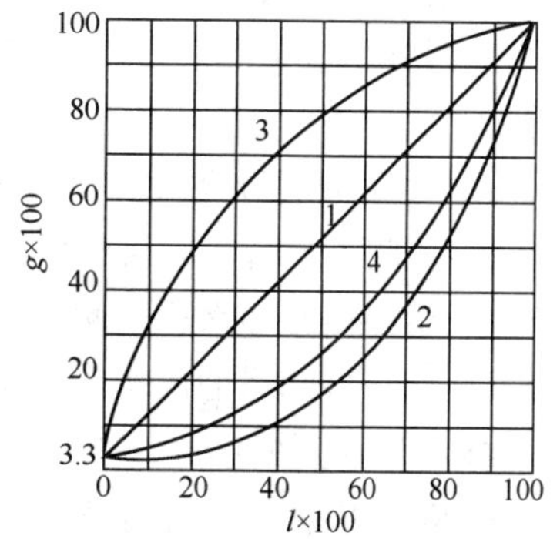

1—直线特性；2—等百分特性；
3—快开特性；4—抛物线特性

参考答案：D

分析：根据《三版教材》P529，“压差旁通控制阀宜选择直线特性的阀门”，分析题意可知，为了将电动压差旁通阀和两侧的高阻力阀组合成直线特性的阀门组，而应该选择何种理想流量特性的压差旁通阀。一般高阻力阀采用手动截止阀，根据潘云刚著《高层民用建筑空调设计》P215～P216，手动截止阀调节曲线接近快开曲线，根据该书图7-58（*b*）手动调节阀调节曲线，以及《三版教材》图3.8-18（如上图）或《红宝书》图33.3-2和表33.3-6，可知，两个高阻阀耦合调节曲线应比单个高阻阀调节曲线的快开特性更加明显，实际调节曲线位于单个高阻阀与快开特性曲线“3”之间，且更加靠近直线特性“1”，为了得到符合题意要求的压差旁通管路的直线特性要求，结合《三版教材》式（3.8-5）、式（3.8-6），宜选择弧线曲率较小且靠近直线特性“1”的“4”抛物线特性阀门，故选项D正确。

3.7-10.【多选】有关空调系统的调节阀门，说法错误的应是下列哪几项？【2011-1-55】

A. 通常空调系统的调节阀门均采用等百分比特性的阀门

B. 空调系统的表冷器采用三通调节阀，可实现该回路的变流量调节

C. 空调系统加湿器的控制阀门应采用等百分比特性

D. 对开叶片的控制风阀的压力损失比平行叶片的风阀压力损失大

参考答案：ACD

分析：《民规》第9.2.5-2条及《工规》第11.2.8-3条：蒸汽两通阀当阀权度大于或等于0.6时，宜采用线性特性的；当阀权度小于0.6时，宜采用等百分比特性的。根据《三版教材》P529，不是空调系统的阀门均采用等百分比阀门，选项A错误；选项B正确；蒸汽加湿控制阀采用双位控制时宜采用双位阀，采用比例控制时，应采用直线特性阀；选项C错误；根据《三版教材》P527，在同样获得接近直线特性的前提下，对开叶片的控制风阀，比平行叶片的控制风阀压力损失小，选项D错误。

3.7-11.【多选】某空调冷水系统采用两台蒸汽压缩式冷水机组，配置的一次定流量循环水泵，冷却水泵与冷却塔并联运行。当因气候变化，部分负荷运行时，仅有一台机组与其相匹配的水泵等运行。实现节能，并保障运行合理的做法应是下列哪几项？【2011-2-66】

A. 关闭不运行冷水机组的冷却水进机组管路阀门

B. 关闭不运行冷水机组的冷水进机组管路阀门

C. 始终使冷却水通过两台冷却塔实现冷却

D. 两台冷却塔的风机保持全部运行

参考答案：AB

分析：部分负荷时可采取的节能手段为：关闭不运行的冷水机组及其配套设备和控制阀门、仅开启一台或两台冷却塔的风机实现冷却。故选项AB正确，选项CD错误。

3.7-12.【多选】某空调系统安装有一台冷水机组，其一次冷水循环泵拟进行水泵变频调速控制改造，下列哪几项说法是错误的？【2012-2-55】

A. 冷水循环泵采用变频调速可使原处于低效区域运行的水泵进入高效区域运行

B. 冷水循环泵流量符合机组工况，进行变频调速改造的前提是冷水机组允许变冷水流量运行

C. 根据部分负荷变化情况，将冷水循环泵转速大幅度降低，会带来系统显著的节能效果

D. 冷水循环泵变频运行工况，对于提高电网的功率因素没有作用

参考答案： ACD

分析： 选项A：水泵变频调速后效率基本不变，错误；选项B正确；选项C：水泵的能耗与转速的三次方成正比关系，冷水循环泵转速大幅降低后，水泵自身的能耗会明显下降，但水泵流量也会大幅降低，冷水机组蒸发器内的水流量大幅降低后，机组 *COP* 也会衰减，整个系统未必会有节能效果，需要综合判断，且冷水机组有最低流量限制，若低于主机安全运行的流量，则系统无法正常运行，选项C错误；水泵电机直接启动或Y/D启动时，启动电流约为额定电流的4～7倍，使用变频装置后，利用变频器的软启动功能将启动电流从零开始，最大值不会超过额定电流，减轻了对电网的冲击和对供电容量的要求，另外由于变频器内部滤波电容的作用，可以减小无功损耗，增加电网的有功功率，从而提高了功率因数，选项D错误。

3.7-13.【多选】下列对空调通风系统中各种传感器的选择与安装要求中，哪几项是错误的？【2014-2-54】

A. 测量空调水系统管道内水温时，通过温度传感器的水流速度不得小于0.5m/s

B. 以湿敏传感元件测量室内空气相对湿度时，湿敏传感元件不得安装于室内回风管上

C. 温度传感器的测量范围可按照测点处可能出现温度范围的1.2～1.5倍选取

D. 压力传感器的测量范围可按照测点处可能出现压力变化范围的1.2～1.3倍选取

参考答案： AB

分析： 根据《三版教材》P517，在测量气体和液体的温度时，温度传感器都应当完全浸没在被测气体或液体中，并且希望通过传感器的气体流速大于2m/s，液体流速大于0.3m/s，以期迅速达到热平衡，选项A错误；根据P517，测量室内相对湿度时，往往不是将湿度传感器安装在室内，而是安装在回风风道内，选项B错误；根据《民规》第9.2.2-1、9.2.3-1条，选项CD正确。

3.7-14.【多选】变流量一级泵系统中，水泵变流量运行时，为了实现精确控制流量和降低水流量变化速率，下列哪几项措施是正确的？【2017-2-55】

A. 旁通阀的流量特性选择快开型

B. 旁通阀的流量特性一般宜选择直线特性

C. 冷水机组的电动隔断阀选择“慢开”型

D. 表冷器的水阀流量特性选择快开型

参考答案：BC

分析：根据《三版教材》P529，压差旁通阀宜采用直线特性的阀门，故选项A错误，选项B正确；根据《09技术措施》第11.5.7-3-3）条，冷水机组的电动隔断阀应缓慢动作，避免流量变化瞬间过大，即可降低流量变化速率，故选项C正确；根据《民规》第9.2.5-2-1）条，表冷器的水阀宜采用等百分比特性的阀门，故选项D错误。

3.7.2　系统控制

3.7-15.【单选】关于制冷设备及系统的自控，下列哪一项说法是错误的？【2011-1-31】

A. 制冷机组的能量调节由自身的控制系统完成

B. 制冷机组运行时，需对一些主要参数进行定时监测

C. 水泵变频控制可利用最不利环路末端的支路两端压差作为信号

D. 多台机组运行的系统，其能量调节除每台机组自身调节外，还需要对台数进行控制

参考答案：B

分析：本题的考点为《二版教材》，《三版教材》已经删除了这部分内容。根据《二版教材》P468～P469相关内容，选项ACD正确，选项B错误，需要对一些主要参数进行连续监测。

3.7-16.【单选】某空调热水系统如下图所示，热水供回水设计温差为10℃。在设计工况下系统运行时发现：各空调末端能按要求正常控制室内温度，但两台热水泵同时运行时，热水供回水温差为2℃，一台泵启动则总是“电机过载保护”，而无法启动。以下哪一项措施不能解决该问题？【2011-2-20】

A. 将热水泵出口的手动阀门开度关小　　B. 检修供回水管的压差旁通控制环节

C. 将原来的热水泵更换为小扬程的水泵　D. 加大热交换器的面积

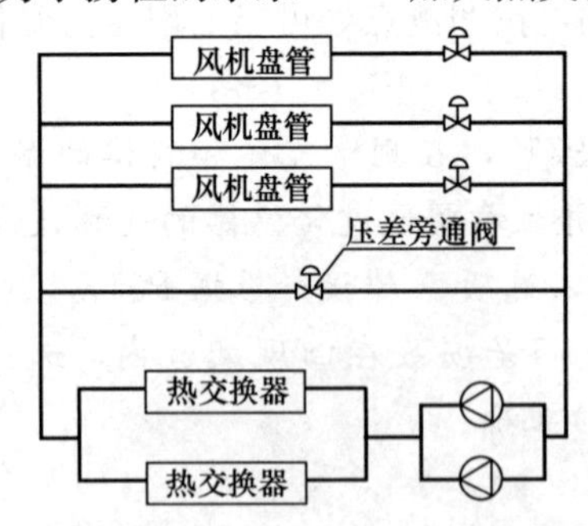

参考答案：D

分析：根据题意，两台水泵并联运行时供回水温差为2℃，远小于设计供回水温差，说明实际运行的水量大于设计流量，而一台泵电机过载保护也说明了流量过大，这是由于水泵扬程高于水系统的阻力造成的，选项AC可以解决大流量小温差的问题，也可能避免水泵电机过载保护，正确；选项B检修压差旁通阀，确保多余的水量可通过旁通回流，可以作为一项辅助措施，正确；选项D加大换热面积只是增大换热器的能力，不能解决

题目问题，错误。

3.7-17.【单选】全空气空调系统采用组合式空调机组，机组实行自动控制，有关联锁控制的要求，下列哪项不是必须的措施?【2012-2-28】

A. 机房处防火阀与风机连锁启停

B. 粗效过滤段的压差报警装置与风机连锁启停

C. 新风风阀与回风风阀连锁

D. 蒸汽管道上的电磁阀与风机连锁启停

参考答案：B

分析：《09 技术措施》P274 第 11.6.6 条：空气处理装置的电动风阀、电动水阀和加湿器等均应与送风机进行电气联锁。《红宝书》P2566 表 33.6-1：过滤器状态显示及报警。即可认为没必要与风机联动。

3.7-18.【单选】某空调水系统（末端为组合式空调器＋少量风机盘管）供冷运行在设计工况时，用户侧的实际供回水温差小于设计温差。下列哪项原因分析是正确的?【2013-2-22】

A. 组合式空调器水管上的两通电动调节阀口径选择过大

B. 组合式空调器实际送风量过高

C. 风机盘管的电动两通阀采用了比例控制方式

D. 组合式空调器二通电动调节阀失效，开度过小

参考答案：A

分析：题意中供回水温差小于设计温差，即实际运行时流量超过设计流量，即管网阻力变小。选项 A 会引起实际管网阻力变小，正确。选项 BC 不会引起管网阻力变小。选项 D 会使得管网阻力变大，流量小于设计值，供回水温差变大。

3.7-19.【单选】某建筑的集中空调系统，末端均为采用室内温度控制表冷器回水管上的电动二通阀（正常工作），空调冷水系统采用压差旁通控制一级泵定流量系统，全部系统均能有效地进行自动控制，如右图所示。问：当末端 AHU1 所负担的房间冷负荷由小变大，末端 AHU2 所负担的房间冷负荷不变时，各控制阀的开度变化情况，哪一项是正确的（供回水温度保持不变）?【2013-2-26】

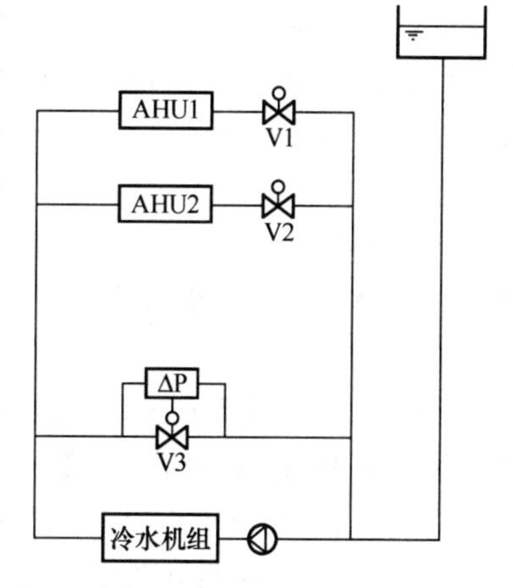

A. V1 阀门开大，V2 开大，V3 开小

B. V1 阀门开大，V2 开小，V3 开小

C. V1 阀门开小，V2 开大，V3 开小

D. V1 阀门开小，V2 开小，V3 开小

参考答案：A

分析：AHU1 所负担房间的冷负荷由小变大，则 AHU1 环路需要更多的冷水供应，

因此 V1 需要开大；因 AHU1 与 AHU2 为并联环路，V1 开大导致并联支路的压差变小，AHU2 所负担房间的冷负荷不变则需求流量不变，为保持流量不变，也需将 V2 开大；因水泵为定流量，系统总流量不变，用户侧的流量变大，则通过旁通的流量要减小，故 V3 需要开小。

3.7-20.【单选】图示空调系统，调节空气处理机组的空调冷水调节阀开度以维持设定的送风温度，调节空调冷水循环泵转速以维持 P1、P2 两点之间压差不变。假设水泵允许在 0Hz 到工频之间变频。请问：下列哪个因素对运行调节不构成影响？【2016-1-20】

A. 表冷器阻力特性　　　　B. 调节阀阀权度

C. 调节阀调节特性　　　　D. 水泵特性曲线

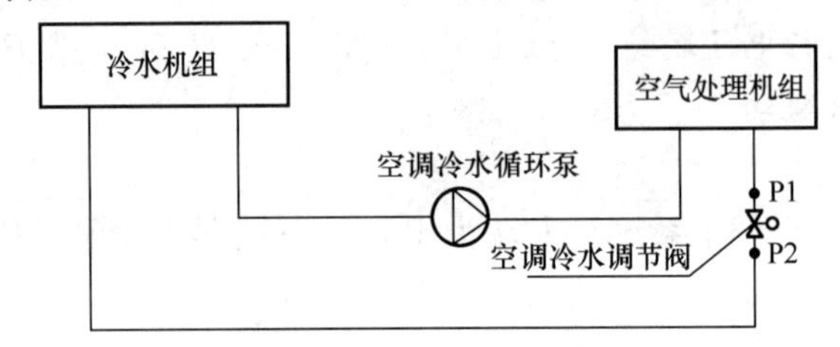

参考答案：A

分析：由流体力学原理可知，反映表冷器阻力特性的是阻力特性系数 S，其不随水流量的变化而变化，只与表冷器的构造有关。据题意该运行调节是为保证送风温度不变而调节通过表冷器的冷冻水流量，因此选项 A 对运行调节不构成影响，正确。根据《三版教材》图 3.8-22、图 3.8-23（b），系统运行工作时，水换热器换热特性曲线与水调节阀调节特性相互耦合，水系统相对流量 g 与相对开度 l 接近直线特性曲线运行。同时，调节阀调节特性与理想特性偏离的程度，与阀权度 P_v 的大小密切相关，由式（3.8-7）得 $P_V=\dfrac{\Delta P_v}{\Delta P_v+\Delta P_b}$，当 ΔP_v 保持不变时，P_v 与 ΔP_b 成反比，即系统水量发生变化，表冷器实时压力降发生变化，导致 P_v 发生变化。而 P_v 的变化，调节阀调节特性也随着变化，尤其是 P_v 由 1.0 逐步向小于 1.0 变化的过程中，调节阀的实际工作特性发生畸变，直线特性偏向快开特性、等百分比特性偏向直线特性。所以，当系统循环水量发生变化时，表冷器压力降、表冷器换热特性（非表冷器阻力特性）、调节阀阀权度、调节阀调节特性均发生变化，对系统调节构成影响，因此，选项 BC 错误。系统运行调节主要由管网调节曲线与水泵曲线交点共同决定，而水泵的特性曲线与水泵运行频率有关，随着频率的变化，水泵特性曲线为抛物线形一系列管束，与系统运行调节构成直接影响，选项 D 错误。

3.7-21.【单选】带有变风量末端的变风量空调系统，其自动控制设计中，下列哪一种做法是正确的？【2017-2-22】

A. 变风量末端宜采用开关量调节，实现对末端风量的比例控制

B. 根据系统的回风温度，变频调节空调箱风机，实现对系统风量的比例控制

C. 采用变静压法控制的系统也可以选用压力无关型变风量末端

D. 通过调节冷却盘管水量提高系统送风温度可以实现空调箱风机节能

参考答案：C

分析： 开关量无法实现比例控制，且变风量末端采用开关量调节，无法实现末端送风量的实时变化需求，故选项A错误；根据《三版教材》P531～P532，变风量系统通过室内空气温度控制末端装置的风阀来调节送入室内的风量，而送风机转速一般通过送风压力控制，根据系统的回风温度，变频调节空调箱风机转速是无变风量末端的空调机组的常用控制方式，故选项B错误；根据《三版教材》P532，压力无关型变风量末端既可以用于定静压系统中，也可以增加一个控制风阀开度传感器后用于变静压系统中，故选项C正确；在转速、风量、风压均不变的情况下，单单提高送风温度对空调箱风机能耗没有影响，故选项D错误。

3.7-22.【多选】在风机盘管加新风（新风量全年恒定）的空调系统中，对于新风系统的自动控制设计，正确的选择是以下哪几项？【2011-1-61】

A. 新风机组的表冷器电动二通水阀采用AO控制（连续式调节）时，温度传感器可设置于机组送风管内

B. 新风机组进风管上的新风阀应采用DO（On-Off调节）控制

C. 新风机组的风机应根据室内CO_2浓度来控制风机转速

D. 新风机组的蒸气加湿器采用DO控制时，湿度传感器设置于机组送风管内

参考答案： ABD

分析： 选项A描述正确；选项B，因新风机组为定风量，新风阀只是与风机连锁启停，因此只需DO即可，正确；新风机组为定风量，不能根据CO_2浓度控制风机转速，选项C错误；根据《二版教材》表3.9-1，蒸汽加湿器采用DO控制，湿度传感器设置与送风管内，当送风湿度高则控制加湿器减少加湿量，当送风湿度低则控制加湿器加大加湿量，选项D正确。

扩展： 根据《红宝书》P2569表33.6-2的注②，蒸汽加湿器根据控制精度要求有模拟量和开关量两种控制，本题选项CD考点出自《二版教材》，了解即可。另外，关于湿度传感器的安装位置，根据《三版教材》P518，测量室外空气的相对湿度时，将湿度传感器安装在新风风道内，这句话不适用于本题，因为选项D中的湿度传感器不是为了检测室外湿度的，而是为了监测送风湿度是否达到要求，以便控制加湿器开大或关小。

3.7-23.【多选】某建筑的空调为一次泵水系统，夏季投入运行后发现，冷水泵的运行参数达到设计要求，且冷水机组并没有满负荷运行，但存在一些房间的实际温度高于设计值的现象。下列选项中，哪几项不是出现该现象的原因？【2011-2-57】

A. 温度过高的房间的末端设备设计冷量不够

B. 冷水机组的制冷安装容量不够

C. 末端设备没有采取自动控制措施（或自控失灵）

D. 冷水泵的总水流量不足

参考答案： BD

分析： 根据题意，冷水机组没有满负荷运行，说明不是制冷安装容量不够，选项B错误；若冷水泵的总水流量不足，会导致所有房间温度高于设计值，不会只是一些房间出现问题，选项D错误；选项AC是可能的原因。

3.7-24.【多选】某空调热水系统如下图所示，热水供回水设计温差为10℃，在设计工况下系统运行时发现，各空调末端能按要求正常控制室内温度，但两台热水泵同时运行时，热水供回水温差为2℃，一台泵启动则总是“跳闸”，而无法启动，以下哪几项措施有可能解决该问题？【2012-1-56】

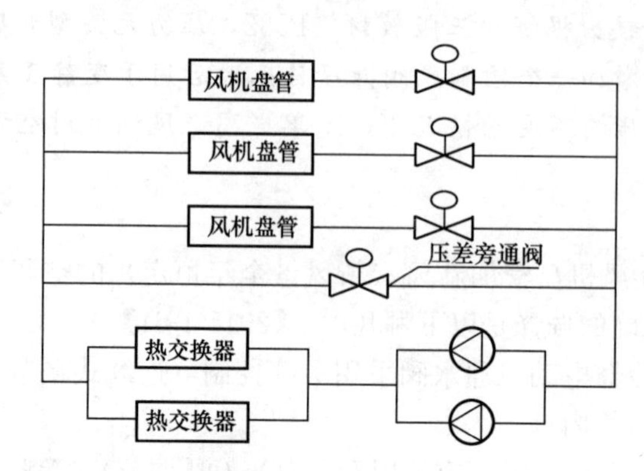

A. 将热水泵出口的手动阀门开度关小

B. 检修供回水管的压差旁通控制环节

C. 将原来的热水泵变更为小扬程的水泵

D. 加大热交换器的面积

参考答案：ABC

分析：根据题意，两台水泵并联运行时供回水温差为2℃，远小于设计供回水温差，说明实际运行的水量大于设计流量，而一台泵电机总是“跳闸”也说明了流量过大导致超载，这是由于水泵扬程高于水系统的阻力造成的，选项AC可以解决大流量小温差的问题，也可能避免水泵电机过载保护，正确；选项B检修压差旁通阀，确保多余的水量可通过旁通回流，可以作为一项辅助措施，正确；选项D加大换热面积只是增大换热器的能力，不能解决题目问题，错误。

3.7-25.【多选】集中空气调节水系统，采用一次泵变频变流量系统，下列哪几项说法是正确的？【2012-1-62】

A. 冷水机组应设置低流量保护措施

B. 可采用干管压差控制法—保持供回水干管压差恒定

C. 可采用末端压差控制法—保持最不利环路压差恒定

D. 空调末端装置处应设自力式定流量平衡阀

参考答案：ABC

分析：冷水机组有最小流量限制，为确保机组安全运行，应设置低流量保护措施，选项A正确；根据《民规》第8.5.9-2条，宜在系统总供回水管间设置压差控制的旁通阀，选项B正确；根据《07节能专篇》第5.2.10-1-2）条，一次泵变流量系统水泵转速一般由最不利环路的末端压差变化来控制，选项C正确；变流量系统不能采用定流量平衡阀，根据《民规》第8.5.6-2条，末端宜采用电动两通阀，选项D错误。

3.7-26.【多选】集中式空气调节水系统，采用一级泵变流量系统，说法正确的是下列哪几项?【2013-2-58】

A. 单台冷水机组的工程，一级泵变冷水流量系统可在5%～100%的流量调节范围运行

B. 一级泵变流量系统采用温差控制法适合特大型空调系统

C. 一级泵变流量系统采用压差法控制较温度控制法的响应时间快

D. 一级泵变流量系统采用压差法控制的方案有干管压差控制法和末端压差控制法两种

参考答案：CD

分析：根据《三版教材》P481，离心式机组宜为额定流量的30%～130%，螺杆式机组宜为额定流量的40%～120%，选项A错误；特大型空调系统的水流量特别大，采用温差控制时，只有当用户侧负荷变化较大时，供回水才能显示出温差，另外采用检测供回水温差，冷冻水经过供水温度检测后，需要经过一个循环后才能被回水的温度感测器检测温度，特大型空调系统水系统大，管路长，因此耗时也长，导致自控相应时间慢，选项B错误；选项C描述正确；根据《07节能专篇》第5.2.10-1-2）条，选项D正确。

3.7-27.【多选】下列空调系统采取的运行控制策略，哪几项是不恰当的?【2014-1-60】

A. 变风量系统夏季根据房间回风温度，既调节风量又调节空气处理机组冷水管路上的二通电动阀

B. 根据室温高低，调节变风量末端的一次风送风量

C. 根据空调冷水系统供水温度，确定冷水机组运行台数

D. 根据末端设备工作状态，进行水系统供回水压差再设定

参考答案：AC

分析：变风量系统是根据回风温度调节送风量，依据空调机组送风温度不变或者按照一定范围变化调节空调处理机组冷水管道上的调节阀，故选项A错误；根据《民规》第9.5.3条，冷水机组宜采用由冷量优化控制运行台数的方式，仅根据供水温度无法反映冷量，另根据该条条文说明可知，也可采用总回水温度控制，故选项C不恰当；供水压差设定理解为带压差旁通的变水量系统，压差旁通阀两侧供回水压差是要随末端工作状态而再设定的，即最不利末端换了压差再设定来适应系统实时变化，达到节能目的，故选项D正确。

3.7-28.【多选】对于变风量空调系统，必须有的控制措施是下列哪几项?【2014-1-61】

A. 室内CO_2浓度控制　　B. 系统风量变速调节控制

C. 系统送风温度控制　　D. 新风比控制

参考答案：BC

分析：根据《红宝书》P1855，根据新排风设定值与检测值偏差，比例调节新风、回风、排风电动调节阀，实现最小新风量控制，某些季节可实现变新风比控制。根据CO_2浓

度控制新风的供给仅为新风比控制方式的一种，还有其他新风控制方式，非必须设置的方式，故选项A错误；再者，新风必须实现的是最小新风量控制，而非新风比，故选项D错误。利用排除法，选BC。同时，变风量空调系统进行风量变速调节是基础，也是根本，故选项B正确；系统送风温度控制，由比例积分冷热水调节阀调节实现，是必须采取控制措施之一，故选项C正确。

3.7-29.【多选】某集中空调冷水系统共有两台空调机组（机组1、机组2），由于机组2的水流阻力较大，设计了接力泵，系统构成下图所示系统投入运行后发现：两台空调机组冷水进口处温度计显示的温度不断上升，导致了它们均不能满足使用要求。下列哪几项措施不可能解决该问题？【2014-2-57】

A. 加大接力泵流量　　　　　B. 减少接力泵扬程

C. 开大V2阀门　　　　　　D. 开大V1阀门

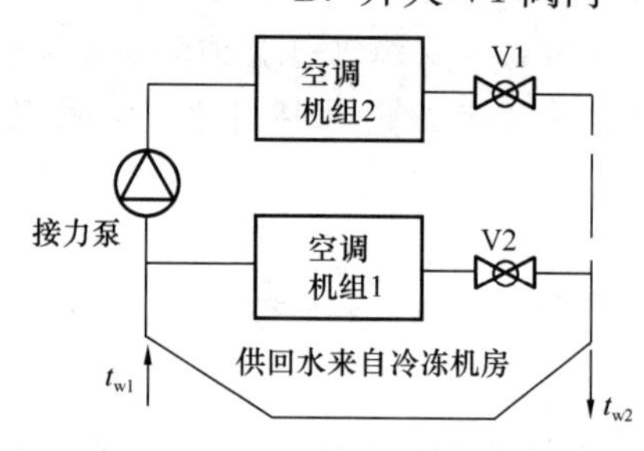

参考答案：ACD

分析：假设接力泵设计流量和扬程均满足要求，空调机组1、2均在设计工况下运行，那么供水t_{w1}会按照设计要求分配空调机组各自流量，且供水温度保持不变。由题意知，首先可以判断接力泵扬程或流量偏大，造成空调机组2获取超过其设计工况的流量，空调机组1管段流量小于设计工况。导致空调机组2的回水温度低于设计工况，最终导致总回水温度t_{w2}降低，制冷机组得到错误指令，误以为末端供冷需求减少，机组减载，最终造成供水温度t_{w1}上升。解决此问题的核心在于降低供水温度t_{w1}。加大接力泵流量，会加剧系统进一步恶化，故选项A错误。减少接力泵扬程，让系统恢复其设计需求的工作状态点，故选项B正确。开大V2阀门，虽然可有效地使供水流量相对增加，但无法解决接力泵超流及供水温度持续升高带来核心问题，故选项C错误。开大V1阀，会加剧空调机组2环路近一步超流，适得其反，故选项D错误。

3.7-30.【多选】空调系统的施工图设计阶段，下列哪几项是暖通专业工程师应该完成的自控系统设计工作内容？【2014-2-60】

A. 提出控制原理，确定控制逻辑

B. 提出控制精度、阀门特性及技术指标等关键性要求

C. 确定控制参数设定值以及工况转换参数值

D. 进行自动控制系统设备选型与布置

参考答案：ABC

分析：根据《三版教材》P515中有关暖通空调设计人员的工作范围。

3.7-31.【多选】天津某大型地下超市采用风机盘管加新风空调系统，由水冷离心式冷水机组制备空调冷水。请问必须对空调冷源系统采取下列哪些措施？【2017-1-54】

A. 选用闭式冷却塔

B. 采用变频离心式冷水机组

C. 配置冷却水温旁通调节控制

D. 进行室外冷却水管防冻保护

参考答案：CD

分析：供冷工况下，冷却塔可选用开式或闭式，依据项目实际条件综合确定，当冬季地下超市需供冷时，可仅开启冷却塔免费供冷模式，若采取开式冷却塔，需增设板式换热器进行闭式换热，选项A不是必须措施，错误；采用变频离心式冷水机组可降低供冷运行时制冷系统能耗，是一种较好的节能方式，但不是必须采用的措施，故选项B错误；根据《民规》第9.5.8-2条及条文说明，当室外温度很低，即使停开风机也不能满足最低水温要求时，需要配置冷却水温旁通调节控制，以保证进入机组的冷却水温高于最低限值。本项目位于天津，属于寒冷地区，冬季室外气温较低，地下超市冬季需供冷运行，配置冷却水温旁通调节控制，是必须设置技术措施之一，故选项C正确；另外，由于冬季气温低于0℃，冷却水管路容易冻结，必须进行防冻保护，故选项D正确。

3.7-32.【多选】某商场采用的全空气定风量空调系统，下列哪些检测和控制要求是不合适的？【2017-1-55】

A. 室内温度、新风温度、送风空气过滤器压差和水冷式空气冷却器进出水温度监测

B. 室内温度和湿度调节器通过高值或低值选择功能优化控制水冷式空气冷却器变水量运行

C. 风机变速控制，并与风阀和水阀作启停连锁控制

D. 根据室内热负荷优化调节室内温度设定值

参考答案：CD

分析：选项AB是常规的检测和控制内容重要组成部分，虽未包含全部需检测项目或最佳控制方法，但与题干所问相匹配，是合适的，正确；由于是定风量系统，故风机变速控制是不合适的，选项C错误；室内温度由使用者根据自身舒适度进行设定，通过室内热负荷进行设定是不合适的，选项D错误。

3.7-33.【多选】有关空调系统的冷水系统采用一级泵冷水机组变流量的做法，下列哪几项控制做法是正确的？【2017-1-56】

A. 系统不设置最低流量控制装置

B. 冷水最低流量数值，采用空调末端的需求控制

C. 冷水最低流量数值，采用冷水机组的最低流量限值控制

D. 当末端需要的冷水流量低于最低流量数值时，开启供回水总管之间的旁通阀进行控制

参考答案：CD

分析：根据《民规》第8.5.9条及条文说明，为了使冷水机组能够安全运行，机组有

最小流量限制，当系统用户所需的总流量低至单台最大冷水机组允许的最小流量时，水泵转数不能再降低，此时就需要开启旁通阀进行控制，因此选项AB错误，选项CD正确。

3.7-34.【多选】某采用单风道型变风量末端装置的一次回风变风量系统，系统采用送风主管定静压控制方式。在夏季运行过程中经常出现房间温度偏低而送风机并未变频运行的现象，下列哪些原因可能造成此现象的产生？【2017-1-60】

A. 变风量末端装置控制失灵

B. 静压设定值过高

C. 实际新风焓值远小于设计值

D. 变风量末端装置低限风量设定值过大

参考答案：ABD

分析：变风量系统由空调机组＋变风量末端装置组成，空调机组通过调节水阀控制送风温度，通过房间温度控制末端装置风阀（当采用压力无关型变风量末端时，不是直接采用房间温度控制调节风阀开度，而是将温度信号与风量信号进行比较、运算后得出的信号作为风阀控制信号），当检测到房间温度偏低时末端装置风阀关小，因此造成主风管中静压变大，当检测到的主管中静压值达到设定值时则风机转速降低。选项A中装置失灵会导致风机未变频，正确；选项B中静压设定值过高也会导致风机未变频，正确；实际上新风焓值远低于设计值，会影响送风温度，属于送风温度的控制，调节表冷器电动水阀开度，维持送风温度恒定，新风送风量越大，机组运行越节能，因此与送风量控制无关，即与风机是否变频并无关系，故选项C错误；选项D中末端装置低限风量设定值过大，当室内负荷较小，需求风量小于低限风量时，也会造成房间温度偏低而风机不再变频，正确。

扩展：如果是冬季运行过程中经常出现房间温度偏低而送风机变频运行的现象，针对选项C进行分析：当实际新风焓值“远”小于设计值，且室内空气品质较差、冬季供热工况下需维持不低于最小新风量要求时，易造成换热器换热能力不足，送风温度低于设计温度，室内温度降低，导致末端风阀开度增大，送风机增频运行，送风量增加，从而进入恶性循环。此时，新风焓值与送风温度控制及送风量控制均有关联。此种情况应改变原有控制策略，降低室内空气品质，减少新风量，维持送风温度满足设计温度要求，规避送风温度波动对末端风阀开度的影响。

3.7-35.【多选】某空调系统设有风管电加热器，下列设计要求中，哪几项是正确的？【2017-2-56】

A. 系统启动时，风机开启后、延时开启电加热器

B. 系统停止时，电加热器关闭、延时停止风机

C. 针对风机无风电加热器断电保护的要求，采用与风机电机开关连锁同时启停的措施

D. 电加热器采用接地及剩余电流保护措施

参考答案：ABD

分析：根据《民规》第9.4.9条及条文说明，电加热应与风机连锁启停，且应避免无

风电加热导致火灾，故选项ABD均正确。选项C仅错在“同时”二字，规范只要求连锁启停，并且正确措施是延时启停。

3.7-36.【多选】变风量空调系统为多个空调房间供冷时，下列哪些原因可能会导致系统在低空调负荷时送风机转速不下降?【2017-2-60】

A. 空调冷水供水温度过高

B. 部分房间设定温度过低

C. 送风静压设定值过高

D. 空调箱配置的送风机风压过高

参考答案：ABC

分析：变风量系统由空调机组+变风量末端装置组成，空调机组通过调节水阀控制送风温度一定，通过房间温度控制末端装置风阀，当检测到房间温度偏低时末端装置风阀关小，因此造成主风管中静压变大，当检测到的主管中静压值达到设定值时则风机转速降低。选项A中冷水供水温度过高导致送风温度高，需要较大风量才能处理室内负荷，可能导致风机转速不下降，正确；部分房间设定温度过低时，易导致变风量末端装置风阀开度增大或全开状态，可能会导致系统在低空调负荷时送风机转速不仅不下降，甚至转速升高，故选项B正确；选项C中静压设定值过高也会导致风机未变频，正确；选项D中空调箱风压过高会导致风机转速下降，错误。

3.7-37.【多选】下列关于空调自动控制设计的说法，哪几项是正确的?【2018-1-58】

A. 并联运行的冷水机组，其蒸发器进水管上设置电动两通调节阀

B. 变流量一级泵水系统供回水总管间设置理想流量特性为线性的电动两通调节阀

C. 对于室温25±1℃、相对湿度45%±5%的恒温恒湿空调系统，通过室内温湿度高度值选择器后，由调节器对水冷表冷器进行变水量控制，并对加热、加湿器进行分程控制

D. 当办公建筑风机盘管加新风系统的冷水系统为采用换热器的二次冷水系统（间接系统）时，其换热器采用调节一次侧冷水流量以恒定二次侧冷水回水温度的控制策略

参考答案：BC

分析：根据《09技术措施》第5.7.4-4条及图5.7.4-3和《民规》第8.5.6条，冷水机组与水泵采用共用集管方式对应连接时，冷水机组才设置电动两通阀，并非冷水机组并联就要设置，也不是设置电动调节阀，而是隔断阀，选项A错误；根据《三版教材》P529，压差旁通阀宜采用直线特性，选项B正确；根据《民规》第9.4.3条描述的温湿度控制逻辑及原理，选项C正确；根据《09技术措施》第11.5.9-1条，宜根据换热器二次水的供水温度控制一次热媒的流量，选项D错误。

3.8 节能措施

3.8-1.【单选】下列有关供暖、通风与空调节能技术措施中，哪项是错误的?【2012-

1-21】

A. 高大空间冬季供暖时，采用“地板辐射＋底部区域送风”相结合的方式

B. 冷、热源设备应采用同种规格中的高能效比设备

C. 应使开式冷却塔冷却后的出水温度低于空气的湿球温度

D. 应使风系统具有合理的半径

参考答案：C

分析：根据《三版教材》P562，在冬季空调中，采用“地板辐射＋底部区域送风”的方式具有良好的节能效果，故选项A正确；根据《公建节能2015》第4.2.7条、第4.2.10-19条，冷热源设备均有效率或能效系数要求，故选项B正确；开式冷却塔的极限出水温度为室外空气的湿球温度，不可能低于该温度，故选项C错误；根据《公建节能2015》第4.3.22条，选项D正确。

3.8-2.【单选】关于空调系统采用热回收装置做法和说法，下列哪一项是不恰当的？【2012-1-27】

A. 五星级酒店的室内游泳池夏季采用转轮式全热热回收装置

B. 办公建筑的会议室选用双向换气热回收装置

C. 设计状态下送、排风的温度差和过渡季节时间长短成为选择热回收装置的依据

D. 热回收装置节能与否，应综合考虑回收的能量和回收装置自身的设备用能

参考答案：A

分析：(1) 选项A：五星级酒店的室内游泳池，夏季设计条件下，室内外温差小，焓差小，湿负荷大，新风量少，夏季运行小时数少，采用转轮式全热热回收装置是不恰当的。

(2) 选项C：《公建节能2005》第5.3.14条：除了考虑设计状态下新风与排风的温度差之外，过渡季使用空调的时间站全年空调总时间的比例也是影响排风热回收装置设置与否的重要因素之一。同时，空调系统排风热回收相关内容见《公建节能2015》第4.3.25条、第4.3.26条。由此可见，选项C基本是规范原文，此处没有阐明新风量、送风量是重要因素之一，故C正确。

(3) 选项D：详见《07节能专篇》第4.3.1.3条。

(4) 选项B：《公建节能2015》第4.3.26条及条文说明：有人员长期停留且不设置集中新风、排风系统的空气调节区（房间），宜在各空气调节区（房间）分别安装带热回收功能的双向换气装置。

扩展：4个选项比较起来，选项A较合适。但有不严谨之处：人员长期停留的房间一般是指连续使用超过3h的房间，会议室不属于该范畴且会议室宜集中设置新风、排风系统。

另外，上述描述“过渡季使用空调的时间占全年空调总时间的比例”含义不清。如果规范条例也这样说就不严谨了。空调工程中“过渡季节”指不使用空调也能满足要求的时期，过渡季节长空调时间就短，实际上指的是空调时间的长短。

3.8-3.【单选】夏季空调系统采用全热回收装置对排风进行热回收时，热回收效果最

好的情况是下列哪一项?【2012-2-21】

A. 室外新风湿球温度比室内空气温度高5℃

B. 室外新风干球温度比排风温度高5℃

C. 室外新风湿球温度比室内空气湿球温度高5℃

D. 室外新风湿球温度比排风湿球温度高5℃

参考答案:A

分析:全热回收装置共有4根风管,根据气流流程顺序,分别是:

(1) 从室外到全热回收装置的新风管;

(2) 新风经过全热交换后至室内的送风管;

(3) 室内至全热回收装置的回风管;

(4) 回风经过热交换后至室外的排风管。

因为第(4)条中的排风已经是热回收后的状态,只剩排出室外,不存在二次热回收,所以题干中所说"……对排风进行热回收时……"中的"排风",指的是第(3)条中的室内回风。不考虑风管温升因素,则题中说的室内排风空气参数等于室内的空气参数。

室内外焓差越大则热回收效果越好,对本题选项进行对比。

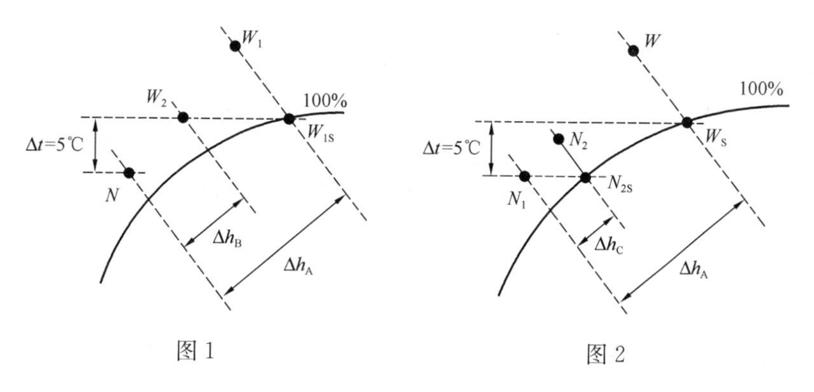

图1　　图2

(1) 选项A与选项B比较:如图1所示,W_1为选项A的室外状态点,新风湿球温度比室内温度高5℃,室内外焓差为Δh_A,W_2为选项B的室外状态点,室外新风干球温度比排风温度高5℃,室内外焓差为Δh_B,很明显$\Delta h_A > \Delta h_B$,故选项A的热回收效果好于选项B。

(2) 选项A与选项C(D)比较:如图2所示,W为室外状态点,N_1为选项A的室内状态点,新风湿球温度比室内温度高5℃,室内外焓差为Δh_A,N_2为C(D)选项的室内状态点,新风湿球温度比室内湿球温度高5℃,室内外焓差为Δh_C(Δh_D),很明显$\Delta h_A > \Delta h_C$(Δh_D),故选项A的热回收效果好于选项C(D)。

3.8-4.【单选】公共建筑节能设计时,以下哪一项是进行"节能设计权衡判断"的必要条件?【2012-2-24】

A. 各朝向窗墙比均为70%

B. 严寒地区,建筑体型系数等于0.4

C. 屋顶透明部分的面积等于屋顶总面积的20%

D. 夏热冬暖地区，建筑屋面的传热系数等于1.0W/（m^2·K）

参考答案：D

分析：根据《公建节能2005》第4.2.4条，各朝向窗墙比为70%满足规定，选项A不需节能判断；根据第4.2.2条表4.2.2-1及表4.2.2-2，建筑体形系数等于0.4满足规定，选项B不需节能判断；根据第4.2.6条，屋顶透明部分面积为屋顶总面积的20%满足规定，选项C不需节能判断；根据第4.2.2条表4.2.2-5，屋面传热系数应≤0.9，选项D不符合规定应进行节能判断，选D。

扩展：根据《公建节能2015》第3.1.1条，选项AB正确；根据第3.2.7条，选项C正确；根据表3.3.1-6，选项D不满足规范要求。

3.8-5.【单选】下列哪项改进措施对降低空调水系统在设计工况下的耗电输冷比*ECR*无关?【2013-1-19】

A. 加大供回水设计温差

B. 减少单台水泵流量，增加并联水泵台数，总流量不变

C. 降低空调水管管内设计流速

D. 减小末端设备的水流阻力

参考答案：B

分析：根据《民规》第8.5.12条，加大供回水温差会降低*ECR*的限定值，同时因为温差加大系统水量降低，可以降低耗电输冷比，选项A正确；总流量不变不能降低耗电输冷比，选项B错误；选项CD可以降低系统阻力减少水泵扬程，从而降低耗电输冷比，正确。

3.8-6.【单选】关于空调水系统节能运行的要求，下列哪项是错误的?【2013-1-20】

A. 水泵的电流值应在不同的负荷下检查记录，并应与水泵的额定电流值进行对比

B. 应计算空调水系统的耗电输冷（热）比并与《公共建筑节能设计标准》中空调冷热水系统最大耗电输冷（热）比进行对比

C. 对于耗电输冷（热）比偏高的水系统，应通过技术经济比较采取节能措施

D. 对于电流偏低的系统，应采取措施提高运行电流

参考答案：D

分析：根据《空调通风系统运行管理规范》GB 50365—2005第4.2.23条，水泵的电流值应在不同的负荷下检查记录，并应与水泵的额定电流值进行对比。应计算供冷和供暖水系统的水输送系数（*ER*），按照表4.2.23进行对比（此处表4.2.23与《公建节能2005》表5.3.27相同）。对于水泵电流和水输送系数偏高的系统，应通过技术经济比较采取节能措施。选项ABC正确。系统电流低说明能耗低，提高运行电流会增大系统能耗，选项D错误。

3.8-7.【单选】拟对地处广州市中心一商业街的某四星级酒店的空调工程进行节能改造，酒店已有的冷源为20世纪90年代初期的冷水机组（采用冷却塔），卫生热水的热源为燃油锅炉，冷热源的机房位于临街一层建筑内，下列有关冷热源的选项，哪一项更节

能？【2014-1-30】

A. 更换冷水机组和冷却塔以及燃油锅炉

B. 更换冷水机组和冷却塔，燃油锅炉改成燃气锅炉

C. 更换为蒸发冷却式冷水机组和燃气锅炉

D. 更换为蒸发冷却式冷水机组和空气源热泵热水机

参考答案：B

分析：由题意得，该商业建筑位于市中心地区，燃油锅炉因其高污染、高耗能、经济性能差，已逐步被淘汰使用。冷源为20世纪90年代初期设置使用，距今已超过20年的使用寿命，需进行更换。选项A仅说明对冷水机组、冷却塔、燃油锅炉进行更换，未说明更换为什么形式，尤其是锅炉，再次更换为燃油锅炉显然是不合适的，故选项A错误；《民用建筑供暖通风与空气调节设计规范宣贯辅导教材》P230第8.5.2条图8-4可知，蒸发冷却时冷水机组在广州地区使用，只能产高温冷水，而本题中建筑为四星级酒店，采用此种形式，酒店湿负荷无法解决。根据《民用建筑供暖通风与空气调节设计规范宣贯辅导教材》P161第7.3.16条，第7.3.17条内容及相关释义，该酒店只能按照表7-13第5分区，采用复合式冷却方式（间接蒸发冷却＋表冷器冷却），湿负荷需其他能产生低温冷水（7～12℃）的机组承担，而选项C、D中并未说明。是否采用蒸发冷却系统，受室外气候环境、水源、室内湿度要求等因素制约，应经技术经济比较，方能最终确定。同时，制取卫生热水采用空气源热泵热水机组，在广州地区是较好的选择，但本题阐述的是已有项目的改造，空气源热泵热水机组安放位置是否存在，题目中并未说明。综合考虑各选项，以及充分利用原有机房空间，认为选项B性价比最高。

扩展：注意蒸发冷却式冷水机组与蒸发冷凝式冷水机组的区别。

3.8-8.【单选】当多种能源种类同时具备时，从建筑节能的角度看，暖通空调的冷热源最优先考虑的，应是以下哪一项？【2014-2-23】

A. 电能　　B. 工业废热　　C. 城市热网　　D. 天然气

参考答案：B

分析：根据《民规》第8.1.1-1条，宜优先采用废热或工业余热。

3.8-9.【单选】通风系统风机的单位风量耗功率限值（W_s）与下列哪项成正比？【2016-1-11】

A. 风机出口的静压值　　B. 风机的风压值

C. 风机的全压效率　　D. 风机的总效率

参考答案：B

分析：根据《公建节能2015》P32第4.3.22条公式，答案选B。

3.8-10.【单选】公共建筑中风量大于10000m^3/h的机械通风系统，风道系统单位风量耗功率W_s［W/（m^3/h）］不宜大于下列何项？【2017-2-10】

A. 0.24　　B. 0.27　　C. 0.29　　D. 0.30

参考答案：B

分析： 由《公建节能2015》第4.3.22条可知，选项B正确。

3.8-11.【单选】夏热冬冷地区某空气洁净度等级为4级的净化厂房工艺设备显热发热量大且稳定，围护结构空调冷热负荷很小，全年不间断生产。请问下列哪项节能措施最适用于该项目？【2017-2-26】

A. 采用温湿度独立控制系统提高冷水机组效率

B. 采用变频冷水机组提高冷水机组部分负荷效率

C. 采用变风量全空气系统降低空调风机能耗

D. 采用全空气低温送风系统降低空调系统风量

参考答案： A

分析： 由于净化厂房工艺设备显热发热量大且稳定，湿负荷较少，采用温湿度独立控制系统中的温度控制系统可采用高温冷源，从而提高冷水机组效率，同时因供水温度的提高，导致末端空调机组风量增加，风机能耗增大，但综合考虑，末端空调机组能耗的增加值小于高温冷水机组能耗减小值，整个系统能耗仍然降低，故选项A适合；由于厂房设备发热量大且稳定，而围护结构负荷很小，说明常年负荷处于基本稳定的状态，采用部分负荷效率高的变频机组效果不明显，故选项B不适合；根据《洁净厂房设计规范》GB 50073—2013第6.3.3条，净化厂房保证洁净度等级为4级的必要条件就是保证送风量达到一定水平，满足洁净度等级要求的气流组织要求，通过降低送风量来达到风机节能的做法都不可取，故选项CD不适合。

3.8-12.【单选】把同一办公建筑（室内设计参数与运行使用情况均相同），分别放到我国的不同气候区，并采用同一个全热回收机组来回收排风冷热量的热回收量（kWh）进行分析时，假定该热回收机组的新风量与排风量相等（不考虑风管漏风和散热等因素），下列说法何项是错误的？【2018-2-09】

A. 全年的显热回收量，严寒地区大于夏热冬暖地区

B. 严寒地区全热回收量，冬季大于夏季

C. 夏季与冬季全热回收量的差值，夏热冬冷地区小于寒冷地区

D. 严寒地区和夏热冬暖地区夏季全年的潜热回收量基本相等

参考答案： D

分析： 热回收显热量取决于两个因素，一个是室内外温差，一个是运行时间；冬季用HDD18表示，夏季用CDD26，根据《民用建筑热工设计规范》GB 50176—2016第4.1.2条，严寒地区供暖度日数HDD18≥3800，而夏热冬暖地区HDD18<700，夏季CDD26数值无论严寒地区还是夏热冬冷地区数值都较小，显然从HDD18可以反映出全年的显热回收量，严寒地区大于夏热冬冷地区，选项A正确。由于冬季室内外的焓差大于夏季室内外的焓差，根据《三版教材》式（3.11-9）可知，冬季的全热回收量大于夏季，选项B正确。寒冷地区相比较于夏热冬冷地区，冬季室外焓差变化更大，因此寒冷地区冬夏全热回收量的差值也比夏热冬冷地区更大，选项C正确。由于严寒地区和夏热冬暖地区室外的含湿量相差较大，而室内设计参数相同，因此全年潜热回收量不同，选项D错误。

3.8-13.【多选】天津某商场的排风系统拟采用显热热回收装置，设计选用时，下列哪几项额定热回收效率是符合规定的?【2011-1-50】

A. ≥50%　　B. ≥60%

C. ≥65%　　D. ≥70%

参考答案： BCD

分析： 根据《公建节能2005》第5.3.14条，排风热回收装置（全热和显热）的额定热回收效率不应低于60%。

扩展：《公建节能2015》对排风热回收装置的额定热回收效率无明确规定。但本题为2011年考试题目，故可按照《公建节能2005》作答。本题也可参见《09技术措施》第4.7.1-4条表4.7.1-1的内容，该表引自《空气—空气能量回收装置》GB/T 21087—2007。

3.8-14.【多选】根据供回水干管末端压差，变频调速控制空调冷水二级泵，系统环路常出现大流量小温差的现象，不利于空调系统节能。下列哪些分析判断是正确的?【2011-1-56】

A. 干管末端压差设定值偏大

B. 大部分自控水量调节阀故障，无法关闭

C. 空调箱盘管选型偏小

D. 二次供水温度偏低

参考答案： ABC

分析： 大流量小温差现象，是目前空调冷水系统实际运行中，较为普遍现象，是造成系统实际耗能高的主要原因之一，应尽量避免出现。选项A，采用供回水末端压差作为水泵变频调速的采集参数，是目前业内较为常见的变频手段之一。压差设计值选取及实际运行时变压差值的再设定，是水系统节能与否的关键。当干管末端压差值偏大，变频水泵实际供给压力大于系统实际所需压力，导致水泵实际供给流量大于末端空调系统所需流量，系统环路出现大流量小温差现象，选项A正确。选项B，当大部分自控水量调节阀故障，无法关闭。即空调末端大部分处于定流量运行状态，而供回水干管末端压差的变化是依据空调各末端水路水量调节阀的启闭及调节量大小决定。水泵在某一频率下定频运行，当末端实际需求冷负荷小于此刻水泵供给流量时，即会出现大流量小温差现象，选项B正确。选项C，冷冻水泵水流量由空调系统冷负荷及设计供回水温差确定，如果空调箱盘管选型偏小，假设空调服务区均在满负荷状态下运行，即冷水机组在满负荷工况下运行，冷冻水循环泵在工频状态下运行，水泵流量大于空调末端设计流量（盘管选型偏小前提下所对应流量），此时空调末端电动阀处于全开启状态，导致空调末端阻力增大，盘管水流速加大，换热能力降低，盘管出水温度低于设计工况出水温度，从而出现大流量小温差现象，选项C正确。选项D，当供水温度降低，回水温度保持不变时，表冷器的换热能力降低，供回水温差保持不变，流量降低；当供水温度降低，回水温度也降低时，表冷器的换热能力增大，流量保持不变，即供水温度偏低和采用供回水干管末端压差是两种不同变频手段（温度变频和压差变频），对变流量运行的影响是不同的，选项D错误。

3.8-15.【多选】关于公共建筑空调系统节能的说法正确的应是下列哪几项？【2011-2-55】

A. 公共建筑空调系统只要采用了各种先进的技术设备，就能实现节能领先水平

B. 公共建筑空调系统的能耗高低仅由设计确定

C. 公共建筑空调系统的精细运行管理能够降低运行能耗

D. 公共建筑设置基于物联网的能耗监测系统是实现降低空调系统能耗的重要手段之一

参考答案：CD

分析：除了设计节能的系统、选用先进的技术设备外，施工质量、管理水平、精细的运行管理、运行时间的长短等，均会影响能耗的高低，选项AB明显错误，选项CD正确。

3.8-16.【多选】新风系统设计时，下列理念和做法中，哪几项是错误的？【2011-2-61】

A. 在商场空调系统中采用新风需求控制，设置定风量排风系统

B. 以CO_2浓度控制空调房间的新风量时，CO_2浓度应小于0.1%

C. 对办公室空调系统，必须采用新风需求控制

D. 过渡季节利用新风作为空调的自然冷源，“过渡季”是指一年中的春、秋季节

参考答案：ACD

分析：根据风量平衡原理，当新风按需求控制时，排风也应根据新风情况变化，不应设置定风量排风系统，故选项A错误；根据《三版教材》表2.1-7，CO_2的容许浓度为0.1%，故选项B正确；根据《公建节能2015》第4.3.13条，在人员密度相对较大且变化较大的房间，宜采用新风需求控制，办公室人员变化不大，一般采用定新风量供给，故选项C错误；根据《公建节能2005》第5.3.6条条文说明，过渡季是通过室内外空气参数比较而定的一个空调工况分区范围，并非一个自然的春秋季节，故选项D错误。

3.8-17.【多选】某空调系统的冷热量计量，说法正确的应是下列哪几项？【2012-1-55】

A. 公共建筑应按用户或分区域设置冷热量计量

B. 电动压缩式制冷机组处于部分负荷运行时，系统冷量的计量数值大，则机组的电功率消耗一定大

C. 电动压缩式冷水机组处于部分负荷运行时，系统冷量的计量数值大，则机组的电功率消耗不一定大

D. 采用常规的面积分摊收取空调费用的方法属于简化的冷热量计量方法

参考答案：CD

分析：根据《公建节能2015》第5.5.12条，采用集中供暖空调系统时，不同使用单位或区域宜分别设置冷量和热量计量装置，是“宜”不是“应”，选项A错误。选项B错误，故选项C正确，机组的电功率消耗与机组能效有关，但题目中的选项BC应指明“与额定工况下的同等制冷量相比”。选项D正确。

3.8-18.【多选】寒冷地区某公共建筑的实际体形系数大于现行《公共建筑节能设计标准》规定的体形系数。该建筑的节能设计采用权衡判断时，以下哪几项说法是正确的?【2013-1-56】

A. 参照建筑形状与设计建筑完全一致

B. 改变参照建筑的实际形状，保证实际体形系数符合标准规定

C. 参照建筑的体形系数与窗墙面积比必须符合标准中的强制性条文

D. 当所计算的实际建筑能耗大于参照建筑能耗时，可判断为符合标准

参考答案： AC

分析： 根据《公建节能 2015》第 3.4.3 条及条文说明，参照建筑的形状、大小、朝向、窗墙面积比、内部的空间划分和使用功能应与设计建筑完全一致，故选项 A 正确，选项 B 错误；根据《公建节能 2015》第 3.3.1 条，实际能耗不大于参照建筑能耗时为符合标准，故选项 C 正确。根据《公建节能 2015》第 3.4.2 条，选项 D 错误，应为设计建筑能耗小于参照建筑。

3.8-19.【多选】在电动离心式冷水机组的制冷系统中，下列哪些参数是必须计量的?【2013-2-54】

A. 燃料的消耗量

B. 耗电量

C. 集中供热系统的供热量

D. 集中供冷系统的补水量

参考答案： BD

分析： 根据《民规》第 9.1.5 条，选项 B、D 正确；电动制冷机组，无需计量燃料消耗量和供热系统供热量，故选项 A、C 错误。

3.8-20.【多选】下列有关地处夏热冬冷地区建筑采用空调系统的节能技术措施的说法，哪几项是错误的?【2013-2-56】

A. 采用冷凝热热回收技术提供 55℃卫生热水的冷水机组的制冷系数 *COP* 值大于其他条件相同时的常规冷水机组的制冷系数 *COP* 值

B. 采用冷凝热热回收技术制备卫生热水的项目在宾馆类建筑应用较多

C. 采用冷凝热热回收的冷水机组＋常规冷水机组的系统时，实际运行冷水的回水温度相同

D. 采用冷凝热热回收的冷水机组＋常规冷水机组的系统时，冷凝热热回收冷水机组应有四通换向阀

参考答案： ACD

分析： 根据《07 节能专篇》节能相关技术介绍的第一篇“热回收冷水机组的控制及冷水系统设计”中的第 1.2.1、1.2.2 及 1.3.2 条，热水的出水温度小于冷却水的出水温度时，制冷量与 *COP* 基本不变，热水出水温度越高，则 *COP* 越低，制冷量也减少，选项 A 错误；根据该文章第 1.1 条，选项 B 正确；根据该文章第 1.7 条含热回收机组的冷水系统设计相关内容可知，热回收机组与常规机组的冷水回水温度不同，选项 C 错误；热回收冷水机组以制冷为目的，同时回收冷凝热，无需切换冷凝器与蒸发器的功能，因此不需要设置四通换向阀，选项 D 错误。

3.8-21.【多选】位于成都地区的某大型商场，采用全空气空调系统，在保证室内空气品质的同时，为减少全年的空调系统运行能耗，下列哪些做法是正确的？【2014-2-55】

A. 空调季节系统新风量根据室内 CO_2 浓度进行调节

B. 将全空气定风量空调系统改为区域变风量空调系统

C. 将系统改为风机盘管＋新风系统的空调方式，新风系统按满足人员卫生要求的最大新风量进行设计

D. 系统的新、回风比可调，新风比最大可达到100％

参考答案：ABD

分析：根据《红宝书》P2451，新风需求控制，通常宜根据 CO_2 浓度对新风需求进行优化控制，故选项A正确；由《红宝书》P2451，在建筑物内区常年供冷，或在同一个空调系统中，各空调区的冷热负荷差异和变化大、低负荷运行时间长，且需要分别控制各空调区参数时，宜采用变风量空调系统，大型商业，符合本要求，故选项B正确；由《红宝书》P2450，大型商场应采用全空气空调系统，不应采用风机盘管机组加新风的空调方式，故选项C错误；由《红宝书》P2450，设计全空气空调系统时，应充分考虑新风比可调和实现全新风或最大新风运行的可能性。充分利用室外空气的自然冷却能力，实现全新风运行不仅可以有效地改善空调区内的空气品质，更重要的是可以充分利用"免费供冷"，大量节省空气处理能耗量和运行费用，故选项D正确。

3.8-22.【多选】某商业综合体项目，其夏季设计冷负荷为2000kW，冬季设计热负荷为3000kW，设计冷负荷为1000kW，为适应负荷变化，空调水系统采用四管制。下列冷热源方案中，哪几项是不适用的？【2016-2-58】

A. 采用2台制冷量为1000kW的冷水机组＋2台制热量为1500kW的燃气热水锅炉

B. 采用2台制冷量/制热量分别为1000kW/1500kW的直燃型溴化锂吸收式热水机组

C. 采用3台制冷量/制热量分别为1500kW/1000kW的地源热泵机组

D. 采用2台制冷量/制热量分别为1000kW/600kW的地源热泵机组＋1台制热量为1800kW的燃气热水锅炉

参考答案：BCD

分析：该项目空调水系统采用四管制，说明系统由内外分区或某些区域全年需要供冷。夏季供冷时，设计冷负荷总计2000kW，冬季设计热负荷总计3000kW，采用2台制冷量为1000kW的冷水机组＋2台制热量为1500kW的燃气热水锅炉可以满足夏季、冬季单独供冷、暖需求，但是冬季设计冷负荷为1000kW虽无法用冷水机组承担，但冬季冷却水供水温度较低，可采用原冷却水系统，利用板式换热器进行冷却塔免费供冷方式承担冬季供冷负荷，因此选项A正确；根据《民规》第8.4.5条，选项B错误；采用3台制热量为1000kW的地源热泵机组，可以满足冬季供暖需求，但地源热泵换热井群换热量是根据《民规》第8.3.4条确定，无法提供冬季供冷负荷，选项C错误；选项D原则同选项C，错误。

3.8-23.【多选】地处夏热冬暖地区（全年为高湿环境）的某建筑采用全空气空调系统，其室内冷负荷基本恒定、湿负荷可以忽略不计，且允许室内相对湿度变化。如果利用

增大新风比实现供冷节能，下列哪几项判别方法是错误的?【2016-2-60】

A. 温度法（比较室外新风温度与室外设计状态点温度）

B. 焓值法（比较室外新风焓值与室外设计状态点焓值）

C. 温差法（比较室外新风温度与室内回风温度）

D. 焓差法（比较室外新风焓值与室内回风焓值）

参考答案： ABC

分析： 该建筑属于潮湿地区，根据《民用建筑供暖通风与空气调节设计规范宣贯辅导教材》P290表9-1或《09技术措施》第11.6.7条，温度法是比较室外新风温度与某一固定温度的大小，选项A错误；焓值法是比较室外新风焓值与某一固定焓值（如室内回风焓值），选项B错误；温差法禁止在潮湿地区使用，选项C错误；焓差法是比较室外新风焓值与室内回风焓值，选项D正确。

3.8-24.【多选】对于公共建筑中风量大于10000m³/h的机械通风系统，关于风道系统单位风量耗功率W_s与风机的参数的关系，下列哪些项是正确的?【2017-2-47】

A. 风道系统单位风量耗功率与风机配套电机功率成正比

B. 风道系统单位风量耗功率与风机全压成正比

C. 风道系统单位风量耗功率与电机及传动效率成反比

D. 风道系统单位风量耗功率与设计图中标注的风机效率成反比

参考答案： BCD

分析： 由《公建节能2015》第4.3.22条条文说明可知，选项A错误，W_s所指的是指实际消耗的功率，而非配套电机的功率，其他选项均正确。

3.9　空气洁净技术

3.9.1　洁净原理与洁净室

3.9-1.【单选】以下哪种材料不应作为洁净室金属壁板的夹芯材料?【2011-1-28】

A. 矿棉板　　B. 聚苯板

C. 岩棉板　　D. 玻璃纤维板

参考答案： B

分析：《洁净厂房设计规范》GB 50073—2013第5.2.4条：要求为不燃，不得为有机复合材料，选项B正确。

3.9-2.【单选】洁净度等级$N=6$的洁净室内空气中，粒径大于或等于0.5μm的悬浮粒子的最大允许浓度值为下列哪一项?【2011-2-29】

A. 35200pc/m³　　B. 3520pc/m³　　C. 1000000pc/m³　　D. 6pc/m³

参考答案： A

分析：《洁净厂房设计规范》GB 50073—2013表3.0.1。

3.9-3.【单选】洁净厂房的耐火等级不应低于下列哪一项?【2012-1-28】

A. 一级　　B. 二级　　C. 三级　　D. 四级

参考答案： B

分析： 根据《洁净厂房设计规范》GB 50073—2013 第 5.2.1 条知，选项 B 正确。

3.9-4.【单选】目前在洁净技术中常用的大气尘浓度表示方法，正确的应是下列哪一项？【2012-1-29】

A. 沉降浓度　　B. 计数浓度

C. 计重浓度　　D. 以上三种方法都常用

参考答案： B

分析： 根据《三版教材》P463，大气含尘浓度的表示方法一般有计数浓度（pc/m^3）、计重浓度（mg/m^3）和沉降浓度［$pc/(cm^2 \cdot h)$］三种，根据 P453 表 3.6-1 及其他相关内容可知，通常采用计数浓度。

3.9-5.【单选】某车间空调系统满足的室内环境要求是：夏季 $t=22\pm1$℃，$\varphi=60\%\pm10\%$；冬季 $t=20\pm1$℃，$\varphi=60\%\pm10\%$；空气的洁净度为：ISO7（即 10000 级），车间长 10m，宽 8m，层高 5m，吊顶净高 3m，为保证车间的洁净度要求，风量计算时，其送风量宜选下列哪一项？【2012-2-29】

A. $1920\sim2400m^3/h$　　B. $2880\sim2260m^3/h$

C. $3600\sim6000m^3/h$　　D. $12000\sim14400m^3/h$

参考答案： C

分析：《三版教材》P466，《洁净厂房设计规范》GB 50073—2013 表 6.3.3。

3.9-6.【单选】下列何项与确定洁净室的洁净度等级无关？【2014-1-27】

A. 室内发尘状态　　B. 室外大气尘浓度

C. 控制粒径　　D. 控制的最大浓度限值

参考答案： B

分析： 根据《三版教材》P456 洁净等级包含等级级别（对应选项 D）、被考虑的粒径（对应选项 C）和分级时占用状态（对应选项 A）三个内容，选项 B 与确定室内洁净等级无关。

3.9-7.【单选】某厂房内的生物洁净准备作达标等级测试，下列何项测试要求不正确？【2014-2-28】

A. 测试含尘浓度

B. 测试浮游菌和沉降菌浓度

C. 静压差测试仪表的灵敏度不大于 0.2Pa

D. 非单向流洁净区采用风口法或风管法确定送风量

参考答案： C

分析： 根据《洁净厂房设计规范》GB 50073—2013 附录 A.2.1，可知选项 A、B 正确；根据该规范附录 A.3.2-2 条，仪表灵敏度应小于 1.0Pa，故选项 C 错误；由该规范附录 A.3.1-2 条，可知选项 D 正确。

3.9-8.【单选】洁净度等级 $N=4.5$ 的洁净室内空气，粒径大于或等于 0.5μm 的悬浮粒子的最大浓度限值最接近下列何项？【2016-1-27】

A. $4500pc/m^3$

B. $31600pc/m^3$

C. $1110pc/m^3$

D. $4.5pc/m^3$

参考答案：C

分析：根据《三版教材》式（3.6-1）得，$C_n=10^N\times(0.1/D)^{2.08}=10^{4.5}\times(0.1/0.5)^{2.08}=1112.1\ pc/m^3$，选项 C 正确。

3.9-9.【单选】关于洁净室风量或风速的测定，以下说法哪一项是不正确的？【2016-2-28】

A. 采用截面平均风速和截面乘积的方法确定单向流洁净室的送风量

B. 对于单向流洁净室，风速采样测试截面的测点数量应为 4 个

C. 对于非单向流洁净室，采用风管法测量高效过滤风口（风口规格为 1200mm×600mm）风量，上风侧的支管长度为 3.6m

D. 对于单向流洁净室，不应采用风管法确定送风量

参考答案：B

分析：根据《洁净厂房设计规范》GB 50073—2013 第 A.3.1 条，选项 ACD 正确，对于单向流洁净室，风速采样测试截面的测点数量不应少于 4 个，选项 B 错误。选项 C 按照《通风与空调工程施工质量验收规范》GB 50243—2016 第 D.1.3 条执行，要求风口上风侧有长度不小于 2 倍风口长边长的直管段，并连接于风口外部。

3.9-10.【单选】下列有关洁净室及洁净区空气中悬浮粒子洁净度等级表述，不应包含下列哪一项内容？【2017-1-28】

A. 粒子的物化性质

B. 等级级别

C. 要求的粒径

D. 占用状态

参考答案：A

分析：根据《三版教材》P456，洁净度等级表述包括：（1）等级级别 N；（2）被考虑的粒径 D；（3）分级时占用状态。故选项 BCD 正确，选项 A 错误。

3.9-11.【多选】洁净室及洁净区空气中悬浮粒子洁净度等级的表述应包含下列哪几项？【2012-1-63】

A. 等级级别

B. 占用状态

C. 考虑粒子的控制粒径

D. 考虑粒子的物化性质

参考答案：ABC

分析：根据《洁净厂房设计规范》GB 50073—2013 第 3.3 条分析中提及的，ABC 为正确选项。

3.9-12.【多选】关于洁净室内空气洁净度等级的检测，下列哪几项的表述是正确的？【2013-1-62】

A. 测量仪表应在标定合格证书的有效使用期内

B. 采样点位置应按照业主要求确定

C. 采样时采样口处气流速度尽可能接近室内设计气流速度

D. 采样量很大时，可采用顺序采样法

参考答案：ACD

分析：根据《通风与空调工程施工质量验收规范》GB 50243—2002 第 B.4.2 条，选项 A 正确；根据《洁净厂房设计规范》GB 50073—2013 第 A.3.5.2 条和《通风与空调工程施工质量验收规范》GB 50243—2002 第 B.4.3.2 条，采样点应均匀分布于洁净室，不应按业主要求确定，选项 B 错误；根据《通风与空调工程施工质量验收规范》GB 50243—2002 第 B.4.5-1 条，选项 C 正确；根据第 B.4.4-4 条，选项 D 正确。

3.9-13.【多选】以下关于洁净厂房工艺平面布置的描述，哪几项是正确的？【2016-2-62】

A. 空气洁净度高的洁净室应靠近空调机房

B. 空气洁净度高的洁净室应尽量远离空调机房

C. 不同空气洁净度等级房间之间联系频繁时宜设置气闸、传递窗

D. 洁净厂房应设置单独的物料入口

参考答案：CD

分析：根据《洁净厂房设计规范》GB 50073—2013 第 4.2.1-1 条，空气洁净度高的洁净室宜靠近空调机房，选项 AB 错误；根据第 4.2.1-5 条，选项 C 正确；根据第 4.2.1-6 条，选项 D 正确。

3.9-14.【多选】下列关于洁净厂房人员净化设施的设置原则，哪些选项是正确的？【2018-2-61】

A. 存外衣、更换洁净工作服的房间应分别设置

B. 洁净工作服宜集中挂入带有空气吹淋的洁净柜内

C. 空气吹淋室应设在洁净区人员入口处

D. 为防止人员频繁进出洁净室，洁净区内应设置厕所

参考答案：ABC

分析：根据《洁净厂房设计规范》GB 50073—2013 第 4.3.3-2 条，选项 A 正确；根据第 4.3.3-3 条，选项 B 正确；根据第 4.3.3-5 条，选项 C 正确；根据第 4.3.3-7 条，选项 D 错误。

3.9.2　过滤器与洁净系统

3.9-15.【单选】某洁净室要求为相对负压，下列哪一种控制方法是正确的？【2011-1-29】

A. 送风量大于回风量　　　　B. 送风量等于回风量

C. 送风量小于回风量　　D. 安装余压阀

参考答案： C

分析： 根据《三版教材》P469，当送风量小于回风量、排风量之和时，洁净室为相对负压，另外，安装余压阀是维持正压压差的措施，选项ABD错误，选项C正确。

3.9-16. 【单选】不同级别的正压洁净室之间的压差，应不小于下列哪一项？【2013-1-28】

A. 2Pa　　B. 5Pa　　C. 10Pa　　D. 50Pa

参考答案： B

分析：《洁净厂房设计规范》GB 50073—2013第6.2.2条条文说明。

3.9-17. 【单选】以下关于洁净室压差的说法，错误的是哪一项？【2013-2-28】

A. 洁净室应按工艺要求决定维持正压差或负压差

B. 正压洁净室是指与相邻洁净室或室外保持相对正压的洁净室

C. 负压洁净室是指与相邻洁净室或室外均保持相对负压的洁净室

D. 不同等级的洁净室之间的压差应不小于5Pa

参考答案： C

分析： 根据《洁净厂房设计规范》GB 50073—2013第6.2.2条，选项A正确；根据《三版教材》P467，选项B正确；根据P467，正压、负压是相对而言，一个洁净室对大气而言是正压洁净室，但对另一个房间可能是负压洁净室，选项C错误；根据P465，选项D正确。

3.9-18. 【单选】关于洁净工作台布置的描述，下列哪一项是正确的？【2014-1-28】

A. 应布置在单向流洁净室内　　B. 应布置在非单向流洁净室内

C. 应布置在回风口附近　　D. 应布置在污染源的下风侧

参考答案： B

分析： 根据《洁净厂房设计规范》GB 50073—2013第6.3.4-1条，单向流洁净室内不宜布置洁净工作台，非单向流洁净室的回风口宜远离洁净工作台，故选项B正确。选项A与选项C与原文相悖。此外，若洁净工作台放置在污染源下风侧，难以保证洁净度，故选项D错误。

3.9-19. 【单选】对于采用一次回风定风量系统的洁净室，维持室内正压压差的措施中，下列哪一项是不正确的？【2017-1-27】

A. 调节新风量　　B. 调节回风量

C. 调节送风量　　D. 调节排风量

参考答案： C

分析： 根据《三版教材》P469，维持洁净室正压的措施包括：（1）调节新风量；（2）调节回风量和排风量。故选项ABD正确，选项C错误。

3.9-20.【单选】关于洁净室压力控制，下列说法哪一项是正确的?【2017-2-28】

A. 洁净室对相邻空间应总是保持正压

B. 洁净室对相邻空间应总是保持负压

C. 洁净室与相邻空间的压差应按照工艺要求确定

D. 洁净室与相邻空间的压差应不小于10Pa

参考答案：C

分析：根据《三版教材》P468，洁净室正压、负压是相对而言的，故选项AB错误；根据《洁净厂房设计规范》GB 50073—2013第6.2.1条，选项C正确；根据GB 50073—2013第6.2.2条或《三版教材》P468，选项D错误，不同洁净区之间以及洁净区与非洁净区之间的压差应不小于5Pa，洁净区与室外的压差应不小于10Pa。

3.9-21.【单选】下列关于洁净室内通风空调系统的风机连锁控制方式的说法，哪一项是错误的?【2018-1-28】

A. 正压洁净室的停止风机连锁顺序为先关回风机和排风机、再关送风机

B. 正压洁净室的启动风机连锁顺序为先启动送风机、再启动回风机和排风机

C. 负压洁净室的停止风机连锁顺序为先关回风机、再关送风机和排风机

D. 负压洁净室的启动风机连锁顺序为先启动回风机和排风机、再启动送风机

参考答案：C

分析：根据《洁净厂房设计规范》GB 50073—2013第6.2.4条，选项C错误，应该先关闭送风机，再关闭回风机和排风机。

3.9-22.【单选】下列关于洁净室气流场的说法，哪一项是正确的?【2018-2-28】

A. 非单向流通常适用于空气洁净度等级1～4级的洁净室

B. 对于单向流洁净室，洁净度等级越高，平均断面风速越小

C. 辐射流洁净室空气洁净度可达到4级

D. 洁净室内，气流组织形式是含尘浓度场分布的主要影响因素之一

参考答案：D

分析：根据《洁净厂房设计规范》GB 50073—2013第6.3.1-1条，洁净度严于4级时应采用单向流，选项A错误；根据表6.3.3，洁净度等级高，则平均断面风速大，选项B错误；根据《三版教材》P467，辐射流洁净度可近似达到ISO 5级，选项C错误；根据《三版教材》P466，影响洁净室内含尘浓度分布均匀性的主要因素有：气流组织形式、送风口数量、送风口形式、换气次数，选项D正确。

3.9-23.【多选】下列哪几项是确定洁净室气流流型和送风量的正确设计、布置原则?【2011-1-63】

A. 空气洁净度等级要求为6～9的洁净室，宜采用非单向流

B. 洁净室的气流分布应均匀

C. 房间送风量应总是大于房间排风量

D. 需排风的工艺设备布置在洁净室下风侧

参考答案： ABD

分析： 选项A参见《洁净厂房设计规范》GB 50073—2013第6.3.1-2条，选项B参见《洁净厂房设计规范》GB 50073—2013第6.3.1-3条。选项D参见《洁净厂房设计规范》GB 50073—2013第6.3.4-2条。选项C错误，负压洁净室可通过房间送风量小于房间排风量来实现。选项B中如果没有"除工作区外，气流宜/应不均匀"的规定，应将选项B理解为"洁净室工作区的气流分布应均匀。"

3.9-24.【多选】关于洁净室压差的控制的描述，正确的为下列的哪几项?【2012-2-63】

A. 洁净室与周围的空间必须维持一定的压差

B. 洁净室与周围的空间的压差必须为正压值

C. 洁净室与周围的空间的压差必须为负压值

D. 洁净室与周围的空间的压差值应按生产工艺要求决定

参考答案： AD

分析： 根据《洁净厂房设计规范》GB 50073—2013第6.2.1条，选项A正确；选项B、C错误，洁净室与周围的空间压差可以为正值（正压洁净室）也可以为负值（负压洁净室）；选项D正确。

3.9-25.【多选】关于洁净室气流流型，下列哪些说法是正确的?【2013-2-62】

A. 空气洁净度等级为2级的洁净室应采用垂直单向流

B. 空气洁净度等级为2级的洁净室应采用非单向流

C. 空气洁净度等级为4级的洁净室应采用垂直单向流

D. 空气洁净度等级为7级的洁净室应采用垂直单向流或水平单向流

参考答案： AC

分析： 根据《洁净厂房设计规范》GB 50073－2013第6.3.3条，空气洁净等级为1～5级，应采用单向流；洁净等级为6～9级，应采用非单向流。故选项BD错误。

3.9-26.【多选】关于某电子装配厂房内负压洁净室的说法，下列哪几项是错误的?【2014-1-62】

A. 室内压力一定高于相邻洁净室压力

B. 室内压力一定低于相邻洁净室压力

C. 服务于负压洁净室的洁净空调系统运行，应先开送风机

D. 服务于负压洁净室的洁净空调系统运行，应先开回风机

参考答案： ABC

分析： 根据《洁净厂房设计规范》GB 50073—2013第6.2.1条，洁净室（区）与周围空间必须维持一定的压差，并应按工艺要求决定维持正压差或负压差。依照题意，洁净室维持负压状态，需要本洁净室与周围洁净室或洁净区维持负压差，即本洁净室室内压力值低于相邻洁净室或洁净区压力，故选项A错误；根据GB 50073—2013第6.2.4条，可知选项C错误，选项D正确。根据《三版教材》P468，正压负压是相对而言的，如果某个负压洁净室1相邻一个更大的负压洁净室2，则相对而言洁净室2而言，洁净室1应是

正压洁净室，选项B“一定”的说法太绝对，故选项B错误。

3.9-27.【多选】在工业洁净空调系统设计中，下列有关气流流型的说法，哪几项是正确的？【2016-1-62】

A. 通常情况下，非单向流洁净室的换气次数均应大于15次/h

B. ISO 6～9级的洁净室通常采用非单向流气流流型

C. ISO 1～5级的洁净室通常采用单向流气流流型

D. 辐射流最高可适用于ISO3级的洁净室

参考答案：BC

分析：根据《洁净厂房设计规范》GB 50073—2013第6.3.3条，通常情况下，非单向流洁净室的换气次数根据空气洁净度等级不同，换气次数有所区别，洁净度等级越高，换气次数越大。N8～9级，换气次数为10～15次/h，因此非单向流洁净室的换气次数均应大于10次/h，选项A错误，选项BC正确；根据《三版教材》P467，辐射流洁净室空气洁净度等级可近似地达到ISO 5级，选项D错误。

3.9-28.【多选】下列关于洁净室气流组织设计的描述，其中哪几项是正确的？【2016-2-61】

A. 洁净室采用侧送风方式，其室内含尘浓度一般接近于按均匀分布方法计算值

B. 单向流洁净室在横断面上为风速一致的气流

C. 工程上也有ISO 5级洁净室采用非单向流气流流型

D. 辐射流洁净室气流分布不如单向流洁净室均匀

参考答案：CD

分析：根据《三版教材》P466，洁净室采用侧送风方式，其室内含尘浓度一般高于按均匀分布方法计算值，选项A错误；根据P466，单向流洁净室呈单一方向平行线并且横断面上风速一致的气流，选项B缺少单一方向平行线，不完整，错误；根据P467（5. 非单向流洁净室计算），选项C正确；根据P467（6. 辐射流洁净室），选项D正确。

3.9-29.【多选】下列参数，与洁净室正压值相关的是哪几项？【2017-1-62】

A. 洁净室围护结构的气密度　　B. 过滤器类型

C. 压差风量　　D. 室外迎风面风速

参考答案：ACD

分析：根据《三版教材》P468，选项ACD与洁净室正压值相关。对于沿海、荒漠等室外风速较大的地区，应根据室外风速复核计算迎风面压力，压差值应高于迎风面压力5Pa，而迎风面压力跟迎风面风速有关。

3.9-30.【多选】下列关于洁净室内压差控制的说法，哪几项是正确的？【2018-2-62】

A. 洁净室与周围的空间必须维持一定的压差

B. 洁净区与室内非洁净区的压差应不小于10Pa

C. 不同等级的洁净室之间的压差不宜小于10Pa

D. 洁净区相对于室外的正压不应小于 10Pa

参考答案： AD

分析： 根据《洁净厂房设计规范》GB 50073—2013 第 6.2.1 条，选项 A 正确；根据第 6.2.2 条，选项 BC 错误，均是应不小于 5Pa；选项 D 正确。

3.9.3　空气过滤器

3.9-31. 【单选】净化空调系统所采用的空气过滤器的表述，下列哪项是错误的？【2013-1-27】

A. 粗效过滤器用于新风过滤器，过滤对象主要是大于 5μm 的尘粒，也可以用油浸过滤器

B. 中效过滤器用于新风及回风，过滤对象主要是大于 1μm 的尘粒

C. 亚高效过滤器主要是过滤大于 0.5μm 的尘粒

D. 高效过滤器主要用于过滤大于 0.1μm 的尘粒

参考答案： A

分析： 根据《三版教材》P462，为防止空气中带油，粗效空气过滤器不应选用油浸过滤器，选项 A 错误。

扩展： 此题原考察《高效过滤器》GB 13554—92、《空气过滤器》GB 14295—93，选项 BCD 正确。但两本规范皆被 2008 版所替代，根据《空气过滤器》GB 14295—2008，中效过滤器是指对粒径大于等于 0.5μm 微粒的计数效率小于 70%的过滤器。

3.9-32. 【单选】洁净工程中，对高效过滤器设计处理风量的要求，下列何项是完整、准确的？【2016-1-28】

A. 大于或等于额定风量　　B. 小于额定风量

C. 等于额定风量　　D. 小于或等于额定风量

参考答案： D

分析： 根据《洁净厂房设计规范》GB 50073—2013 第 6.4.1-2 条，选项 D 正确。

3.9-33. 【多选】关于净化空调系统空气过滤器的安装位置，正确的是下列哪几项？【2011-2-62】

A. 中效（高中效）空气过滤器宜集中设置在空调系统的正压段

B. 亚高效和高效过滤器作为末端过滤器时，宜设置在净化空调系统的末端

C. 超高效过滤器必须设置在净化空调系统的末端

D. 空气过滤器避免直接安装在淋水室、加湿器的下风侧，确实无法避开时，应采取有效措施

参考答案： ABD

分析： 选项 AB 是《洁净厂房设计规范》GB 50073—2013 第 6.4.1 条原文；选项 C 的规范原文为“超高效过滤器应设置在净化空调系统的末端”。选项 D 是过滤器的使用和维护要求。注：《三版教材》P463 与规范的条文不符，此处建议以规范为准。

3.9-34. 【多选】关于洁净室系统过滤器的选择、安装原则，正确的是下列哪几项？

【2011-2-63】

A. 空气过滤器的处理风量小于或等于额定风量

B. 高效过滤器必须安装在净化空调系统的末端

C. 同一洁净空调系统的高效过滤器的风量一阻力特性宜相近

D. 高效过滤器出厂检验合格后，现场安装可以不重复检漏

参考答案：AC

分析：根据《洁净厂房设计规范》GB 50073—2013 第 6.4.1 条，选项 AC 正确，选项 B 错误，规范中无“必须”的规定；选项 D 错误，根据《通风与空调工程施工质量验收规范》GB 50243—2016 第 7.2.7 条，现场安装完毕后，应进行检漏。

3.9-35. 【多选】下列关于过滤器的性能的说法哪几项是错误的？【2012-2-62】

A. 空气过滤器的性能与面风速有关

B. 过滤器按国家标准效率分类为两个等级

C. 过滤器在工程中多采用计数效率

D. 面风速足够高时，高效过滤器的阻力和风量近似地呈直线关系

参考答案：BD

分析：根据《空气过滤器》GB/T 14295—2008、《高效空气过滤器》GB/T 13554—2008 及《三版教材》表 3.6-2，空气过滤器分为粗效、中效、高中效、亚高效、高效五个等级，选项 A 正确；选项 B 错误；选项 C 正确；选项 D 应在面风速不大时呈直线关系，选项 D 错误。

3.9-36. 【多选】洁净室设计时，合理选择同一净化空调系统的末端高效过滤器，应满足下列哪几项原则？【2013-2-61】

A. 高效过滤器的处理风量应小于或等于额定风量

B. 高效过滤器的风量—阻力特性宜相近

C. 高效过滤器的过滤效率宜相近

D. 按照各洁净室洁净度等级分别选用不同过滤效率的高效过滤器

参考答案：ABCD

分析：根据《洁净厂房设计规范》GB 50073—2013 第 6.4.1 条，空气过滤器的处理风量应小于或等于额定风量，设置在同一洁净区内的高效（亚高效、超高效）空气过滤器的阻力、效率宜相近，故选项 A、B、C 正确；第 6.4.1-5 条规定“设置在同一洁净区内的高效空气过滤器的阻力、效率应接近”，因此选项 D 的表述内容正确。需要注意的是，一般情况不同洁净度等级洁净室（区）不会合用洁净系统，但是合用并不违反洁净系统设置原则，洁净度等级主要决定洁净室（区）的气流流型和送风量（第 6.1.1 条）。在原则性上（第 6.1.3 条），需注意温湿度要求不同的洁净室（区）不能合用。

3.9-37. 【多选】下列关于洁净厂房空气过滤器的选择与布置，哪几项是正确的？【2014-2-62】

A. 空气过滤器的处理风量应大于其额定风量

B. 高中效空气过滤器集中布置在空调箱的正压段

C. 超高效空气过滤器集中设置在净化空调机组内

D. 高效空气过滤器设置在净化空调系统的末端

参考答案：BD

分析：根据《洁净厂房设计规范》GB 50073—2013 第6.4.1-2条，选项A错误，应小于或等于额定风量；根据该规范第6.4.1-3条，选项B正确；根据该规范第6.4.1-4条，选项C错误，超高效过滤器应设置在净化空调系统的末端，同时，选项D正确。

3.9-38.【多选】评价空气过滤器的效率有以下哪几种方法?【2017-2-61】

A. 分级效率

B. 计重效率

C. 计数效率

D. 比色效率

参考答案：BCD

分析：根据《三版教材》P461，常用的过滤器效率表示方法有：计重效率、比色效率、计数效率。

3.9-39.【多选】洁净室净化空调系统用空气过滤器的选用、布置和安装，下列哪些表述是正确的?【2017-2-62】

A. 空气过滤器的实际处理风量应小于或等于其额定风量

B. 中效或高中效过滤器宜集中设置在空调箱的正压段

C. 末级高效过滤器宜设置在净化空调系统的末端

D. 同一洁净室内的不同区域应分别设置不同过滤效率的末端高效过滤器

参考答案：ABC

分析：根据《洁净厂房设计规范》GB 50073—2013 第6.4.1-2条，选项A正确；根据第6.4.1-3条，选项B正确；根据第6.4.1-4条，选项C正确；根据第6.4.1-5条，设置在同一洁净室内的高效过滤器过滤效率宜相近，选项D错误。

3.9-40.【单选】根据设计要求，为某洁净厂房购买了一批B类高效过滤器，抽取了一个样品在额定风量下实测的过滤效率为99.98%、阻力为210Pa。请问对其质量的评价，下列哪一项是正确的?【2018-1-27】

A. 过滤效率达标、初阻力未达标

B. 过滤效率未达标、初阻力达标

C. 过滤效率和初阻力均达标

D. 过滤效率和初阻力均未达标

参考答案：B

分析：根据《三版教材》P457，B类高效过滤器效率的范围为 $99.999\% > E \geqslant 99.99\%$，初阻力 $\leqslant 220$Pa，因此本题过滤器效率未达标，初阻力达标，选B。

3.9-41.【多选】按照国家的标准，静电空气过滤器型式试验，以下哪几项是必检项目?【2018-1-62】

A. 电气强度　　B. 湿热　　C. 容尘量　　D. 阻力

参考答案：ABD

分析：根据《空气过滤器》GB/T 14295—2008 第 8.1.2.2 条表 5 可知，静电空气过滤器型式检验内容包括效率、阻力、运输耐振动、清洗、防火、绝缘电阻、电气强度、泄漏电流、接地电阻、湿热、臭氧。选项 ABD 正确。

3.10　其　他　考　点

3.10.1　保温保冷

3.10-1.【单选】采用低温送风时，防止送风口结露的条件应是下列哪一项？【2011-1-22】

A. 降低送风的相对湿度

B. 增加送风管的壁厚

C. 送风口表面温度高于室内露点温度 1～2℃

D. 提高送风的相对湿度

参考答案：C

分析：《民规》第 7.4.2 条及《工规》第 8.4.2-8 条。

3.10-2.【单选】重庆市某建筑采用管道风降温，正确的应为下列哪一项？【2011-2-12】

A. 影响地道降温效果的因素只有地道长度

B. 相同的地道，空气流速增加，降温效果越好

C. 相同的空气流速，断面大的地道，降温效果越好

D. 相同的空气流速，相同截面的地道越长，降温效果越好

参考答案：D

分析：影响效果不止地道长度一个因素，选项 A 错误；相同的地道流速增加则风量变大，降温效果差，选项 B 错误；相同空气流速，断面大的地道风量大，降温效果差，选项 C 错误；相同空气流速，地道越长换热越充分，效果越好，选项 D 正确。

3.10-3.【单选】某办公楼采用低温送风的空调方式，要求有良好的气流组织，且风口不能结露，但不考虑采用低温送风口，应选用下列哪种空调系统？【2011-2-23】

A. 内外区为单冷型单风道变风量系统，外区加设风机盘管

B. 串联式风机动力型变风量系统（内区为单冷串联式风机动力型末端，外区为再热串联式风机动力型末端）

C. 并联式风机动力型变风量系统（内区为单冷型单风道末端、外区为再热并联式风机动力型末端）

D. 内外区均为风机盘管

参考答案：B

分析：《09 技术措施》第 5.12.3-1 条。

3.10-4.【单选】下列哪项空调冷、热水管道绝热层厚度的计算方法是错误的?【2012-1-20】

A. 空调水系统采用四管制时，供热管道采用经济厚度方法计算

B. 空调水系统采用四管制时，供冷管道采用防结露方法计算

C. 空调水系统采用两管制时，水系统管道分别按冷管道与热管道计算方法计算绝热层厚度，并取两者的较大值

D. 空调凝结水管道采用防止结露方法计算

参考答案：B

分析：根据《07 节能专篇》第 11.3.7 条：空调冷、热水管绝热层厚度的计算应按下列原则进行：(1) 单冷管道应按防结露方法计算保冷层厚度，再按经济厚度法核算，对比后取其较大值。(2) 单热管道应采用经济厚度法计算保温层厚度。(3) 冷热合用管道，应分别按冷管道与热管道的计算方法计算绝热厚度，对比后取其较大值。据此，选项 B 错，应按防结露方法计算保冷层厚度，再按经济厚度法核算，对比后取其较大值。

3.10-5.【单选】关于空调冷水管道的绝热材料，下列哪项说法是错误的?【2013-2-21】

A. 绝热材料的导热系数与绝热层的平均温度相关

B. 采用柔性泡沫橡塑保冷应进行防冻结露校核

C. 绝热材料的厚度选择与环境温度相关

D. 热水管道保温应进行防结露校核

参考答案：D

分析：根据《三版教材》式 (3.10-5)、式 (3.10-6)，另外《09 技术措施》第 10.2 节、10.3 节、10.4 节很多表格的备注中，都有绝热材料的导热系数公式，可看出与平均温度相关，而平均温度与环境温度相关，选项 AC 正确；根据《09 技术措施》第 10.1.3-2 条，选项 B 正确；根据第 10.1.3-1 条，单热管道不需要防结露校核，选项 D 错误。

3.10-6.【单选】低温管道保冷结构（由内向外）正确的选项应为下列何项?【2014-2-22】

A. 保冷层、镀锌铁丝绑扎材料、防潮层、保护层

B. 保冷层、防潮层、镀锌铁丝绑扎材料、保护层

C. 防潮层、保冷层、镀锌铁丝绑扎材料、保护层

D. 防潮层、镀锌铁丝绑扎材料、保冷层、保护层

参考答案：A

分析：根据《工业设备及管道绝热工程设计规范》GB 50264—2013 第 6.1.2 条，保冷结构应由保冷层、防潮层和保护层组成；根据第 6.2.11 条，保温结构的捆扎材料宜采用镀锌铁丝或镀锌钢带，由内向外正确的顺序应为保冷层、镀锌铁丝绑扎材料、防潮层、保护层。具体低温管道保冷结构图见下图：

3.10-7.【单选】关于制冷设备保冷防结露计算的说法，下列何项是错误的?【2014-2-30】

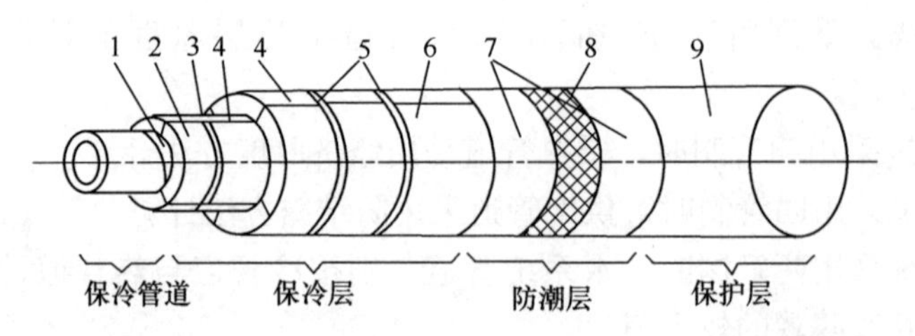

1—耐磨涂料；2—泡沫玻璃管壳；3—不锈钢带；4—发泡性粘结剂；
5—镀锌钢带；6—聚氨酯泡沫塑料管壳；7—石油沥青玛碲脂 3mm；
8—防潮玻璃布；9—镀锌铁皮或薄铝板

A. 防结露厚度与设备内冷介质温度有关

B. 防结露厚度与保冷材料外表面接触的空气干球温度有关

C. 防结露厚度与保冷材料外表面接触的空气湿球温度有关

D. 防结露厚度与保冷材料外表面接触的空气露点温度有关

参考答案：C

分析：根据《三版教材》式（3.10-1）、式（3.10-2），防结露厚度与设备内冷介质温度、保冷材料外表面接触的空气干球温度、露点温度有关，与保冷材料外表面接触的空气湿球温度无关，选项 ABD 正确，选项 C 错误。

3.10-8.【单选】在工业设备及管道的绝热计算中，下列哪项关于计算参数选择的说法是错误的?【2018-1-20】

A. 保温计算时金属设备及管道的外表面温度，当无衬里时应取介质的长期正常运行温度

B. 在防止设备管道内介质冻结的保温计算中，环境温度应取冬季历年极端平均最低温度

C. 保冷层计算时设备及管道外表面温度应取为介质的最低操作温度

D. 计算保冷设计时防结露厚度时，环境温度应取夏季空气调节室外计算湿球温度

参考答案：D

分析：根据《工业设备及管道绝热工程设计规范》GB 50264—2013 第 5.8.1-1 条，选项 A 正确；根据第 5.8.2-5 条，选项 B 正确；根据第 5.9.1-1 条，选项 C 正确；根据第 5.9.1-2-1）条，应取夏季空气调节室外计算干球温度，选项 D 错误。

3.10-9.【多选】以下哪些选项与确定制冷系统管道的保冷材料厚度有关?【2013-2-63】

A. 对保冷材料外表面温度的安全性要求

B. 对保冷材料外表面温度的防结露要求

C. 对保冷材料控制制冷损失的要求

D. 保冷材料的吸水率

参考答案：ABCD

分析：制冷系统的制冷剂管道有可能达到－40℃以下，为防止冻伤，对外表面温度的

安全性提出要求，选项A正确；根据《民规》第11.1.2条，选项B、C正确；保冷材料的吸水率，牵涉到对保冷材料的修正，因此与厚度有关，选项D正确。

3.10.2　隔振与消声

3.10-10.【单选】对于噪声控制标准为≤NR25的剧场，空调系统消声器选择合理的为下列哪一项？【2013-2-27】

A. 选用阻性消声装置　　B. 选用抗性消声装置

C. 选用微穿孔板消声装置　　D. 选用阻抗复合消声装置

参考答案：D

分析：根据《三版教材》P540、P544和P546，空调系统的风机以低频噪声为主，剧场音响设备有中高频声源，为减少中高频声音沿风道传播，空调系统需对该部分噪声进行处理，选项D中的阻抗复合消声装置可发挥阻性消声器对中高频的消声性能和抗性消声器对低频的消声性能两者的优点。

3.10-11.【单选】在自由声场中，任一点声压与声源的关系表述正确的是下列何项？【2016-2-22】

A. 声压与该点到声源距离成反比

B. 声压与该点到声源距离的平方成反比

C. 声压与声强的平方成正比

D. 声压与声源声功率的平方成正比

参考答案：A

分析：根据《三版教材》P537，在自由声场中，某处的声强与该处声压的平方成正比，选项C错误，同时根据式（3.9-1）得到，$I=\frac{W}{4\pi r^2}\infty P^2 \Rightarrow \frac{1}{r}\infty P$，即声压与该点到声源距离成反比，选项A正确。

3.10-12.【单选】下列哪项关于噪声物理量度的叙述是错误的？【2017-2-27】

A. 声功率是用于表示声源强弱的物理指标

B. 等响曲线上可听范围内的所有纯音的响度级相同

C. 受数个声源作用的点上的总声压是各声源声压代数和

D. A声级计权网络对500Hz以下频率的噪声做较大折减

参考答案：C

分析：根据《三版教材》P537，声功率是指声源在单位时间内向外辐射的声能，可表示声源强弱，故选项A正确；根据P538，等响曲线上的所有声音响度级均相同，故选项B正确；根据P538，不同声源作用于同一点时，总声压（有效声压）是各声压的均方根值的代数和，而该点的总声强是各个声强的代数和，故选项C错误；根据P538，A声级计权网络对500Hz以下的声音有较大的衰减，故选项D正确。

3.10-13.【单选】下列关于办公楼空调通风系统消声设计的说法，正确的是哪一项？

【2018-2-18】

A. 对于直风管，风速低于8m/s时可不计算气流再生噪声

B. 轴流风机出口处应设置抗性消声器

C. 消声弯头内边和外边均应为同心圆弧

D. 矩形风管噪声自然衰减量随着频率升高而降低

参考答案：D

分析：根据《三版教材》P544～P545，风速低于5m/s时，可不计算气流再生噪声，选项A错误；根据P544，抗性消声器与阻性消声器分别对不同频率有较好的消声性能，因此应根据噪声频率选择消声器种类，而不是风机种类，选项B错误；消声弯头应为内圆弧外直角形（可参见《空气调节》P246～P247），选项C错误；根据《三版教材》表3.9-7可以发现，相同尺寸的风管，随着噪声频率的升高，风管噪声自然衰减量逐渐下降，选项D正确。

3.10-14.【单选】某工厂实验室要求恒温恒湿，设计采用恒温恒湿空调机组，空调机房与实验室相邻，下列关于其消声减振设计的说法，哪项是错误的？【2018-2-22】

A. 空调机房宜采取隔声措施

B. 送回风管上宜设置消声器

C. 空调机组宜采用减振措施

D. 设计噪声级不得大于工效限值

参考答案：D

分析：根据《工规》第12.1.6条，机房靠近声环境要求较高的房间时，应采取隔声、吸声和隔振措施，选项AC正确；根据第12.2.3条，当自然衰减不能达到允许标准时，才应设置消声设备，由于机房与实验室相邻，空调管道较短，自然衰减难于满足要求，设消声器是合理的，选项B正确；根据《工业企业噪声控制设计规范》GB/T 50087—2013第3.0.1条条文说明，各类工作场所应满足噪声职业接触限值，而噪声工效限值是指工作环境超过卫生（接触）限值，但可通过对操作者采取有效的符合人体工效学的个人防护用具或措施的情况下，通过该用具或措施测得的最高限值。根据《工业企业设计卫生标准》GBZ 1—2010第6.3.1.7条，工效限值要求一般小于噪声级要求，故噪声级可大于工效限值，选项D错误。

3.10-15.【多选】为保证工业厂房中车间办公室的工效，当风机出口至房间的气流噪声视作不变时，下列哪几项空调系统的送风机出口应设置消声器？【2011-1-62】

A. 送风机的噪声为54dB（A）　　B. 送风机的噪声为57dB（A）

C. 送风机的噪声为60dB（A）　　D. 送风机的噪声为62dB（A）

参考答案：BCD

分析：《工业企业设计卫生标准》GBZ 1—2002第6.3.1.7条：工效限值55dB（A）。

3.10-16.【多选】某定风量空调系统采用无机玻璃钢风管，由于机房空间受限，无法安装消声器，送风管途经相邻的空调房间吊顶（没开风口）后，再设置消声器，送至使用

区，使用区空调送风噪声指标正常，机房隔声正常，但途经的房间噪声指标偏高，下列哪几项解决噪声的办法是不可取的？【2012-2-56】

A. 加强机房与空调房间隔墙墙体的隔声

B. 途经该房间的无机玻璃钢风管加包隔声材料，吊顶增加吸声材料

C. 使用区末端送风口增加消声器

D. 途经该房间的送风管截面面积加大一倍

参考答案： AC

分析： 根据题意，问题应该是由于风管途经相邻的空调房间后才加消声器引起的，风机的噪声通过风管后，传到相邻的空调房间，因此需要对机房至消声器入口段的风管进行噪声处理，选项BD是合适的方法；机房隔声正常，说明不需再加强机房与空调房间隔墙的隔声了，选项A错误；使用区噪声指标正常说明已设置的消声器已经足够，不需在使用区末端再设置消声器，选项C错误。

3.10-17.【多选】关于气流再生噪声，哪些说法是正确的？【2013-2-60】

A. 气流在输送过程中必定会产生再生噪声

B. 气流再生噪声与气流速度和管道系统的组成有关

C. 直风管管段不会产生气流再生噪声

D. 气流通过任何风管附件时，都存在气流噪声发生变化的状况

参考答案： ABD

分析： 根据《三版教材》P540和《民规》第10.2.2条条文解释，空气在流过直管段和局部构件时，由于部件受气流的冲击喘振或因气流发生偏斜和涡流，从而产生气流再生噪声。噪声与气流速度有密切关系，气流速度越大，再生噪声的影响也随之加大，同时噪声与管道系统的组成也有很大关系，故选项A、B正确，选项C错误；气流再生噪声和噪声自然衰减量是风速的函数，气流通过风管附件，如阀门、三通、弯头时都与风管内的流动不同。因此气流噪声也会发生变化，选项D正确。

3.10-18.【多选】某采用组合式空调机组的空调系统，为降低系统噪声，以下哪些措施是有效的？【2016-2-55】

A. 选用叶片径向多叶型高效离心式风机

B. 将原设计的阻抗复合消声器替换为阻性消声器

C. 合理设计风管管路，降低风机全压

D. 避免风管急剧转弯，降低涡流产生

参考答案： CD

分析： 根据《三版教材》P411，离心式风机有前倾式和后倾式之分，无径向式，选项A错误；阻抗复合消声器对高、中、低各频段噪声均有较好的消声性能，而阻性消声器对中、高频有较好的消声性能，原设计的阻抗复合消声器替换为阻性消声器，消声范围降低，不利于降低系统噪声，选项B错误；合理设计风管管路，降低风机全压，风管风量及风速均降低，有利于消声，选项C正确；避免风管急剧转弯，降低涡流产生，从而降低局部噪声的产生，有利于消声，选项D正确。

3.10-19.【多选】某电视台演播室空调系统的消声设计，下列哪些做法是不正确的?【2017-1-57】

A. 提高消声器内的风速，从而提高消声能力

B. 将不同消声性能的消声器组合使用，提高各频段的消声量

C. 在同一管段上将一个 3m 长的消声器改由两个相同类型的 1.5m 长消声器串联，以提高消声量

D. 在连接风口的各分支管上加设消声器，降低再生噪声的影响

参考答案：AC

分析：根据《三版教材》P545，通过消声器的风速不宜过大，如通过室式消声器的风速不宜大于5m/s，故选项 A 错误；根据 P543，不同类型的消声器对低、中、高频率的消声性能不同，因此组合使用可以提高各频段的消声量，故选项 B 正确；同工况下，消声器的性能与长度相关，与数量无关，因此选项 C 不能提高消声量，错误；选项 D 在直观上加设消声器，可以降低再生噪声，正确。

3.10-20.【多选】某办公楼设计采用风冷热泵机组，室外机置于屋面，运行后，机组正下方顶层的办公室反应噪声较大，为解决噪声问题，应检查下列哪几项?【2018-2-55】

A. 机组本体的噪声水平

B. 机组与水管之间的隔振措施

C. 机组与基础之间的隔振措施

D. 机组噪声的隔离措施

参考答案：ABCD

分析：机组作为噪声源其噪声水平是室内噪声大的一个主要原因，选项 A 正确；根据《民规》第 10.1.6 条，当机房靠近对声环境要求高的房间时，应采取隔声、吸声和隔振的措施，选项 BCD 作为隔声、吸声和隔振措施是影响室内噪声的检查选项。

第4章　制冷与热泵技术专业知识题

本章知识点题目分布统计表

<table>
<tr><th rowspan="2">小节</th><th rowspan="2" colspan="2">考点名称</th><th colspan="2">2011年至2019年
题目统计</th><th colspan="2">近几年
题目统计</th><th rowspan="2">2019年
题目统计</th></tr>
<tr><th>题目数量</th><th>比例</th><th>题目数量</th><th>比例</th></tr>
<tr><td rowspan="3">4.1</td><td rowspan="3">制冷理论</td><td>4.1.1　制冷循环</td><td>11</td><td>4%</td><td>5</td><td>5%</td><td>1</td></tr>
<tr><td>4.1.2　制冷剂</td><td>22</td><td>9%</td><td>10</td><td>10%</td><td>2</td></tr>
<tr><td>小计</td><td>33</td><td>13%</td><td>15</td><td>15%</td><td>3</td></tr>
<tr><td>4.2</td><td colspan="2">制冷压缩机</td><td>16</td><td>6%</td><td>7</td><td>7%</td><td>3</td></tr>
<tr><td rowspan="5">4.3</td><td rowspan="5">冷水机组</td><td>4.3.1　制冷机组性能参数</td><td>17</td><td>7%</td><td>12</td><td>12%</td><td>4</td></tr>
<tr><td>4.3.2　冷水机组能效等级</td><td>16</td><td>6%</td><td>8</td><td>8%</td><td>3</td></tr>
<tr><td>4.3.3　冷水机组的 IPLV</td><td>4</td><td>2%</td><td>0</td><td>0%</td><td>0</td></tr>
<tr><td>4.3.4　制冷系统运行调节</td><td>21</td><td>8%</td><td>15</td><td>15%</td><td>4</td></tr>
<tr><td>小计</td><td>58</td><td>23%</td><td>35</td><td>35%</td><td>11</td></tr>
<tr><td rowspan="4">4.4</td><td rowspan="4">热泵技术</td><td>4.4.1　空气源热泵</td><td>18</td><td>7%</td><td>8</td><td>8%</td><td>1</td></tr>
<tr><td>4.4.2　地源热泵</td><td>25</td><td>10%</td><td>11</td><td>11%</td><td>3</td></tr>
<tr><td>4.4.3　多联式空调（热泵）</td><td>13</td><td>5%</td><td>5</td><td>5%</td><td>1</td></tr>
<tr><td>小计</td><td>56</td><td>22%</td><td>24</td><td>24%</td><td>5</td></tr>
<tr><td>4.5</td><td colspan="2">制冷系统管路设计</td><td>17</td><td>7%</td><td>8</td><td>8%</td><td>1</td></tr>
<tr><td>4.6</td><td colspan="2">溴化锂吸收式制冷</td><td>24</td><td>9%</td><td>16</td><td>16%</td><td>3</td></tr>
<tr><td>4.7</td><td colspan="2">蓄冷技术</td><td>19</td><td>7%</td><td>8</td><td>8%</td><td>3</td></tr>
<tr><td>4.8</td><td colspan="2">冷库</td><td>26</td><td>10%</td><td>14</td><td>14%</td><td>2</td></tr>
<tr><td>4.9</td><td colspan="2">冷热电三联供</td><td>8</td><td>3%</td><td>6</td><td>6%</td><td>2</td></tr>
<tr><td colspan="3">合计</td><td colspan="2">257</td><td colspan="2">133</td><td>33</td></tr>
</table>

说明：2015年停考1年，近几年题目统计2016年至2019年。

4.1　制　冷　理　论

4.1.1　制冷循环

4.1-1.【单选】关于蒸汽压缩制冷循环的说法，下列哪一项是错误的?【2011-2-30】

A. 蒸汽压缩制冷性能系数与蒸发温度和冷凝温度有关，也与制冷剂种类有关

B. 在冷凝器后增加再冷却器的再冷循环可以提高制冷系数的性能系数

C. 制冷剂蒸汽被压缩冷凝为液体后，再用制冷剂液体泵提升压力，与直接用压缩机

压缩到该压力的电功消耗量相同

D. 工作在相同蒸发温度和冷凝温度的一次节流完全中间冷却的双级压缩制冷循环较单级制冷循环的性能系数大

参考答案： C

分析： 根据《三版教材》P577：节流损失的大小与（$T_k - T_0$）有关，与制冷剂的物性有关；P578：过热损失的大小与节流损失一样，即与（$T_k - T_0$）、P_k/P_{kr}和制冷剂物性有关，选项A正确；由P580可知，选项B正确；由P583可知，选项D正确。

4.1-2.【单选】蒸汽压缩式制冷循环的基本流程图正确的是下列哪一项？（图中箭头为制冷剂流向）【2011-2-32】

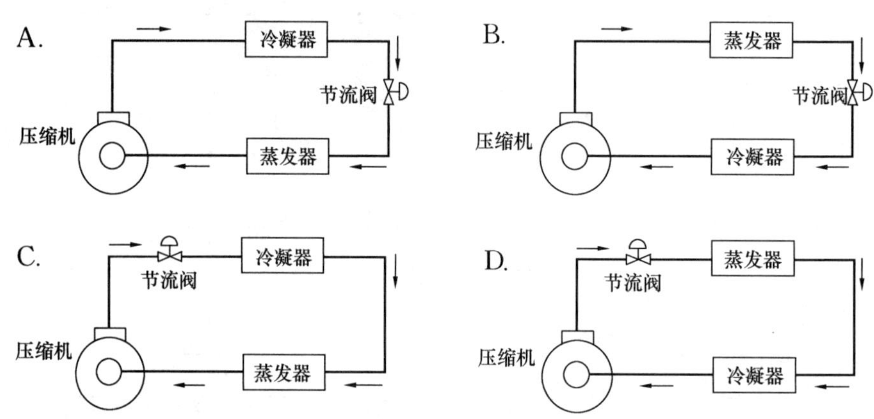

参考答案： A

分析： 由《三版教材》图4.1-1可知，选项A正确。

4.1-3.【单选】与单级蒸气压缩制冷循环相比，关于带节能器的多级蒸气压缩制冷循环的描述中，下列哪一项是错误的？【2012-2-30】

A. 节流损失减小　　B. 过热损失减小　　C. 排气温度升高　　D. 制冷系数提高

参考答案： C

分析：《三版教材》P582：这种带节能器的多级压缩制冷循环的优点：可减少压缩过程的过热损失和节流过程的节流损失，能耗少，性能系数高。选项ABD正确，故选C。

4.1-4.【单选】以下哪个选项是实现蒸汽压缩制冷理想循环的必要条件？【2013-1-34】

A. 制冷剂和被冷却介质之间的传热无温差

B. 用膨胀阀代替膨胀机

C. 用干压缩代替湿压缩

D. 提高过冷度

参考答案： A

分析： 选项A正确，根据《三版教材》P574，理想制冷循环及逆卡诺循环，由两个定温和两个绝热过程组成，而制冷剂和被冷却介质之间一旦有传热温差，就不能保证绝热过程。由576可知，选项BC为理论循环的必要条件；由P579可知，提高过冷度是为了减少理论循环温差损失、节流损失和过热损失，提高制冷系数。

4.1-5.【单选】蒸气压缩式制冷的理论循环与理想制冷循环比较，下列哪一项描述是错误的?【2016-1-33】

A. 理论循环和理想循环的冷凝器传热过程均存在传热温差

B. 理论循环和理想循环的蒸发器传热过程均为定压过程

C. 理论循环为干压缩过程，理想循环为湿压缩过程

D. 理论循环的制冷系数小于理想循环的制冷系数

参考答案：A

分析：根据《三版教材》P576，理想制冷循环重要条件之一是制冷剂与被冷却物和冷却剂之间必须在无温差情况下相互传热，选项 A 错误；根据图 4.1-6（C），图 4.1-8（C），选项 B 正确；依据 P577"（2）干压缩代替湿压缩"，选项 C 正确；依据 P578，对于大多数制冷剂，采用干压缩后，制冷系数有所降低，即 $\varepsilon_{干} < \varepsilon_{湿}$，减少的程度称为过热损失。选项 D 正确。

4.1-6.【单选】采用下图图示制冷装置冷凝回收某种气体，其压缩式制冷循环在下方压焓图上的表示，哪张压焓图是正确的?【2017-1-33】

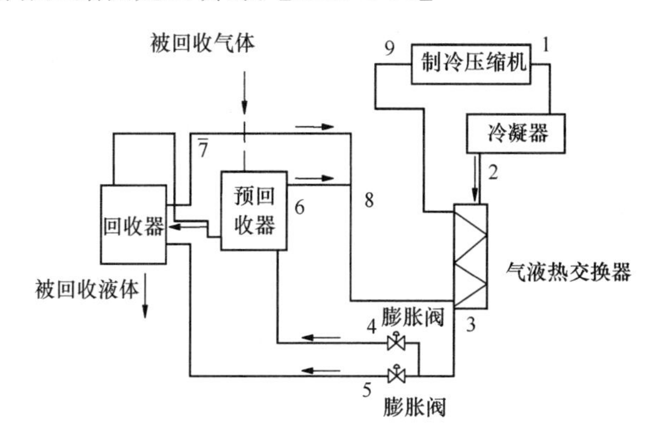

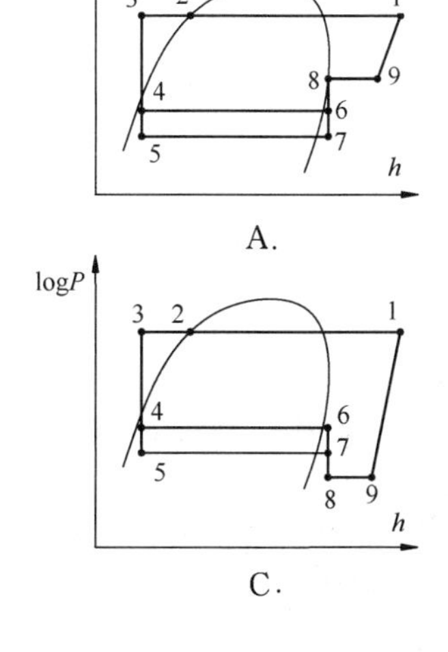

A.

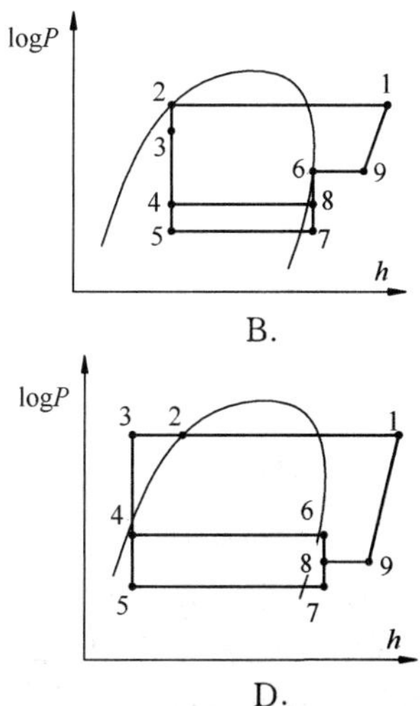

B.

logP 3 2 1 4 6 7 5 8 9 h

C.

logP 3 2 1 4 6 8 9 5 7 h

D.

参考答案： D

分析： 结合选项可知主要考察点为2-3过程的焓值关系及6与7混合后状态点8对应的压力值。2-3过程经过气液热交换器，即冷凝器出口处的制冷剂与回收装置内的介质发生热量交换，使得处于状态点2的制冷剂进一步得到冷却，故选项B错；状态点6与状态点7混合后得到的制冷剂的压力值必然处于两者之间，故选D。

4.1-7.【单选】热力膨胀阀是蒸汽压缩式制冷与热泵机组常用的节流装置。关于热力膨胀阀流量特性的描述，下列哪个选项是正确的?【2018-2-29】

A. 热力膨胀阀如果选型过大，容易出现频繁启闭（振荡）现象

B. 节流前后焓值相等，故膨胀阀入口存在气泡也不会影响机组的制冷量

C. 用于寒冷地区全年供冷的风冷式制冷机组，在冬季时，室外温度越低其制冷量越大

D. 低温空气源热泵机组保证夏季制冷与冬季制热工况能够高效运行的条件是：制冷系统节流装置的配置完全相同

参考答案： A

分析： 热力膨胀阀选型过大，节流后压力过低，蒸发压力过低，负反馈至膨胀阀，造成膨胀阀频繁启闭，故选项A正确；膨胀阀入口存在气泡，影响了节流过程的质量流量，故影响机组制冷量；寒冷地区当室外冬季低于0℃时，翅片管表面会结霜，当温度过低时，影响机组正常运行，故选项C错误；一般情况下，制冷工况和制热工况制冷剂的循环量是不同的，故对节流装置的要求不同，故选项D错误。

4.1-8.【多选】有关回热循环压缩制冷的描述，下列哪几项是正确的?【2011-1-65】

A. 采用回热循环，总会提高制冷系数

B. 采用回热循环，单位质量制冷剂的制冷量总会增加

C. 采用回热循环，单位质量制冷剂的压缩功耗总会增加

D. 采用回热循环，压缩机的排气温度比不采用回热循环的压缩机排气温度高

参考答案： BCD

分析： 选项A错误，根据《三版教材》P580、P581：采用回热循环后制冷量和压缩机功耗均会增加，但回热循环的制冷系数是否提高，视$\Delta q_0/\omega_c$的比值定，所以选项A错误，选项BC正确。根据图4.1-11（a）可知，采用回热循环后排气温度一定升高，选项B、C、D正确。

4.1-9.【多选】关于蒸汽压缩式制冷（热泵）机组和冷水机组的说法，正确的是下列哪几项?【2011-2-65】

A. 蒸汽压缩式制冷循环是制冷效率最高的循环

B. 相同外界环境条件下，蒸发冷凝式机组制冷性能系数显著大于风冷机组

C. 风冷热泵机组结霜后，蒸发温度会下降，制热量会降低

D. 三台水冷式冷水机组并联，配置三台冷却塔，单台机组运行，冷却塔依旧全部运行，会显著降低冷却水温度，必提高制冷系统的能效比

参考答案：BC

分析：根据《三版教材》P575：逆卡诺循环的制冷系数不存在温差损失、过热损失、节流损失等，只取决于冷热源温度，故逆卡诺循环是制冷效率最高的循环；蒸发式冷凝机组，冷凝换热过程存在相变，换热强度大于风冷冷凝器，相同条件下冷凝温度更低，制冷系数较高；冬季风冷热泵机组蒸发器结霜后，换热热阻增大，蒸发温度降低，制热量降低，另外机组融霜也消耗热量，进一步导致制热量降低；选项 D 错在说法太绝对了，冷却水温度降低在合理的范围内会提高系统的能效比，但过低的冷凝温度会导致机组不稳定，可参考《民规》第 8.6.3 条及其条文说明。

4.1-10.【多选】以下有关蒸气压缩式制冷机组的制冷循环目的名称，哪几幅是错误的？【2016-2-64】

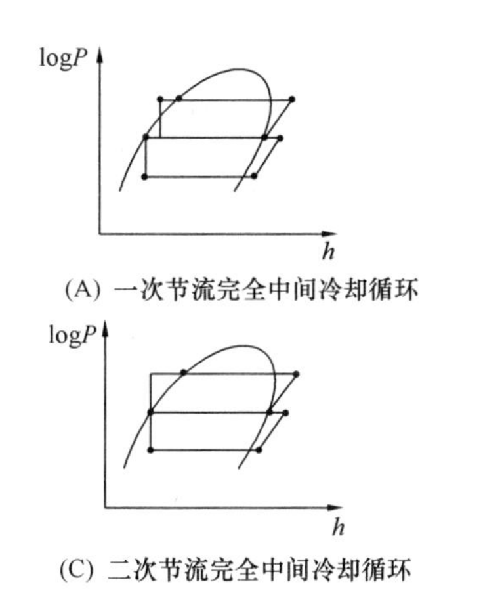

(A) 一次节流完全中间冷却循环

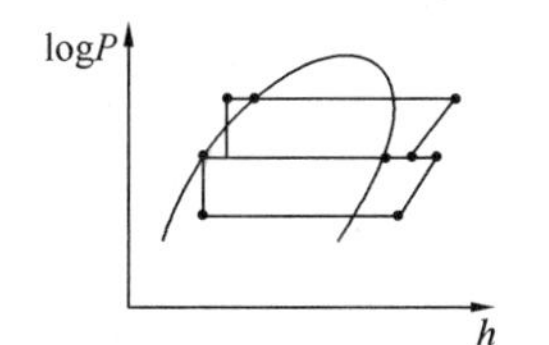

(B) 一次节流不完全中间冷却循环

(C) 二次节流完全中间冷却循环

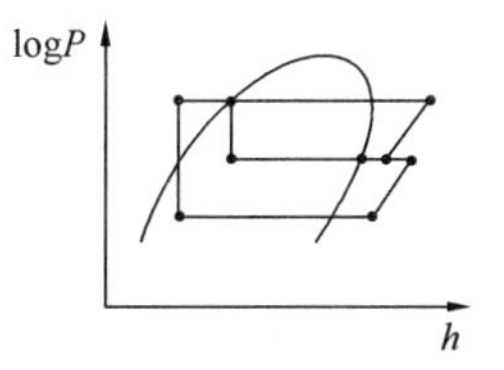

(D) 二次节流不完全中间冷却循环

A. 一次节流完全中间冷却循环　　B. 一次节流不完全中间冷却循环

C. 二次节流完全中间冷却循环　　D. 二次节流不完全中间冷却循环

参考答案：ABD

分析：根据《三版教材》图 4.1-13，选项 A 错误。根据图 4.1-14，选项 B 错误。根据陆亚俊、马最良、姚杨编著的《空调工程中的制冷技术》二次节流部分，选项 C 正确，选项 D 错误。

4.1.2　制冷剂

4.1-11.【单选】在 R22、R134a、R123 三种工质下，对大气臭氧层破坏程度由大至小排列，正确的是下列哪一项？【2011-1-35】

A. R22、R123、R134a　　B. R134a、R22、R123

C. R123、R134a、R22　　D. R22、R134a、R123

参考答案：A

分析：根据《三版教材》P594：R123 的 ODP=0.02，R134a 的 ODP=0；根据《09 技术措施》表 6.1.18 可知，R22 的 ODP=0.050，由大到小排列，选项 A 正确。

4.1-12.【单选】制冷剂的 GWP 值是制冷剂安全、环境特性的指标之一，GWP 的正

确描述为下列哪一项?【2011-2-31】

A. *GWP* 的大小表示制冷剂对大气臭氧层破坏的大小

B. *GWP* 的大小表示制冷剂毒性的大小

C. *GWP* 的大小表示制冷剂在大气中存留时间的长短

D. *GWP* 的大小表示制冷剂对全球气候变暖程度影响的大小

参考答案: D

分析: 根据《三版教材》P591:*GWP* 是衡量制冷剂对全球变暖影响程度大小的指标值,选项 ABC 错误,选项 D 正确。

4.1-13.【单选】在制冷剂选择时,正确的表述是下列哪一项?【2012-1-31】

A. 由于 R134a 的破坏臭氧潜值(*ODP*)低于 R123,所以 R134a 比 R123 更环保

B. 根据《蒙特利尔修正案》对 HCFC 的禁用时间规定,采用 HCFC 作为制冷剂的冷水机组在 2030 年以前仍可在我国工程设计中选用

C. 允许我国在 HCFC 类物质冻结后的一段时间可以保留 2.5%的维修用量

D. 在中国逐步淘汰消耗 O_3 层物质的技术路线中,"选择 R134a 替代 R22"是一项重要措施

参考答案: C

分析: 根据《三版教材》P594:R123 的 *ODP*=0.02,*GWP*=120。R134a 的 *ODP*=0,*GWP*=1300,可见选项 A 仅从 *ODP* 判断 R123 比 R134a 更环保是片面的;根据《09 技术措施》由第 6.1.22.1 条可知,HCFC 的生产量与消费量都受到冻结,因此选项 B 错误;由第 6.1.22.3 条可知,选项 C 正确;由第 6.1.21 条表 6.1.21 可知,R134a 取代的是 R12、R11、R500,选项 D 错。

4.1-14.【单选】关于 R32 制冷剂的性能表述,下列哪一项是错误的?【2012-2-32】

A. R32 的 *ODP* 值与 R410A 基本相等

B. R32 的 *GWP* 值小于 R410A

C. R32 的工作压力小于 R410A

D. R32 具有低度可燃性

参考答案: C

分析: 根据《三版教材》P595:R32 的 *ODP*=0,*GWP*=675;R410A 的 *ODP*=0,*GWP*=1730,选项 AB 正确;制冷量相当时,R32 的压力略高于 R410A,且排气温度要高。使用 R32 要解决好排气温度和弱可燃性问题,选项 C 错误,选项 D 正确。

4.1-15.【单选】以下关于制冷剂的表述,正确的应为哪一项?【2013-1-32】

A. 二氧化碳属于具有温室气体效应的制冷剂

B. 制冷剂为碳氢化合物的编号属于 R500 序号

C. 非共沸混合物制冷剂在一定压力下冷凝或蒸发时为等温过程

D. 采用实现非等温制冷的制冷剂,对降低功耗,提高制冷系数有利

参考答案: D

分析：根据《三版教材》P597：如果是利用原本要排入大气中的 CO_2，则可以认为对全球变暖无影响，选项 A 错误；P587：已编号的共沸混合物制冷剂，依应用先后，在 R500 序号中顺序编号，选项 B 错误，非共沸混合物制冷剂的特性：冷凝和蒸发时为非等温过程，故可实现非等温制冷，对降低功耗，提高制冷系数有利，选项 C 错误，D 正确。

4.1-16. 【单选】关于制冷剂的 *ODP* 和 *GWP* 指标（值）的说法，下列哪一项符合规定的定义？【2013-1-33】

A. 以 CO_2 的 *ODP* 为 1.0，作为评价各种制冷剂 *ODP* 的基准值

B. 以 R11 的 *GWP* 为 1.0，作为评价各种制冷剂 *GWP* 的基准值

C. 以 CO_2 的 *GWP* 为 1.0，作为评价各种制冷剂 *GWP* 的基准值

D. 以 R134a 的 *ODP* 为 1.0，作为评价各种制冷剂 *ODP* 的基准值

参考答案：C

分析：根据《三版教材》P590 可知，*ODP* 的大小是相对于 R11 进行比较的，*GWP* 定义为：在固定时间范围内 1kg 物质与 1kgCO_2 脉冲排放引起的时间累积辐射力的比例。选项 ABD 错误，选项 C 正确。

4.1-17. 【单选】下列关于制冷剂 R32 的性能表述，错误的是哪一项？【2013-2-29】

A. R32 与 R410A 都属于混合物制冷剂

B. R32 的温室效应影响低于 R410A

C. R32 具有低度可燃性

D. 同样额定冷量的制冷压缩机，R32 的充注量较 R410A 要少

参考答案：A

分析：根据《三版教材》P595 可知，R32 为单一制冷剂，R410A 为混合制冷剂，选项 A 错误，选项 BCD 正确。

4.1-18. 【单选】根据我国现行标准，以下关于制冷剂环境友好的表述，哪项是错误的？【2013-2-30】

A. 丙烷属于环境友好的制冷剂

B. 氨不属于环境友好的制冷剂

C. R134a 属于环境友好的制冷剂

D. R410A 不属于环境友好的制冷剂

参考答案：B

分析：根据《三版教材-2013》表 4.2-4 可知，丙烷、氨、R134a 均属于环境友好性制冷剂，R410A 不属于环境友好性制冷剂。选 B（《三版教材》表 4.2-4 中把环境友好性一列给删掉了）。

4.1-19. 【单选】某电动螺杆式冷水机组在相同制冷工况、相同制冷量的条件下，下列对采用不同制冷剂的影响的表述，下列何项是正确的？【2014-1-31】

A. 由于冷凝温度相同，压缩机的冷凝压力也相同，与制冷剂种类无关

B. 采用制冷剂的单位容积制冷量越大，压缩机的外形尺寸会越小

C. 采用制冷剂单位质量的排气与吸气焓差越大时，压缩机的能耗越小

D. 采用制冷剂单位质量的排气与吸气焓差越大，表示压缩机的 *COP* 值越高

参考答案： B

分析： 根据《三版教材》P577 可知，节流损失的大小与制冷剂的物性有关；由 P578 可知，过热损失的大小与制冷剂的物性有关，只有在逆卡诺循环的条件下，选项 A 才成立，选项 A 错误；由 P587 可知，选项 B 的说法没有问题，但实际情况应该结合机组类型来确定，并不是单位容积制冷量越小越好，选项 B 正确；制冷剂单位质量的排气与吸气焓差越大，则压缩机功耗越大，选项 CD 错。

4.1-20.【单选】两级复叠式制冷系统是两种不同制冷剂组成的双级低温制冷系统，高温部分使用中温制冷剂，低温部分使用低温制冷剂，对于该系统的表述，下列哪一项是错误的？【2014-2-32】

A. 复叠式制冷系统高温级的蒸发器，就是低温级的冷凝器

B. CO_2 制冷剂可作为复叠式制冷系统的高温级制冷剂，且满足保护大气环境要求

C. R134a 制冷剂与 CO_2 制冷剂的组合可用于复叠式制冷系统

D. NH_3/CO_2 的组合可用于复叠式制冷系统，且满足保护大气环境要求

参考答案： B

分析： 根据《三版教材》P597 可知，在复叠式制冷系统中，CO_2 用作低温制冷剂，高温级则用 NH_3 或 HFC-134a 作制冷剂，实际运行情况表明在技术上可行，选项 ACD 正确，选项 B 错误。

4.1-21.【单选】中国政府于 1989 年核准加入的《蒙特利尔议定书》中，对制冷剂性能所提出的规定，主要针对的是以下哪个选项？【2016-1-31】

A. 制冷剂的热力学性能　　B. 制冷剂的温室效应

C. 制冷剂的经济性　　D. 制冷剂的 *ODP*

参考答案： D

分析： 根据《三版教材》P590，制冷剂环境友好性主要考虑参数为 *ODP*、*GWP*、大气寿命等；由《三版教材》P592 可知，《蒙特利尔议定书》促进 HCFCs 替代选择对环境影响小的方案，特别是对气候的影响，同时也应满足健康、安全要求和考虑经济性。因此，降低 *ODP* 值，即是降低对大气臭氧层的消耗，纵观四个选项，选项 D 正确。

4.1-22.【单选】下列关于 R407C 和 R410A 制冷剂的说法，哪一项是错误的？【2017-1-31】

A. 两者都属于近共沸混合物制冷剂

B. R407C 的制冷性能与 R22 的制冷性能接近

C. 两者 ODP 数值相同

D. 两者的成分中都有 R32 制冷剂的组分

参考答案： A

分析：根据《三版教材》P587可知，选项A错误，R407C属于非共沸混合物；根据《09技术措施》表6.1.18，R407C与R22的制冷性能分别为6.78和6.98，故选项B正确；R407C和R410A制冷剂两者ODP数值均为0，故选项C正确；R407C由R32/R125/R134a组成，R410A由R32/R125组成，选项D正确。

4.1-23.【单选】根据附表中的参数，下列关于采用R32和R410A制冷剂的说法（冷凝温度为40℃，蒸发温度为10℃），哪一项是错误的？【2017-2-36】

R32和R410A的热物性参数

物性名称	R32		R410A	
	冷凝温度（40℃）	蒸发温度（10℃）	冷凝温度（40℃）	蒸发温度（10℃）
饱和蒸气压（MPa）	2.729	1.107	2.670	1.088
潜热（kJ/kg）	226.7	298.9	150.3	208.5

A. 就系统的耐压设计而言，R32的系统当采用R410A时，可满足要求

B. 提供相同冷量条件下，R32的质量流量要小于R410A的质量流量

C. 提供相同冷量且管路相同的条件下，R32的管路流动压降要小于R410A的管路流动压降

D. 提供相同冷量条件下，仅考虑潜热部分，R32的冷凝放热量要小于R410A的冷凝放热量

参考答案：D

分析：由题目表格可知，制冷剂最大饱和蒸汽压力R410A<R32，R32的系统当采用R410A时，系统的耐压设计满足要求，故选项A正确；潜热R32>R410A，故单位制冷的制冷能力R32>R410A，质量流量R32<R410A，故选项B正确；由选项B可知，质量流量R32<R410A，在相同管路条件下，制冷剂为R410A相对R32的管路流速大，阻力损失大，故压降大，选项C正确；根据表格内对应的潜热部分数据，R32的冷凝放热量>R410A的冷凝放热量，选项D错误。

4.1-24.【单选】下列哪一种制冷剂目前难以大规模应用于全封闭压缩机制冷系统中？【2018-1-32】

A. R32　　B. R290　　C. R717　　D. R744

参考答案：B

分析：根据《三版教材》P596可知，制冷系统尽量减少碳氢化合物的充注量，故选项B错误。

4.1-25.【单选】对采用CO_2为制冷剂的跨临界循环热泵热水机组，关于其性能与特点的描述，下列何项是错误的？【2018-1-33】

A. 由于CO_2排气温度高，CO_2热泵热水机组适宜制取高温热水

B. 由于CO_2临界温度低，CO_2热泵热水机组的系统工作压力比较低

C. 由于CO_2单位容积制冷能力大，CO_2热泵热水机组的压缩机可以实现小型化

D. 由于排气压力和蒸发压力相差大，宜采用膨胀机构替代节流阀

参考答案： B

分析： 根据《三版教材》P597 可知，选项 ACD 正确；系统临界压力高，必须具备高承压能力、高可靠性等特点，故选项 B 错误。

4.1-26.【单选】某电动制冷系统因故发生了制冷剂部分泄露的情况。把系统重新维修并确保严密性达到要求后，需要重新补充添加一部分制冷剂：问：采取补充添加部分制冷剂的做法，不能适用于下列哪一项制冷剂？【2018-2-32】

A. R22　　B. R32　　C. R290　　D. R407C

参考答案： D

分析： 根据《三版教材》P595 关于 R407C 的特性描述可知，选项 D 错误。

4.1-27.【多选】有关制冷剂和替代技术的表述，下列哪几项是错误的？【2013-1-66】

A. 以 R290 为制冷剂的房间空调器属于我国的制冷剂替代行动

B. R22 和 R134a 的检漏装置类型相同

C. 名义工况下，R290 的 *COP* 值略低于 R134a

D. R410A 不属于 $HCFC_S$ 制冷剂，因而，长期都不会淘汰

参考答案： BCD

分析： 根据《三版教材》表 4.2-5 可知，选项 A 正确；由 P593、P594 可知，R134a 应采用 R134a 专用的检漏仪；由 P595 可知，R290 热力性能好，其 *COP* 值稍高于 R22，比 R134a 高 10%～15%，选项 C 错误；由 P594 可知，R410A 属于 HFC_s制冷剂，选项 D 错误。

4.1-28.【多选】采用 R744 作制冷剂的优点，应是下列选项的哪几个？【2014-1-65】

A. $COP=0$　　B. $GWP=1$

C. 化学稳定性好　　D. 传热性能好

参考答案： BCD

分析： 根据《三版教材》P597 可知，CO_2的 $ODP=0$，$GWP=1$，传热性能好，化学稳定性好，选项 A 给出的 *COP* 属于混淆概念，选项 BCD 正确。

4.1-29.【多选】关于常用制冷剂性能的说法，正确的是下列哪几项？【2016-2-63】

A. R22 属于过渡性制冷剂

B. 对 R134a 检漏应采用氯检漏仪

C. 使用 R123 冷水机组的机房设计中，应设计制冷剂泄露传感器及事故报警

D. 丙烷是可作为房间空调器 HCFCs 制冷剂替代技术中适用的制冷剂之一

参考答案： ACD

分析： 根据《三版教材》P594，R22 属于过渡性制冷剂，选项 A 正确。根据 P594～P595，对 R134a 无氯原子，检漏应采用 R134a 专用检漏仪，选项 B 错误。根据 P594，选项 C 正确。根据表 4.2-5，选项 D 正确。

4.1-30.【多选】下列关于R134a和R123制冷剂的说法，哪几项是正确的?【2017-2-67】

A. 就安全性比较，R134a比R123相对更安全

B. 采用R123离心式冷水机组为正压机组

C. 对采用R11的已有离心式冷水机组进行改造，采用R123时，变更不大

D. R134a属于混合制冷剂

参考答案：AC

分析：根据《三版教材》P594，R123毒性为B1级，R134a毒性为A1级，R123毒性更高，故选项A正确；因R123毒性高，其运行需加强安全措施，防止泄露，故选项B错误；选项C正确；根据表4.2-4，选项D错误。

4.2 制冷压缩机

4.2-1.【单选】螺杆式压缩机转速不变、蒸发温度不同工况时，其理论输气量（体积流量）的变化表述，下列哪一项是正确的?【2012-2-33】

A. 蒸发温度高的工况较之蒸发温度低的工况，理论输气量变大

B. 蒸发温度高的工况较之蒸发温度低的工况，理论输气量变小

C. 蒸发温度变化的工况，理论输气量变化无一定规律可循

D. 蒸发温度变化的工况，理论输气量不变

参考答案：D

分析：根据《三版教材》P611可知，理论输气量与压缩机的转数和压缩部分的机构等有关，由式（4.3-3）、式（4.3-4）可知，理论输气量不变，选项D正确。

4.2-2.【单选】有关制冷压缩机名义工况的说法，下列何项是正确的?【2014-2-33】

A. 采用不同制冷剂的制冷压缩机的名义工况参数与制冷剂的种类有关

B. 螺杆式单级制冷压缩机的名义工况参数与是否带经济器有关

C. 不同类型的制冷压缩机的名义工况中环境温度参数相同

D. 离心制冷压缩机的名义工况参数在国家标准GB/T 18430.1中可以查到

参考答案：A

分析：根据《三版教材》表4.3-1～表4.3-2，有机制冷剂与无机制冷剂压缩机名义工况不同，说明名义工况参数与制冷剂的种类有关，选项A正确，由表4.3-4可知，螺杆式单级制冷压缩机的名义工况参数与是否带经济器无关，选项B错误；由表4.3.1～3可知，不同类型的制冷压缩机的名义工况中环境温度参数不同，选项C错误；由于离心式制冷压缩机很少单独使用，一般都是以冷水机组的标准出现，无压缩机的名义工况规定，选项D错误。

扩展：本题选项B有争议，根据《二版教材》P539，带经济器的压缩机组的名义工况除吸入饱和温度为−35℃以外，其他均和压缩机的低温名义工况相同，故选项B正确。可与【2012-1-67】比较，故本题正确选项为AB。但相比之下，本题单选答案建议选A。

4.2-3.【单选】有关制冷压缩机名义工况的说法，下列何项是正确的?【2014-2-33】

A. 采用不同制冷剂的制冷压缩机的名义工况参数与制冷剂的种类有关

B. 螺杆式单级制冷压缩机的名义工况参数与是否带经济器有关

C. 不同类型的制冷压缩机的名义工况中环境温度参数相同

D. 离心制冷压缩机的名义工况参数在国家标准 GB/T 18430.1 中可以查到

参考答案： A

分析： 根据《三版教材》表 4.3-1～表 4.3-2，有机制冷剂与无机制冷剂压缩机名义工况不同，说明名义工况参数与制冷剂的种类有关，选项 A 正确，由表 4.3-4 可知，螺杆式单级制冷压缩机的名义工况参数与是否带经济器无关，选项 B 错误；由表 4.3-1～3 可知，不同类型的制冷压缩机的名义工况中环境温度参数不同，选项 C 错误；由于离心式制冷压缩机很少单独使用，一般都是以冷水机组的标准出现，无压缩机的名义工况规定，选项 D 错误。

扩展： 本题选项 B 有争议，根据《二版教材》P539，带经济器的压缩机组的名义工况除吸入饱和温度为－35℃以外，其他均和压缩机的低温名义工况想同，故选项 B 正确。可与【2012-1-67】比较，故本题正确选项为 AB。但相比之下，本题单选答案建议选 A。

4.2-4.【单选】关于风冷冷水机组名义工况性能系数测试中消耗总电功率的内涵描述，下列何项是正确的?【2016-1-29】

A. 风冷冷水机组的压缩机装机电功率

B. 制冷名义工况下的压缩机的输入电功率

C. 制冷名义工况下的压缩机、油泵电动机、放热侧冷却风机的输入总电功率

D. 制冷名义工况下的压缩机、油泵电动机、操作控制电路、放热侧冷却风机的输入总电功率

参考答案： D

分析： 根据《蒸气压缩循环冷水（热泵）机组　第 1 部分：工业或商业用及类似用途的冷水（热泵）机组》GB/T 18430.1—2007 第 6.3.3-b，选项 D 正确。

4.2-5.【多选】活塞式压缩机级数的选择是根据制冷剂和设计工况的冷凝压力与蒸发压力之比来确定的，下列陈述中，正确的是哪几项?【2011-1-67】

A. 以 R717 为制冷剂时，当压缩比≤6 时，应采用单级压缩

B. 以 R717 为制冷剂时，当压缩比＞8 时，应采用双级压缩

C. 以 R22 为制冷剂时，当压缩比≤10 时，应采用单级压缩

D. 以 R134a 为制冷剂时，只能采用单级压缩

参考答案： ABC

分析： 根据《三版教材》表 4.9-13 氨压缩机，当压缩比≤8 时采用单级压缩，选项 A 正确；当压缩比＞8 时采用双级压缩，选项 B 正确；弗利昂压缩机，当压缩比≤10 时采用单级压缩，选项 C 正确；当压缩比＞10 时采用双级压缩，选项 D 错误。

4.2-6.【多选】下列有关制冷压缩机的名义工况的说法，正确的应是哪几项?【2012-1-67】

A. 不同类别的制冷压缩机的名义工况参数与制冷剂的种类有关

B. 螺杆式单级制冷压缩机的名义工况参数与是否带经济器有关

C. 制冷压缩机的名义工况参数中都有环境温度参数

D. 采用R22的活塞式单级制冷压缩机的名义工况参数中，制冷剂的液体过冷度是0℃

参考答案： ABD

分析： 根据《二版教材》P539表4.3-1、表4.3-2可知，压缩机的名义工况参数是与其对应下制冷剂的参数值，不同制冷剂的名义工况不同，故选项A是正确的；由《二版教材》P539，带经济器的压缩机组的名义工况除吸入饱和温度为−35℃以外，其他均和压缩机的低温名义工况相同，故选项B正确；选项C错误，活塞式压缩机与环境温度有关，离心式和螺杆式压缩机与环境温度无关；选项D正确，详《三版教材》P609表4.3-4。

4.2-7.【多选】制冷压缩机运行时，引起排气压力过高的原因，正确的是下列的哪几项？【2012-2-64】

A. 水冷冷凝器冷却水量不足或风冷冷凝器冷却风量不足

B. 冷凝器管束表面污垢过多

C. 制冷剂灌注量过多

D. 制冷剂系统内有空气

参考答案： ABCD

分析： 当冷凝器严重脏堵、风扇有故障、冷却风量不足、制冷剂过量、系统中混有空气或其他非凝气体时，会产生过高的排气压力，降低了空调器的工作效率，严重时会损坏压缩机。

扩展： 详见附录5扩展4-12：制冷装置的常见故障及其排除方法。

4.2-8.【多选】关于离心式冷水机组的正确说法，应是下列哪几项？【2013-1-60】

A. 当单台制冷量大于1758kW时，相同冷量的离心式冷水机组的*COP*值一般高于螺杆式冷水机组

B. 离心式机组有开启式、半封闭式和封闭式三种

C. 离心式机组的电源只有380V一种

D. 离心式冷水机组的制冷剂流量过小时，易发生喘振

参考答案： ABD

分析： 由《公建节能2015》表4.2.10可看出，在制冷量大于1163kW时，离心式冷水机组的性能系数要求高于螺杆式冷水机组，选项A正确；由《三版教材》P607可知，离心式压缩机也有开启式、半封闭式和封闭式之分，选项B正确；根据《三版教材》P608，离心式压缩机的额定电压可为380V、6kV和10kV三种，选项C错误；单级离心式制冷压缩机在低负荷下运行时，容易发生喘振，选项D正确。

4.2-9.【多选】下列关于单级压缩开启式与单级压缩半封闭式离心式冷水机组的说法，哪几项是正确的？【2013-1-63】

A. 开启式机组电机采用空气或水冷却

B. 半封闭式机组电机采用制冷剂冷却

C. 开启式机组没有轴封，不存在制冷剂与润滑油的泄漏

D. 轴封需定期更换，以防止制冷剂与润滑油的泄漏

参考答案：ABD

分析：根据《09技术措施》P134表6.1.15，开启式压缩机的电机冷却通常采用空气冷却，很少选用水冷却的电机，选项A正确；半封闭压缩机的电机冷却通常利用液态制冷剂或气态制冷剂冷却，选项B正确；开启式压缩机采用轴封结构，因此存在着制冷剂与润滑油的泄漏可能，轴封易磨损，需定期更换轴封，故选项C错误，选项D正确。

4.2-10.【多选】空气源热泵热水机，采用涡旋式压缩机，当环境温度不变，机组的供回水温差不变，供水温度提高时，下列哪几项表述是正确的?【2013-1-67】

A. 压缩机的耗功增加　　B. 压缩机的耗功减小

C. 压缩机的能效比增加　　D. 压缩机的能效比减小

参考答案：AD

分析：根据《三版教材》P812影响热泵热水机性能系数主要有四个因素：产品性能、环境温度（或水源温度）、初始水温和目标水温。因而实际运行的能耗情况应结合热水机的性能特性、供热水需求和环境条件等综合分析。大体上，目标水温为55℃，初始水温越低，性能系数就越高。空气源热泵热水机冬季环境温度越高，性能系数就越高；夏季环境温度越高，对设备寿命会有影响。显然目标水温越高，其性能系数会降低。而当环境温度不变时，表明蒸发温度不变，供水温度提高，表明冷凝温度升高，根据压焓图可知，压缩机吸气口比容不变，制冷剂质量流量不变，但是由于冷凝温度升高，压缩机比功增大，压缩机功率增加，能效比减小。

4.2-11.【多选】关于蒸汽压缩式机组的描述，下列哪几项是正确的?【2014-1-63】

A. 活塞式机组已经在制冷工程中属于淘汰机型

B. 多联式热泵机组的变频机型为数码涡旋机型

C. 大型水源热泵机组宜采用离心式水源热泵机组

D. 变频机组会产生电磁干扰

参考答案：CD

分析：根据《三版教材》P602，“目前高度多缸活塞式制冷压缩机还广泛应用于制冷领域”，选项A错误；P620：“多联式空调（热泵）机组的压缩机普遍采用涡旋式压缩机，按机组压缩机的调节方式分有定频、变频调速和数码涡旋调节方式等”，选项B错误；根据P609：“应用于水地源热泵机组的机型，有涡旋式压缩机、螺杆式压缩机和离心式压缩机”，大型水源热泵机组采用离心式压缩机，效率高，选项C正确；变频器会产生电磁干扰，选项D正确。

4.2-12.【多选】某大型综合商业建筑的离心式冷水机组（定频、制冷剂为R134a、设计供/回水温度7℃/12℃）运行两年后，第三个制冷期发现吸气压力值偏低，下列哪几

项是可能引起该问题发生的原因?【2016-1-63】

A. 冷水流量偏小　　B. 冷水流量偏大

C. 制冷剂的充注量过大　　D. 制冷剂的充注量过小

参考答案：AD

分析：造成吸气压力偏低的原因较多，依据题中给出四个选项分析，当制冷剂充注量偏少或出现泄漏，会导致吸气压力偏低而吸气温度升高；当冷水流量偏小，或温度继电器失控，被冷却介质已低于设计温度，会导致吸气压力和吸气温度均偏低。选项AD正确。

4.2-13.【多选】导致往复活塞式压缩机容积效率低下的因素，正确的应是下列选项中的哪几项?【2016-1-66】

A. 气缸中存有余隙容积增大

B. 压缩机排气压力与吸气压力的比值降低

C. 气阀运动不正常（开闭不及时）

D. 活塞环磨损严重

参考答案：ACD

分析：根据《三版教材》P611～P612，影响活塞式压缩机容积效率因素可知，选项ACD正确；选项B错误。

4.2-14.【多选】在进行制冷机组设计时，需根据制冷侧的工况绘制了如右图所示的压焓图，其中1→2为等熵压缩过程，如果机组采用全封闭压缩机，已知：压缩机的理论输气量为V_h（m^3/s），吸气比容为v_1（m^3/kg），指示效率为η_i，容积效率为η_v，摩擦效率为η_m，电机效率为η_e。问：下列机组制冷量Q_e（kW）和电机输入功率P_{in}（kW）的计算公式，哪几项是正确的?【2018-1-66】

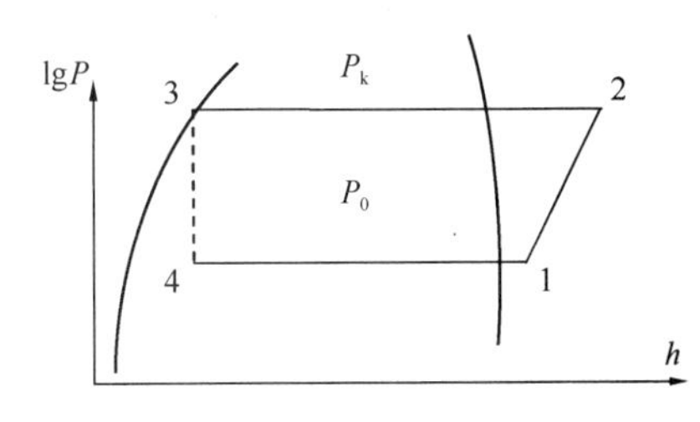

A. $Q_e=\eta_v\dfrac{V_h}{v_1}(h_1-h_4)$

B. $Q_e=\eta_i\dfrac{V_h}{v_1}(h_1-h_4)$

C. $P_{in}=\eta_i\dfrac{V_h}{v_1}(h_2-h_1)/(\eta_v\eta_m\eta_e)$

D. $P_{in}=\eta_v\dfrac{V_h}{v_1}(h_2-h_1)/(y_i y_m y_e)$

参考答案：AD

分析：根据《三版教材》P613可知，选项A正确，选项B错误；$M_R=\eta_v\dfrac{V_h}{v_1}$，$P_{in}=M_R(h_2-h_1)/(y_i y_m y_e)$，故选项C错误。

选项D正确。

4.3　制　冷　机　组

4.3.1　制冷机组性能参数

4.3-1.【单选】下列电动压缩式制冷（热泵）机组的构成的说法，错误的应为哪一

项?【2013-1-29】

A. 单台离心式冷水机组（单工况）只有一个节流装置

B. 房间空调器的节流元件多为毛细管

C. 一个多联机（热泵）空调系统只有一个节流装置

D. 单机头螺杆式冷水机组（单工况）只有一个节流装置

参考答案： C

分析： 根据《三版教材》图4.3-1及图4.3-2，对于单冷机组来说，仅仅需要一个节流装置即可，而对于热泵来说，由于分别用于制冷和供热工况，工况和容量不同需要设置两个节流阀，选项AD正确，选项C错误；选项B有些超纲，可参考《空气调节用制冷技术》P132，“毛细管已广泛用于小型全封闭式制冷装置，如家用冰箱、除湿机和房间空调器，当然，较大制冷量的机组也有采用”。

4.3-2.【单选】现行国家标准关于工业或商业用蒸汽压缩式冷水机组的名义工况，所规定的水冷式冷水机组的冷却水进口水温，下列哪项是正确的?【2013-2-33】

A. 28℃　　B. 30℃　　C. 32℃　　D. 35℃

参考答案： B

分析： 根据《三版教材》表4.3-5或《蒸汽压缩循环冷水（热泵）机组　第1部分：工业或商业用及类似用途的冷水（热泵）机组》GB/T 18430—2007表2，进口水温为30℃，选项B正确。

4.3-3.【单选】关于工业或商业用冷水（热泵）机组测试工况的基本参数，下列何项是错误的?【2014-1-33】

A. 新机组蒸发器和冷凝器测试时污垢系数应考虑为0.018m^2·℃/kW

B. 名义工况下热源侧（风冷式）制热时湿球温度为6℃

C. 名义工况下热源侧（蒸发冷却式）制冷时湿球温度为24℃

D. 名义工况下使用侧水流量为0.172m^3/(h·kW)

参考答案： A

分析： 根据《蒸汽压缩循环冷水（热泵）机组　第1部分：工业或商业用及类似用途的冷水（热泵）机组》GB/T 18430—2007表2可知，选项BCD均正确；由第4.3.2.2条可知，选项A错误。

4.3-4.【单选】在严寒A地区某建筑设计冷负荷为3000kW，设计采用污水源热泵冷热水机组，选择和计算机组参数错误的，是下列选项的哪一项?【2017-1-26】

A. 采用名义制冷量1500kW变频螺杆式机组2台，性能系数为5.0

B. 采用名义制冷量1000kW变频螺杆式机组3台，性能系数为4.8

C. 采用名义制冷量1500kW变频离心式机组2台，性能系数为4.8

D. 采用名义制冷量1000kW变频离心式机组3台，性能系数为4.7

参考答案： C

分析： 根据《公建节能2015》第4.2.10条，名义制冷量为1500kW的变频螺杆式机组，COP 应不小于 4.94，故选项 A 正确；名义制冷量为 1000kW 的变频螺杆式机组，COP 应不小于 4.75，故选项 B 正确；名义制冷量为 1500kW 的变频离心式机组，COP 应不小于 4.93，故选项 C 错误；名义制冷量为 1000kW 的变频离心式机组，COP 应不小于 4.65，故选项 D 正确。

4.3-5.【单选】对于水冷式制冷机，冷凝器的冷凝温度选择正确的应是下列哪一项？【2017-1-35】

A. 宜比冷却水进出口平均温度高 5～7℃

B. 宜比冷却水进口温度高 5～7℃

C. 宜比冷却水出口温度高 5～7℃

D. 应比冷却水进出口水温差高 5～7℃

参考答案： A

分析： 根据《三版教材》P640 可知，选项 A 正确。

4.3-6.【单选】某离心式冷水机组国标名义工况满负荷性能系数（COP）为 5.8，其设计工况为：冷冻水进/出口温度 14℃/9℃，冷却水进/出口温度 31℃/36℃，对该机组设计工况满负荷性能系数（COP）的判断，正确的是下列哪一项？【2017-2-31】

A. 不确定　　B. ＝5.8　　C. ＞5.8　　D. ＜5.8

参考答案： C

分析： 根据《蒸汽压缩循环冷水（热泵）机组第 1 部分：工业或商业用及类似用途的冷水机组》（热泵）GB/T 18430.1—2007 第 4.3.2.1 条或《三版教材》表 4.3-5 查得，冷冻水出口温度为 7℃，冷却水进口温度为 30℃，在冷冻水供回水温差及冷却水供回水温差均为 5℃情况下，当冷冻水出口温度由 7℃提高至 9℃，冷却水进水温度由 30℃提高至 31℃，冷冻水出水温度提高幅度大于冷却水进水温度提高幅度，整体而言，机组制冷量增加，功耗降低，机组设计工况满负荷性能系数（COP）大于名义工况的性能系数，故选项 C 正确。

4.3-7.【单选】关于水冷式蒸汽压缩循环冷水（热泵）机组设计和使用条件，以下不正确的是哪一项？【2018-1-31】

A. 制冷的最大负荷工况：蒸发器单位名义制冷量流量 0.172m^3/(h·kW)，出口水温 15℃

B. 热泵制热的最大负荷工况：冷凝器单位名义制冷量流量 0.172m^3/(h·kW)，进口水温 21℃

C. 制冷变工况性能温度范围：冷凝器进口水温 19～33℃

D. 热泵制热变工况性能温度范围：蒸发器进口水温 15～21℃

参考答案： B

分析： 根据《蒸汽压缩循环冷水（热泵）机组第 1 部分：工商业用和类似用途的冷水（热泵）机组》GB/T 18430.1—2007 表 5 可知，选项 B 错误，应为蒸发器的进口水温为 21℃。

4.3-8.【单选】寒冷地区某公共建筑，夏季空调计算冷负荷3100kW，拟配置两台下述参数的水冷离心式冷水机组作为其空调冷源。关于冷水机组的选择，下列哪一项不符合节能设计的要求？【2018-2-21】

A. 单台设计工况制冷量1750kW

B. 单台设计工况制冷性能系数（*COP*）5.80

C. 名义工况综合部分负荷系数（*IPLV*）7.60

D. 名义工况能效等级2级

参考答案： A

分析： 根据《公建节能2015》第4.1.1条，机组总装机容量与计算冷负荷的比值不得超过1.1，选项A错误；计算冷负荷为3100kW，则单台冷水机组制冷量为1550kW，根据《公建节能2015》第4.2.10条，*COP*不应低于5.5，选项B正确；根据第4.2.11条，*IPLV*不应低于5.6，选项C正确；根据《冷水机组能效限定值及能效等级》GB 19577—2015表2，节能评价值为能效等级2级，选项D正确。

4.3-9.【单选】某蒸汽压缩循环冷水机组，在制冷名义工况下进行性能试验，在下列试验结论中，不满足产品标准要求的是哪一项？【2018-2-30】

A. 制冷量为名义规定值的95%

B. 机组消耗总电功率为机组名义消耗电功率的110%

C. *COP*为机组名义工况铭示值的90%

D. 冷水、冷却水的压力损失为机组名义规定值的115%

参考答案： C

分析： 根据《蒸汽压缩循环冷水（热泵）机组 第1部分：工业或商业用及类似用途的冷水（热泵）机组》GB/T 18430.1—2007第5.4条可知，选项ABD满足，选项C不满足，应不低于铭示值的92%。

4.3-10.【多选】对水冷式冷水机组冷凝器的污垢系数的表述，下列哪几项是错误的？【2012-1-66】

A. 污垢系数是一个无量纲单位

B. 污垢系数加大，增加换热器的热阻

C. 污垢系数加大，水在冷凝器内的流动阻力增大

D. 机组冷凝器进出水温升降低，表明污垢严重程度加大

参考答案： AD

分析： 污垢系数是一个有单位的量纲，选项A错误；选项B、C正确；选项D中机组冷凝器进出水温升降低并不是仅因为污垢的原因，也可能是由其他原因造成的，例如水流量过大等。

扩展： 考生应注意区别冷水机组的“污垢系数”与《三版教材》P108换热器的“水垢系数”。前者是有量纲单位，而后者是无量纲单位。

4.3-11.【多选】某写字楼建筑设计为一个集中式中央空调系统，房间采用风机盘管

十新风系统方式，确定冷水机组制冷量（不计附加因素）的做法，下列哪几项是错误的？【2012-2-60】

A. 冷水机组的制冷量＝全部风机盘管（中速）的额定制冷量＋新风机组的冷量

B. 冷水机组的制冷量＝全部风机盘管（高速）的额定制冷量＋新风机组的冷量

C. 冷水机组的制冷量＝逐项逐时计算的最大小时冷负荷×大于 1 的同时使用系数

D. 冷水机组的制冷量＝逐项逐时计算的最大小时冷负荷×小于 1 的同时使用系数

参考答案： ABC

分析： 根据《民规》第 8.2.2 条，冷水机组选型应根据计算的空调冷负荷直接选定，故选项 A、B 错误。根据《民规》第 7.2.11 条，选项 D 正确，选项 C 错误。

4.3-12. 【多选】关于冷水机组的配置原则，下列哪几项说法是错误的？【2018-1-65】

A. 冷水机组的台数应至少为 2 台

B. 所选机组的总装机容量应比计算冷负荷大 10%以上

C. 当选用一台或多台不小于 1160kW 的离心式冷水机组时，宜同时设置 1～2 台制冷量较小的、容量调节性能优良的冷水机组

D. 所配置的所有冷水机组的名义制冷量之和，应与实际工程所计算的建筑冷负荷相等

参考答案： ABD

分析： 根据《民规》GB 50736—2012 第 8.1.5，第 8.2.1 条、8.2.2 条及条文说明可知，选项 ABD 错误，选项 C 正确，有利于制冷机组高效运行。

4.3-13. 【多选】按照空调冷源分类原则，下列空调系统中，属于直接膨胀式系统的是哪几项？【2018-2-63】

A. 水环热泵冷、热风空调系统

B. 多联机冷、热风空调系统

C. 蒸发冷却冷、热风空调系统

D. 家用分体式冷、热风空调机

参考答案： ABD

分析： 根据《三版教材》P372 可知，选项 ABD 正确。

4.3.2 冷水机组能效等级

4.3-14. 【单选】在国家标准《多联机空调（热泵）机组能效限定值及能源效率等级》GB 21454—2008 中，关于多联机能效等级的分级，正确的是下列哪一项？【2011-1-37】

A. 能效等级共分为 3 级，其中 1 级为能效最高级

B. 能效等级共分为 4 级，其中 1 级为能效最高级

C. 能效等级共分为 5 级，其中 1 级为能效最高级

D. 能效等级共分为 5 级，其中 5 级为能效最高级

参考答案： C

分析： 根据《多联式空调（热泵）机组能效限定值及能源效率等级》GB 21454—

2008第3.3条可知，能效等级共分5级，其中1级能效为最高级，选项C正确。

4.3-15.【单选】下列冷水机组等产品的选项组中，不符合节能设计标准要求的为哪一项?【2011-2-33】

A. 选用能效等级为2级的单元式空调机

B. 选用能效等级为4级的水冷式离心冷水机组

C. 选用能效等级为3级的风冷活塞/涡旋式冷水机组

D. 选用能效等级为3级的水冷螺杆式冷水机组

参考答案： B

分析： 根据《单元式空气调节机能效限定值及能源效率等级》GB 19567—2004表2及第5.2条可知，选项A正确；根据《公建节能2015》第4.2.11条及其条文说明P108可知，离心式为3级，螺杆式为4级，活塞式为5级，选项CD正确。

扩展： 由《公建节能2015》第4.2.10条及条文说明可知，名义制冷工况和规定条件下的*COP*限制做了大幅提升。其中对水冷定频和水冷变频机组因压缩机类型不同，对限值做了具体要求。同时，对各类制冷水冷机组的限值按照6类分区进行细化。相对《公建节能2005》，要求更为严格，气候区各类型冷水机组初投资成本有所提高，全国加权平均增量成本比例约为19.1%，静态投资回收期为4～5a。

4.3-16.【单选】全年运行的空调制冷系统，对冷水机组冷却水最低进水温度进行控制（限制）的原因是什么?【2012-1-34】

A. 该水温低于最低限值时，会导致冷水机组的制冷系统运行不稳定

B. 该水温低于最低限值时，会导致冷水机组的*COP*降低

C. 该水温低于最低限值时，会导致冷水机组的制冷量下降

D. 该水温低于最低限值时，会导致冷却塔无法工作

参考答案： A

分析： 根据《民规》第8.6.3.2条和《公建节能2015》第4.5.7.5条及其条文说明可知，“冷却水水温不稳定或过低，会造成压缩式制冷系统高低压差不够、系统运行不稳定、润滑系统不良运行等问题，造成吸收式冷（温）水机组出现结晶事故等”，选项A正确。

4.3-17.【单选】关于热泵机组，下列表述正确的是哪一项?【2012-2-34】

A. 国家标准《冷水机组能效限定值及能源效率等级》GB 19577—2004的相关规定只适合冷水机组，不适合热泵机组

B. 用于评价热泵机组制冷性能的名义工况与冷水机组的名义工况不同

C. 水源热泵机组名义工况时的蒸发器、冷凝器水侧污垢系数均为0.086m^2·℃/kW

D. 具有两个以上独立制冷循环的风冷热泵机组，各独立循环融霜时间的总和不应超过各独立循环总运转时间的20%

参考答案： D

分析： 根据《冷水机组能效限定值及能源效率等级》GB 19577—2004的适用范围可

知，此标准适用于电机驱动压缩机的蒸汽压缩循环冷水（热泵）机组，选项 A 错误；由《蒸汽压缩循环冷水（热泵）机组　第 1 部分：工业或商业用及类似用途的冷水（热泵）机组》GB/T 18430.1—2007 表 2 可知，名义工况相同，选项 B 错误；由《蒸汽压缩循环冷水（热泵）机组　第 1 部分：工业或商业用及类似用途的冷水（热泵）机组》GB/T 18430.1—2007 前言修订可知，选项 C 错误；由第 5.6.3 条可知，选项 D 正确。

4.3-18.【单选】关于热回收冷水机组的说法，下列哪一项是错误的？【2013-1-30】

A. 热回收冷水机组实际运行的热回收量是机组制冷量和压缩机做功量之和

B. 热水的出水温度越高（机组的蒸发温度不变），冷水机组的制冷性能系数 *COP* 越低

C. 宜采用控制热水回水温度的控制方式控制热量

D. 采用热水回水温度控制时，其控制对象为热水流量

参考答案： A

分析： 根据《07 节能专篇》第 6.1.4.2 条，“1）热回收冷水机组的热回收量，理论上是冷水机组制冷量与压缩机做功量之和，在部分负荷时其热回收量随冷水机组的制冷量减少而减少。3）宜采用控制热回水温度的方式控制热量”，选项 A 说的是实际，错误，选项 C 正确；由《07 节能专篇》P122～P126 可知，采用热水回水温度控制时，其控制对象为进入热回收冷凝器的水温设定值 T_2’，而不是热水流量，选项 D 错误。

4.3-19.【单选】以下列出的暖通空调设备的能效等级，未达到节能评价值的是哪一项？【2013-1-24】

A. 冷热源机组的能效等级达到国家标准规定的 2 级及 1 级

B. 单元式空气调节机组的能效等级达到国家现行标准规定的 2 级及 1 级

C. 多联机空调机组的能效等级达到国家现行标准规定的 3 级、2 级及 1 级

D. 房间空气调节器的能效等级达到国家现行标准规定的 2 级及 1 级

参考答案： C

分析： 根据《冷水机组能效限定值及能源效率等级》GB 19577—2015 表 1 表 2 及第 4.4 条可知，选项 A 正确；根据《单元式空气调节机能效限定值及能源效率等级》GB 19567—2004 表 2 及第 5.2 条可知，选项 B 正确；根据《多联式空调（热泵）机组能效限定值及能源效率等级》GB 21454—2008 第 6 条，只有 1、2 级满足国家节能要求，选项 C 错误；根据《房间空气调节器能效限定值及能源效率等级》GB 12021.3—2010 表 2 及第 6 条可知，选项 D 正确。

4.3-20.【单选】河北省某地的一办公建筑空调设计拟采用风冷热泵机组作为热源，从节能的角度，该工程空调系统的热源应选用下列哪一项机组？【2013-2-23】

A. A 机组：供暖日平均计算温度时，*COP*＝2.0

B. B 机组：冬季室外空调计算温度时，*COP*＝1.8

C. C 机组：冬季室外供暖计算温度时，*COP*＝1.8

D. D 机组：冬季室外通风计算温度时，*COP*＝1.8

参考答案：B

分析：根据《民规》第8.3.1.2条，要求$COP\geq1.8$；根据《民规》第4.1条，四个选项中冬季室外空调计算温度相对最低，故此时的$COP=1.8$相对最节能。

4.3-21.【单选】国家现行标准对制冷空调设备节能评价值的判定表述，下列何项是错误的?【2014-2-34】

A. 冷水机组的节能评价值为能效等级的2级

B. 单元式空调机的节能评价值为能效等级的2级

C. 房间空调器的节能评价值为能效等级的2级

D. 多联式空调机组的节能评价值为在制冷能力试验条件下，达到节能认证所允许的 *EER* 的最小值

参考答案：D

分析：根据《冷水机组能效限定值及能源效率等级》GB 19517—2015表1表2及第4.4条可知，选项A正确；根据《单元式空气调节机能效限定值及能源效率等级》GB 19567—2004表2及第5.2条可知，选项B正确；根据《房间空气调节器能效限定值及能源效率等级》GB 12021.3—2010表2及第6条可知，选项C正确；根据《多联式空调（热泵）机组能效限定值及能源效率等级》GB 21454—2008第3.2条，选项D错误。

4.3-22.【单选】现进行夏热冬冷地区公共建筑的空调系统设计，对舒适性空调系统的水冷冷水机组选型，下列哪条要求不正确?【2016-1-34】

A. 应进行全年供冷运行工况分析以使机组实际运行效率保持在高水平

B. 冷水机组单台电机功率大于1200kW时采用高压电机

C. 设计条件下，所选择机组的总装机容量与计算负荷的比值不得大于1.1

D. 螺杆式冷水机组名义工况和规定条件下的性能系数（*COP*）按国际能效等级标准的4级选取

参考答案：D

分析：对全年供冷工况下冷负荷的分布情况进行分析，选取符合逐时冷负荷变化规律的制冷机组台数及机组装机容量，优化群控策略，以使机组实际运行效率保持在高效率区间，选项A正确；根据《民规》第8.2.4-1条，选项B正确；根据第8.2.2条，选项C正确；根据《三版教材》表4.3-20，在夏热冬冷地区，螺杆式冷水机组因名义制冷量档位不同，冷水机组的最低制冷性能系数不同。各档位的制冷性能系数（*COP*）对应表4.3-19，能源效率等级均不低于2级，选项D错误。

4.3-23.【单选】根据我国多联式空调（热泵）机组的生产现状、实际公布的产品性能数据资料以及国家能效标准现状，对国内主流制造商的产品能效水平的评价，说法正确的为下列何项?【2017-2-32】

A. 可达到4级能效水平

B. 可达到3级能效水平

C. 可达到2级能效水平

D. 可达到 1 级能效水平

参考答案： D

分析： 根据《公建节能 2015》第 4.2.17 条条文说明可知，选项 D 正确。

4.3-24.【单选】公共建筑中来用热泵热水机组制备生活热水时，下列说法何项是正确的？【2017-1-38】

A. 国家节能标准要求热泵热水机组的能效限定值为国家能效等级规定的 3 级

B. 国家节能标准对热泵热水机组的能效限定值规定适用于任何制热量的机组

C. 名义工况和规定条件下，一台 50kW 制热量的热泵热水机组，带供水泵的循环加热型和一次加热式的 *COP* 限值要求相同

D. 热泵热水机组低于 60℃供水温度的连续运行时间不宜超过 2 周

参考答案： D

分析： 根据《公建节能 2015》第 5.3.3 条及条文说明，国家节能标准要求对制热量大于或等于 10kW 的热泵热水机的能效限定值为《热泵热水机（器）能效限定值及能效等级》GB 29541 中规定的 2 级，故选项 AB 错误。根据《公建节能 2015》第 5.3.3 条条文说明，带供水泵的循环加热型和一次加热式的 *COP* 限值要求不同，故选项 C 错误。根据《公建节能 2015》第 5.3.3 条条文说明，一般空气源热泵热水机组热水出水温度低于 60℃，为避免热水管网中滋生军团菌，需要采取措施抑制细菌繁殖，如定期每隔 1～2 周采用 65℃的热水供水一天，抑制细菌繁殖生长，故可判断选项 D 正确。

4.3-25.【单选】关于冷水机组能效限定值，以下说法哪个是准确的？【2018-1-29】

A. 是节能型冷水机组名义制冷工况下应达到的性能系数（*COP*）或综合部分负荷性能系数（*IPLV*）的最小允许值

B. 是普通型冷水机组名义制冷工况下的冷水机组性能系数（*COP*）最小允许值

C. 是普通型冷水机组名义制冷工况下的冷水机组综合部分负荷性能系数（*IPLV*）的最小允许值

D. 是普通型冷水机组名义制冷工况下的冷水机组性能系数（*COP*）和综合部分负荷性能系数（*IPLV*）的最小允许值

参考答案： D

分析： 根据《冷水机组能效限定值及能效等级》GB 19577—2015 第 3.1 条可知，选项 D 正确；选项 A 为冷水机组节能评价值的要求。

4.3-26.【单选】关于电驱动蒸汽压缩式冷水机组产品的能效要求，以下说法正确的是哪一项？【2018-2-23】

A. 冷水机组能效限定值定义为："在名义制冷工况条件下，冷水机组性能系数（*COP*）或综合部分负荷性能系数（*IPLV*）的最小允许值"

B. 我国对电驱动蒸汽压缩式冷水机组产品能源效率等级的判定指标为 *COP*

C. 我国对电驱动蒸汽压缩式冷水机组产品能源效率等级的判定指标为 *COP* 和 *IPLV*

D. 某风冷式冷水机组产品，名义制冷量 80kW，其 *COP* 测试值为 2.75、*IPLV* 测试

值为2.85，所以该机组符合现行国家标准关于机组能效限定值的要求

参考答案： C

分析： 根据《冷水机组能效限定值及能效等级》GB 19577—2015第3.1条，选项A错误，应该是*COP*和*IPLV*的最小允许值；根据第4.2条，选项B错误，选项C正确；根据第4.2条表1及第4.3条，*COP*不应小2.7，*IPLV*值不应小于2.9，选项D错误。

4.3.3 冷水机组的*IPLV*

4.3-27.【单选】当建筑内采用了两台或者多台冷水机组时，关于冷水机组的综合部分负荷性能系数*IPLV*，以下哪种说法是正确的?【2013-2-34】

A. *IPLV*用于评价规定工况下冷水机组的能效

B. *IPLV*用于评价全年空调系统的实际能耗

C. *IPLV*用于评价全年冷水机组的实际能耗

D. *IPLV*用于评价规定工况下的空调系统全年能耗

参考答案： A

分析： 根据《公建节能2015》第4.2.13条及条文说明。根据《09技术措施》第6.1.12条，注：1. *IPLV*仅是评价单台冷水机组在满负荷及部分负荷条件下按时间百分比加权平均的能效指标，不能准确反映单台机组的全年能耗，因为它未考虑机组负荷对冷水机组全年耗电量的权重影响；2. *IPLV*计算法则不适用于多台冷水机组系统，若简单的比较冷水机组全年节能效果，则冷水机组满负荷能效（*COP*）的权重大于*IPLV*的权重。可知选项A正确，选项BCD错误。

4.3-28.【单选】下列关于冷水机组的综合部分负荷性能系数（*IPLV*）值和冷水机组全运行能耗之间的关系表达，哪一种是错误的?【2014-2-29】

A. 采用多台同型号、同规格冷水机组的系统，不能直接用*IPLV*值评价冷水机组的全年运行能耗

B. 冷水机组部分负荷运行时，当其冷却水供水温度不与*IPLV*值计算的测试条件吻合时，不能直接用*IPLV*值评价冷水机组的全年运行能耗

C. 采用单台冷水机组的空调系统，可以利用冷水机组的*IPLV*值评价冷水机组的全年运行能耗

D. 冷水机组的*IPLV*值只能用于评价冷水机组在部分负荷下的制冷性能，但是不能直接用于评价冷水机组的全年运行能耗

参考答案： C

分析： 根据《民规》第8.2.3条条文说明，*IPLV*重点在于产品性能的评价和比较，不宜直接采用*IPLV*对某个实际工程机组全年能耗进行评价，故选项A、D正确，选项C错误。根据《三版教材》表4.3-12，机组部分负荷工况条件下热源侧干球温度在四种不同负荷率节点上，都有明确的规定数值，或者说，*IPLV*值的最终得出，其热源侧干球温度是固定值，不允许改变，故选项B正确。

4.3-29.【多选】有关蒸气压缩循环冷水（热泵）机组的*IPLV*值的说法，正确的是

下列哪几项?【2011-1-68】

A. *IPLV* 值是制冷机组在部分负荷下的性能表现

B. 同一地区、同类建筑采用 *IPLV* 数值高的机组，有利于节能

C. 同一地区、同类建筑采用 *IPLV* 数值高的机组，不利于节能

D. *IPLV* 值是制冷机组性能与系统负荷动态特性的匹配反映

参考答案：ABD

分析：(1) 根据《公建节能 2015》第 2.0.8 条综合部分负荷性能系数 (*IPLV*) 术语解释，可知 *IPLV* 反映了单台冷水机组在部分负荷的性能，选项 A 正确；

(2) 根据《09 技术措施》第 6.1.12 条，注：1. *IPLV* 仅是评价单台冷水机组在满负荷及部分负荷条件下按时间百分比加权平均的能效指标，不能准确反映单台机组的全年能耗，因为它未考虑机组负荷对冷水机组全年耗电量的权重影响；注：2. *IPLV* 计算法则不适用于多台冷水机组系统，若简单的比较冷水机组全年节能效果，则冷水机组满负荷能效 (*COP*) 的权重大于 *IPLV* 的权重。根据《民用建筑供暖通风与空气调节设计规范宣贯教材》P208 及《09 技术措施》第 6.1.12 条："单台机组 *IPLV* 高，其全年能耗不一定低"，但有利于节能，可知选项 B 正确选项 C 错误。

(3) 根据《公建节能 2015》第 4.2.13 条条文说明可知：*IPLV* 只能用于评价单台冷水机组的名义工况下的综合部分负荷性能水平；不能用于评价单台冷水机组实际运行工况下的性能水平，不能用于计算单台冷水机组的实际运行能耗；不能用于评价多台冷水机组综合部分负荷性能水平。根据《公共建筑节能设计标准宣贯辅导教材》P103 可知，*IPLV* 实际衡量了制冷机与系统动态性能的匹配。*IPLV* 的提出完善了冷水机组性能的评价方法，但是计算冷水机组及整个系统的效率时，仍需要利用实际的气象资料、建筑物的负荷特性、冷水机组的台数及配置、运行时间、辅助设备的性能进行全面分析。同时，相对《公建节能 2005》,《公建节能 2015》增加了各气候区各类公共建筑实际分布情况对 *IPLV* 公式中权重系数的影响。再者，在采用累计负荷方法进行处理时，选用室外干球温度和负荷率 2 个参数作为约束条件来处理建筑负荷，解决了应用传统累计负荷方法时存在的峰值负荷可能不出现在室外干球温度最高时刻的弊端，避免了 100%负荷率的权重系数可能为 0 的情况出现。综上所述，*IPLV* 与建筑负荷动态特性间存在紧密联系，实质衡量了制冷机组与系统负荷动态性能的匹配，故选项 D 正确。

4.3-30.【多选】我国规定的蒸汽压缩制冷冷水（热泵）机组的 *IPLV* 公式中的系数值，是根据下列哪几项确定的?【2014-2-65】

A. 我国 19 个城市气候条件下，典型公共建筑模型计算供冷负荷

B. 我国 19 个城市气候条件下，典型公共建筑模型各个负荷段的机组运行小时数

C. 参照美国空调制冷协会关于 *IPLV* 系数的计算方法

D. 按我国 4 个气候区分别统计平均计算

参考答案：ABCD

分析：根据《公建节能 2005》第 4.2.13 条条文说明。

扩展：根据考试年限及考题选项内容，本题只能按照《公建节能 2005》相关规定作答，出题者也是考察 2005 版内容。但是，《公建节能 2015》对 *IPLV* 公式的系数值，依

据的范围做了重新设定。根据《公建节能 2015》第 4.2.13 条条文说明及王碧玲、邹瑜、孙德宇等撰写文章《冷水机组综合部分负荷性能系（*IPLV*）计算公式的更新》可知，*IPLV* 公式是基于我国各气候区各建筑类型内 21 个典型城市的 6 类 126 组常用冷水机组计算结果，以 2006～2011 年各典型城市冷水机组销售量和我国各气候区各类典型公共建筑建成面积的分布为权重综合计算得出；同时，参照美国空调制冷协会关于 *IPLV* 系数的计算方法，但对部分参数做了进一步完善和改进。根据《公建节能 2015》表 4.2.11，*IPLV* 按照我国 6 个气候区分别统计平均计算得出。按照《公建节能 2015》，本题无答案。

4.3.4 制冷系统运行调节

4.3-31.【单选】当电制冷冷水机组＋冷却塔系统运行出现不能制冷现象时，首先可以排除的原因是哪一项？【2012-2-31】

A. 制冷剂不足　　B. 室外空气干球温度过高

C. 压缩机压缩比下降　　D. 室外空气湿球温度过高

参考答案：C

分析：选项 A，制冷剂不足，会导致压缩机吸气压力降低，造成低压保护；冷却塔出水温度与室外空气湿球温度直接相关，但在室外含湿量一定的情况下，干球温度过高同样会使湿球温度升高，从而影响冷却塔出水温度，选项 BD 为可能的原因；根据《三版教材》P582，“压缩比增大，在正常环境温度下，当蒸发温度 t_0 下降时，压缩比增加，压缩机容积效率降低，实际吸气量减少，制冷量下降，当压缩比达到某一个定值时，活塞式压缩机已不能进行制冷”，可见压缩比增加可能导致压缩机不能制冷，而压缩机及压缩比下降则不会导致不能制冷现象。

4.3-32.【单选】下列哪种因素不会导致水冷电动压缩式冷水机组发生停机？【2013-1-31】

A. 压缩机吸气压力过低　　B. 压缩机排气压力过高

C. 油压差过低　　D. 冷冻水回水温度高于设计工况值

参考答案：D

分析：排除法，选项 A、B、C 均能引起冷水机组发生停机。冷水机组停机保护的因素包括：高压保护、低压保护、油压保护、过载保护等，以避免引起设备故障。

4.3-33.【单选】某螺杆式冷水机组，在制冷运行过程中制冷剂流量与蒸发温度保持不变；冷却水温度降低，其水量保持不变；若用户负荷侧可适应机组制冷量的变化，下列哪项结果是正确的？【2013-2-31】

A. 冷水机组的制冷量减小，耗功率减小；

B. 冷水机组的制冷量增大，能效比增大；

C. 冷水机组的制冷量不变，耗功率减小；

D. 冷水机组的制冷量不变，耗功率增加。

参考答案：B

分析：冷却时温度降低，冷凝温度降低，冷凝压力降低，节流前温度降低，单位制冷剂携带的冷量增加，由于制冷剂流量不变，制冷量增大，能效比增大。

4.3-34.【单选】以下关于某办公建筑的风冷螺杆式冷水机组（制冷剂为R22、设计供/回水温度7℃/12℃、机组和系统经过维护，满足运行要求）运行的说法，正确的为下列何项？【2016-1-35】

A. 早晨上班前，机组启动运行时，吸气压力会偏低

B. 机组正常运行后，膨胀阀表面会结冰

C. 吸气压力会受到膨胀阀开度的影响

D. 吸气压力大小与蒸发温度无关

参考答案：C

分析：根据题意，早晨上班前，机组启动运行时，蒸发温度较高，蒸发压力较高，压缩机吸气压力会偏高，选项A错误；膨胀阀表面结冰的主要原因是膨胀阀流量过小，当膨胀阀流量过小时，机组一定不会正常运行，与选项B相悖，错误；当膨胀阀开启度变小时，系统制冷剂流量变小、蒸发温度变小，吸气压力变小，因此，吸气压力会受到膨胀阀开度的影响，吸气压力大小与蒸发温度有关，选项C正确，选项D错误。

4.3-35.【单选】当水冷冷水机组的冷却水量与进口冷却水水温保持不变时，冷凝器污垢系数对机组性能影响的描述，哪一项是错误的？【2016-2-29】

A. 冷凝器污垢系数增大，机组性能系数下降

B. 冷凝器污垢系数增大，机组冷凝温度上升

C. 冷凝器污垢系数增大，机组制冷量下降

D. 冷凝器污垢系数增大，机组冷凝压力下降

参考答案：D

分析：根据《三版教材》P629，机组水冷冷凝器污垢系数的增加，机组的饱和冷凝温度增加，导致机组冷凝压力升高，选项D错误。

4.3-36.【单选】以下关于电动压缩式冷水机组运行状况的说法，错误的为哪一项？【2017-1-36】

A. 当压缩机排气质量不变时，排气管路的压降增大会使压缩机功耗增加

B. 当压缩机吸气管路的压降增大时，会使制冷剂质量流量增加

C. 冷凝器到膨胀阀的制冷剂液体管路发生的压降，仅使得膨胀阀前制冷剂液体的压力降低

D. 实际循环进入蒸发器的制冷剂一般为气液两相流

参考答案：B

分析：压缩机排气管路压降增大，增加了压缩机排气压力及排气温度，同时导致压缩机压比增加，耗功增加，故选项A正确；当压缩机吸气管路的压降增大时，导致压缩机吸气比容增加，压比增大，压缩机耗功增加，制冷量降低，质量流量减少，容积效率降低，制冷系数降低，故选项B错误；实际循环进入蒸发器的制冷剂一般为气液两相流，故选项D正确；冷凝器到膨胀阀的制冷剂液体管路发生压降时，产生的影响包括：膨胀阀前的制冷剂压力降低，膨胀阀前后压差变小，高压液管的压力损失将使阀前液体出现闪蒸气，影响膨胀阀的流通能力及其工作稳定性。选项C所表述的仅影响，严格意义上错

误，但本题为单选题，相对而言，选项B的错误更加明显。

4.3-37.【单选】某冷水（热泵）机组冷凝器水侧污垢系数为0.086m²/℃，将此机组在这一工况条件下运行时的性能，与当前国家产品标准规定的标准工况条件下运行时的性能相比较，下列说法正确的是何项？【2018-2-33】

A. *COP*下降　　　　B. 饱和冷凝温度下降

C. 压缩机耗功率不变　　　　D. 制冷量提高

参考答案：A

分析：根据《蒸汽压缩循环冷水（热泵）机组 第1部分工业或商业用及类似用途的冷水（热泵）机组》GB/T 18430.1—2007第4.3.2.2条，标准工况下冷凝器水侧污垢系数为0.044m²/℃，污垢系数增加影响冷凝器换热，冷凝温度增加，功耗增加，*COP*降低，制冷量降低，故选项A正确。

4.3-38.【多选】某办公建筑的舒适性空调采用风机盘管＋新风系统，设计方案比选时，若夏季将空调冷冻水供/回水温度由7℃/12℃调整为7℃/17℃，调整后与调整前相比，以下说法哪几项是正确的？【2013-1-61】

A. 空调系统的总能耗一定会减少

B. 空调系统的总能耗并不一定会减少

C. 空调系统的投资将增加

D. 空调系统的投资将减少

参考答案：AC

分析：随着冷水回水温度的提高，风机盘管的制冷量逐渐下降。为满足室内负荷的要求，可采用更换风机盘管规格或增加享有风机盘管数量的方法，均会带来初始投资的增加。冷水平均水温升高，冷水机组的制冷效率有所提高，水泵能耗降低，系统流量减少，因此系统总能耗一定会减少。可见选项AC正确，选项BD错误。

4.3-39.【多选】进行某空调水系统方案比选时，若将系统的供水温度从7℃调整为低于5℃，回水温度保持不变的情况下，为12℃（系统的供冷负荷不变），调整后将出现下列哪几项结果？【2014-1-64】

A. 空调水系统的输送能耗有所减少

B. 采用相同形式和相同供冷负荷的电动式冷水机组时，机组制冷性能系数会降低

C. 若空气处理设备的表冷器的形式与风量都不变，其供冷负荷不变

D. 采用溴化锂吸收式冷水机组时，机组运行可能出现不正常

参考答案：ABD

分析：在系统供冷负荷保持不变的前提下，冷水供回水温差由5℃变为7℃，温差增大，水流量减小，故选项A正确。根据《三版教材》图4.1-8，冷水供水温度降低，蒸发温度降低，机组单位质量制冷量减少，在冷凝温度不变的情况下，单位质量耗功率变大，导致机组制冷性能系数降低，故选项B正确。由《三版教材》式（3.4-15）可知，当冷水初温降低时，热交换效率系数增大。说明随着供水温度的降低，在若空气处理设备的表冷

器的形式与风量都不变的情况下，其供冷负荷发生变化，故选项 C 错误。根据《三版教材》P654，溴化锂水溶液温度过低或浓度过高均容易发生结晶，故选项 D 正确。

4.3-40.【多选】某建筑空调项目的 3 台水冷冷水机组并联安装，定流量运行，冷水机组的压缩机频繁出现高压保护停机。以下哪几项不是造成该现象的原因？【2014-2-63】

A. 冷却水实际流量高于机组额定值　　B. 压缩机的压力传感器失灵

C. 采取定流量运行方式　　D. 冷凝器结垢严重

参考答案： AC

分析： 由于冷凝器缺水造成压力过高，高压继电器动作，导致压缩机频繁启停。冷却水实际流量高于机组额定值会引起机组制冷效率的波动，但不会出现压缩机频繁启停现象，故选项 A 错误。压力传感器失灵可能造成误报警，会导致机组频繁启停状况，故选项 B 正确。冷冻水定流量运行，是冷水机组常见的运行状态，不能作为机组频繁启停的原因，故选项 C 错误。冷凝器结垢，传热性能降低，冷凝温度升高，冷凝压力升高，机组自我保护停机，故选项 D 正确。

4.3-41.【多选】为了实现节能，实际工程中多有考虑空调冷水系统采用大温差小流量的系统设计，下列哪几项说法是不正确的？【2016-1-60】

A. 大温差小流量冷水系统更适宜于供冷半径较小的建筑

B. 大温差小流量冷水系统仅适用于商业建筑

C. 冰蓄冷系统更适于采用大温差小流量冷水系统

D. 采用大温差小流量冷水系统，要求冷水机组出力相同时，机组蒸发器的换热面积可显著减少

参考答案： ABD

分析： 采用大温差小流量冷水系统，可以降低水泵流量，缩小管网及管路水阀管径，降低初投资，节约输送能耗。根据《民规》第 8.8.2 条，区域供冷方式，宜采用冰蓄冷系统。空调冷水供回水采用不同大温差。而区域供冷供冷半径均较大，覆盖区域较广，供冷用户建筑类型及功能多种多样，除商业建筑，娱乐、办公、居住建筑、工业建筑等均可包含在区域供冷中。因此选项 AB 错误，选项 C 正确；采用大温差小流量冷水系统，要求冷水机组出力相同时，只有机组蒸发器载冷剂与制冷剂有充分的换热面积，才能得到更低的供水温度。换热面积显著减少，无法保证机组出水温度要求，大温差供回水温度很难保证，选项 D 错误。

4.3-42.【多选】对某既有办公建筑的集中空调系统进行节能改造，该项目采用的冷源为两台离心式冷水机组（名义冷量 1575kW/台），实际运行时的冷负荷大多数时间为 600kW，下列说法哪几项是正确的？【2016-1-64】

A. 机组的总装机冷量过大，导致单台机组运行时 *COP* 偏低

B. 当夜间部分房间加班需要空调系统运行时，运行的冷水机组易出现喘振现象

C. 采用的定频离心式冷水机组的 *COP* 最高点是负荷率为 100%的工况

D. 节能改造设计应重点考虑更换冷水机组的容量和运行组合关系

参考答案：ABD

分析：由题意知，实际运行时供冷负荷约占总装机负荷的19%，占单台离心式制冷机组装机负荷的38%。机组的总装机容量远高于实际所需冷负荷，制冷系统长时间处于低负荷运行状态，单台制冷机组运行即能充分满足末端需求。定频单机离心式制冷机组 *COP* 随负荷率从100%～25%先增高再逐步降低的驼峰曲线，选项C错误；单台机组负荷率38%，机组 *COP* 偏低，选项A正确；当夜间部分房间加班需要空调系统运行时，单台冷水机组的负荷率更低，低于25%概率大大增加，易发生喘振，选项B正确；合理地选择制冷机组台数与装机负荷，实际运行阶段机组的灵活组合安排，是制冷系统稳定高效运行的前提保障，该办公楼集中空调系统主要问题是制冷机组装机容量及台数选择不合理造成，节能改造的重点是重新设置冷水机组容量和运行的组合，选项D正确。

4.3-43.【多选】某工程安装在地下制冷机房内的水冷冷水机组投入运行使用后，经常出现冷水机组高压报警现象，导致这一现象发生的原因，不可能是下列哪几项？【2017-2-63】

A. 冷却水泵扬程过高

B. 冷冻水系统未设置过滤器

C. 冷却水系统未设保证其水质的水处理装置

D. 制冷机房通风不畅

参考答案：ABD

分析：冷却水泵扬程过高，系统循环能力增强，换热能力增强，冷却水温度降低，冷凝压力降低，不会出现高压报警现象，故选项A错误；冷冻水未设置过滤器，易导致系统管路堵塞，制冷剂流量降低，蒸发压力降低情况，故选项B错误；冷却水系统水质不符合要求，冷凝器管内部易结垢或产生不凝性气体，传热效果差，会出现高压报警，故选项C正确；题设为水冷冷水机组，高压报警的主导因素应为冷却水系统，机房通风不畅对冷凝器散热影响较小，故选项D错误。

扩展：冷水机组的冷凝压力高原因及解决措施主要有：

(1) 冷却水温度过高或流量过小（降低水温，增加冷却水流量）；

(2) 冷却水流通不畅、分布不均，污物堵塞（检查冷却水循环系统，及时清除、疏通）；

(3) 冷凝器管内部结垢严重或存在不凝性气体，传热效果差（加强日常水质处理，清除水垢，排除不凝性气体）；

(4) 制冷剂冲注过多（排除多余制冷剂）；

(5) 压力表故障，出现误报（校正或更换压力表，确保读数正确）；

(6) 排气管道阀门发生故障，造成排气压力过高（检查修复阀门）。

4.3-44.【多选】针对同一建筑分别采用8台风冷模块式冷水机组（采用全封闭蜗旋式压缩机）与2台水冷螺杆式冷水机组的方案进行比较，下列哪几项是错误的？【2017-2-64】

A. 比较调试工作量，风冷模块式冷水机组与水冷螺杆式冷水机组基本相同

B. 比较运行噪声和振动，风冷模块式冷水机组要大于水冷螺杆式冷水机组

C. 水冷螺杆式冷水机组需配置冷却塔和冷却泵，风冷模块式冷水机组则无需配置

D. 比较机组总电力安装容量，风冷模块式冷水机组要大于水冷螺杆式冷水机组

参考答案：AB

分析：调试机组数量上比较，风冷模块大于水冷螺杆式冷水机组，故选项A错误；根据《三版教材》P617可知，风冷模块式冷水机组（采用全封闭蜗旋式压缩机），机组外壳内壁均衬有隔声材料，机组噪声低，选项B错误，选项CD正确。

4.3-45.【多选】某写字楼的水冷螺杆式冷水机组处于夏季高温季节时，因排气压力过高频出现停机的故障，下列哪几项会成为引起该问题发生的原因？【2017-2-66】

A. 冷却塔的进风温度过高

B. 冷却塔风机的皮带松弛

C. 冷却水泵前过滤器堵塞

D. 冷冻水的回水温度偏低

参考答案：ABC

分析：冷却塔的进风温度过高会导致冷却水的出水温度高，冷凝器压力升高，压缩机排气压力升高，故选项A正确；冷却塔风机皮带松弛，风机风量降低，冷却水温出水温度升高，压缩机排气压力升高，故选项B正确；冷却水泵前过滤器堵塞，冷却水流量降低，冷凝压力升高，压缩机排气压力升高，故选项C正确；冷冻水回水温度偏低，蒸发压力降低，排气压力降低，故选项D错误。

4.3-46.【多选】某低温螺杆式制冷机组，蒸发器改造温度为－38℃，开机运行后，机组显示进气压力过低，报警停机，问题发生的原因可能是下列哪几项？【2017-2-68】

A. 机组选型时冷凝器的污垢系数过大

B. 蒸发器供液管路上的过滤器堵塞

C. 制冷剂充注量过多

D. 膨胀阀堵塞

参考答案：BD

分析：冷凝器内部的压力的影响会经过膨胀阀的调节恢复正常，故选项A错误；选项BD中系统堵塞，制冷剂流量降低，导致低压报警，正确；选项C中制冷剂充注量过多，系统压力增高，错误。

扩展：

1. 冷水机组冷凝压力低原因及解决措施主要有：

（1）冷却水温度偏低或流量过大，冷凝温度调节不当（设置冷却水旁通管路，降低水量，提高水温，冷却塔风机间歇运行）；

（2）压缩机卸载运行（查明原因并排除）；

（3）系统内制冷剂量不足或泄露、制冷剂流通管路堵塞（疏通系统，查漏补漏，补充制冷剂）；

（4）压力表读数错误（查明原因，排除故障或更换压力表）。

2. 冷水机组蒸发压力低原因及解决措施主要有：

（1）膨胀阀开启度过小或堵塞，制冷剂不足（排除膨胀阀故障，调整膨胀阀开度）；

（2）制冷剂充注量不足或泄露严重（查漏补漏，补充制冷剂）；

（3）回流管等液体管路上过滤网和干燥器污物堵塞（清洁过滤网，更换干燥剂）；

（4）外界负荷偏低致使蒸发器进水温度偏低（调节水量调节阀）；

（5）蒸发器表面霜层过厚或蒸发器管壁有油污，影响传热效果（定期除霜，清除油污）；

（6）冷凝温度偏低（提高冷凝温度）；

（7）制冷剂混入较多润滑油或杂质（更换或提纯制冷剂）。

4.3-47.【多选】采用满液式蒸发器的某水冷冷水机组，初调试后可以正常运行，但运行一段时间后，出水温度达不到设计要求，经检查发现冷媒过滤器处有结冰现象，压缩机吸气压力下降明显，冷却水进口温度25℃，冷水流量超过额定流量20%，蒸发器视窗显示液面降低，问：造成冷机出水温度不达标的原因，最有可能的是以下哪几项？【2018-2-64】

A. 冷水流量过大　　　　B. 冷媒过滤器堵塞

C. 冷却水进口温度偏低　　　　D. 冷媒泄露

参考答案：BD

分析：蒸发器视窗显示液面降低说明制冷剂不足，故选项BD正确。冷水流量过大蒸发温度升高，不会产生结冰现象。

4.4 热泵技术

4.4.1 空气源热泵

4.4-1.【单选】关于空气源热泵的说法，下列哪一项是错误的？【2011-1-36】

A. 空气源热泵可在－20℃的外界环境下制取地板辐射采暖所需的30℃的热水

B. 制取同样参数和数量的热水，空气源热泵消耗的电能多于水源热泵消耗的电能

C. 空气源热泵的室外换热器有沙尘覆盖时会降低制热效率

D. 空气源热泵工作的室外温度越低，结霜不一定越严重

参考答案：B

分析：根据《三版教材》P812，“开发低温（－20℃）时，可靠运行制取45℃热水，*COP*达到2.5以上的空气源热泵热水机。所采用的技术是喷汽增焓，或两级压缩，或汽液喷射，或蒸汽喷射；更有商家推出高水温热水机或供暖热水机（65℃以上）”，选项A正确；选项B的说法过于绝对，室外空气温度不同、地域不同，空气源热泵消耗电能未必会多于水源热泵；空气源热泵机组室外换热器有沙尘覆盖时会降低传热效果，引起蒸发温度降低，从而减少供热量，引起制热系数降低，选项C正确；空气源热泵结霜的条件是室外换热器表面的温度低于空气的露点温度，同时低于0℃，结霜程度大小还与含湿量有关，因此温度越低结霜不一定严重，选项D正确。

4.4-2.【单选】关于选择空气源热泵机组的说法，下列哪一项是错误的？【2011-2-10】

A. 冬季设计工况时机组性能系数<1.8的地区，不宜采用

B. 对于室内温度稳定性有较高要求的系统，应设置辅助热源

C. 对于有同时供冷采暖要求的建筑，宜优先选用热回收式机组

D. 采用风冷冷凝器，与大型水冷式机组相比，能效比更高

参考答案：D

分析：根据《民规》第8.3.1条可知，选项ABC正确。根据《公建节能2015》表4.2.10可知，风冷凝器与水冷式机组相比，能效比要低得多，选项D错误。

4.4-3.【单选】某办公楼地处寒冷地区，对采用空气源热水热泵的风机盘管—水系统和多联机进行论证比较，当冬季热泵需除霜时，下列哪一项说法是错误的？【2012-1-23】

A. 风机盘管供热效果好于多联机

B. 空气源热水热泵除霜运行时，风机盘管仍有一定供热

C. 多联机室外机除霜运行时，室内机停止供热

D. 室外温度越低，融霜周期越短

参考答案：D

分析：空气源热泵除霜运行时，由于水的蓄热特性，风机盘管仍有一定供热量，而多联机则完全停止向室内供热，由此可以看出，风机盘管供热效果会略好于多联机，选项AB正确；多联室外机除霜运行时，室外机并没有停止供热，而是把热量用于室外冷凝器的除霜，由此可见，选项C的表述有问题，容易引起歧义；根据《民规》第8.3.2条及其条文说明可知，室外机的融霜周期不但和室外温度有关，还和室外空气湿度相关，如果温度较低，而湿度较小，那么融霜周期不一定变小，选项D错误。

扩展：快速除霜技术的原理：

外机的除霜过程实际上是一种室外换热器的放热过程，而同时室内机换热器是吸热过程，即室内换热器在除霜过程中在吸收室内侧的热量，所以在除霜过程中室内侧温度将会降低。因此，系统除霜运行的时间越短，对室内侧制热效果影响也就越小。

采用快速除霜技术的多联机机组，在进入除霜运转后，各室外机自行判断其是否退出除霜运转，先达到退出除霜条件的外机先退出除霜运转，退出除霜运转后立即进入制热运转，而未达到退出除霜运转条件的外机继续进行除霜运转。先退出除霜运转的外机进入制热运转后，其室外换热器将从室外侧吸收热量，其排气侧的高温制冷剂进入仍在进行除霜运转的外机吸气侧，促进仍在除霜的外机吸气侧的制冷剂液体充分蒸发，从而提高仍在进行除霜运转的外机的吸气压力和吸气过热度，同时也减小了室内机蒸发器的吸热量。这样一来，仍在进行除霜运转的室外机的冷凝压力和排气温度都会迅速得到提高，从而使仍在进行除霜的室外机除霜速度加快，实现快速除霜的目的。

经过实验验证，采用快速除霜技术的多联机在外机多联时，除霜的时间最多可以缩短30%（从正常的10min缩短至7min）。单模块机型无此功能。

4.4-4.【单选】同一室外气候条件，有关空气源热泵机组的说法下列哪项是错误的？【2012-2-10】

A. 冬季供水温度低的机组比供水温度高的机组能效比更高

B. 冬季供水温度相同，供回水温差大的机组比供回水温差小的机组能效比更低

C. 供应卫生热水的空气源热泵热水机夏季的供热量要大于冬季的供热量

D. 向厂家订购热泵机组时，应明确项目所在地的气候条件

参考答案：B

分析：根据《三版教材》P812，“影响热泵热水机性能系数主要有四个因素：产品性能、环境温度（或水源温度）、初始水温和目标水温。因而实际运行的能耗情况应结合热水机的性能特性、供热水需求和环境条件等综合分析。大体上，目标水温为55℃，初始水温越低，性能系数就越高。空气源热泵热水机冬季环境温度越高，性能系数就越高；夏季环境温度越高，对设备寿命会有影响。显然目标水温越高，其性能系数会降低。”可知，选项AC均正确，选项B错误。选项D正确。

4.4-5.【单选】某冬季寒冷、潮湿地区的一个2层全日制幼儿园，要求较高的室内温度稳定性，设计采用空气源热泵机组供冷、供暖和供生活热水，正确的设计做法应是下列何项？【2016-1-9】

A. 选择热泵机组冬季工况时的性能系数不应小于1.8

B. 热泵机组融霜时间总和不应超过运行时间的30%

C. 设置辅助热源

D. 机组有效制热量仅考虑融霜修正系数修正

参考答案：C

分析：根据《民规》第8.3.1-2条，选项A错误；根据第8.3.1-1条，选项B错误；根据第8.3.1-3条，选项C正确；根据第8.3.2条，选项D错误。

4.4-6.【单选】某办公建筑采用空气源热泵供热时，冬季室外设计工况下的热泵性能系数（*COP*）的最低限值，应符合以下哪项规定？【2016-2-20】

A. 供热水时，$COP \nless 1.8$

B. 送热风时，$COP \nless 1.8$

C. 供热水时，$COP \ngtr 2.0$

D. 送热风时，$COP \ngtr 2.0$

参考答案：B

分析：根据《民规》第8.3.1-2条，冷热风机组不应小于1.8，冷热水机组不应小于2.0。选项B正确。

4.4-7.【单选】关于户式空气源热泵供暖系统的化霜水排放方式，正确的应是下列哪一项？【2017-2-05】

A. 分散排放　　B. 不考虑排放

C. 各室内机就地排放　　D. 集中排放

参考答案：D

分析：根据《民规》第5.7.6条及条文说明可知，热泵系统在供暖运行时产生的化霜水，需要避免无组织排放，应采取一定措施，如收集化霜水后集中排放至地漏或建筑集中

排水管。因此，选项 ABC 均错误，仅选项 D 正确。

4.4-8.【单选】同一台空气源热泵机组，如果分别用于南京（冬季空调室外计算温度 −4.1℃）、常州（冬季空调室外计算温度 −3.5℃）、苏州（冬季空调室外计算温度 −2.5℃）三个城市的冬季空调供热，在不考虑除霜等修正的情况下，该热泵机组在这三个地点设计工况下的最大供热能力由小至大的排序，是下列何项?【2017-2-09】

A. 苏州、常州、南京　　B. 南京、常州、苏州

C. 常州、苏州、南京　　D. 苏州、南京、常州

参考答案： B

分析： 根据《民规》第 8.3.2 条及其条文说明可知，空气源热泵的标准工况是：室外空气干球温度为 7℃，湿球温度为 6℃。三个城市的室外空调计算温度均低于标准工况，均需考虑干球温度修正系数。在制热工况下，室外部分相当于蒸发器，室外温度越低，从室外低温热源吸收的热量越少，制热量衰减越大，所以选项 B 的排序是正确的。

4.4-9.【多选】关于风冷热泵机组的说法，正确的应是下列哪几项?【2011-1-66】

A. 机组的实际制热量总是小于机组的名义制量热

B. 热泵机组供热比直接采用电加热方式供热节能

C. 冬季运行时，风冷热泵机组的室外机的盘管表面温度低于 0℃，会结霜

D. 风冷热泵机组的室外机应布置在室外通风良好处

参考答案： BD

分析： 根据《三版教材》表 4.3-5，风冷热泵制热额定工况为室外干球温度 7℃，湿球温度 6℃，若室外实际空气温度高于额定工况，则实际制热量大于名义制热量，选项 A 错误。根据《三版教材》P585，以电能驱动的热泵比直接用电能供热要节能的多（因为制热系数永远大于 1）故选项 B 正确。根据《三版教材》P618，当其表面温度低于 0℃且空气露点温度时翅片管表面会结霜，故选项 C 前提条件错误，根据《民规》第 8.3.3 条，选项 D 正确。

4.4-10.【多选】关于空气源热泵热水机组与空气源蒸汽压缩式制冷（热泵）机组的比较，下列哪几项是正确的?【2011-2-64】

A. 两者的压缩机设计参数基本相同

B. 两者的压缩机设计参数区别较大

C. 热泵热水机的压缩机的压缩比大于热泵机组供热时压缩机的压缩比

D. 热泵热水机的压缩机排气温度高于热泵机组供热时压缩机的排气温度

参考答案： BCD

分析： 根据《蒸汽压缩循环冷水（热泵）机组　第 1 部分：工业或商业用及类似用途的冷水（热泵）机组》GB/T 18430.1—2007 表 2，《商业或工业用及类似用途的热泵热水机》GB 21362—2008 表 1，选项 A 错误，选项 B 正确；热泵热水机由于提供热水，冷凝温度高，导致压缩比相对于空气源热泵机组大，选项 C 正确；冬季运行工作，由于室外环境相同，蒸发温度接近相同，而热泵热水机的冷凝温度高于空气源热泵机组，根据温熵

图可知，热泵热水机的排气温度更高，选项D正确。

4.4-11.【多选】关于选择空气源热泵机组的说法，正确的是下列哪几项？【2012-2-47】

A. 严寒地区，不宜作为冬季供暖采用

B. 对于夏热冬冷和夏热冬暖地区，应根据冬季热负荷选型，不足冷量可由冷却水机组提供

C. 融霜时间总和不应超过运行周期时间的20%

D. 供暖时的允许最低室外温度，应与冬季供暖室外计算干球温度相适应

参考答案：ABC

分析：根据《09技术措施》第7.1.1条和《公建节能2005》第5.4.10条可知，选项A正确；选项B正确；选项D错误，应与冬季空调室外计算干球温度相适应。根据《09技术措施》第7.1.3.3条和《民规》第8.3.1条可知，选项C正确。

4.4-12.【多选】空气源热泵热水机，采用涡旋式压缩机，设其热水的供回水温度不变，当环境温度发生变化时，下列表述正确的应是哪几项？【2012-2-66】

A. 环境温度升高，表示压缩机的吸气压力升高，压缩比则变小

B. 环境温度升高，表示压缩机的吸气压力升高，压缩机的制冷剂质量流量增加

C. 环境温度升高，制热量增加的幅度大于压缩机功耗的增加，机组的能效比升高

D. 环境温度升高，压缩机吸入制冷剂的比容减小，机组的制热量增大

参考答案：ABCD

分析：涡旋机的容积效率几乎不受压缩比的影响，所以不考虑压缩比对容积效率的影响。环境温度升高时，提高了蒸发温度，热水供回水温度不变，自然吸气量不变，吸气温度会升高，压缩机比容变小（选项A正确），使得系统的工质质量流量增加（选项B正确），压力升高，机组制热量增大（选项D正确），同时冷凝器散热量增大，压缩机耗功率也增加，但可以判断*COP*的值是变大的（选项C正确）。

4.4-13.【多选】风冷热泵机组，制冷能效比为*EER*，机组制冷量为Q_e，由空气带走冷凝热量Q_c，表述正确的是下列哪几项？【2013-2-64】

A. $Q_c=Q_e$　　　　B. $Q_c<Q_e$

C. $Q_c=Q_e(1+1/EER)$　　　　D. $Q_c>Q_e$

参考答案：CD

分析：根据制冷循环可知，空气带走的冷凝热量包括机组制冷量和压缩机耗功量，故选项A、B错误，选项C、D正确。

4.4-14.【多选】关于空气源热泵机组的设计和选型，下列哪些说法是正确的？【2014-1-66】

A. 只要热泵机组的制热性能系数大于1.0，用它作为空调热源就是节能的

B. 当室外实际空气温度低于名义工况的室外空气温度时，机组的实际制热量会小于

其名义制热量

C. 当室外侧换热器的表面温度低于0℃时，换热器翅片管表面一定会出现结霜现象

D. 应根据建筑物的空调负荷全年变化规律来确定热泵机组的单台容量和台数

参考答案：BD

分析：根据《民规》第8.3.1.2条，冬季设计工况是机组性能系数（*COP*），冷热风机组不应小于1.8，冷热水机组不应小于2.0，选项A错误；第8.3.2条及其条文解释可知，选项B正确；根据《三版教材》P618“风冷热泵冷（热）水机组室外侧换热器由于空气中含有水分，当其表面温度低于0℃且低于空气露点温度时翅片管/表面上会结霜”，选项C错误；根据建筑物逐时冷负荷综合最大值选择机组总容量，根据部分负荷分布情况选择机组数量和大小搭配，选项D正确。

4.4-15.【多选】某风冷分体式空调（热泵）机组在额定工况下的性能如下：

（1）制冷工况：干球温度35℃，湿球温度28℃，额定制冷量Q_L

（2）制热工况：干球温度7℃，额定制热量Q_R。

问：当该空调（热泵）机组用于天津市时，其夏季设计工况下的实际制冷量Q_{LS}和冬季设计工况下的制热量Q_{RS}与额定工况的关系，以下哪几项是正确的？【2016-1-59】

A. $Q_{LS}<Q_L$　　B. $Q_{LS}>Q_L$　　C. $Q_{RS}>Q_R$　　D. $Q_{RS}<Q_R$

参考答案：BD

分析：根据《民规》附录A，天津夏季空调室外计算干球温度为33.9℃，冬季空调室外计算干球温度为－9.6℃。而夏季/冬季空调室外计算干球温度即为风冷热泵制冷/制热工况对应设计工况下室外干球温度。

制冷工况，额定工况室外干球温度（35℃）大于设计工况室外干球温度（33.9℃），则风冷热泵设计工况机组冷凝温度小于额定工况机组冷凝温度，机组*COP*增大，制冷量增大，$Q_{LS}>Q_L$，选项B正确，选项A错误。

制热工况，额定工况室外干球温度（7℃）大于设计工况室外干球温度（－9.6℃），则风冷热泵设计工况机组蒸发温度小于额定工况机组蒸发温度，机组*COP*变小，制热量降低，$Q_{RS}<Q_R$，选项D正确，选项C错误。

4.4-16.【多选】下列关于采用空气源热泵供暖的说法，哪几项是错误的？【2018-1-47】

A. 北方寒冷地区室外机结霜现象比长江流域更严重

B. 对于热风型室内机，当室内温度相同时，北方寒冷地区需要的压缩机压缩比比长江流域地区高

C. 室内的供暖方式一般分成热水型和热风型

D. 热水型与热风型相比较，前者更适合于间歇供暖系统

参考答案：AD

分析：根据《红宝书》P2347表30.1-1可知，选项C正确；由P2348可知，“冬季室外温度处于－5～5℃范围内时，蒸发器常会结霜，需频繁的进行融霜，供热能力会下降”，而长江流域年平均最低气温在2～－4℃，所以长江流域室外机结霜现象更严重，选项A

错误；北方寒冷地区室外温度要低于长江流域，所以要达到同样的室内温度，北方寒冷地区的压缩机压缩比更大，选项B正确。热风型供热系统的优点是热惰性小，升温快，更适合于间歇供暖系统，选项D错误。

4.4-17.【多选】采用双级压缩机的空气源热泵机组，下列说法哪几项是正确的？【2018-2-65】

A. 有两个压缩机，可实现互为备用，提高系统供热的可靠性

B. 每台压缩机都应选择比单级压缩时更高的压缩比

C. 低压级压缩机排出的制冷剂气体全部进入高压级压缩机

D. 可应用于我国的寒冷或部分严寒地区的建筑供暖

参考答案：CD

分析：根据《三版教材》P583，双级压缩机是串联两台压缩机，并非互相备用，选项A错误；根据P582及P585，高、低压级压缩机的压缩比相等为原则确定中间压力，并非要求每台压缩机压缩比更大，故选项B错误；根据图4.1-13可知，选项C正确；根据P582可知，选项D正确。

4.4.2　地源热泵

4.4-18.【单选】地源热泵系统作为一种利用可再生能源的空调冷热源系统，有多种形式。试问下列哪个系统不属于地源热泵系统范畴？【2011-1-20】

A. 地埋管热泵系统　　　　B. 地下水热泵系统

C. 江水源热泵系统　　　　D. 水环热泵系统

参考答案：D

分析：《地源热泵系统工程技术规范》GB 50366—2005（2009版）第2.0.1条。

4.4-19.【单选】关于地源热泵系统，下列说法哪一项是错误的？【2011-1-25】

A. 采用地埋管系统应用面积为2000m^{2}时，必须作岩土热响应试验

B. 采用地埋管系统应进行全年空调动态负荷计算

C. 当地埋管最大释热量和最大吸热量相差不大时，换热器取供冷和供热计算长度的较大值

D. 当地埋管最大释热量和最大吸热量相差较大时，换热器取供冷和供热计算长度较小值，并增加辅助冷热源

参考答案：A

分析：根据《地源热泵系统工程技术规范》GB 50366—2005（2009版）第3.2.2A条，选项A错误；根据第4.3.2条，选项B正确；根据第4.3.3条条文说明，选项CD正确。

4.4-20.【单选】热泵机组的说法，错误的应为下列哪一项？【2011-1-32】

A. 地埋管热泵机组的地埋管换热系统宜采用变流量设计

B. 地埋管热泵机组的地埋管换热系统，夏季是向土壤释热

C. 热泵热水机所供应的热水温度越高，机组制热能效比就越低

D. 热泵机组空调系统的节能效果与效益大小仅取决于低区气候特性的因素

参考答案： D

分析： 根据《09技术措施》第7.5.2.6条和7.5.2.13条可知，选项ABC均正确，选项D错误，热泵机组的运行节能效果跟热泵机组的种类有关，如果是水地源热泵机组，则机组节能效果不受气候影响；如果是空气源热泵，则跟地区特性有很大的关系，尤其是冬季制热工况，夏热冬冷地区和严寒寒冷地区有很大的区别，选项D错误。

4.4-21. 【单选】某地表水水源热泵机组，河水侧采用闭式盘管换热器，运行一年后，发现机组效果严重下降，经检查发现机组盘管换热器的管束内侧堵塞，观察到焊接的闭式盘管出现众多腐蚀，烂穿的细小孔洞，造成了河水进入盘管。试判断引起该故障的原因是下列哪一项？【2011-1-33】

A. 施工时盘管管材的焊缝未实现满焊

B. 施工时盘管收到外部物体的碰撞引起破裂

C. 盘管的弯管部分因疲劳出现断裂

D. 盘管管材采用镀锌钢管

参考答案： D

分析： 由题意，运行一年后才出现问题，可排除选项A和选项B。由题意“众多腐蚀、烂穿造成的细小孔洞”，可排除选项C。根据《09技术措施》第7.3.5.7条，要求为非金属管材，以满足耐腐蚀的要求，故选项D正确。

4.4-22. 【单选】下列应用地埋管地源热泵系统的建筑，可不进行岩土热响应实验的是哪一项？【2011-1-34】

A. 应用建筑面积≤4000m²　　B. 应用建筑面积≥5000m²

C. 应用建筑面积≥8000m²　　D. 应用建筑面积≥10000m²

参考答案： A

分析：《地源热泵工程技术规范》GB 50366—2005（2009版）第3.2.2A条。

4.4-23. 【单选】某地埋管地源热泵系统需要进行岩土热响应实验，正确的做法是下列哪一项？【2012-1-24】

A. 应采用向土壤放热的方法进行实验

B. 应采用向土壤吸热的方法进行实验

C. 按照设计图对全部地埋管井做热响应实验

D. 应采用向土壤放热和自土壤吸热的两种方法进行实验

参考答案： A

分析： 根据《地源热泵系统工程技术规范》GB 50366—2005（2009版）附录C可以明确得出，热响应实验是采用电加热器向土壤连续放热的方法进行实验（亦可参见第2.0.25条的术语解释），由此可知选项A是正确的（但在实际工作中，也有土壤吸热的方法，但不必两种方式都要同时进行，考试应以规范为准，由此选项D是错误的）。

扩展：在实际工作中，也有土壤吸热的方法，但不必两种方式都要同时进行，考试应以规范为准，由此选项D是错误的。题目宜改为"某地埋管地源热泵系统需要进行岩土热响应实验，按照《地源热泵系统工程技术规范》GB 50366—2005（2009版）的要求，正确的做法是下列何项?"另，四个选项中宜删去"应"字。

4.4-24.【单选】有关地源热泵（地埋管）系统用于建筑空调的说法正确的是下列哪一项?【2013-1-21】

A. 夏热冬暖地区适合采用地源热泵（地埋管）系统

B. 严寒地区适合采用地源热泵（地埋管）系统

C. 夏热冬冷地区设计工况下计算冷、热负荷相同的建筑，适合采用地源热泵系统（地埋管）系统

D. 全年释热量和吸热量相同的建筑，适合采用地源热泵（地埋管）系统

参考答案：D

分析：《地源热泵系统工程技术规范》GB 50366—2005（2009年版）第4.3.2条。

4.4-25.【单选】下列对以岩土体为冷（热）源的地埋管地源热泵系统的表述，哪项是错误的?【2013-2-32】

A. 同样工程条件，双U管与单U管相比较，前者单位长度埋管的换热性能为后者的2倍

B. 当预计工程的地埋管系统最大释热量与最大吸热量相差不大时，仍应进行系统的全年动态负荷计算

C. 夏季运行期间，地埋管换热器的出水温度宜低于33℃

D. 竖直地埋管换热器的孔间距宜为3～6m

参考答案：A

分析：选项A错误，双U管与单U管的埋管单位长度的换热性能应通过计算确定，不是一个固定的比例关系；选项B正确，根据《地源热泵系统工程技术规范》GB 50366—2005（2009版）第4.3.2条；选项C正确，根据《地源热泵系统工程技术规范》GB 50366—2005（2009版）第4.3.5A-1条；选项D正确，根据《地源热泵系统工程技术规范》GB 50366—2005（2009版）第4.3.8条。

4.4-26.【单选】某办公建筑的全年空调拟采用单一制式的地埋管地源热泵系统方案，试问此办公建筑位于下列哪个气候区时，方案是最不合理的?【2014-2-31】

A. 严寒A区　　B. 严寒B区　　C. 寒冷地区　　D. 夏热冬冷地区

参考答案：A

分析：根据《地源热泵系统工程技术规范》GB 50366—2005（2009版）第4.3.2条，在最小计算周期为1年的全年动态负荷计算中，地源热泵的总释热量宜与其总吸热量相平衡。纵观四个选项，严寒A区的地源侧冬季供暖吸热量要远大于夏季制冷释热量，地源侧热平衡最难保证，需增加额外辅助热源解决。

4.4-27.【单选】某地下水源热泵系统的螺杆式热泵机组，夏季制冷运行初期，经常在启动后不久出现冷却水温度低温报警，并自动停机，只有手动复位后，方可重新启动。解决此问题的合理技术措施，应是下列哪一项？【2017-2-33】

A. 地源侧水泵采用变流量调节

B. 更换变频调速型螺杆式热泵机组

C. 更改机组的自动控制逻辑

D. 地源侧水系统进出水主管间设旁通阀

参考答案： D

分析： 夏季制冷运行初期，冷负荷较低，机组出现冷却水低温报警停机，说明冷却水供水温度低于螺杆式热泵机组运行冷却水进水温度最低要求，需提高冷却水进水温度，在满足机组最低进水温度下限的基础上，保持机组高效运行。地源侧水泵采用变流量调节，水泵低频率运行，不仅无法保证系统供水温度，同时降低冷却水流量，易加剧机组冷却水温度低温报警频率，不宜采用，故选项 A 错误；更换变频调速型螺杆式热泵机组，可降低冷却水进水温度及流量，但更换成本高，且运行能耗在制冷初期增加，不是合理技术措施，故选项 B 错误；更改机组的自动控制逻辑，降低冷却水进水温度下限，虽可解决机组的低温报警自动停机问题，但机组运行安全无法保证，且能耗升高，不合理，故选项 C 错误；地源侧水系统进出水主管间设旁通阀，不仅可满足机组运行初期冷却水最低允许温度情况下的循环水量，而且改造简单易行，故选项 D 正确。

4.4-28.【单选】地源热泵工程进行岩土热响应试验时，以下说法中不符合规定的是何项？【2017-2-34】

A. 热响应试验的温度测量仪表误差不应大于±0.5℃

B. 采用加热方法进行热响应试验

C. 采用水作为介质

D. 在地埋管埋设深度范围内，土壤温度测点布置的间隔不宜大于 10m

参考答案： A

分析： 根据《地源热泵系统工程设计规范》GB 50366—2005（2009 版）第 C.2.3 可知，选项 A 错误，不应大于±0.2℃；根据第 C.1.3 可知，选项 BC 正确；根据第 C.3.4 可知，选项 D 正确。

4.4-29.【单选】夏热冬冷地区某办公建筑采用地埋管地源热泵系统，地埋管侧采用膨胀水箱定压。以下对于地埋管侧管路故障的说法，哪一项是错误的？【2017-2-35】

A. 地埋管侧管路循环水泵的工况是否正常，可作为地埋管侧管路是否需要补水的判据之一

B. 地埋管侧管路当发生较大漏水时，循环水泵的功率会有较大下降

C. 地埋管侧管路当发生较大漏水时，循环水泵的扬程基本不变

D. 地埋管侧管路当发生较大漏水时，循环水泵的流量会有较大下降

参考答案： C

分析： 地埋管侧管路循环水泵进出水管路压力表读数异常，出现频繁波动，水泵异响

或异常振动等非正常运行状态，可作为地埋管侧管路是否需要补水的判据之一，故选项A正确；地埋管侧管路当发生较大漏水时，说明地埋管系统有承压闭式系统变为开式系统，系统失水，水泵运行流量下降，扬程增大，功率下降，故选项BD正确，选项C错误。

4.4-30.【多选】《地源热泵系统工程技术规范（2009年版）》GB 50036进行了重要修订的是下列哪几项？【2011-1-64】

A. 统一规范岩土热响应试验方法

B. 明确提出对于利用地埋管地源热源系统的建筑，当应用建筑面积大于或等于3000m^{2}时，应进行热响应试验

C. 明确提出岩土热响应试验应符合附录C的规定

D. 提出地埋管换热器计算时，环路集管不应包括在地埋管换热器长度内

参考答案：AC

分析：选项B、D不是修改内容（《地源热泵系统工程技术规范GB 50366—2005（2009版）》第4.3.6条）。

4.4-31.【多选】关于热回收型地源热泵机组的说法，正确的是下列哪几项？【2012-2-65】

A. 热回收型地源热泵机组（地埋管方式）在制冷工况条件下，减少了系统向土壤的排热

B. 热回收型地源热泵机组（地埋管方式）在制冷工况条件下，回收了全部冷凝热，系统不向土壤排热

C. 夏热冬冷地区的全年空调宜采用热回收型地源热泵机组（地埋管方式）

D. 寒冷地区的全年空调宜采用热回收型地源热泵机组（地埋管方式）

参考答案：AC

分析：采用热回收型地源热泵机组，减少了向土壤的排热，故选项A正确；回收全部冷凝热，不向土壤排热，破坏了夏季排热和冬季取热的平衡，故选项B错误；夏热冬冷地区，由于冬季取热和夏季排热较不平衡，适宜采用热回收型机组，故选项C正确；寒冷地区由于夏季排热、冬季取热较少，不适宜采用热回收机组，故选项D错误。

4.4-32.【多选】地源热泵采用地下水换热系统时，热源井的说法下列哪几项是正确的？【2013-1-65】

A. 热源井设计采取减少空气入侵的措施主要原因是为了防止水泵气蚀现象发生

B. 热源井设计采取减少空气入侵的措施主要原因是为了防止回灌井堵塞现象发生

C. 回灌井数量应大于抽水井数量

D. 回灌井堵塞失效是地下水换热系统运行的最大问题

参考答案：BCD

分析：根据《地源热泵系统工程技术规范》GB 50366—2005（2009年版）第5.2.3条条文说明，选项A错误、选项B正确；根据GB 50366—2005（2009年版）第5.2.5条条文说明，选项C正确；根据《民用建筑供暖通风与空气调节设计规范宣贯辅导教材》P218，选项D正确。

4.4-33.【多选】地源热泵机组的地埋管换热器管内应保持紊流状态，符合要求的管内流体的雷诺数应是下列哪几项?【2013-2-68】

A. Re=1800　　B. Re=2300　　C. Re=2800　　D. Re=3300

参考答案： CD

分析： 根据《地源热泵系统工程技术规范》GB 50366—2005（2009年版）第4.3.14条条文说明，管内流体雷诺数 Re 应该大于2300，以确保紊流，故选项C、D正确。

4.4-34.【多选】夏热冬冷地区某空调工程采用地埋管地源热泵系统。工程的夏季计算冷负荷与总释热量均大于冬季计算热负荷与总吸热量。为保持土壤全年热平衡，夏季配置冷却塔向空气排热。该工程的地埋管地源热泵系统设计，下列哪几项是正确的?【2014-2-64】

A. 以冬季计算热负荷配置热泵机组容量

B. 以冬季计算的吸热负荷确定地埋管换热器数量

C. 由夏季计算冷负荷确定地源热泵机组制冷量

D. 冷却塔排热热负荷为夏季空调冷负荷与热泵机组全部排热负荷之差

参考答案： BC

分析： 根据《民规》第8.3.4.5条及其条文说明，“当地埋管系统的总释热量和总吸热量无法平衡时，不能将该系统作为建筑唯一的冷、热源（否则土壤年平均温度将发生变化），而应该设置相应的辅助冷热源，这时宜按地埋管长度的较小者作为设计长度”，虽然该项目处于夏热冬冷地区，但是可以判断该项目夏季释热量与冬季吸热量相差较大，所以有两种解决办法：(1) 根据冬季热负荷配置热泵机组容量和计算地面管长度，夏季不足冷量由辅助冷源来解决。(2) 根据夏季计算冷负荷确定地源热泵机组制冷量，多余释热量由冷却塔辅助向空气排热，地埋管长度按照冬季热负荷确定。但这样会造成机组选型和地面管长度不匹配，机组选型浪费。本题中并没有说明设置辅助冷源，只是说明用冷却塔辅助排热，所以选项BC更符合题意。冷却塔排热热负荷=夏季空调冷负荷+热泵机组制冷工况轴功率+地源侧循环泵轴功率—地源侧吸热热负荷，选项D错误。

4.4-35.【多选】地处寒冷地区的某办公建筑采用地源热泵作为空调系统冷热源，夏季地源侧进/出水温度设计值为25℃/30℃，空调冷水设计供/回水温度为7℃/12℃。采用双U垂直埋管土壤换热器，埋管深度100m。试问下列设计做法哪几项是不合理的?【2016-1-65】

A. 空调热水设计供/回水温度80℃/60℃

B. 冬季地源侧进/出水（未加防冻剂）温度设计值4℃/12℃

C. 地埋管水压试验需进行4次

D. 地埋管内设计水流速为0.3m/s

参考答案： ABD

分析： 根据《民规》第8.5.1-7条条文说明，地源热泵系统供热水温度较低，供回水温差不能太大，不做具体规定，按照设备能力确定。空调热水设计供/回水温度80℃/60℃，温度过高，高于根据第8.5.1-6条采用市政热力或锅炉供应的供回水温度要求，选项A错误；根据《地源热泵系统工程技术规范》GB 50366—2005（2009版）第4.3.5A-2

条，冬季地源侧进水（未加防冻剂）最低温度设计值宜高于4℃，不包括4℃，选项B错误；根据《地源热泵系统工程技术规范》GB 50366—2005（2009年版）第4.5.2条，选项C正确；根据《地源热泵系统工程技术规范》GB 50366—2005（2009年版）第4.3.9条条文说明及《09技术措施》第7.5.3-21条，双U型地埋管内设计水流速不宜小于0.4m/s，选项D错误。

4.4-36.【多选】有关地埋管地源热泵系统工程的表述，下列哪几项是错误的？【2017-2-43】

A. 某别墅小区占地2万m^2，共10栋单体建筑，单体建筑面积分别在1000～1200m^2之间，每栋均独立配置地源热泵系统，可不进行热响应试验

B. 工程进行热响应试验时，采用测试水吸热实验的方法

C. 工程应用建筑面积小于3000m^2时，可不设置测试孔

D. 地埋管地源热泵系统应考虑全年土壤热平衡问题

参考答案：ABC

分析：根据《地源热泵系统工程技术规范》GB 50366—2005（2009年版）第3.2.2A条及条文说明可知，应用建筑面积是指在同一个工程中，应用地埋管地源热泵系统的各个单体建筑面积的总和。选项A中各个单体建筑面积的总和在10000～12000m^2之间，应用建筑面积大于5000m^2，应进行岩土热响应试验，错误；根据GB 50366—2005（2009年版）附录C.3可知，采用的是测试水放热实验的方法，故选项B错误；根据GB 50366—2005（2009年版）第C.1.1可知，小于10000m^2的至少也得一个测试孔，故选项C错误；根据GB 50366—2005（2009年版）第4.3.2可知，选项D正确。

4.4-37.【多选】当地勘工作发现土壤中无地下水径流时，下列哪些建筑不合适采用土壤源热泵作为空调系统冷热源？【2017-2-57】

A. 北京的办公建筑　　B. 哈尔滨的住宅建筑

C. 深圳的大型商场　　D. 上海的宾馆建筑

参考答案：BC

分析：根据《民规》8.3.4.4条条文说明，对于地下水径流流速较小的地埋管区域，在计算周期内，地源热泵系统的总释热量和总吸热量应平衡。选项A中北京的办公建筑有供冷和供热需求，总释热量和总吸热量容易平衡，适合；选项B中哈尔滨住宅一般只有供热无供冷，总释热量和总吸热量不易平衡，不适合；选项C中深圳位于夏热冬暖地区，大型商场供冷需求要大于供热需求，总释热量和总吸热量不易平衡，不适合；选项D中上海位于夏热冬冷地区，宾馆建筑全年供冷和供暖需求相当，适合。

扩展：根据《民用建筑供暖通风与空气调节设计规范·技术指南》P468中的地源热泵系统适宜性研究，针对办公建筑，寒冷气候区为适宜区，选项A适合；针对居住建筑，严寒气候区为不适宜区，选项B不合适。采用单一式地埋管地源热泵系统和有辅助冷热源的地埋管地源热泵系统情况下，各气候区的适应性有所不同，具体可参考本书附录5扩展总结“地源热泵系统适应性总结”。

4.4-38.【多选】在供冷量和供热量都相同的情况下，关于江水源热泵机组的能耗说法，下列哪几项是正确的？【2017-1-64】

A. 当江水的取水温度降低时，机组供冷的能耗一定会降低

B. 当江水的取水温度增大时，机组供冷的能耗一定会降低

C. 当江水的取水温度一定时，机组冷凝器的进出江水温差增大，机组供冷的能耗一定会升高

D. 当机组蒸发器的进出江水温差一定时，江水取水温度升高，机组供热的能耗一定会减小

参考答案：CD

分析：根据《三版教材》表 4.3-7，地表水式机组制冷工况取水温度有温度范围限定，在此温度范围内，当江水的取水温度降低时，机组的冷凝温度降低，故功耗降低，但当江水的取水温度降低至取水温度范围以下时，则机组的能耗增加，故选项 A 错误；当江水的取水温度增大时，机组供冷的能耗与供水温度之间存在直接关联，取水温度升高到一定数值时，机组供冷的能耗会增高，故选项 B 错误；取水温度一定时，进出江水温差增大，平均冷凝温度增大，功耗升高，故选项 C 正确；进出口温差一定，取水温度升高，平均蒸发温度升高，供热能耗减小，故选项 D 正确。

4.4-39.【多选】在标准工况下，采用空气焓差法进行水（地）源热泵机组（室内机为冷热风型）制热量检测。下列说法中哪几项是错误的？【2018-2-46】

A. 实测的制热量应扣除循环风扇的热量

B. 实测的制热量应包括水泵的发热量

C. 试验时如果大气压低于 101kPa 时，每低 3.5kPa 实测的制热量可以增加 0.8%

D. 实测的制热量不应小于名义制热量的 92%

参考答案：ABD

分析：根据《水（地）源热泵机组》GB/T 19409—2013 第 6.2.1 条，“制冷量和制热量应为净值，对冷热风机组其包含循环风扇热量，但不包含水泵热量和辅助热量。制冷（热）量由试验结果确定，在试验工况允许波动的范围之内不作修正，冷热风型机组，对试验时大气压的低于 101kPa 时，大气压读数每低 3.5kPa，实测的制冷（热）量可增加 0.8%。”可知选项 AB 错误，选项 C 正确。由第 5.3.5 条可知，选项 D 错误。

4.4.3　多联式空调（热泵）

4.4-40.【单选】下图为多联式空调（热泵）机组制冷量的测试图。问：根据产品标准进行测试时，室外机距第一个分液器（分配器）之间的冷媒管长度 L，应为下列哪一项？【2012-1-32】

A. 3m　　B. 5m　　C. 8m　　D. 10m

参考答案：B

分析：见《多联机空调系统工程技术规程》JGJ 174—2010 第 3.1.3 条文解释表 3 的“注：测试方法按照 GB/T 18837 的相关规定，其中，室内外机连接管道上冷媒分配器前、后的连接管长度为 5m 或按制造厂规定”，由此选项 B 正确；另可参考《多联式空调（热

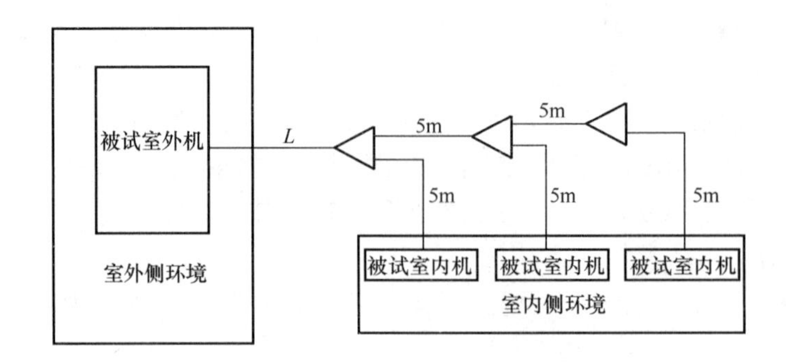

泵）机组》GB/T 18837—2002 第 6.3.5 条图 2、图 3。

4.4-41.【单选】下列对多联机（热泵）机组能效的提法中，哪一项是错误的？【2012-1-33】

A. 虽然《公共建筑节能设计标准》中没有提出对多联机（热泵）机组的能效要求，但在选用中仍应考虑机组的能效

B. 多联机以机组制冷综合性能系数（IPLV（C））值划分能源效率等级

C. 名义制冷量为 28000～84000W 的多联机的 2 级能效是 3.35W/W

D. 2012 年以现在的能源效率第 2 级作为实施的多联机能效限定值

参考答案：D

分析：根据《公建节能 2005》第 5.4 节可知，选项 A 正确；根据《多联式空调（热泵）机组能效限定值及能效等级》GB 21454—2008 第 3.3 条，选项 B 正确；根据第 5.1 条表 2 及第 A.1 条，选项 C 正确，选项 D 错误，以第 3 级作为能效限定值。

扩展：《公建节能 2005》中并未对多联机（热泵）机组的能效提出要求，但《公建节能 2015》增加了对多联机（热泵）机组的能效提要求，详见第 4.2.17 条、第 4.2.18 条。但是按照本考题的考察年限，即便按照《公建节能 2005》标准的规定，选项 A 正确。

4.4-42.【单选】关于相同设计冷负荷的多联机空调系统制冷工况下的运行能效，下列说法哪项是错误的？【2013-1-35】

A. 室外空气的干球温度越低则系统能效越高

B. 室内空气的湿球温度越低则系统能效越高

C. 室内机和室外机之间的配管长度越长则系统能效越低

D. 室内机和室外机之间的安装高度差越小则系统能效越高

参考答案：B

分析：分析选项 A，室外干球温度越低，则冷凝温度越低，制冷系数提高；选项 C、D 正确，则排除法选 B。多联机空调系统制冷工况运行，室外机相当于冷凝器，室外空气的干球温度越低，冷凝温度越低，则系统能效比越高；室内空气的湿球温度越低则说明蒸发温度越低，则系统能效比越低；室内机和室外机之间配管长度越短，安装长度越小，说明管路引起的压降越小，冷量衰减的越小，系统能效比就越高。

4.4-43.【单选】下列有关多联式空调（热泵）机组的能效与能效等级的说法，正确

的是哪一项?【2013-1-36】

A. 多联式空调（热泵）机组在规定的制冷能力试验条件下，制冷的性能系数越高则机组的能效等级就越高

B. 多联式空调（热泵）机组在规定的制冷能力试验条件下，制冷的综合性能系数越高则机组的能效等级就越高

C. 多联式空调（热泵）机组在规定的制热能力试验条件下，制热能效比越高则机组的能效等级就越高

D. 多联式空调（热泵）机组在规定的制冷、制热能力试验条件下，制冷的性能系数和制热能效比得算术平均值越高则机组处于能源等级效率更高的能效等级

参考答案： B

分析：《多联式空调（热泵）机组能效限定值及能效等级》GB 21454－2008 第 3.2 条。多联机的能效定义是基于制冷综合性能系数定义的，因此评判能效等级的大小仅需考虑制冷的综合性能系数定义。

4.4-44.【单选】确定多联机空调系统的制冷剂管路等效管长的原因和有关说法，下列何项是不正确的?【2014-1-34】

A. 等效管长与实际配管长度相关

B. 当产品技术资料无法满足核算性能系数要求时，系统制冷剂管路等效管长不宜超过 70m

C. 等效管长限制是对制冷剂在管路中压力损失的控制

D. 实际工程中一般可不计算等效管长

参考答案： D

分析： 根据《多联机空调系统工程技术规程》JGJ 174—2010 第 2.0.4 条，等效管长为冷媒配管的管道长度与弯头、分歧等配件的当量长度之和，选项 A 正确；根据第 3.4.2-3 条、第 3.4.2-4 条及条文说明，选项 BC 正确；选项 D 明显错误。

4.4-45.【单选】关于多联式空调（热泵）机组制冷剂管路的说法，正确的为下列何项?【2016-1-32】

A. 管路的铜管喇叭口与设备的螺柱连接采用固定扳手紧固

B. 管路气密性试验保压时间不小于 8h

C. 管路气密性试验采用水进行

D. 采用制冷剂 R410A 高压管路的试验压力比 R407C 高

参考答案： D

分析： 根据《多联机空调系统工程技术规程》JGJ 174—2010 第 4.2-3 条：喇叭口与设备的螺栓连接应采用两把扳手进行螺母的紧固作业，选项 A 错误；第 5.4.10-1 条：气密性试验应采用干燥压缩空气或氮气进行，选项 C 错误；依据第 5.4.10-1 条：管路气密性试验保压时间不小于 24h，选项 B 错误；依据表表 5.4.10 知，制冷剂 R407C 的试验压力 3.3MPa，制冷剂 R410A 的试验压力 4.0MPa，选项 D 正确。

4.4-46.【单选】以下关于多联式空调（热泵）机组系统的说法，错误的为何项？【2017-1-30】

A. 多联式空调（热泵）机组有空气源机型和水源机型

B. 多联式空调系统中的机组冬季运行时均应设置除霜功能

C. 建筑物有内区时，冬季期间因具有热回收能力，水源多联机的运行更为节能

D. 水源多联机的水源可采用地埋管循环水系统

参考答案：B

分析：根据《三版教材》P396可知，选项A正确；由P395可知，选项B错误，带排风热回收型的新风机组集热泵机组与新风机组一体，名义工况条件下，冬季制热COP高达6.0及以上，因蒸发侧采用室内排风，基本无结霜；根据《民规》第7.3.11-1条及条文说明，可知热回收型多联机空调系统是高效节能型系统，冬季将内区热量转移至外区供热，外区空调供热不足部分，由外部热源提供。当热源采用水源相比空气源，取热温度更高且稳定，机组效率高，运行更为节能，故选项C正确；当外部条件适宜时，采用地埋管循环水系统作为水源多联机的水源，是一种较好的选择，故选项D正确。

4.4-47.【单选】某建筑（无地下室）采用无专用过冷回路设计的单冷型多联机空调系统，以下关于多联机室外机与室内机之间关系的说法，正确的为下列何项？【2017-1-34】

A. 室外机在屋面安装时与室内机的高差值，与室外机在地面安装时与室内机的高差值的最大允许值相同

B. 室外机在屋面安装时与室内机的最大允许高差值，大于室外机在地面安装时与室内机的最大允许高差值

C. 室外机在屋面安装时与室内机的最大允许高差值，小于室外机在地面安装时与室内机的最大允许高差值

D. 室外机与室内机的高差值不是设计中必须考虑的问题

参考答案：C

分析：根据《三版教材》P620可知，室内机与室外机的最大高差为110m（室外机在上时为100m），故选项C正确。

4.4-48.【多选】多联机空调系统制冷剂管道的气密性试验做法，下列哪几项不符合规定？【2012-1-65】

A. R410A高压系统试验压力为3.0MPa

B. 应采用干燥压缩空气或氮气

C. 试验时要保证系统的手动阀和电磁阀全部开启

D. 系统保压经24小时后，当压力降大于试验压力2%时，应重新试验

参考答案：AD

分析：根据《多联机空调系统工程技术规程》JGJ 174—2010第5.4.10条中表5.4.10可知，R410A高压系统试验压力为4.0MPa，故选项A是错误的；选项B、C是正确的；选项D中应该为：当压力降大于试验压力1%时，应重新试验，故选项D错误。

4.4-49.【多选】有关多联式空调（热泵）机组的说法，下列哪几项是错误的?【2012-2-67】

A. 多联式空调（热泵）机组压缩机采用数码涡旋压缩机优于变频压缩机，更节能

B. 室内机和新风机宜由一台多联式空调（热泵）室外机组拖动

C. 多联式空调（热泵）机组运行正常的关键之一，是要解决好系统的回油的问题

D. 多联式空调（热泵）机组使用地域基本不受限制

参考答案： ABD

分析： 根据《三版教材》P606 相关描述，变频压缩与数码涡旋都有各自的优势，很难简单断言孰优孰劣，选项 A 错误；根据《09 技术措施》第 5.14.5 条，当无其他冷热源对新风进行处理时，变制冷剂流量多联分体式空调宜采用适应新风工况的专用直接蒸发式机组作为系统的新风处理机组，因此不宜与室内机合用外机，选项 B 错误；选项 C 正确；根据《多联机空调系统工程技术规程》JGJ 174—2010 第 3.1.2-1 条，选项 D 错误。

4.4-50.【多选】关于多联机空调系统工程的施工技术要求描述，下列哪几项是正确的?【2013-1-64】

A. 制冷剂铜管的焊接采用充氮焊接，焊接的部位保持清洁

B. 制冷剂为 R410A 的管道的气密性试验采用水进行

C. 设计文件和设备技术文件未规定时，R410A 制冷剂的高压管道的气密性试验压力为 4.0MPa

D. 气密性试验的保压时间为 24h，判断试验结束时的压降百分比是否符合要求，应考虑试验开始、结束的环境温度因素修正

参考答案： ACD

分析： 根据《多联机空调系统工程技术规程》JGJ 174—2010 第 5.4.5 条，选项 A 正确；根据 JGJ 174—2010 第 5.4.10-1 条、第 4 条，选项 B 错误、选项 C 正确、选项 D 正确。

4.4-51.【多选】在多联机系统中，当压缩机的转速和室内外工况条件一定时，下列关于室内、外机组之间的冷媒配管长度 L 对多联机系统性能影响的说法，哪几项是正确的?【2018-1-63】

A. L 越长，其制冷量越小，制热量也越小

B. L 的变化对多联机系统的制冷量衰减率和制热量衰减率都是相同的

C. L 越长，制冷时室内机中的蒸发压力越高，压缩机吸气压力越低

D. L 越长，制热时室内机中的冷凝压力越低，压缩机排气压力越高

参考答案： AD

分析： L 越长，阻力损失越大，蒸发压力及冷凝压力变小，故其制冷量与制热量均变小，选项 A 正确；根据 T-s 图，制热量为制冷量与功耗的和，故制冷量与制热量衰减率不同，选项 B 错误；L 越长，压力损失增加，蒸发压力应降低，故压缩机吸气压力低，选项 C 错误；制热时，L 越长，压力损失增加，冷凝压力降低，故要求压缩机排气压力高，选项 D 正确。

4.5 制冷系统管路设计

4.5-1.【单选】关于设计R22制冷剂管道系统的压缩机吸气管和排气管的坡度，下列哪一项是错误的?【2011-2-35】

A. 排气管坡度应≥0.01，坡向冷凝器

B. 排气管坡度应≥0.01，坡向油分离器

C. 吸气管坡度应≥0.02，坡向压缩机

D. 排气管坡度应≥0.01，坡向压缩机

参考答案：D

分析：《三版教材》P635，制冷压缩机排气管道应有≥0.01的坡度，坡向油分离器或冷凝器，选项A、B正确，选项D错误；制冷压缩机吸气管道应有≥0.01的坡度，坡向压缩机，选项C错误。但是原题出题时采用《二版教材》，根据《二版教材》P557“2. R22制冷压缩机排气管道设计”选项AB正确，选项D错误；“1. R22制冷压缩机吸气管道设计”可知选项C正确。教材改版后，C实际是错误的。

扩展：详见附录5扩展4-11：制冷设备及管道坡向坡度总结。

4.5-2.【单选】下列关于压缩式制冷机组膨胀阀的感温包安装位置，哪一项是正确的?【2011-2-36】

A. 冷凝器进口的制冷剂管路上

B. 冷凝器出口的制冷剂管路上

C. 蒸发器进口的制冷剂管路上

D. 蒸发器出口的制冷剂管路上

参考答案：D

分析：根据《通风与空调工程施工规范》GB 50738—2011第12.3.2.3条或《通风与空调工程施工质量验收规范》GB 50243—2016第8.3.4-4条，热力膨胀阀的感温包应安装在蒸发器末端的回气管上，选项D正确。

扩展：关于膨胀阀的详细工作原理可参考《空气调节用制冷技术》P214、P125。

4.5-3.【单选】关于制冷机房的设备布置要求，下列哪一项不符合规范规定?【2012-1-35】

A. 机组与墙之间的净距不小于1m，与配电柜的距离不小于1.5m

B. 机组与机组或其他设备之间的净距不小于1.2m

C. 机组与其上方的电缆桥架的净距应大于1m

D. 机房主要通道的宽度应大于1.8m

参考答案：D

分析：根据《三版教材》P641可知，选项ABC的说法均为正确的；选项D和“制冷机突出部分与配电柜之间的距离和主要通道的宽度，不应小于1.5m”的说法不符，故此选项为错误的。

4.5-4.【单选】关于蒸汽压缩式制冷机组采用冷凝器的叙述，下列何项是正确的?

【2014-1-32】

A. 采用风冷式冷凝器，其冷凝能力受到环境湿球温度的限制

B. 采用水冷式冷凝器（冷却塔供冷却水），冷却塔供水温度主要取决于环境空气干球温度

C. 采用蒸发式冷凝器，其冷凝能力受到环境湿球温度的限制

D. 蒸发冷却式冷水机组和水冷式冷水机组，名义工况条件，规定的放热侧的湿球温度相同

参考答案：C

分析：风冷式冷凝器的冷凝能力主要取决于空气的干球温度，选项A错误；冷却塔供水温度主要取决于湿球温度，选项B错误；蒸发式冷凝器的冷凝能力取决于空气湿球温度，选项C正确；根据《三版教材》表4.3-5可知，选项D错误。

4.5-5.【单选】某地下制冷机房设计为离心式冷水机组（制冷剂为R134a），在机房设计时下列哪一项措施是不符合规定的？【2016-2-31】

A. 制冷机房应设置机械通风系统，其排风口应设于室外

B. 当蒸发器和冷凝器采用在线清洗系统时，冷水机组的任何一端可不要求预留清理管束的维修空间

C. 每台离心式冷水机组之间的间距应满足机组最大检修部件的尺寸要求

D. R134a毒性较低，制冷剂安全阀不必设置连接室外的泄压管

参考答案：D

分析：根据《三版教材》P641，选项A正确；根据《民规》第8.10.2条条文说明，蒸发器和冷凝器采用在线清洗装置时，可以不考虑机组任何一端预留维修空间，选项B正确；离心式冷水机组之间的间距应满足机组最大检修部件的尺寸要求，选项C正确；根据《民规》第8.10.1-5条及条文说明，不论属于哪个安全分组的制冷剂，制冷剂安全阀一定要求接至室外安全处，选项D错误。

4.5-6.【单选】以下关于蒸气压缩式制冷机组中有关阀件的说法，错误的为何项？【2016-2-32】

A. 电子膨胀阀较热力膨胀阀会带来更好的运行节能效果

B. 制冷剂管路上的节流装置是各类蒸气压缩式冷水机组必有的部件

C. 房间空调器可采用毛细管作为节流装置

D. 制冷剂管路上的四通换向阀是各类蒸气压缩式冷水机组必有的部件

参考答案：D

分析：热力膨胀阀是利用蒸发器出口处蒸汽过热度的变化调节供液量，分为内平衡式和外平衡式热力膨胀阀。电子膨胀阀是利用被调节参数产生的电信号，控制施加于膨胀阀的电压或电流，来达到调节供液量。电子膨胀阀比热力膨胀阀控制更为精确、稳定，选项A正确。节流装置是逆卡诺循环四大部件之一，不可或缺，选项B正确；毛细管是节流，利用孔径和长度变化产生压力差，主要用于负荷较小设备，不能控制制冷剂流量，选项C正确。电磁四通换向阀是采用改变制冷剂流向，使系统由制冷工况向热泵工况转换，主要

用于热泵系统的制冷剂切换，选项 D 错误。

4.5-7.【单选】某制冷机房设置一小、二大，合计为三台冷水机组，小机组名义工况的制冷量为 389kW/台，大机组名义工况制冷量均为 1183kW/台，使用的制冷小时负荷率为：全开 10%；大机组两台开 20%；大机组一台开 60%；小机组一台开 10%。以下四个冷水机组的机房布置平面图中，相对合理的为何项？【2017-2-30】

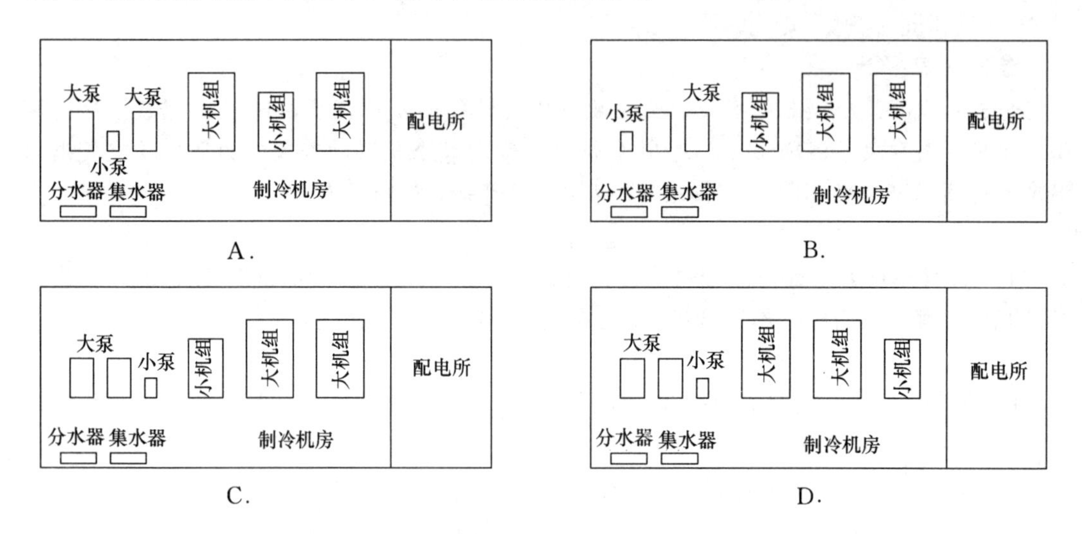

参考答案： B

分析： 由题设可知，大机组制冷运行小时数最多，大机组安放位置宜并排连续放置，故选项 A 错误；同时考虑便于日常运行维护管理，大机组对应大泵宜尽量靠近，故选项 C 错误；配电所位于制冷机房右侧，运营频率高的大机组宜靠近配电所，缩短配电线路安装长度，有利于降低输送能耗，同时便于施工安装和降低建设投资，故选项 D 错误，选项 B 正确。

4.5-8.【单选】关于制冷设备管道现场安装的要求，不符合现行规范规定的是下列哪一项？【2017-2-37】

A. 输送制冷剂碳素钢管的焊接应全部采用氩弧焊焊接工艺

B. 液体管上接支管，应从主管的底部或侧部接出

C. 气体管上接支管，应从主管的上部或侧部接出

D. 吸排气管道敷设时，其管道外壁之间的间距应大于 200mm

参考答案： A

分析： 根据《三版教材》P637 或《制冷设备、空气分离设备安装工程施工及验收规范》GB 50274—98 第 2.1.5 条可知，选项 A 错误，采用氩弧焊封底，电弧焊盖面的焊接工艺；根据《通风与空调工程施工规范》GB 50738—2011 第 12.2.4 条可知，选项 BCD 正确。

4.5-9.【单选】制冷设备管道在现场安装时，关于各设备之间制冷管道连接的坡向，

下列何项是错误的?【2018-1-30】

A. 氟利昂压缩机的进气水平管坡向蒸发器

B. 氟利昂压缩机的排气水平管坡向油分离器

C. 冷凝器至贮液器的水平供液管坡向贮液器

D. 油分离器至冷凝器的水平管坡向油分离器

参考答案: A

分析: 根据《三版教材》P637 可知，选项 A 错误，应该坡向压缩机。

4.5-10.【多选】关于空调制冷机房的设备布置，正确的是下列哪几项?【2011-2-67】

A. 机组与墙之间的净距离不小于 1m，与配电柜的距离不小于 1.5m

B. 机组与机组或其他设备之间的净距离不小于 1.2m

C. 留有 0.8 倍蒸发器或冷凝器长度的维修距离

D. 机房主要通道的宽度不小于 1.5m

参考答案: ABD

分析: 根据《三版教材》P641，选项 ABD 正确。根据《民规》第 8.10.2.3 条，宜留有不小于蒸发器、冷凝器或低温发生器长度的维修距离，故选项 C 错误。

4.5-11.【多选】近些年蒸汽压缩式制冷机组采用满液式蒸发器（蒸发管完全浸润在沸腾的制冷剂中）属于节能技术，对它的描述，下列哪几项是正确的?【2012-1-64】

A. 满液式蒸发器的传热性能优于干式蒸发器

B. 蒸发管外侧的换热系数得到提高

C. 位于蒸发器底部的蒸发管的蒸发压力低于蒸发器上部的蒸发管的蒸发压力

D. 位于蒸发器底部的蒸发管的蒸发压力高于蒸发器上部的蒸发管的蒸发压力

参考答案: ABD

分析: (1) 满液式机组与普通冷水机组的区别就在于蒸发器采用了满液式蒸发器，而普通冷水机组采用干式蒸发器，满液式蒸发器与干式蒸发器的明显区别在于制冷剂流程不同，满液式蒸发器制冷剂走壳程，制冷剂从壳体下部进入，在传热管外流动并受热沸腾，蒸汽从壳体上部排出。干式蒸发器中制冷剂走管程，即制冷剂从端盖下部进入传热管束，在管内流动受热蒸发，蒸汽从端盖上部排出。

(2) 满液式蒸发器的优点：最大特点是靠液态制冷剂淹没大量换热管束，采用表面高度强化的满液式蒸发管，蒸发管完全浸泡在冷媒中，所以传热系数高；而且是制冷剂蒸汽无需过热度，从而蒸发温度可以大幅提升。

(3) 满液式蒸发器制冷剂有一定的液位高度，因此下部制冷剂压力大，相对蒸发压力高。

4.5-12.【多选】冷库中制冷管道的敷设要求，下列哪几项是错误的?【2012-1-68】

A. 低压侧制冷管道的直管段超过 120m，应设置一处管道补偿装置

B. 高压侧制冷管道的直管段超过 50m，应设置一处管道补偿装置

C. 当水平敷设的回气管外径大于 108mm 时，其变径管接头应保证顶部平齐

D. 制冷系统的气液管道穿过建筑楼板、墙体时，均应加套管，套管空隙均应密封

参考答案：ACD

分析：根据《冷库设计规范》GB 50072—2010 第 6.5.7 条第 1 款中所述，选项 A 中“120m”应为“100m”，故选项 A 错误；选项 B 正确；第 6 款所述，选项 C 应为底部平齐，故选项 C 错误；第 2 款所述，制冷剂管道穿过建筑物的墙体（除防火墙外）、楼板、屋面时，应加套管，套管与管道间的空隙应密封但制冷压缩机的排气管道与套管间的间隙不应密封。从规范的意思可知：(1) 穿越防火墙是不需要加套管，(2) 制冷压缩机的排气管道与套管间的间隙不应密封，故选项 D 是错误的。

4.5-13.【多选】关于制冷压缩机吸气管和排气管的坡向，下列哪几项是正确的？【2014-2-66】

A. 氨压缩机排气管应坡向油分离器

B. 氟利昂压缩机排气管应坡向油分离器或冷凝器

C. 氨压缩机吸气管应坡向蒸发器、液体分离器或低压缩机储液器

D. 氟利昂压缩机吸气管应坡向压缩机

参考答案：ABCD

分析：根据《三版教材》P634～P636 或《制冷设备、空气分离设备安装工程施工及验收规范》GB 50274—2010 表 2.1.5 或《通风与空调工程施工质量验收规范》GB 50243—2016 第 8.2.7-5 条，均可得出 ABCD 均正确。

4.5-14.【多选】某办公建筑的制冷机房平均平面设计，下列哪几项是正确的？【2014-2-67】

A. 机房内主要通道宽度为 1.6m

B. 制冷机与制冷机之间的净距为 1.0m

C. 制冷机与电气柜之间的净距为 1.2m

D. 制冷机与墙之间的净距为 1.1m

参考答案：AD

分析：根据《三版教材》P641，机房内主要通道宽度不应小于 1.5m，故选项 A 正确。制冷机与制冷机之间的净距不应小于 1.2m，故选项 B 错误。制冷机突出部分与电气柜之间的距离不应小于 1.5m，故选项 C 错误。制冷机与墙之间的净距不应小于 1.0m，故选项 D 正确。

4.5-15.【多选】当设置两台或两台以上蒸汽压缩式制冷机时，制冷机的制冷剂管道连接做法，下列哪几项是正确的？【2017-1-68】

A. 蒸发器可以连通　　　　B. 冷凝器可以连通

C. 压缩机可以连通　　　　D. 以上均不允许连通

参考答案：ABC

分析：根据《三版教材》图 4.4-1、图 4.4-2，选项 AC 正确。根据《三版教材》P636，“当设计两台冷凝器共用一台储液器时”，选项 B 正确。

4.5-16.【多选】某小型冷库采用 R404A 直接膨胀制冷系统，有关热力膨胀阀与感温包的安装，下列哪几项说法是正确的？【2018-1-68】

A. 热力膨胀阀的安装位置应低于感温包

B. 热力膨胀阀的安装位置应高于感温包

C. 感温包应装在蒸发器的回气管上

D. 感温包应装在蒸发器的进液管上

参考答案：BC

分析：直膨系统感温包主要用于控制压缩机入口的吸气过热度，故应安装在回气管上，热力膨胀阀位置应高于感温包，能够得到可靠的吸气过热度。

4.6　溴化锂吸收式制冷

4.6-1.【单选】关于溴化锂吸收式机组的说法，下列哪一项是错误的？【2011-2-34】

A. 制冷量相同时，溴化锂吸收式机组比离心式冷水机组冷却水量大

B. 冷水出口温度上升时，机组热力系数增加

C. 当有足够电力供应时，宜采用专配锅炉为驱动热源的溴化锂吸收式机组

D. 冷却水温度过低时，机组中浓溶液可能产生结晶

参考答案：C

分析：根据《三版教材》图 4.5-1 及 P645 可知，冷却水要负担吸收器和冷凝器中两部分的热量，选项 A 正确；根据 P643“最大热力系数随热源温度的升高、环境温度的降低以及被冷却物质为目的的升高而增大”，选项 B 正确；由《民规》第 8.1.1 条及其条文解释可知，一般是有工业余热或废热的温度较高时，为了变废为宝才考虑使用溴化锂吸收式机组。当电力充足时，就不用溴化锂吸收式机组，选项 C 错误；由《三版教材》P653 可知，选项 D 正确。

4.6-2.【单选】关于 SXZ6-174Z 溴化锂冷水机组的表述，正确的是下列哪一项？【2012-2-34】

A. 单效型，蒸汽压力 0.6MPa，名义制冷量 1740kW，冷水出水温度 7℃

B. 双效型，蒸汽压力 0.6MPa，名义制冷量 1740kW，冷水出水温度 10℃

C. 双效型，蒸汽压力 0.6MPa，加热热源 1740kg/h，冷水出水温度 10℃

D. 双效型，蒸汽压力 0.6MPa，加热热源 1740kg/h，冷水出水温度 7℃

参考答案：B

分析：根据《蒸汽和热水型溴化锂吸收式冷水机组》GB/T 18431—2001 附录 G“机组型号表示方法”可得正确答案为选项 B。

4.6-3.【单选】制冷工况条件下，供/回水温度为 7/12℃，下列关于吸收式制冷机组的表述中哪一项是正确的？【2012-2-35】

A. 同等的制冷量、同样的室外条件，吸收式制冷机组的冷却水耗量小于电机驱动压缩式冷水机组的冷却水量耗量

B. 同等的制冷量、同样的室外条件，吸收式制冷机组的冷却水耗量等于电机驱动压缩式冷水机组的冷却水量耗量

C. 同等的制冷量、同样的室外条件，吸收式制冷机组的冷却水耗量大于电机驱动压缩式冷水机组的冷却水量耗量

D. 吸收式制冷机组的冷却水和电机驱动压缩式冷水机组一样只通过冷凝器

参考答案： C

分析： 根据《红宝书》P2319，溴化锂吸收式冷却水温差为5.5～8℃，有别于水冷螺杆式和离心式制冷机，二者均为5℃，且单位制冷量的冷却水循环量约为后者的1.2倍，在选用冷却水泵及冷却塔是应注意，可见选项AB错误，选项C正确；根据《三版教材》图4.5-1及P645可知，冷却水要负担吸收器和冷凝器中两部分的热量，选项D错误。

扩展： 本题也可以利用选择题的技巧，比较ABC三个选项是三个相互矛盾的情况，只可能一个正确，另外根据单选题，可以直接判定选项D不符合题意。

4.6-4.【单选】寒冷地区的某旅馆建筑全年设置集中空调系统，拟采用直燃机。问：直燃机选型时，正确的是何项？【2012-2-36】

A. 按照建筑的空调冷负荷 Q_l 选择

B. 按照建筑的空调热负荷 Q_r 选择

C. 按照建筑的生活热水热负荷 Q_s 选择

D. 按照建筑的空调热负荷与生活热水热负荷之和 $=Q_r+Q_s$ 选择

参考答案： A

分析： 根据《09技术措施》第6.5.4.1条、第6.5.4.3条、第6.5.4.4条；根据《三版教材》P657，按冷负荷选型，并考虑冷、热负荷与机组供冷、供热量匹配。

扩展：《民规》第8.4.3条，按照冷负荷和热负荷较小者选型，寒冷地区冷负荷比热负荷及热水负荷小。

4.6-5.【单选】直燃双效溴化锂吸收式冷水机组，当冷却水温度过低时，最先发生结晶的部位是下列哪一个装置？【2014-1-29】

A. 高压发生器　　B. 冷凝器

C. 低温溶液热交换器　　D. 吸收器

参考答案： C

分析： 根据《三版教材》P654，结晶现象一般先发生在溶液热交换器的浓溶液侧，因为那里溶液浓度最高，温度较低，通路狭窄。

4.6-6.【单选】有关吸收式制冷（热泵）装置的说法，正确的为下列何项？【2014-1-35】

A. 氨吸收式机组与溴化锂吸收式机组比较，前者水为制冷剂、后者溴化锂为制冷剂

B. 吸收式机组的冷却水仅供冷凝器使用

C. 第二类吸收式热泵的冷却水仅供冷凝器使用

D. 第一类吸收式热泵为增热型机组

参考答案： D

分析： 根据《三版教材》P642可知，氨吸收式机组氨为制冷剂，溴化锂吸收式机组，水为制冷剂，选项A错误；根据《三版教材》图4.5-1及P645可知，冷却水要负担吸收器和冷凝器中两部分的热量，选项BC错误；根据《三版教材》P664，热电厂的余热回收利用，采用的吸收式热泵机组为第一类吸收式热泵机组为增热型，选项D正确。

4.6-7.【单选】下列关于溴化锂吸收式制冷机组冷却负荷的描述，哪一项是正确的？【2016-1-36】

A. 等于发生器耗热量与蒸发器制冷量之和

B. 等于蒸发器制冷量与吸收器放热量之和

C. 等于冷凝器放热量与吸收器放热量之和

D. 等于发生器耗热量与冷凝器放热量之和

参考答案： C

分析： 根据《三版教材》图4.5-1可知，选项C正确。根据热平衡计算公式，当采用单效溴化锂吸收式制冷机组时，冷却负荷＝发生器耗热量＋蒸发器制冷量；当采用双效溴化锂吸收式制冷机组时，冷却负荷＝高压发生器耗热量＋蒸发器制冷量；选项A说法不全面。

4.6-8.【单选】下列关于吸收式热泵的说法，正确的是哪一项？【2016-2-30】

A. 吸收式热泵适用于余热回收的任何场合

B. 当余热资源介质温度高于200℃时，能更充分发挥吸收式热泵的作用

C. 某工业炉窑运行中产生95℃的高温水，需要冷却至80℃，而另一工艺设备要求供应0.2MPa的蒸汽，可设计采用吸收式热泵

D. 选项C的热回收采用吸收式热泵，需采用第一类吸收式热泵

参考答案： C

分析： 根据《三版教材》表4.5-1可知，吸收式热泵对余热回收的温度有范围要求，不适用于任何场合，选项A错误；一类吸收式热泵驱动热源温度热水100～160℃，蒸汽（0.1～0.8MPa），对应蒸汽压力最高温度约为170℃；二类吸收式热泵可利用的60～100℃的废热资源。当余热资源介质温度高于200℃时，并不能更加充分发挥吸收式热泵的作用，选项B错误；根据选项C工况条件，可采用第二类吸收式热泵，选项C正确，选项D错误。

4.6-9.【单选】下列关于吸收式制冷系统的描述，哪项是错误的？【2018-1-34】

A. 发生器是向制冷循环提供高品位能量的部件

B. 溶液泵是将低压溶液增压至高压溶液的部件

C. 吸收器是维持制冷系统蒸发压力的部件

D. 解决溶液热交换器浓溶液侧结晶问题的方法之一，是在发生器与蒸发器之间设置浓溶液溢液管（融晶管）

参考答案： D

分析： 根据《三版教材》P643可知，选项AB正确；在吸收器中，用液态吸收剂不断吸收蒸发器产生的低压气态制冷剂，以达到维持蒸发器内低压的目的，选项C正确；

解决热交换器浓溶液侧结晶问题，在发生器中设有浓溶液溢流管，当热交换器浓溶液通路因结晶被阻塞时，发生器液位升高，浓溶液经溢流管直接进入吸收器，选项D错误。

4.6-10.【单选】在溴化锂吸收式制冷剂中，下列哪一项是制冷剂？【2018-2-34】

A. 固体溴化锂

B. 水

C. 溴化锂浓溶液

D. 溴化锂稀溶液

参考答案： B

分析： 根据《三版教材》P642可知，选项B正确。

4.6-11.【单选】用于某几种供热换热站的大温差吸收式换热机组（取代原有直接换热器）的原理图如下图所示。其中1为换热器。已知一次网的供、回水温度分别为130℃和25℃，二次网的供、回水温度分别为70℃和50℃。问：图中部件2、3、4、5依次的名称下列给出的哪个选型是正确的？【2018-2-35】

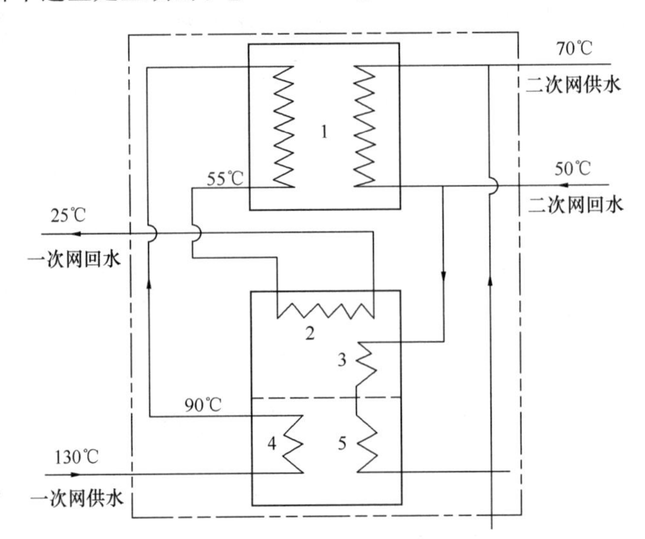

A. 蒸发器、吸收器、发生器、冷凝器

B. 吸收器、蒸发器、发生器、冷凝器

C. 冷凝器、发生器、蒸发器、吸收器

D. 发生器、冷凝器、蒸发器、吸收器

参考答案： A

分析： 根据《三版教材》图4.5-1可知，选项A正确。

4.6-12.【多选】下列关于吸收式制冷机热力系数的说法中，哪几项是错误的？【2012-2-68】

A. 吸收式制冷机热力系数是衡量制冷机制热能力大小的参数

B. 吸收式制冷机的最大热力系数与环境温度无关

C. 吸收式制冷机的热力系数仅与发生器中的热媒温度有关

D. 吸收式制冷机的热力系数仅与发生器中的热媒温度和蒸发器中的被冷却物的温度有关

参考答案： ABCD

分析： 根据《三版教材》P643，吸收式制冷机的经济性常以热力系数作为评价指标。热力系数是吸收式制冷机中获得的制冷量与消耗的热量之比。选项 A 错误；根据《三版教材》P643，最大热力系数随热源温度的升高、环境温度的降低以及被冷却物质为目的的升高而增大，选项 BCD 错误。

4.6-13. 【多选】制冷工况条件下，供/回水温度为 7℃/12℃，下列关于吸收式制冷机的说法中，哪几项是错误的？【2013-1-68】

A. 同等的制冷量，同样的室外条件，吸收式制冷机的冷却水耗量小于电机驱动压缩式冷水机组的冷却水耗量

B. 同等的制冷量，同样的室外条件，吸收式制冷机的冷却水耗量等于电机驱动压缩式冷水机组的冷却水耗量

C. 吸收式制冷机内部冷却水系统均为并联式系统

D. 吸收式制冷机的冷却水先流经冷凝器再流到吸收器

参考答案： ABCD

分析： 根据《红宝书》P2319，溴化锂吸收式冷却水温差为 5.5～8℃，有别于水冷螺杆式和离心式制冷机，二者均为 5℃。且单位制冷量的冷却水循环量约为后者的 1.2 倍，在选用冷却水泵及冷却塔是应注意，可见选项 AB 错误；根据《三版教材》图 4.5-1 及 P645 可知，吸收式制冷剂内部冷却水系统均为并联式系统，冷却水先流经吸收器在流到冷凝器，选项 CD 均错误。

4.6-14. 【多选】以下关于直燃式溴化锂吸收式冷（温）水机组的名义工况各参数的叙述，与标准规定不完全符合的是哪几项？【2016-1-67】

A. 制冷：冷却水进口/出口温度 32℃/37℃

B. 制冷：冷水进口/出口温度 12℃/7℃

C. 供热：出口水温度 60℃

D. 污垢系数：0.086m^2・℃/kW

参考答案： AD

分析： 根据《三版教材》表 4.5-3，选项 AD 错误。

4.6-15. 【多选】关于溴化锂吸收式制冷机组的制冷量衰减的原因，正确的是下列哪几项？【2016-1-68】

A. 机组真空度保持不良

B. 喷淋系统堵塞

C. 传热管结垢

D. 冷剂水进入溴化锂溶液中

参考答案： ABCD

分析：根据《三版教材》P655，制冷机组的制冷量衰减的原因1）～4）条，选项ABCD皆正确。

4.6-16.【多选】以下关于直燃型溴化锂吸收式冷（温）水机组制冷工况实测性能的要求，正确的是哪几项？【2016-2-65】

A. 机组的冷水、冷却水的压力损失不大于名义压力损失的105%

B. 机组实测性能系数不低于名义性能系数的95%

C. 机组实测制冷量不低于名义制冷量的95%

D. 机组实测热源消耗量，以单位制冷（供热）量或单位时间量表示，不应高于名义热消耗量的105%

参考答案：BCD

分析：根据《直燃型溴化锂吸收式冷（温）水机组》GB/T 18362—2008第5.3.6条，选项A错误；根据第5.3.5条，选项B正确；根据第5.3.1条，选项C正确；根据第5.3.3条，选项D正确。

4.6-17.【多选】以下列出的溴化锂吸收式冷（温）水机组实测性能参数的规定，符合现行国家标准的是哪几项？【2017-1-66】

A. 机组实测制冷量不应低于名义制冷量的95%

B. 机组的电力消耗量不应高于名义电力消耗量的105%

C. 机组实测的性能系数不应低于名义性能系数的95%

D. 机组冷（温）水，冷却水的压力损失不应大于名义压力损失的105%

参考答案：ABC

分析：根据《直燃型溴化锂吸收式冷（温）水机组》GBT 18362—2008第5.3.1可知，选项A正确；根据第5.3.4可知，选项B正确；根据第5.3.5可知，选项C正确；根据第5.3.6可知，选项D错误，应为不大于110%。

4.6-18.【多选】以下关于吸收式热泵的说法，正确的为哪几项？【2017-1-67】

A. 某热电厂运行中产生39℃的冷却水，需经冷却塔冷却至32℃。其供热管网的供/回水温度为85℃/50℃，为了节能减排，可采用吸收式热泵

B. 采用吸收式热泵时，热回收系统采用第一类吸收式热泵

C. 采用吸收式热泵时，某驱动热源是39℃的冷却水

D. 采用第一类吸收式热泵供热性能系数可大于1.2

参考答案：ABD

分析：一般而言，第一类溴化锂吸收式热泵机组获得热源的温度比废热出热泵温度高30～60℃，且不高于100℃。热源的温升幅度和热源的进口温度与驱动热源温度及余热出口温度有关，余热出口温度越高，热泵机组能够提供的供热温度越高。结合《三版教材》P649表4.5-1可知，选项A正确；利用高温热源，把低温热源的能力提高到中温，从而提高能源的利用效率，驱动热源（高品质热能）+余热源（低温废热）=中温热源，符合第一类吸收式热泵定义，故选项B正确；39℃的冷却水为余热源，驱动热源采用高品质

热能，如蒸汽、热水、燃油、燃气等，故选项 C 错误；第一类吸收式热泵供热性能系数在 1.2～2.5 之间，故选项 D 正确。

扩展：第二类溴化锂吸收式热泵机组采用中温废热源驱动，用冷却水冷却，对外提供温度高于废热源温度的供暖或工艺用热水或蒸汽，即中温废热源（1.0）＝获得高温热源（0.45～0.50）＋低温冷却水（0.55～0.50），实现从低温向高温输送热能的设备。它与第一类溴化锂吸收式热泵机组的区别在于，它不需要更高温度的热源来驱动，但需要较低温度的冷却水。第二类溴化锂吸收式热泵机组运行时不需要消耗高品质热能，能耗费用极低，应用该类机组具有良好的经济效益。第二类溴化锂吸收式热泵机组的供热热水出口温度及升温幅度与废热源出口温度及冷却水出口温度有关，废热源出口温度越高，冷却水出口温度越低，则供热热水出口温度及升温幅度越高，热水出口温度可超过 100℃ 。将二类热泵机组输出的高温热水送入闪发罐闪发，可获得工艺加热用蒸汽。

4.6-19.【多选】以下关于溴化锂吸收式冷水机组管理运行管控的说法和做法，正确的为哪几项？【2017-2-65】

A. 机组存在溶液结晶的风险

B. 吸收式冷水机组启动运行之前，冷水泵和冷却水应提前运行

C. 机组真空度对制冷效果无影响

D. 机组应设冷却水进水低限水温保护控制

参考答案：ABD

分析：根据《三版教材》P654 可知，选项 AD 正确；机组必须设有抽气装置，排除不凝性气体，保证机组正常运行，因此真空度对制冷效果有较大影响，故选项 C 错误；根据 P637 可知，选项 B 正确。

4.6-20.【多选】在同等名义制冷量条件下，下列关于电制冷离心式水冷冷水机组与燃气直燃型溴化锂吸收式冷水机组相对比的说法，哪几项是正确的？【2018-1-56】

A. 燃气直燃机的冷却水系统投资要高于电制冷离心机

B. 燃气直燃机制冷的一次能源消耗低于电制冷离心机

C. 燃气直燃机在建筑内的机房位置受到的限制条件多于电制冷离心机

D. 采用电制冷离心机的空调系统的电力负荷高于燃气直燃机

参考答案：ACD

分析：根据《三版教材》表 4.5-7，直燃机的 *COP* 为 1.1～1.4，而电制冷离心机的 *COP* 远高于这个范围，因此在同等名义制冷量为条件下，直燃机的一次能源消耗及排热均要高于电制冷离心机，选项 A 正确、选项 B 错误；根据 P657～P658，直燃机机房布置受到很多因素限制，限制条件多于电制冷离心机，选项 C 正确；根据 P469 表 3.7-1，直燃机采用燃气，不使用电能，因此电制冷离心机的电力负荷高于直燃机，选项 D 正确。

4.6-21.【多选】某公共建筑选用直燃型溴化锂吸收式冷（温）机组。问：工程设计时，下列名义工况制冷系数中，满足现行节能设计标准规定的，是哪几项？【2018-1-67】

A. 1.10　　B. 1.20　　C. 1.30　　D. 1.40

参考答案：BCD

分析：根据《公建节能2015》表4.2.19可知，选项BCD正确。

4.7 蓄冷技术

4.7-1.【单选】冰蓄冷与水蓄冷是蓄能空调的两种主要形式。水蓄冷与冰蓄冷相比，水蓄冷的优势为下列哪一项？【2011-2-25】

A. 蓄冷密度更大　　B. 维护费用更低

C. 冷损耗更小　　D. 冷冻水温度更低

参考答案：B

分析：根据《三版教材》P683"水蓄冷技术特点"可知，选项B正确；由P684可知，选项AC错误；对比冰蓄冷技术的特点可知，冰蓄冷的供水温度更低接近0℃，选项D错误。

4.7-2.【单选】以下关于冰蓄冷的看法，哪一项是错误的？【2011-2-37】

A. 冰蓄冷系统节能量的计算方法和其他制冷节能技术的计算方法相同

B. 冰蓄冷系统节能量的计算方法和其他制冷节能技术的计算方法不同

C. 采用冰蓄冷系统的用户侧的实际用电量会增加

D. 采用冰蓄冷系统能够移峰填谷，可以减少电厂的发电设备增加，同时有发电厂已有发电设备处于高效运行，广义上属于节能减排技术

参考答案：A

分析：根据《07节能专篇》第7.1.1条，与常规空调相比，大部分蓄能空调并不节能，也并非适用所有民用建筑，但在一定条件下，它能改善城市、地区电网供电状况，缓解电力负荷峰谷差现象，提高电厂一次能源利用效率，从这个意义而言，蓄能空调可以作为一项"节能"技术加以推广，选项A错误，选项BCD均正确。

4.7-3.【单选】关于冰蓄冷内融冰和外融冰的说法，正确的应是下列哪一项？【2012-1-36】

A. 冰蓄冷的方式一般分成内融冰和外融冰两大类

B. 内融冰和外融冰蓄冰贮槽都是开式贮槽类型

C. 盘管式蓄冰系统有内融冰和外融冰两大类

D. 内融冰和外融冰的释冷流体都采用乙二醇水溶液

参考答案：C

分析：根据《蓄冷空调工程技术规程》JGJ 158—2008第2.0.5条，选项A错误，选项C正确。根据《三版教材》表4.7-4，选项D错误。外融冰采用开式蓄冰储槽，内融冰蓄冰储槽可采用闭式或开式。

4.7-4.【单选】有关冰蓄冷系统设计的表述，下列哪项是错误的？【2013-2-36】

A. 串联系统中多采用"制冷机上游"的蓄冰流程

B. 采用"制冷机上游"较"制冷机下游"进制冷机乙二醇液的温度要高

C. 当冷凝温度相同时，进制冷机的乙二醇液温度高，则制冷机能效比更高

D. 内融冰蓄冷系统的蓄冰流程只有串联形式

参考答案：D

分析：根据《三版教材》P686 可知，选项 ABC 正确；《三版教材》图 4.7.5 可知，选项 D 错误，并联系统通常应用于乙二醇容易温差为 5℃的场合。

4.7-5.【单选】有关蓄冷装置与蓄冷系统的说法，下列哪一项是正确的？【2014-2-35】

A. 采用内融冰蓄冰槽应防止管簇间形成冰桥

B. 蓄冰槽应采用内保温

C. 水蓄冷系统的蓄冷水池可与消防水池兼用

D. 采用区域供冷时，应采用内融冰系统

参考答案：C

分析：根据《蓄冷空调工程技术规程》JGJ 158—2008 第 3.3.11.1 条可知，选项 C 正确；由第 3.3.15.2 条可知，选项 B 错误；由第 3.3.13 条及其条文解释可知，选项 A 错误；根据《三版教材》P687 可知，选项 D 错误。

4.7-6.【单选】夏热冬冷地区某大型综合建筑的集中空调系统分别设置高区（写字楼）和低区（餐饮、影剧院与 KTV，夜间使用为主）的两个制冷机房，高区冷源为一台离心式冷水机组，低区冷源为两台离心式冷水机组（名义冷量均为 1394kW/台）。为消除夜间加班时高区离心机组运行的喘振现象，同时提高低区机组的负荷率，在高区设置了板式换热器（即由低区冷水机组承担），夜间按该工况运行时，系统中的阀门 V1、V2 的启闭，哪一项是正确的？（V3、V4 分别与 V1、V2 同启闭）【2016-1-30】

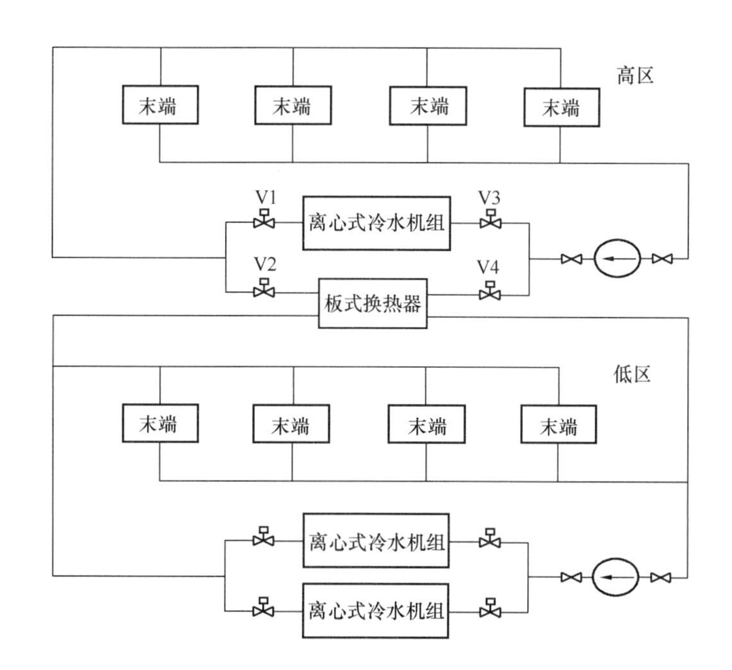

A. V1 开启、V2 关闭　　　　B. V1 关闭、V2 开启
C. Vl、V2 均开启　　　　D. V1、V2 均关闭

参考答案：B

分析：由题意知，夜间仅利用低区离心式冷水机组同时供给高低区，为了保证板式换热器换热时，高区循环冷冻水能全部流过板式换热器换热，而不通过冷水机组，需要将高区冷水机组前后阀门（V1、V3）全部关闭，板式换热器二次侧进出管路阀门 V2、V4 全部开启，方能实现。选项 B 正确。

4.7-7.【单选】下列关于水蓄冷和冰蓄冷的说法哪一项是错误的?【2016-2-33】

A. 在相同蓄冷量的情况下，冰蓄冷的蓄冷装置体积小于水蓄冷

B. 当乙烯乙二醇水溶液的凝固点为－10.7℃时，乙二醇的体积浓度为 27.7%

C. 冰蓄冷装置的释冷速率通常有两种定义法

D. 冰蓄冷系统比水蓄冷系统更适合应用于区域供冷工程

参考答案：B

分析：根据《三版教材》表 4.2-6，当乙烯乙二醇水溶液的凝固点为－10.7℃时，乙二醇的体积浓度为 22.9%，选项 B 错误。根据 P683，水蓄冷属于显热蓄冷方式，蓄冷密度小，水蓄冷槽体积相应庞大，冷损耗也大；冰蓄冷的蓄冷密度大，故在相同蓄冷量情况下，冰蓄冷的蓄冷装置体积小于水蓄冷，选项 A 正确。根据《民规》第 8.7.3 条条文说明，选项 C 正确；根据《民规》第 8.8.2 条，选项 D 正确。

4.7-8.【单选】某水蓄冷系统设计蓄冷与供冷合用一套水泵泵组，有关工况阀门（V1～V6）的启闭状态，下列哪一项是正确的?【2016-2-34】

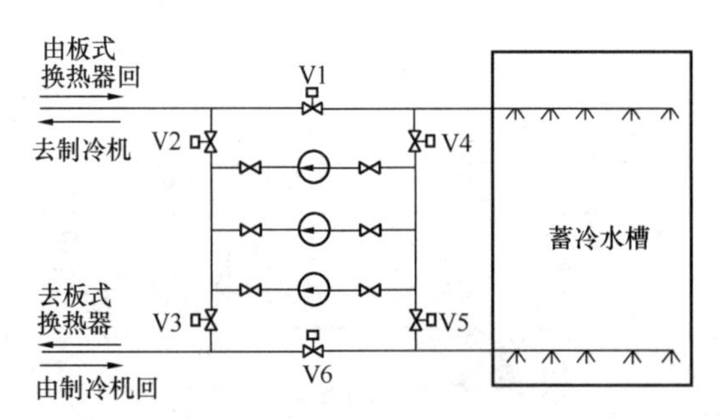

A. 蓄冷工况开启的阀门是：V2、V4、V6，其余阀关闭

B. 供冷工况开启的阀门是：V1、V4、V3，其余阀关闭

C. 蓄冷工况开启的阀门是：V1、V2、V5，其余阀关闭

D. 供冷工况开启的阀门是：V2、V4、V6，其余阀关闭

参考答案：A

分析：工况转化，阀门启闭详见下表：

工况	V1	V2	V3	V4	V5	V6
蓄冷工况	关	开	关	开	关	开
供冷工况	开	关	开	关	开	关

选项A正确。

4.7-9.【单选】关于冰蓄冷空调系统与非蓄冷空调系统不同之处，下列说法哪项是错误的？【2018-1-35】

A. 房间的空调冷负荷计算方法不同

B. 部分负荷冰蓄冷系统需采用双工况制冷机组

C. 冰蓄冷系统更适宜采用大温差和低温送风

D. 系统使用的载冷剂不同

参考答案：A

分析：根据《三版教材》表4.7-6可知，区别在于供冷负荷的取值不同，并不是空调负荷的计算不同，空调负荷的计算方法参见第3.2节；根据P686可知，选项BC正确；根据P682可知，选项D正确。

4.7-10.【多选】冰蓄冷的制冷机组选型，不能采用的机组是下列哪几项？【2011-1-69】

A. 螺杆式制冷压缩机组　　B. 离心式制冷压缩机组

C. 单效溴化锂吸收式制冷机组　　D. 双效溴化锂吸收式制冷机组

参考答案：CD

分析：根据《07节能专篇》第7.2.3.3条，目前我国冰蓄冷工程中最常选用的是螺杆式制冷机，当制冷量较大时可选用多级离心式制冷机，工程规模不大，制冷量较小时，也可用活塞式制冷机，可见，选项AB可以采用，选项CD不能采用。

4.7-11.【多选】水蓄冷系统中钢筋混凝土水蓄冷贮槽的设置，说法正确的应是下列哪几项？【2011-2-68】

A. 确定水蓄冷槽的容积时，对蓄冷槽的类型不进行修正

B. 同一贮槽采用内保温做法与采用外保温做法相比较，前者可避免冷桥产生

C. 同一贮槽采用内保温做法与采用外保温做法相比较，前者的蓄冷量利用率更高

D. 同一贮槽采用内保温做法与采用外保温做法相比较，前者与外界环境接触传热面积要小

参考答案：BD

分析：根据《三版教材》式（4.7-11）可知，选项A错误；水蓄冷储槽采用内保温可避免冷桥、避免储槽内水温变化而破坏储槽结构，但是内保温会减少蓄冷量利用率。水蓄冷储槽采用外保温施工简单，不占用储槽内部结构空间，综上所述，选项BD正确，选项C错误。

4.7-12.【多选】水蓄冷系统的概述，下列哪几项说法是正确的？【2013-2-66】

A. 根据水蓄冷槽内水分层、热力特性等要求，蓄冷水的温度以4℃为宜

B. 温度分层型圆形水蓄冷槽的高径比宜为0.8～1.0

C. 温度分层型水蓄冷槽的测温点沿高度布置，测点间距为2.5～3.0m

D. 稳流器的设计既要控制弗洛德数 Fr，又要控制雷诺数 Re

参考答案：AD

分析：根据《民规》第8.7.7条，蓄冷温度不宜低于4℃的，而且4℃的水相对密度最大，便于利用温度分层储存，选项A正确；根据《三版教材》P691、P692可知，选项B错误；由表4.7-10可知，选项C错误；由P691可知，选项D正确。

4.7-13.【多选】下列哪几项对蓄冷系统的描述是正确的？【2013-2-67】

A. 全负荷蓄冷系统较部分负荷蓄冷系统的运行电费低

B. 全负荷蓄冷系统供冷时段制冷机不运行

C. 部分负荷蓄冷系统整个制冷期的非电力谷段，采用的是释冷＋制冷机同时供冷运行方式

D. 全负荷制冷系统较部分负荷制冷系统的初投资要高

参考答案：ABD

分析：全负荷蓄冷系统，用电全部来自于电谷时段，比部分负荷运行电费低，故选项A正确；全负荷蓄冷系统供冷时，制冷机不运行，故选项B正确；部分负荷蓄冷要求，可在过渡季节满足全蓄冷负荷运行，故选项C错误；全负荷制冷系统设备初投资要比部分负荷制冷系统初投资要高，故选项D正确。

4.7-14.【多选】关于冰蓄冷系统的设计表述，正确的应是下列哪几项？【2014-1-67】

A. 电动压缩式制冷机组的蒸发温度升高，则主机耗电量增加

B. IPF 值要高，以减少冷损失

C. 蓄冰槽体积要小，占地空间要小

D. 蓄冷及释冷速率快

参考答案：BCD

分析：由制冷理论循环知，当冷凝温度 T_k 不变时，蒸发温度 T_0 升高，单位质量制冷量 q_0 增大，压缩机单位质量耗功率 ω_c 变小，则主机耗电量降低，选项A错误；根据《三版教材》P687可知，选项BCD均正确。

4.7-15.【多选】关于水蓄冷系统和冰蓄冷系统的说法，下列哪几项是正确的？【2014-2-68】

A. 水蓄冷槽可利用已有的消防水池

B. 水蓄冷槽可兼作水蓄热槽

C. 冰蓄冷槽可兼作水蓄热槽

D. 冰蓄冷系统中乙二醇溶液的管道内壁应镀锌

参考答案：AB

分析：根据《蓄冷空调技术规程》JGJ 158—2008第3.3.11条，选项A正确。根据该规程第3.3.12条，水蓄冷槽可作水蓄热槽，故选项B正确。根据该规程第3.3.10条条文说明表3，冰蓄冷槽结构形式有开式或闭式，释冷液体介质有水或载冷剂，具体使用对象与蓄冰系统的方式有关，应区别对待。内融冰系统和封装冰系统蓄冰槽不能作为水蓄热

槽。对于开式蓄冰槽中布满蓄冰用盘管，水蓄热过程中，布水器的设置及水温的分层问题难以解决，综合考虑，选项C错误。根据该规程第3.3.25条可知，乙烯乙二醇的载冷剂管路系统不应选用内壁镀锌的管材及配件，故选项D错误。

4.7-16.【多选】下列关于蓄冷空调系统的做法，哪几项是合理的?【2018-1-61】

A. 某冰蓄冷空调系统，拟改为水蓄冷且要求蓄冷系统的蓄冷量保持不变，蓄冷温度为5℃，为保证改造效果，新选型主机在空调工况下的制冷量，应比原主机加大

B. 某主体高度为350m的超高层建筑的空调冷源全部来自于地下室的冷源机房，宜采用外融冰冰蓄冷空调冷源系统

C. 某共计8层的办公楼，其冰蓄冷空调系统的机房设于地下室，开式蓄冷池，采用直供方式向空调末端供冷，水路设有防止水倒灌的措施

D. 某冰蓄冷空调系统的冷源设计冷负荷2000kW，夜间（蓄冷运行时间段）建筑的最大冷负荷800kW，设置基载制冷机一台

参考答案：CD

分析：相同蓄冷量的情况，水蓄冷系统比冰蓄冷系统蒸发温度高，机组制冷量衰减小，故水蓄冷系统的空调工况制冷量较小，选项A错误；350m的超高层建筑一般在不同的中间层设置设备夹层，故不建议全部空调冷源来自地下室的冷源机房，循环管路过长，选项B错误；根据《民规》第8.7.7-2可知，选项C正确；由第8.7.4条可知，选项D正确。由冰蓄冷改为水蓄冷，蓄冷温度提高，系统释冷量减少，故需加大空调工况下主机的制冷量补充减少的释冷量。

4.8　冷　　库

4.8-1.【单选】在冷库围护结构设计中，下列哪一项做法是错误的?【2011-1-38】

A. 隔气层设于隔热层的高温侧

B. 地面隔热层采用硬质聚氨酯泡沫塑料，其抗压强度≥0.2MPa

C. 对硬质聚氨酯泡沫塑料隔热层的热导率进行修正

D. 底层为冷却间，对地面不采取防冻胀措施时，仍需设隔热层

参考答案：B

分析：根据《三版教材》P718可知，选项A正确；由P720可知，选项B错误，不应小于0.25MPa；由表4.8-34及《冷库设计规范》GB 50072—2010第4.3.3条可知，选项C正确；由P722及《冷库设计规范》GB 50072—2010第4.3.13条可知，选项D正确。

4.8-2.【单选】关于冷库隔汽层和隔潮层的构造设置要求与做法，下列哪一项是正确的?【2012-1-37】

A. 库房外墙的隔汽层应与地面隔热层上的隔汽层搭接

B. 楼面、地面的隔热层四周应做防水层或隔汽层

C. 隔墙隔热层底部应做防潮层，且应在其热侧上翻铺0.12m

D. 围护结构两侧设计温差大于5℃时应做隔汽层

参考答案： C

分析： 根据《三版教材》P718及《冷库设计规范》GB 50072—2010第4.4.4条，选项AB错误；选项C正确：库房外墙的隔汽层应与地面隔热层上下的隔汽层和防水层搭接；选项D错误，见《冷库设计规范》GB 50072—2010第4.4.1条。

4.8-3.【单选】在对冷藏库制冷系统的多项安全保护措施中，下列哪项做法是错误的？【2012-1-38】

A. 制冷剂泵设断液自动停泵装置

B. 制冷剂泵排液管设止回阀

C. 各种压力容器上的安全阀泄压管出口应高于周围60m内最高建筑物的屋脊5m，且应防雷、防雨水，防杂物进入

D. 在氨制冷系统设紧急泄氨器

参考答案： C

分析： 根据《三版教材》表4.9-30可知，选项AB正确；由P751可知，选项C错误；根据《冷库设计规范》GB 50072—2010第6.4.15条可知，选项D正确。

4.8-4.【单选】有关冷库冷间冷却设备，每一制冷剂通路的压力降的要求，正确的是下列哪一项？【2012-2-37】

A. 应控制在制冷剂饱和温度升高1℃的范围内

B. 应控制在制冷剂饱和温度降低1℃的范围内

C. 应控制在制冷剂饱和温度升高1.5℃的范围内

D. 应控制在制冷剂饱和温度降低1.5℃的范围内

参考答案： B

分析：《冷库设计规范》GB 50072－2010第6.2.11条、第6.5.6条。

4.8-5.【单选】装配式冷库与土建冷库比较，下列何项说法是不合理的？【2013-2-37】

A. 装配式冷库比土建冷库组合灵活、安装方便

B. 装配式冷库比土建冷库的建设周期短

C. 装配式冷库比土建冷库的运行能耗显著降低

D. 制作过程中，装配式冷库的绝热材料比土建冷库的绝热材料隔热、防潮性能更易得到控制

参考答案： C

分析： 根据《三版教材》P754可知，选项ABD均为装配式冷库的优点。而装配式冷库比土建冷库的运行能耗显著降低教材中没有提到，不是装配式冷库的优点。

4.8-6.【单选】在广州市建设肉类\鱼类大型冷库（一层），关于其围护结构的说法，下列何项是正确的？【2014-1-36】

A. 肉类冷却间的地面均应采取防冻胀处理措施

B. 鱼类冻结间的最小地面总热阻应为3.18m^2·℃/W

C. 冷间隔墙的总热阻数值要求仅与设计采用的室内外温差数值相关

D. 冷间楼面的总热阻数值要求与设计采用的室内外温差数值无关

参考答案：D

分析：根据《三版教材》表4.8-2，表4.8-8、表4.8-9，肉类冷却间冷却温度按冷却时间长短，库温有所不同，库温可以大于0℃，也可以小于0℃，根据P719可知，冷库底层冷间设计温度大于或等于0℃，地面可不做防止冻胀处理，但应设置隔热层，选项A错误；根据《冷库设计规范》GB 50072—2010表3.0.8可知，鱼类冻结间库温一般为－23～－30℃，由《三版教材》表4.8-32可知，最小地面总热阻应为3.91m^2·℃/W，选项B错误；由表4.8-30可知，冷间隔墙的总热阻数值要求不仅与设计采用的室内外温差数值相关，且与面积热流量有关，选项C错误；由表4.8-31可知，冷间楼面的总热阻数值要求仅与楼板上下冷间设计温度差有关，与设计采用的室内外温差数值无关，选项D正确。

4.8-7.【单选】某大型冷库采用氨制冷系统，主要由制冰间、肉类冻结间（带速冻装置）、肉类冷藏间、水果（西瓜、芒果等）冷藏间等组成。关于该冷库除霜的措施，下列说法何项是正确的？【2014-2-36】

A. 所有冷间的空气冷却器设备都应考虑除霜措施

B. 除霜系统只能选用一种除霜方式

C. 水除霜系统不适合用光滑墙排管

D. 除霜水的计算淋水延续时间按每次15～20min

参考答案：D

分析：根据《三版教材》表4.8-10可知，对不结霜的冷间，可不考虑除霜措施，选项A错误；由表4.9-24可知，除霜有4种方法，国内冷库大多数采用混合除霜的方法，即先热气除霜后再水除霜，选项B错误，教材以及相关资料并未提及水除霜不可以用于光滑墙排管，选项C错误；由P745可知，选项D正确。

4.8-8.【单选】关于冷库各冷间的设计温度的规定，下列哪一项是错误的？【2016-2-35】

A. 肉、蛋冷却间的设计温度为0～4℃

B. 肉、禽冻结间的设计温度为－18～－23℃

C. 肉、禽（冻结物）的冷藏间设计温度为－15～－20℃

D. 鲜蛋（冷却物）冷藏间的设计温度为－2～2℃

参考答案：D

分析：根据《三版教材》表4.8-35，鲜蛋（冷却物）冷藏间的设计温度为－2～0℃，选项D错误。

4.8-9.【单选】设计某冷库（大气压101325Pa），为防止墙体结露现象发生（墙体两侧房间设计温湿度与墙体构造见附图），需对墙体的结露温度验算点进行验算，现选取的两个结露温度验算点，下列何项是正确的（忽略聚苯乙烯，加气混凝土材料层的蒸汽渗透

阻)?【2016-2-36】

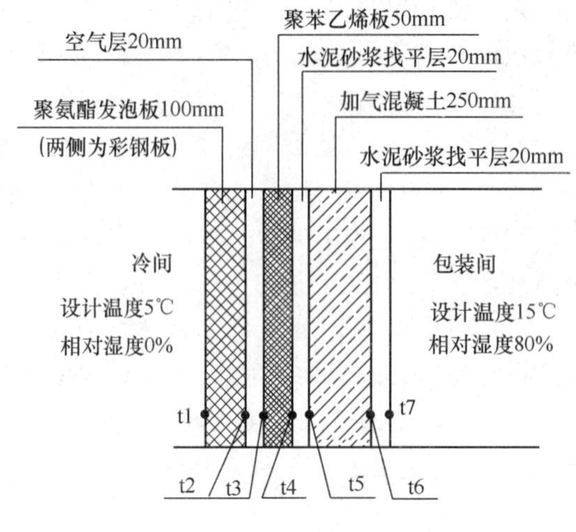

A. t1、t2　　B. t6、t7　　C. t7、t5　　D. t7、t2

参考答案：D

分析：冷凝计算界面为保温层与外侧密实材料层的交界处，同时墙体结露发生于温度较高一侧。依据题意，忽略聚苯乙烯，加气混凝土材料层的蒸汽渗透阻，墙体的结露温度验算点 t2、t7，选项 D 正确。

4.8-10.【单选】关于冷库制冷剂管道系统设计的说法，下列何项是错误的?【2016-2-37】

A. 属于压力管道 GD 级　　B. 需做承压强度设计

C. 需计算压力损失　　D. 需做热补偿设计

参考答案：A

分析：根据《三版教材》P747 冷库制冷剂管道系统的设计资格章节，冷库制冷剂管道系统设计属于压力管道 GC 级，选项 A 错误。

4.8-11.【单选】计算冷库冷间围护结构热流量时，室外计算温度应采用下列哪一项?【2017-1-29】

A. 夏季空调室外计算干球温度　　B. 夏季空调室外计算日平均温度

C. 夏季通风室外计算干球温度　　D. 夏季空调室外计算湿球温度

参考答案：B

分析：根据《冷库设计规范》GB 50072—2010 第 3.0.7-1 条可知，选项 B 正确。

4.8-12.【单选】小型冷库地面防止冻胀的措施，下列哪一项是正确的?【2017-1-32】

A. 加厚防潮层　　B. 加大地坪含沙量

C. 地坪做膨胀缝　　D. 自然通风或机械通风

参考答案：D

分析：根据《三版教材》P719 表 4.8-27 可知，选项 D 正确。

4.8-13.【单选】下列哪一种冷藏方式，在水产品冷藏中不应采用?【2017-2-29】

A. 冷却物冷藏　　B. 冰温冷藏

C. 冻结物冷藏　　D. 超低温冷藏

参考答案：A

分析：根据《三版教材 2017》P707 表 4.8-7 可知，冷却物冷藏温度>0℃，水产品冷藏应<0℃，故选项 A 不应采用。

4.8-14.【单选】冷间的设计温度、相对湿度与被贮藏的物品种类有关，下列哪个选项是正确的?【2018-2-36】

A. 冷却间的库温为 0～4℃，不能用于鲜蛋的预冷

B. 为防止冰块融化，块冰应贮藏在冻结物冷藏间，其库温为－15～－20℃

C. 鲜蛋应贮藏在冷却物冷藏间内，其库温为－2～0℃，相对湿度为 85%～90%

D. 香蕉在库温为 6～10℃、相对湿度为 85%～90%的冷却物冷藏间内贮藏

参考答案：C

分析：根据《三版教材》表 4.8-35 可知选项 C 正确，选项 ABD 错误。

扩展：注意选项 A 中为鲜蛋的预冷是可行的，若鲜蛋的冷藏应为－2～0℃。选项 C 相对湿度应为 85%～90%，综合比较四个选项，相对最正确的答案选择 C。

4.8-15.【多选】冷库外围护结构隔热材料厚度的计算与下列哪几项有关?【2011-2-69】

A. 室内外温差

B. 围护结构的总热阻

C. 围护结构隔热层外各层材料的厚度

D. 隔热材料的热导率

参考答案：ABCD

分析：《三版教材》P722 及《冷库设计规范》GB 50072—2010 第 4.3.2 条。

4.8-16.【多选】有关冷库冷间的设备选择，正确的说法是下列哪几项?【2012-1-69】

A. 冷却间的冷却设备应采用空气冷却器

B. 冷却物冷藏间的冷却设备应采用空气冷却器

C. 冻结物冷藏间的冷却设备应采用空气冷却器

D. 包装间的冷却设备应采用空气冷却器

参考答案：AB

分析：根据《冷库设计规范》GB 50072—2010 第 6.2.6 条第 2 款所述，选项 A、B 为正确选项；选项 CD 中的“应”根据规范应该为“宜”，故选项 C、D 是错误的。本题纯粹是在考查考生对“应”和“宜”在实际过程的理解和应用。

4.8-17.【多选】有关冷库制冷剂管路设计，正确的说法是下列哪几项?【2012-2-69】

A. 冷库制冷系统管路的设计压力应采用 2.5MPa

B. 冷库制冷系统管路的设计压力因工况状况不同而不同

C. 冷库制冷系统管路的设计压力因制冷剂不同而不同

D. 冷库制冷系统管路高压侧是指压缩机排气口到冷凝器入口的管道

参考答案： BC

分析： 根据《冷库设计规范》GB 50072—2010 第 6.5.2 条：制冷剂 R717、R404A、R507 不同冷剂的设计压力不同，故选项 A 错误；高压侧指自压缩机排气口经冷凝器、贮液器到节能装置入口的管道，故选项 D 错误。

4.8-18.【多选】关于冷库制冷系统热气融霜设计，正确的应是下列哪几项？【2013-2-65】

A. 热气融霜用的热气管，应从压缩机排气管除油装置以后引出

B. 融霜用热气管应做保温

C. 热气融霜压力不应超过 1.0MPa

D. 热气融霜热气管上不应装设截止阀

参考答案： AB

分析： 根据《冷库设计规范》GB 50072—2010 第 6.5.7.2 条可知，选项 A 正确，选项 CD 错误；由第 6.6.4 条可知，选项 B 正确。

4.8-19.【多选】关于夏热冬冷地区设置冷库除霜系统的说法，下列哪几项是错误的？【2014-1-68】

A. 荔枝冷藏间的空气冷却器设备应设置除霜系统

B. 红薯冷藏间的空气冷却器设备应设置除霜系统

C. 蘑菇冷藏间的空气冷却器设备应设置除霜系统

D. 全脂奶粉冷藏间的空气冷却器设备应设置除霜系统

参考答案： BD

分析： 根据《三版教材》表 4.8-10～表 4.8-12，存荔枝、红薯、蘑菇、全脂奶粉的室温分别是 1～2℃、15℃、0℃、21℃。根据《三版教材》P600，“室外环境温度在5～7℃范围内，室外风冷换热器表面会结露，室外温度在 0～5℃范围内，机组运行一段时间后，风冷换热器表面会结霜。”可知室温在 5℃以下需设置除霜，选项 BD 错误。

4.8-20.【多选】某冷库制冷压缩机采用 R404A 制冷剂，下列哪几项管路设计的要求是错误的？【2016-2-66】

A. 制冷压缩机的吸气管坡向压缩机

B. 制冷压缩机的排气管的坡度为 0.5%

C. 制冷剂管路采用无缝紫铜管，管材执行 GB/T 14976

D. 冷凝器至储液器的管路设计压力为 2.5MPa

参考答案： BC

分析： 依据《三版教材》P634“（1）制冷压缩机吸气管道设计”1），选项 A 正确；根据 P634“（1）制冷压缩机排气管道设计”1），制冷压缩机的排气管的坡度为≥1.0%，

选项 B 错误；GB/T 14976 为《流体输送用不锈钢无缝管》，与选项 C 制冷剂管路采用无缝紫铜管要求不符，错误；依据《三版教材》表 4.9-25，选项 D 正确。

扩展：本题选项 C 考察规范《流体输送用不锈钢无缝管》GB/T 14976，为超纲规范。

4.8-21.【多选】冷库围护结构的蒸汽渗透强度与下列哪些因素有关？【2016-2-67】

A. 围护结构的蒸汽渗透阻

B. 围护结构高温侧空气的水蒸气分压力

C. 围护结构低温侧空气的水蒸气分压力

D. 围护结构的朝向

参考答案：ABC

分析：根据《三版教材》P718 式（4.8-14）～式(4.8-16)，选项 ABC 正确，选项 D 错误。

4.8-22.【多选】下列关于冷藏库建筑围护结构的设置及热工计算的表述，错误的应是哪几项？【2016-2-68】

A. 冷间外墙设计室外温度应采用夏季空调室外计算温度

B. 冷藏间外墙仅在围护结构隔热层内侧设置隔汽层

C. 土建冷藏库隔热层可采用现场喷涂聚氨酯泡沫塑料

D. 冷却间或冻结间隔墙的隔汽层应设在隔热层的高温侧

参考答案：ABD

分析：根据《三版教材》P721，计算冷间围护结构热流量时，室外计算温度应采用夏季空气调节室外计算日平均温度，选项 A 错误；根据 P717，应在温度较高的一侧设置隔汽层，即冷藏间外墙仅在围护结构隔热层外侧设置隔汽层，选项 B 错误；根据 P716，冷却间或冻结间隔墙的隔热层两侧均应做隔汽层，选项 D 错误；根据 P716，选项 C 正确。

4.8-23.【多选】某新建成冷库中的西瓜冷藏间采用冷风机。使用时发现，库温一直无法降至设定的 12℃。问：下列哪几项可能是发生这一问题的原因？【2018-1-64】

A. 冷风机未能及时除霜　　B. 冷风机选型蒸发器面积过小

C. 蒸发器内润滑油存留过多　　D. 膨胀阀开度过大

参考答案：BCD

分析：根据题意，冷藏间库温设定为 12℃，蒸发温度会高于 0℃，不会达到结冰结霜的条件，对于新建冷库，选项 A 的情况不会发生，错误。选项 BC 导致蒸发器的冷量输出低于负荷需求，库温达不到设计要求，正确。选项 D 膨胀阀开度过大，蒸发压力升高，饱和压力增加，可能导致蒸发器内的制冷剂无法发生相变，库温无法降至 12℃，故正确。

4.8-24.【多选】在冷库吨位和公称容积换算时，下列选项中错误的是哪几项？【2018-2-67】

A. 计算公称容积时，其库内面积为扣除库内的柱、门斗、制冷设备占用面积后的净

面积

B. 冷库的公称容积是其所有冻结物冷藏间和冷却物冷藏间的公称容积之和，不应包含冰库的公称容积

C. 公称容积相同的高温冷库的吨位小于低温冷库

D. 计算库容量时，食品的计算密度均应取其实际密度

参考答案：ABCD

分析：根据《冷库设计规范》GB 50072—2010 第 3.0.1 条可知，选项 AB 错误，根据公式（3.0.2）和第 3.0.6 条可知，选项 CD 错误。

4.9 冷热电三联供

4.9-1.【单选】关于燃气冷热电三联供系统设计，下列哪项结论是错误的?【2013-2-35】

A. 系统设计应根据燃气供应条件和能源价格进行技术经济比较

B. 系统宜采用并网的运行方式

C. 系统应用的燃气轮发电机的总容量不宜小于 15MW

D. 系统能源站应靠近冷热电的负荷区

参考答案：C

分析：根据《燃气冷热电三联供技术规程》CJJ 145—2010 第 3.1.8 条可知，选项 A 正确；根据《三版教材》P676 可知，选项 B 正确；由 P669 可知，选项 C 错误，应为“小于或等于 25MW”选项 D 正确。

4.9-2.【单选】燃气冷热电三联供系统中，下列哪一项说法是正确的?【2014-2-37】

A. 发电机组采用燃气内燃机，余热回收全部取自内燃机排放的高温烟气

B. 发电机组为燃气轮机，余热仅供吸收式冷温水机

C. 发电机组采用微型燃气轮机（微燃机）的余热利用的烟气温度一般在 600℃以上

D. 发电机组采用燃气轮机的余热利用的设备可采用蒸汽吸收式制冷机或烟气吸收式制冷机

参考答案：D

分析：根据《三版教材》图 4.6-6，燃气内燃机余热回收除了烟气余热回收装置，还包括回收缸套水中的热量，选项 A 错误；根据图 4.6-7、图 4.6-8 可知，余热除了供吸收式冷温水机外，余热蒸汽型还供给余热锅炉，燃气轮机润滑油冷却水还可供生活热水换热器，选项 B 错误，选项 D 正确；由 P675 可知，微燃机排烟温度为 200～300℃，选项 C 错误。

4.9-3.【单选】下列关于燃气冷热电三联供系统使用条件的表述中，不正确的是哪一项?【2018-1-36】

A. 联供系统年运行时间不宜小于 3500h

B. 年平均能源综合利用率应大于 60%

C. 按照排烟温度降低至120℃来计算烟气可利用的热量

D. 燃气发电机组设置在屋顶时，单台容量不应大于2MW

参考答案： B

分析： 根据《三版教材》P670 可知，A 正确；根据 P671 可知，选项 B 错误，选项 CD 正确。燃气冷热电联供系统的年平均能源综合利用率应大于70%。

4.9-4.【单选】关于燃气冷电联供系统的设计原则，下列哪一项说法是错误的?【2018-2-37】

A. 发电机组容量的确定遵从“自发自用为主，余热利用最大化”原则

B. 年均能源综合利用率应大于70%

C. 并网不上网运行模式时，发电机组容量根据基本电负荷与制冷、供热负荷需求确定

D. 供能对象主要为空调冷热负荷时，宜选用余热锅炉

参考答案： D

分析： 根据《燃气冷热电联供工程技术规范》GB 51131—2016 第1.0.3条及第1.0.4条可知，选项 AB 正确；由第4.3.1条可知，选项 C 正确；根据《三版教材》P678 可知，选项 D 错误，宜采用吸收式冷水机组，直接利用烟气和高温水热量。

4.9-5.【多选】在进行区域供能系统可行性研究时，下列提法哪几项是正确的?【2017-1-63】

A. 与传统的空调冷热源系统比较，区域供能系统若设计合理可以节省设备投资和机房面积

B. 假定热电联供系统，若天然气发电效率为40%，余热利用效率为40%，而采用天然气锅炉供热，热效率在90%以上，因此，后者更节能

C. 区域供能系统如果冷，热，电等需求的匹配合理，可实现比较好的运行经济性

D. 区域供能系统由于采用大功率，高效率的水泵，通过水系统输送能耗比一般楼宇冷热源系统的更低

参考答案： AC

分析： 根据《民规》第8.1.3条条文说明可知，选项 AC 正确；区域供冷系统由于作用半径大，其冷媒的输送能耗，一般比单栋建筑中的系统更大一些，故选项 D 错误；单纯的从热能的量的角度分析，供热锅炉热效率高于热电联产能源利用率，但从产生的能质上分析并非如此，从热力学第二定律一次能源㶲效率进行分析。假设将80℃水加热至130℃，则㶲的增量 Δe ＝47.54kJ/kg；1kg 水从80℃加热至130℃需耗热211.38kJ/kg（计算过程请另行参考相关书籍）。天然气的低位热值取35000 kJ/m^3，根据选项 B 条件进行如下计算：

1. 当热电联产时，对于1m^3天然气：

发电量＝35000×40%＝14000kJ，由于电能100%为㶲，则电的㶲＝14000kJ

供热量＝35000×40%＝14000kJ，可产生热水＝14000/211.38＝66.23kg

热水的㶲的增量＝66.23×Δe＝66.23×47.54＝3148.6kJ

故热电联产，$1m^3$天然气产生的㶲量E_1＝14000＋3148.6＝17148.6kJ

2. 锅炉天然气供热，对于$1m^3$天然气：

供热量＝35000×90％＝31500kJ，可产生热水＝31500/211.38＝149.02kg

热水的㶲的增量＝149.02×Δe ＝149.02×47.54＝7084.44kJ

故锅炉燃烧$1m^3$天然气产生的㶲量E_2＝7084.44kJ

因此，E_2/E_1＝7084.44/17148.6＝0.413。

由上述分析得知，燃气锅炉供热，得到的能量全部为低品位热能，天然气所产生的㶲量仅相当于热电联产㶲量的41.3％，所以，燃气锅炉供热时，天然气没有物尽其用，不仅不节能，而且是对优质能源浪费，故选项B错误。

4.9-6.【多选】下列关于采用燃气冷热电三联供系统优点的说法中，哪几项是正确的?【2018-2-68】

A. 可提高发电效率

B. 可减少制冷用电的装机负荷（kW）

C. 可提高能源综合利用效率

D. 可减少一次投资、产生显著的经济效益

参考答案： BC

分析： 根据《三版教材》P668～P670可知，选项BC正确，燃气冷热电联供系统可提高其平均能量的综合利用率，故选项A错误，实践证明系统初投资增加，投资回收期一般不超过5年，故选项D错误。

第5章　绿色建筑专业知识题

本章知识题目分布统计表

小节	考 点 名 称	2011年至2019年题目统计	近几年题目统计	2019年题目统计
	绿色建筑	21	13	1

说明：2015年停考1年，近几年题目统计为2016年至2019年。

5-1.【单选】根据国家现行的绿色建筑政策，下列表述中正确的为哪一项？【2013-1-37】

A. 我国绿色建筑的实施尚未提上国家建设领域的议事日程

B. 我国绿色建筑的实施要求与美国的认证标准完全相同

C. 绿色建筑的实施是由设计师全面、全过程负责完成

D. 按每一项评价条文的要求，将目前最先进的技术全部应用于某一建筑之中，该建筑不会成为名副其实的绿色建筑

参考答案：D

分析：选项A错误，见《三版教材》P796：我国已经在2006年正式实施《绿色建筑评价标准》GB/T 50378—2006。选项B错误，见《三版教材》P796～P803。选项C见《绿色建筑评价标准》GB/T 50378—2014第1.0.3条：绿色建筑评价应遵循因地制宜的原则，结合建筑所在地域的气候、环境、资源、经济及文化等特点，对建筑全寿命期内节能、节地、节水、节材、保护环境等性能进行综合评价。建筑物从规划设计到施工，再到运行使用及最终的拆除，构成一个全寿命期，设计只是其中的一部分。选项D见《三版教材》P797：绿色建筑应根据本身条件因素考虑，不能一味追求所有先进技术的应用，且先进技术并不一定是节能的。

5-2.【单选】根据国家现行绿色建筑评价标准，下列表述中错误的为哪一项？【2013-2-38】

A. 绿色建筑的评价等价分为一星级、二星级、三星级三个等级，其中一星级要求最高、二星级次之、三星级最低

B. 绿色建筑建设选址时，场地内不应存在超标的污染物（源）

C. 一般不得采用电热锅炉，电热水器作为直接供暖和空气调节系统的热源

D. 夏热冬冷地区的住宅，自然通风的开口面积不得小于房间地板面积的8%

参考答案：A

分析：选项A错误，根据《绿色建筑评价标准》GB/T 50378—2014第3.2.8条，三星级为最高等级；选项B正确：GB/T 50378—2014第4.1.3条；选项C正确：GB/T 50378—2014第5.1.2条；选项D正确：GB/T 50378—2014第8.2.10条。

5-3. 【单选】绿色建筑的评价体系表述中，下列哪一项是不正确的?【2014-1-37】

A. 我国的《绿色工业建筑评价标准》已经颁布实施

B. 我国的绿色建筑评价标准中提出的控制项是必须满足的要求

C. 我国民用建筑和工业建筑进行绿色建筑评价时，评价标准各自有其相应标准规定

D. 美国LEED评价体系适用范围是新建建筑

参考答案：D

分析：《绿色工业建筑评价标准》GB/T 50878—2013，自2014年3月1日实施，故选项A正确。根据《绿色建筑评价标准》GB/T 50738—2014第3.2.8条，3个等级的绿色建筑均应满足该标准所有控制项的要求，选项B正确。我国民用建筑和工业建筑绿色建筑评价标准分为《绿色建筑评价标准》GB/T 50738—2014和《绿色工业建筑评价标准》GB/T 50878—2013，选项C正确。选项D错误，见《三版教材》P798，LEED体系有NC（新建建筑）、CI（室内装修）等七大体系。

5-4. 【单选】下列哪一项为不可再生能源?【2014-2-38】

A. 化石能　　B. 太阳能　　C. 海水潮汐能　　D. 风能

参考答案：A

分析：《三版教材》P775及《绿色建筑评价标准》GB/T 50738—2014第2.0.4条：可再生能源是指非化石能源。

5-5. 【单选】进行绿色工业建筑的评价，下列关于冷（热）源设备能效值的表述中，哪项是正确的?【2016-1-37】

A. 空调循环水泵效率值达到国家现行标准规定的2级及以上能效等级

B. 多联式空调机组的能效值达到现行国家标准规定的3级及以上能效等级

C. 冷水机组的能效值达到现行国家标准规定的3级以上能效等级

D. 冷（热）源设备的能效值均属于标准中的必达分项

参考答案：A

分析：根据《绿色工业建筑评价标准》GB/T 50878—2013第5.1.2条，选项A正确，选项BC错误，多联式空调机组和冷水机组的能效值皆需达到国家标准规定的2级及以上能效等级。根据第3.2.7条，绿色工业建筑没有必达分项的要求，只有必达分的分数要求。

5-6. 【单选】下列不同种类能源碳强度的说法，哪一项是错误的?【2016-2-38】

A. 化石能源中，煤的碳强度最高

B. 化石能源中，石油的碳强度也较高

C. 可再生能源中，太阳能为零排放碳强度

D. 可再生能源中，生物质能为零排放碳强度

参考答案：D

分析：根据《三版教材》P763有关“碳排放强度的内容”可知，生物质能源有一定的碳强度，故选项D错误。

5-7.【单选】根据中国的太阳能资源区划，某城市的太阳能年总辐照量为6000MJ/(m^2·a)时，其区划应属于下列何项？【2017-2-38】

A. Ⅰ类区 资源丰富区　　B. Ⅱ类区 资源较富区

C. Ⅲ类区 资源一般区　　D. Ⅳ类区 资源贫乏区

参考答案： B

分析： 根据《07节能专篇》附录Ⅰ表1-1可知，选项B正确。

5-8.【单选】某绿色工业建筑需要设全面空调的生产车间，车间尺寸长×宽×高为：60m×20m×10m，其生产工艺区对空气参数控制要求的高度范围为地面以上0～2.5m。问：该车间气流组织设计方案中，最合理的是以下哪一项？【2018-1-37】

A. 下送上回　　B. 上送下回　　C. 上送上回　　D. 分层空调

参考答案： D

分析： 根据题意，车间高度为10m，但空调控制区域仅为2.5m以下，故气流组织形式只需保证下部区域，上部区域无需空气调节措施，分层空调最合适，详《三版教材》P558。

5-9.【单选】现行《绿色建筑评价标准》关于节能与能源利用部分的评分项中，下列哪一项分值最高？【2018-2-38】

A. 建筑与围护结构　　B. 供暖、通风与空调

C. 照明与电气　　D. 能源综合利用

参考答案： B

分析： 根据《绿色建筑评价标准》GB/T 50378—2014第5章可知，建筑与围护结构、供暖、通风与空调、照明与电气、能源综合利用四个部分的总分分别为22、37、21、20，则选项B正确。

5-10.【多选】下列关于绿色建筑表述中，哪几项不符合国家标准中的正确定义？【2013-1-69】

A. 建筑物全寿命期是指建筑从规划设计到施工，再到运行使用及最终拆除的全过程

B. 绿色建筑一定是能耗指标最先进的建筑

C. 绿色建筑运行评价重点是评价设计采用的“绿色措施”所产生的实际性能和运行效果

D. 符合节约资源（节能、节地、节水、节材）的建筑就是绿色建筑

参考答案： BD

分析： 根据《绿色建筑评价标准》GB/T 50378—2014第1.0.3条及条文说明，选项A、C正确；选项B错误，节能只是绿色建筑评价的一个方面，还需要综合评价节材、节水等多方面指标；选项D错误，绿色建筑还要求“室内环境质量”、“施工管理”、“运营管理”等。

5-11.【多选】根据现行标准，对绿色公共建筑进行评价的说法，哪几项是错误的？

【2013-2-69】

A. 仅对建筑单体进行评价

B. 对合理利用太阳能等可再生能源的评价方法：审核有关设计文档、产品型式检验报告

C. 对合理采用蓄冷蓄热技术的评价方法：审核有关设计文档、产品型式检验报告

D. 空调系统的冷热源机组的能效比属于控制项

参考答案：ABC

分析：根据《绿色建筑评价标准》GB/T 50738—2014 第 3.1.1 条，绿色建筑的评价以建筑群或建筑单体为对象。目前，已申请绿色建筑标识的建筑群有很多，故选项 A 错误。根据 GB/T 50738—2014 第 5.2.16 条，选项 B 错误，设计评价查阅相关设计文件、计算分析报告；运行评价查阅相关竣工图、计算分析报告，并现场核实。根据 GB/T 50738—2014 第 5.2.14 条，选项 C 错误，设计评价查阅相关设计文件、计算分析报告；运行评价查阅相关竣工图、主要产品型式检验报告、运行记录、计算分析报告，并现场核实。根据 GB/T 50738—2014 第 5.1.1 条，选项 D 正确。

5-12.【多选】关于绿色建筑的表述，下列哪几项是不正确的？【2014-1-69】

A. 绿色建筑中采用的暖通空调技术仅反映在节能与能源利用篇章的内容中

B. 根据德国提出的碳排放量技术方法，采用的材料碳排放量计算时间是按 50 年考虑的

C. 我国政府规定的二氧化碳减排计划的指标基数是国土面积，即每 km^2 的二氧化碳排放量

D. 绿色建筑设计应充分体现共享、平衡、集成的理念

参考答案：ABC

分析：根据《绿色建筑评价标准》GB/T 50738—2014 第 3.2.1 条，绿色建筑评价指标体系由节地与室外环境、节能与能源利用、节水与水资源利用、节材与材料资源利用、室内环境质量、施工管理、运营管理 7 类指标组成。其中暖通空调技术应用是节能与能源利用的主要组成部分，但并非全部内容。如节地和室外环境中的第 4.2.5 条及室内环境质量中的许多条文等均和暖通空调关联密切，故选项 A 错误。根据《三版教材》P761，采用的材料碳排放量计算时间是按 100 年考虑，碳排放强度一般以 GDP 碳排放强度为标准，而减排计划是以 2005 年单位 GDP 的二氧化碳排放量为基数的，故选项 BC 错误。根据《民用建筑绿色设计规范》JGJ/T 229—2010 第 3.0.2 条和《三版教材》P759，选项 D 正确。

5-13.【多选】现行绿色建筑评价标准 GB/T 50378 适用于下列哪几类建筑？【2014-2-69】

A. 厂房建筑　　B. 商场建筑

C. 公共建筑中的办公建筑　　D. 住宅建筑

参考答案：BCD

分析：根据《绿色建筑评价标准》GB/T 50378—2014 第 1.0.2 条，本标准适用于绿色民用建筑的评价。

5-14.【多选】下列关于暖通空调系统节能环保技术的说法，哪几项是正确的？

【2016-1-69】

A. 地源热泵系统制热节能效益显著，特别适用于严寒地区

B. 温湿度独立控制技术通过提高冷冻水温度实现节能

C. 电动压缩式冷水机组采用降膜蒸发技术，通过减少制冷剂充注量来实现保护环境

D. 直燃型溴化锂吸收式冷水机组不使用高品位能源（电能），因此其能源效率最高

参考答案：BC

分析：根据本书附录 5 扩展总结：地源热泵系统适应性总结一1，及《民规》第 9.4.3.4 条，地埋管地源热泵系统的总释热量与总吸热量在计算周期内（1 年）宜基本平衡，严寒地区的总吸热量通常大于总释热量，选项 A 错误；温湿度独立控制系统将是室内显热冷负荷通过高温冷水承担，新风冷负荷与室内湿负荷由新风系统承担，避免采用统一的低温冷水担负整个系统的空调显热与潜热冷负荷，可大大提高高温冷水机组的性能系数，有利于节能，选项 B 正确；电动压缩式冷水机组采用降膜蒸发技术，减少制冷剂充注量，降低制冷剂泄露对大气的危害，以实现保护环境，选项 C 正确；直燃型溴化锂吸收式冷水机组虽不使用高品位能源，但是其机组制冷效率低，能源使用效率不高，相同制冷量情况下，一般低于离心式、螺杆式冷水机组，选项 D 错误。

5-15. 【多选】关于绿色建筑的评价，下列表述中哪几项是正确的？【2016-2-69】

A. 《绿色建筑评价标准》的核心内容是“四节一环保”

B. 绿色建筑评价采用条数法

C. 住宅建筑仅以单栋住宅为评价对象

D. 绿色建筑属于可持续发展建筑的组成部分

参考答案：AD

分析：根据《三版教材》P760 第 3 行可知，选项 A 正确；由《绿色建筑评价标准》GB/T 50738—2014 第 3.2 节可知，绿色建筑评价采用评分法，而非条数法，选项 B 错误；由第 3.1.1 条可知，选项 C 错误，建筑群也可为评价对象；根据《三版教材》P758 “2. 绿色建筑的定义”中第 1 段，“绿色建筑是将可持续发展理念引入建筑领域的成果”，因此选项 D 正确。

5-16. 【多选】广州市某低碳园区拟采用分布式能源系统进行系统方案设计，下列哪几项属于方案中必须完成的内容？【2017-1-65】

A. 供冷负荷预测与分析

B. 供暖热负荷预测与分析

C. 生活给水流量预测与分析

D. 机组选型配置方案与分析

参考答案：ABD

分析：结合《三版教材》P675 相关内容可知，选项 ABD 正确，同时需要对园区生活热水负荷、生产热负荷等用能负荷进行预测和分析，分布式能源系统主要是供给园区的冷、热、电能源，不包括生活给水流量预测与分析。

5-17.【多选】下列哪几项指标是符合人类居住环境健康要求的?【2017-1-69】

A. 氡 222Rn 年平均值为 385Bq/m^3

B. 总挥发性有机物 TVOC 的 8h 均值为 0.7g/m^3

C. 二氧化碳日平均值为 0.1%

D. 室内空气流速为 0.32m/s

参考答案： AC

解析： 根据《三版教材》表 2.1-7 可知，选项 AC 正确，选项 B 应为≤0.6g/m^3，选项 D 应为夏季空调≤0.30m/s，冬季供暖≤0.20m/s。

5-18.【多选】寒冷气候区建设被动式太阳能建筑时，下列哪些措施是应该考虑的?【2017-2-69】

A. 集热　　B. 蓄热　　C. 制冷　　D. 保温

参考答案： ABD

分析： 根据《三版教材》P775，集热、蓄热、保温是被动式太阳能建筑建设中不可或缺的三个要素，选项 ABD 正确。

5-19.【多选】关于绿色建筑设计，以下哪几项说法是错误的?【2018-1-69】

A. 严寒地区的住宅建筑，主要功能房间的西向外窗应设置外遮阳

B. 利用工业余热的吸收式热泵属于可再生能源利用技术

C. 新风机组、空调水系统的二级泵及冷却塔风机等，宜采用变频调速节能技术

D. 燃气冷热电联供系统能源综合利用率约 80%，而燃气锅炉热效率约 90%，因此在设计工况下，前者的节能性不如后者

参考答案： ABD

分析： 根据《严寒、寒冷地区居住建筑节能设计标准》JGJ 26—2010 第 4.2.4 条，选项 A 错误，寒冷 B 区建筑的南向外窗（包括阳台的透明部分）宜设置水平遮阳或活动遮阳。东西向的外窗宜设置活动遮阳；根据《三版教材》P779，余热或废热利用不属于可再生能源利用技术，选项 B 错误；根据《三版教材》P787，选项 C 正确。选项 D 中燃气冷热电联供系统能源综合利用率与燃气锅炉热效率约 90%不能进行直接的节能性比较，无法据此判断节能性，故选项 D 错误。

5-20.【多选】绿色建筑评价中，下列哪几项说法符合国家现行标准的控制项或评分项的具体规定?【2018-2-69】

A. 住宅设有明卫时，可得分

B. 办公建筑在过渡季典型工况下，办公室平均自然通风换气次数不小于 $2h^{-1}$ 的面积比例为 50%时，可得分

C. 住宅按通风开口面积与房间地板面积达到的比例进行评分

D. 自然通风属于评价室内环境质量的控制项

参考答案： AC

分析： 根据《绿色建筑评价标准》GB/T 50378—2014 第 8.2.10 条可知，选项 AC 正确，选项 B 错误，选项 D 错误。

第6章　民用建筑房屋卫生设备专业知识题

本章知识题目分布统计表

小节	考 点 名 称	2011年至2019年题目统计		近几年题目统计		2019年题目统计
		题目数量	比例	题目数量	比例	
6.1	室内给水排水	26	51%	14	74%	3
6.2	燃气供应	25	49%	12	63%	4
	消防给水（已不在大纲范围内）	3	—	—	—	—
合计		51		26		7

说明：2015年停考1年，近几年题目统计为2016年至2019年。

6.1　室内给水排水

6.1-1.【单选】有关生活排水管道设置检查口和清扫口的做法，符合规范的应是下列哪一项？【2011-1-39】

A. 某居室的卫生间设有大便器、洗脸盆和淋浴器，于塑料排水横管上设置清扫口

B. 某居室的卫生间设有大便器、洗脸盆和淋浴器，铸铁排水横管上不设置清扫口

C. 某普通住宅铸铁排水立管每五层设置一个检查口

D. 某住宅 $DN75$ 的排水立管底部至室外检查井中心的长度为15m，在排出管上设清扫口

参考答案：D

分析：根据《建筑给水排水设计规范》GB 50015—2003（2009版）第4.5.12-2条，选项AB错误；根据第4.5.12-1条，要求立管检查口距离不宜大于10m，五层显然做不到，故选项C错误；根据第4.5.12-4条，选项D正确，要求最大长度为12m。

6.1-2.【单选】某住宅小区道路的浇洒面积为1200m^2，设计浇洒用水量符合规范规定的应是下列哪一值？【2011-2-38】

A. 2000L/d　　B. 3000L/d

C. 4000L/d　　D. 5000L/d

参考答案：B

分析：《建筑给水排水设计规范》GB 50015—2003（2009版）第3.1.5条：(2～3)×1200＝2400～3600L/d，取3000L/d。

6.1-3.【单选】卫生间的地漏水封的最小深度，应是下列何项？【2012-1-39】

A. 40mm　　B. 50mm

C. 60mm　　D. 80mm

参考答案：B

分析：根据《建筑给水排水设计规范》GB 50015—2003（2009年版）第4.2.6条可知，选项B正确。

6.1-4.【单选】住宅小区给水设计用水量（指正常用水量）计算中，下列哪项不应计算在内？【2013-1-39】

A. 绿化用水量　　B. 公共设施用水量

C. 管网漏失水量　　D. 消防用水量

参考答案：D

分析：《建筑给水排水设计规范》GB 50015—2003（2009年版）第3.1.1条注。

6.1-5.【单选】下列有关热水供应的说法，正确的是哪一项？【2013-2-39】

A. 军团菌在50℃以上的温水中可以被杀灭

B. 规范中所列的热水用水定额和卫生器具小时热水用水定额的热水温度不同

C. 规范中所列的热水用水定额和卫生器具小时热水用水定额的热水温度相同

D. 建筑内加热设备的出口水温与供到热水用水点的水温相同

参考答案：B

分析：根据《建筑给水排水设计规范》GB 50015—2003（2009年版）第5.1.1条可知，选项B正确选项C错误。根据《三版教材》P809，选项A和选项D错误。

6.1-6.【单选】关于热泵热水机的表述，以下何项是正确的？【2014-1-38】

A. 空气源热泵热水机一般分为低温型、普通型和高温型三种

B. 当热水供应量和进、出水温度条件相同时，位于广州地区和三亚地区的同一型号、规格的空气源热泵热水机，二者全年用电量相同

C. 当热水供应量和进、出水温度条件相同时，位于广州地区和三亚地区的同一型号、规格的空气源热泵热水机的全年用电量，前者高于后者

D. 普通型空气源热泵热水机的试验工况规定的空气侧的干球温度为20℃

参考答案：C

分析：根据《商业或工业用及类似用途的热泵热水机》GB/T 21362—2008第4.1.6条，空气源热泵热水机一般分为普通型和低温型，故选项A错误。根据该标准第4.3.1条，名义工况干球温度为20℃，但试验工况有很多种，温度不同，故选项D错误。全年耗电量与全年室外平均温度有关，广州全年室外平均温度低于三亚，所以广州耗电量高于三亚地区，故选项B错误，选项C正确。

6.1-7.【单选】以下关于建筑生活给水管道设计计算的表述，何项不正确？【2014-1-39】

A. 宿舍Ⅰ类和宿舍Ⅱ类的最高日生活用水定额不相同

B. 宿舍Ⅰ类和宿舍Ⅱ类其用水特点都属于分散型

C. 宿舍Ⅲ类和宿舍Ⅳ类其用水特点都属于密集型

D. 住宅建筑计算管段设计秒流量与该管段上的卫生器具给水当量的同时出流概率成正比

参考答案： A

分析： 根据《建筑给水排水设计规范》GB 50015—2003（2009年版）第3.1.10条，选项A错误，宿舍Ⅰ、Ⅱ类的最高日生活用水定额相同；根据《三版教材》P807，选项BCD正确。

6.1-8.【单选】关于建筑集中热水供应的表述，以下何项正确？【2014-1-40】

A. 容积式水加热器的设计小时供热量等于设计小时耗热量

B. 半即热式水加热器的设计小时供热量等于设计小时耗热量

C. 快速式水加热器的设计小时供热量等于设计小时耗热量

D. 设有集中热水供应时，宿舍Ⅰ类、宿舍Ⅱ类与宿舍Ⅲ类、宿舍Ⅳ类热水的设计小时耗热量计算公式不同

参考答案： D

分析： 根据《三版教材》式（6.1-9），选项A错误。根据《三版教材》P806，半即热式、快速式水加热器的设计小时供热量按照设计秒流量所需耗热量计算，故选项BC错误。根据《三版教材》式（6.1-6）、式（6.1-7），选项D正确。

6.1-9.【单选】关于建筑排水的表述，以下何项正确？【2014-2-40】

A. 埋地排水管道的埋设深度是指排水管道的管顶部至地表面的垂直距离

B. 居民的生活排水指的是居民在日常生活中排出的生活污水

C. 排水立管是指垂直的排水管道

D. 生活排水管道系统应设置通气管

参考答案： D

分析： 根据《建筑给水排水设计规范》GB 50015—2003（2009年版）第2.1.55A条，埋设深度指管道内底至地表面垂直距离，故选项A错误；根据该规范第2.1.36条，生活排水指生活污水和废水的总称，故选项B错误；根据该规范第2.1.38条，立管指垂直或于垂线夹角45°以内的管道，故选项C错误；根据该规范第2.1.45条，选项D正确。

6.1-10.【单选】设计某住宅楼的户生活给水管道，已知其卫生器具的给水当量口数为5.75，卫生器具给水当量同时出流概率为0.6，则该管段的计算秒流量应为下列哪项？【2016-1-38】

A. 5.75L/s　　B. 3.45L/s　　C. 1.15L/s　　D. 0.69L/s

参考答案： D

分析： 根据《三版教材》式（6.1-3）计算管段设计秒流量为：$q_g = 0.2 \cdot U \cdot N_g = 0.2 \times 0.6 \times 5.75 = 0.69$L/s。

6.1-11.【单选】设计某住宅楼的生活饮用水水箱时，以下说法哪一项是正确的?【2016-1-39】

A. 溢流管的间接排水口最小空气间隙与间接排水管的管径相关

B. 其下层的房间不应有厨房

C. 水箱的箱体可利用建筑物的本体结构作为水箱的壁板

D. 当进水管从最高水位以上进入时，管口应采取防虹吸回流措施

参考答案： A

分析： 根据《建筑给水排水设计规范》GB 50015－2003（2009年版）第3.2.4A-2条，最小空气间隙不得小于出水口直径的2.5倍，故选项A正确；根据第3.2.11条，选项B错误，其上层不应有厨房；根据第3.2.10条，生活饮用水箱箱体应采用独立结构形式，不得利用建筑的本体结构作为板壁，选项C错误；根据第3.2.12条条文说明可知，进水管要高出水池溢流水位以上，已经为防回流措施，根据第3.2.12-3条可知，必要时应设导流装置，而选项D的内容是在已经采用了防回流措施后要求继续应用防虹吸回流措施，与规范要求不同，故选项D错误。

6.1-12.【单选】设计某住宅小区的集中供热水系统，下列哪个说法是不符合规范规定的?【2016-1-40】

A. 小区内的配套公共设施与住宅的设计小时耗热量，应将二者叠加计算

B. 全天供应热水的住宅和定时供应热水的住宅设计小时耗热量的计算公式不同

C. 全天供应热水的住宅计算小时耗热量的热水温度取为60℃

D. 定时供应热水的住宅户设有多个卫生间时，卫生器具用水可按1个卫生间计算

参考答案： A

分析： 根据《建筑给水排水设计规范》GB 50015－2003（2009年版）第5.3.1-1条，选项A错误，当居住小区内配套公共设施的最大用水时时段与住宅的最大用水时时段一致时，按设计小时耗热量叠加，不一致时，按设计小时耗热量和平均小时耗热量叠加；全天供应热水时设计小时耗热量按第5.3.3条的公式计算，定时供应时按第5.3.1条计算，两者不同，选项B正确；由第5.3.3-2条参数说明中热水温度可知，选项C正确；根据第5.3.1-3有关“卫生器具的同时使用百分数”的说明可知，选项D正确。

6.1-13.【单选】室内给水管道施工中，有关水平管道与泄水装置之间的坡度要求的说法，正确的为下列何项?【2017-1-40】

A. 可无坡度敷设

B. 坡度应在2‰～5‰之间

C. 坡度应在6‰～1%之间

D. 坡度应大于1%

参考答案： B

分析： 根据《建筑给水排水设计规范》GB 50015—2003（2009年版）第3.5.21条规定，选项B正确。

6.1-14.【单选】进行某住宅小区用水量计算时，下列做法何项是正确的?【2017-2-39】

A. 将消防用水量计入正常用水量

B. 将小区内的公用设施（非重大）用水量计入正常用水量

C. 将小区内的活动中心用水量计入正常用水量

D. 小区内道路、广场的用水量按浇洒面积 3.5L/(m^2·d)

参考答案：C

分析：根据《建筑给水排水设计规范》GB 50015—2003（2009年版）第3.1.1条，活动中心用水量属于公共建筑用水量，故选项C正确；消防用水量仅用于校核管网计算，不计入正常用水量，故选项A错误；根据第3.1.8条，居住小区内的公用设施用水量，当无重大公用设施时，不另计用水量，故选项B错误；根据第3.1.5条，小区内道路、广场的用水量按浇洒面积2.0～3.0L/(m^2·d)计算，故选项D错误。

6.1-15.【单选】无存水弯的卫生器具与生活污水管道相连时，排水口以下应设置的存水弯的水封最小深度（mm），正确的应是下列哪一项？【2018-1-38】

A. 40　　B. 50　　C. 60　　D. 80

参考答案：B

分析：根据《建筑给水排水设计规范》GB 50015—2003（2009年版）第4.2.6条可知，选项B正确。

6.1-16.【单选】为防止室内生活饮用水水质污染，下列哪项给水系统的做法是错误的？【2018-1-40】

A. 从城镇生活给水管网直接抽水的水泵的吸水管上应设置倒流防止器

B. 从生活饮用水贮水池抽水的消防水泵出水管上应设置倒流防止器

C. 中水系统与生活饮用水系统管道连接时应设置倒流防止器

D. 小区锅炉房用软水器的给水支管与生活饮用水系统管道连接时设置倒流防止器

参考答案：C

分析：根据《三版教材》P805和《建筑给水排水设计规范》GB 50015—2003（2009年版）第3.2.3A条，中水、回用雨水等非生活饮用水管道严禁与生活饮用水管道连接，故选项C错误。选项ABD皆为防水质污染的措施。

6.1-17.【单选】在太阳能生活热水加热系统的设计中，下列哪一项说法是错误的？【2018-2-39】

A. 直接加热供水系统的集热器总面积应根据日用水量、当地年平均日太阳辐射量、太阳能保证率和集热器集热效率等因素确定

B. 间接加热供水系统的集热器总面积应根据日用水量、当地年平均日太阳辐射量、太阳能保证率和集热器集热效率等因素确定

C. 太阳能生活热水系统辅助热源的供热量设计计算方法与常规热源系统的设计计算方法相同

D. 太阳能集热系统贮热水箱的有效容积，与集热器单位采光面积平均日产热水量无关

参考答案：D

分析： 根据《民用建筑太阳能热水系统应用技术标准》GB 50364—2018 第 5.4.2 条和第 5.4.3 条可知，选项 AB 正确。根据第 5.3.5 条可知，选项 C 正确。根据第 5.4.5 条可知，选项 D 错误。

6.1-18.【多选】有关生活排水管路设计检修口和清扫口的做法，正确的应是下列哪几项?【2012-2-70】

A. 某居室的卫生间设有大便器、洗脸盆和淋浴器，于塑料排水横管上不设置清扫口

B. 某居室的卫生间设有大便器、洗脸盆和淋浴器，于铸铁排水横管上不设置清扫口

C. 普通住宅铸铁排水立管应每五层设置一个检修口

D. 某住宅 *DN*75 的排水立管底部至室外检查井中心的长度为 15m，在排出管上设清扫口

参考答案： AD

分析： 根据《建筑给水排水设计规范》GB 50015—2003（2009 版）第 4.5.12 条，选项 A 正确；选项 B 错误；选项 C，不宜大于 10m，约 4 层，故选项 C 错误；选项 D 正确。

6.1-19.【多选】以下关于水量、水温和给水管道的说法，哪几项是错误的?【2013-2-70】

A. 住宅的最高日生活用水定额等于规范中所列最高日生活用水定额与规范中所列的热水用水定额之和

B. 规范中所列卫生器具小时热水用水定额的使用温度按照 60℃计

C. 住宅入户给水管，公称直径不宜小于 20mm

D. 公共浴室采用闭式热水供应系统

参考答案： ABD

分析： 根据《三版教材》P809，热水用水定额是指水温为 60℃的热水用量，而此水量已包括在冷水用量的定额之内，故选项 A 错误；根据《建筑给水排水设计规范》GB 50015－2003（2009 年版）：卫生器具热水用水定额的温度不是采用 60℃，故选项 B 错误；根据《三版教材》P807；住宅的入户管，公称直径不宜小于 20mm，故选项 C 正确；根据《建筑给水排水设计规范》GB 50015—2003（2009 年版）第 5.2.16 条；宜采用开式热水供应系统，故选项 D 错误。

6.1-20.【多选】关于建筑排水管道设计的表述，下列哪几项不正确?【2014-2-70】

A. 室外排水管道连接处的水流偏转角不得大于 90°

B. 当厨房与卫生间相邻设置时，可合用排水立管

C. 住宅小区干道下的排水管道，其覆土深度不宜小于 0.60m

D. 设备间接排水口最小空气间隙大小与间接排水管管径无关

参考答案： ABCD

分析： 根据《建筑给水排水设计规范》GB 50015—2003（2009 年版）第 4.3.18 中第 4 条，当排水管管径小于或等于 300mm 且跌落差大于 0.3m 时，可不受角度的限制，选项 A 有特殊情况，错误。根据该规范第 4.3.6A 条，厨房与卫生间应分设立管，故

选项B错误。根据该规范第4.3.2条，住宅小区干道下的排水管道，其覆土深度不宜小于0.70m，故选项C错误。根据该规范第4.3.15条，根据管井选择间隙大小，故选项D错误。

6.1-21.【多选】下列关于真空破坏器与倒流防止器的表述，哪几项是正确的？【2016-1-70】

A. 二者的功能相同之处是保护给水管，不产生给水管道水流倒流

B. 真空破坏器的基本部件是止回部件

C. 二者都是防止水质污染的装置

D. 二者安装在给水管道的部位不同

参考答案：ACD

分析：根据《建筑给水排水设计规范》GB 50015—2003（2009年版）第2.1.7条，选项A正确，均为防止倒流的装置；根据第2.1.7条可知，选项B错误，偷换概念，真空破坏器利用的大气压消除倒吸，利用止回部件的是倒流防止器；根据第3.2节有关防水质污染的内容，以及第3.2.4条可知，二者都是防止水质污染的装置，选项C正确；根据第3.2.5D条，真空破坏器与倒流防止器选择应根据回流性质、回流污染的危害程度确定，选项D正确。

6.1-22.【多选】某建筑进行排水系统设计时，下列说法哪几项是正确的？【2017-2-70】

A. 小区生活排水系统排水定额可取为生活给水系统定额的95%

B. 小区生活排水系统小时变化系数与生活给水系统小时变化系数不应相同

C. 建筑生活排水管道设计秒流量计算，与建筑功能有关

D. 不同类型宿舍的生活排水管道设计秒流量，有两种计算方法

参考答案：ACD

分析：根据《建筑给水排水设计规范》GB 50015—2003（2009年版）第4.4.1条，小区生活排水系统排水定额宜为其相应的生活给水系统用水定额的85%～95%，小区生活排水系统小时变化系数应与其相应的生活给水系统小时变化系数相同，可知选项A正确，选项B错误。根据《建筑给水排水设计规范》GB 50015—2003（2009年版）第4.4.5～4.4.6条，可知选项CD正确，按分散型和密集型不同计算。

6.1-23.【多选】太阳能集中热水供应系统应安全可靠，根据不同地区可采取的技术措施，下列哪几项措施是正确的？【2018-2-70】

A. 直接加热供水系统的集热器、贮热水箱及相应管道、阀门配件等应采取防过热措施

B. 闭式系统应设置膨胀罐、安全阀等安全设施

C. 系统有冰冻的可能时，应采用添加防冻液或热循环等措施

D. 应采取防雷、防雹、抗风和抗震等措施

参考答案：ABCD

分析：根据《太阳能供热采暖工程技术规范》GB 50495—2009 第3.1.3条可知，选项AD正确。根据第3.4.6条可知，选项C正确。闭式太阳能热水系统中，应设置安全泄压阀和膨胀罐/箱等安全装置，选项B正确。

6.2 燃　气　供　应

6.2-1.【单选】暗埋的用户燃气管道的设计使用年限，应为下列哪一项?【2011-1-40】

A. 不应小于20年　　B. 不应小于30年

C. 不应小于40年　　D. 不应小于50年

参考答案：D

分析：《城镇燃气技术规范》GB 50494—2009 第6.4.2条。该规范未在2011年规范考试大纲上，当年是道超纲题，不过现在这本规范已经在2012年添加到清单中了。

6.2-2.【单选】燃气引入管正确的设计，应为下列哪一项?【2011-2-39】

A. 燃气引入管穿越住宅的暖气沟

B. 燃气引入管从建筑物的楼梯间引入

C. 穿墙管与其中的燃气管之间的间隙采用柔性防腐、防水材料填实

D. 燃气引入管均采取防止变形的补偿措施

参考答案：C

分析：根据《城镇燃气设计规范》GB 50028—2006 第10.2.14-1条，选项A错误；根据第10.2.14-2条，选项B错误：引入条件，要求金属管道，阀门在室外；根据第10.2.16条，选项C正确；根据第10.2.16条，选项D错误：必要时才进行补偿。

6.2-3.【单选】使用温度低于－20℃的燃气管道，其材质选择正确的应为下列哪一项?【2011-2-40】

A. 焊接钢管　　B. 无缝钢管

C. 不锈钢管　　D. 奥氏体不锈钢管

参考答案：D

分析：《城镇燃气设计规范》GB 50028—2006 第9.4.2条。

6.2-4.【单选】处于建筑物内的燃气管道，下列哪一处属于严禁敷设的地方?【2012-2-39】

A. 居住建筑的楼梯间　　B. 电梯井

C. 建筑给水管道竖井　　D. 建筑送风竖井

参考答案：B

分析：《高规》第5.3.1条及《建规2014》第6.2.9.1条，电梯井应独立设置，井内严禁敷设可燃气体；《城镇燃气设计规范》GB 50028—2006 第10.2.14条，燃气引入管不得敷设在不使用燃气的进风道、垃圾道等地方（强条）；当有困难时，可从楼梯间引入（高层建筑除外），但应采用金属管道且引入管阀门宜设在室外。《城镇燃气设计规范》GB 50028—2006 第10.2.27条，燃气立管可与空气、惰性气体、上下水、热

力管道等设在一个公用竖井内，但不得与电线、电气设备或氧气管、进风管、回风管、排气管、排烟管、垃圾道等共用一个竖井。另可参考《09技术措施》第12.6.9条关于燃气引入管敷设位置的规定。

6.2-5.【单选】某高层住宅用户燃气表的安装位置，做法符合要求的应是下列哪一项?【2012-2-40】

A. 安装在更衣室内

B. 安装在高层建筑避难层

C. 安装在防烟楼梯间内

D. 安装在有开启外窗的封闭生活阳台内

参考答案：D

分析：《城镇燃气设计规范》GB 50028—2006 第10.3.2条。

6.2-6.【单选】在居民住宅的燃气使用中，下列做法中哪项是错误的?【2013-1-38】

A. 住宅用管道的燃气管道的供气压力，不应高于0.2MPa

B. 住宅中不得使用瓶装液化石油气的范围是十层以上的住户

C. 浴室内不得安装半封闭式燃气热水器

D. 灶具与热水器应分设烟道排气

参考答案：B

分析：《住宅建筑规范》GB 50368—2005 第8.4.5条：10层及10层以上住宅内不得使用瓶装液化石油气，可知选项B错误。由《住宅建筑规范》GB 50368—2005 第8.4.2条、第8.4.4条、第8.4.9条可知，选项ACD正确。

6.2-7.【单选】某办公、商业综合楼设置天然气供应系统，燃气管道敷设于专门的管道井内，允许的燃气管道的最高压力应为下列哪一项?【2013-1-40】

A. 0.8MP

B. 0.6MP

C. 0.4MP

D. 0.2MP

参考答案：D

分析：《城镇燃气设计规范》GB 50028—2006 第10.2.1注2。

6.2-8.【单选】关于室内燃气管道的材质选用，下列哪项说法是错误的?【2013-2-40】

A. 室内燃气管道均可采用焊接钢管

B. 室内低压燃气管道采用钢管时，允许采用螺纹连接

C. 室内燃气管道均可采用符合国家标准的无缝铜水管和铜气管

D. 室内燃气管道宜选用钢管

参考答案：A

分析：根据《城镇燃气设计规范》GB 50028—2006 第10.2.3～10.2.8条，选项BCD是正确的。

6.2-9.【单选】某类燃气加热设备（两台）所用燃气的压力要求为0.25MPa，现有市政燃气供应压力为0.2MPa，故应对燃气实施加压，下列何项做法符合规范规定？【2014-2-39】

A. 进入加热设备前的供气管道上直接安装加压设备

B. 进入加热设备前的供气管道上间接安装加压设备，加压设备前设置低压储气罐

C. 进入加热设备前的供气管道上间接安装加压设备，加压设备前设置中压储气罐

D. 进入加热设备前的供气管道上直接安装加压设备，同时，设置低压储气罐

参考答案：B

分析：根据《城镇燃气设计规范》GB 50028—2010第10.6.2条，间接安装加压设备，并设低压储气罐。

6.2-10.【单选】某建筑的厨房（半地下室）内敷设有天然气管道，以下哪一项说法是错误的？【2016-2-39】

A. 宜优先选用钢号为10的无缝钢管，故其承压能力高于钢号为20的无缝钢管

B. 钢管道的固定焊口应进行100%射线照相检验

C. 阀门公称压力应按提高一个压力等级选型

D. 燃气灶间应设置燃气浓度检测报警装置

参考答案：A

分析：根据《城镇燃气设计规范》GB 50028—2006第10.2.23条，选项A错误，承压能力应提高一个压力等级进行设计，和钢号无直接关系；根据第10.2.23条，选项BC正确；根据第10.8.1条可知，选项D正确。

6.2-11.【单选】城镇天然气供应，关于采用加臭剂的描述，以下哪一项是正确的？【2016-2-40】

A. 加臭剂的采用与燃气种类有关

B. 有毒燃气中加臭剂的最小加入量与人是否察觉无关

C. 无毒燃气按达到燃气爆炸下限为15%时被人察觉，确定加臭剂的最小加入量

D. 无毒燃气按达到燃气爆炸下限为20%时被人察觉，确定加臭剂的最小加入量

参考答案：D

分析：根据《城镇燃气设计规范》GB 50028—2006第3.2.3条，燃气中应加入加臭剂，而非与其他因素相关，选项A错误；由第3.2.3-2条可知，最小加入量与人能否察觉有关，选项B错误；由第3.2.3-1条，无毒燃气泄漏到空气中的，达到爆炸下限的20%时，应能察觉，选项C错误，选项D正确。

6.2-12.【单选】关于燃气管道系统设计的说法，下列何项是不正确的？【2017-1-39】

A. 民用低压用气设备燃烧器的额定压力与燃气种类有关

B. 中压燃气管道应采用加厚无缝钢管

C. 高层住宅燃气引入管可敷设在楼梯间

D. 天然气引入管的最小公称直径不应小于20mm

参考答案： C

分析： 根据《城镇燃气设计规范》GB 50028—2006 第 10.2.2 条表 10.2.2 可知，选项 A 正确；根据第 10.2.14 条，住宅燃气引入管宜设在厨房、外走廊、与厨房相连的阳台内（寒冷地区输送湿燃气时阳台应封闭）等便于检修的非居住房间内。当确有困难时可从楼梯间引入（高层建筑除外），但应采用金属管道且引入管阀门宜设在室外，可知选项 C 错误，根据第 10.2.18 条，选项 D 正确；根据第 10.2.3～10.2.4 条，室内燃气管道宜选用钢管，也可选用铜管、不锈钢管、铝塑复合管和连接用软管，当室内燃气管道选用钢管时，中压和次高压燃气管道宜选用无缝钢管，其壁厚不得小于 3mm，用于引入管时不得小于 3.5mm。由此并不能得出选项 B 正确的结论，但相对于选项 C 来说，本题为单选题选择选项 C 最佳。

6.2-13.【单选】关于燃气系统设计的要求，下列何项是正确的？【2017-2-40】

A. 居民住宅楼用的悬挂式调压箱燃气进口压力不应大于 0.2MPa

B. 居民住宅楼用的悬挂式调压箱和落地式调压箱的燃气进口压力限值相同

C. 调压器的计算流量按所承担管网小时最大输送量的 1.10 倍确定

D. 液化石油气调压器不允许设于地下的单独箱体内

参考答案： D

分析： 根据《城镇燃气设计规范》GB 50028—2006 第 6.2.2 条，可知选项 AB 错误，设置在地上单独的调压箱（悬挂式）内时，对居民和商业用户燃气进口压力不应大于 0.4MPa，设置在地上单独的调压柜（落地式）内时，对居民、商业用户燃气进口压力不宜大于 1.6MPa。根据第 6.6.9 条，调压器的计算流量应按该调压器所承担的管网小时最大输送量的 1.2 倍确定，可知选项 C 错误。根据第 6.6.2.6 条，液化石油气和相对密度大于 0.75 的燃气调压装置不得设于地下室、半地下室和地下单独的箱体内，可知选项 D 正确。

6.2-14.【单选】户内燃气引入管设计，正确的应为下列何项？【2018-1-39】

A. 燃气引入管穿越住宅的卫生间

B. 高层住宅燃气引入管可从楼梯间引入

C. 穿墙套管与其中的燃气引入管之间的间隙采用水泥砂浆填实

D. 输送天然气的燃气引入管最小公称直径为 20mm

参考答案： D

分析： 根据《城镇燃气设计规范》GB 50025—2006 第 10.2.14.1 条，选项 A 错误；根据第 10.2.14.2 条，选项 B 错误；根据第 10.2.16 条，选项 C 错误，应采用柔性防腐、防水材料密封；根据第 10.2.18.3 条，选项 D 正确。

6.2-15.【单选】关于燃气冷热电三联供系统采用的发电机组前连接燃气管道的设计压力分级说法，以下哪一项是错误的？【2018-2-40】

A. 微燃机属于次高压 A 级

B. 微燃机属于次高压 B 级

C. 内燃机属于中压B级

D. 燃气轮机属于高压B级或次高压A级

参考答案：C

分析：根据《三版教材》表4.6-1及表6.3-1可知，选项A错误。

6.2-16.【多选】燃气管道选用和连接，错误的做法是哪几项?【2011-1-70】

A. 选用符合标准的焊接钢管时，低压、中压燃气管道宜采用普通管

B. 燃气管道的引入管选用无缝钢管时，其壁厚不得小于3mm

C. 室内燃气管道宜选用钢管，也可选用符合标准规定的其他管道

D. 位于地下车库中的低压燃气管道，可采用螺纹连接

参考答案：ABD

分析：选项A参见《城镇燃气设计规范》GB 50028—2006第10.2.6-1条：中压要求无缝钢管；选项B参见第10.2.6-2条：应为3.5mm；选项C参见第10.2.5条～第10.2.8条；选项D参见第10.2.23-3条。

6.2-17.【多选】燃气管道的选用和连接，下列做法错误的是哪几项?【2012-1-70】

A. 选用符合标准的焊接钢管时，低压、中压燃气管道宜采用普通管

B. 燃气管道的引入管选用无缝钢管时，其壁厚不得小于3mm

C. 室内燃气管道宜选用钢管，也可选用符合标准规定的其他管道

D. 位于地下车库中的低压燃气管道，可采用螺纹连接

参考答案：ABD

分析：根据《城镇燃气设计规范》GB 50028—2006第10.2.4-1条，选项A错误，中压要求无缝钢管；根据该规范10.2.4-2条，选项B错误，应为3.5mm；根据该规范第10.2.5～第10.2.8条，选项C正确；根据该规范第10.2.23-3条，选项D错误。

6.2-18.【多选】某超高层住宅，其底层为架空层，住户的用户燃气表的安装位置，下列哪几项不符合要求?【2013-1-70】

A. 安装于疏散楼梯间内

B. 安装于底层架空层专设的表计室（围护结构为不燃材料、有通风措施）内

C. 小户型安装于其卫生间内

D. 安装于周边均有百叶窗的避难层中

参考答案：ACD

分析：《城镇燃气设计规范》GB 50028—2006第10.3.2条。

6.2-19.【多选】关于工业企业生产用气设备燃烧装置的表述，下列哪几项是正确的?【2014-1-70】

A. 放散管应设置在燃烧器与燃烧器的阀门之间

B. 烟道和封闭式炉膛均应设置泄爆装置

C. 当空气管道设置静电接地装置时，其接地电阻不应大于150Ω

D. 当鼓风机设置静电接地装置时，其接地电阻不应大于 100Ω

参考答案： BD

分析： 根据《城镇燃气设计规范》GB 50028—2010 第 10.6.6.4 条，放散管应设在燃气总管与燃烧器阀门之间，故选项 A 错误。根据该规范第 10.6.6.2 条，选项 B 正确。根据该规范第 10.6.6.3 条，选项 C 错误，选项 D 正确，皆为 100Ω。

6.2-20.【多选】下列哪几项装置属于城镇燃气设施的附属安全装置?【2016-2-70】

A. 紧急切断阀　　　　B. 可燃气体报警器

C. 安全放散装置　　　　D. 燃气调压阀

参考答案： ABC

分析： 根据《城镇燃气技术规范》GB 50494—2009 第 2.0.11 条，附属安全装置包括紧急切断阀、安全放散装置和可燃气体报警器。

6.2-21.【多选】关于燃气管道系统室内管道设计的说法，下列哪几项是正确的?【2017-1-70】

A. 暗设的燃气管道除与设备、阀门的连接外，不应有机械接头

B. 室内燃气管道的运行压力不应大于 0.05MPa

C. 设置燃气管道的地下室应设事故机械通风设施

D. 燃气立管不得敷设在卫生间

参考答案： ACD

分析： 根据《城镇燃气设计规范》GB 50028—2006 第 10.2.31 条，选项 A 正确。根据表 10.2.1，可知选项 B 错误，中压进户的居民用户室内燃气管道最高压力可为 0.2MPa。根据第 10.2.21 条，选项 C 正确。根据第 10.2.26 条，选项 D 正确。

附录　历年真题试卷参考答案及对应本书题号

2011年真题试卷参考答案及对应本书题号

单选题号	专业知识（上）		专业知识（下）		专业案例（上）		专业案例（下）		多选题号	专业知识（上）		专业知识（下）	
	答案	题号	答案	题号	答案	题号	答案	题号		答案	题号	答案	题号
1	C	1.3-1	B	1.3-10	A	7.1-1	B	7.1-2	41	BCD	1.3-6	ACD	1.5-7
2	C	1.3-9	C	1.6-26	B	7.2-1	B	7.2-2	42	AB	1.7-13	ABC	1.4-34
3	D	1.4-5	D	1.1-2	A	7.4-6	D	7.3-8	43	BC	1.2-7	AD	2.2-22
4	B	1.4-11	B	1.5-1	B	7.4-7	D	7.6-1	44	AB	1.7-14	ABC	1.5-8
5	D	1.6-6	D	1.6-7	D	7.5-1	D	7.5-2	45	BC	1.8-15	ABC	1.8-16
6	D	1.7-1	C	1.6-8	B	8.1-1	B	10.3-1	46	ABCD	1.5-6	BC	1.8-30
7	D	2.10-6	B	1.7-20	C	8.7-1	D	8.1-2	47	AC	1.8-29	AB	2.10-9
8	B	1.9-1	D	1.8-1	C	8.3-1	D	8.7-4	48	ABCD	2.8-9	BCD	2.8-10
9	D	1.9-2	C	1.6-1	C	8.6-5	B	8.2-5	49	BC	2.5-17	BCD	3.1-23
10	C	2.8-39	D	4.4-2	B	8.4-1	A	8.4-2	50	BCD	3.8-13	ABC	2.9-8
11	B	2.6-3	D	2.6-4	D	8.5-1	A	8.5-7	51	BCD	2.9-7	BC	2.3-6
12	C	2.9-1	D	3.10-2	B	9.5-1	C	9.8-7	52	ABCD	2.6-29	ABD	2.4-9
13	B	2.3-1	C	2.3-2	D	9.3-1	A	9.5-3	53	ABD	2.8-25	BCD	2.2-23
14	A	2.4-1	C	2.4-2	B	9.3-2	B	10.3-20	54	BC	2.6-30	ACD	2.6-2
15	C	2.10-7	D	2.2-31	C	9.3-12	D	9.6-5	55	ACD	3.7-10	CD	3.8-15
16	C	2.8-15	D	2.2-1	A	9.3-13	C	9.4-1	56	ABC	3.8-14	BC	3.6-45
17	B	2.8-16	C	2.8-17	D	9.8-1	C	9.4-2	57	ABC	3.6-26	BD	3.7-23
18	D	2.5-1	A	2.8-18	C	9.5-2	C	9.6-1	58	ABC	3.6-27	AC	3.1-12
19	D	2.5-26	D	2.5-2	B	9.8-11	C	9.2-1	59	AC	3.2-8	ABC	3.2-9
20	D	4.4-18	D	3.7-16	A	10.2-5	B	9.7-1	60	AC	3.6-28	ABCD	3.5-4
21	D	1.1-1	A	1.1-3	C	9.5-24	D	10.1-2	61	ABD	3.7-22	ACD	3.8-16
22	C	3.10-1	B	3.5-1	D	10.3-19	D	10.1-3	62	BCD	3.10-15	ABD	3.9-33
23	C	3.4-1	B	3.10-3	C	10.4-1	D	9.5-25	63	ABD	3.9-23	AC	3.9-34
24	D	3.2-1	D	3.5-2	C	10.1-1	A	10.4-7	64	AC	4.4-30	BCD	4.4-10
25	A	4.4-19	B	4.7-1	C	11.2-1	A	11.1-1	65	BCD	4.1-8	BC	4.1-9
26	A	3.6-13	C	3.7-1					66	BD	4.4-9	AB	3.7-11
27	D	3.6-14	D	3.7-2					67	BC	4.2-5	ABD	4.5-10
28	B	3.9-1	C	3.6-1					68	ABD	4.3-29	BD	4.7-11
29	C	3.9-15	A	3.9-2					69	CD	4.7-10	ABCD	4.8-15
30	D	3.3-19	C	4.1-1					70	ABD	6.2-16	ABD	—
31	B	3.7-15	D	4.1-12									
32	D	4.4-20	A	4.1-2									
33	D	4.4-21	B	4.3-15									
34	A	4.4-22	C	4.6-1									
35	A	4.1-11	D	4.5-1									
36	B	4.4-1	D	4.5-2									
37	C	4.3-14	A	4.7-2									
38	B	4.8-1	B	6.1-2									
39	D	6.1-1	C	6.2-2									
40	D	6.2-1	D	6.2-3									

续表

2012年真题试卷参考答案及对应本书题号

单选题号	专业知识（上）		专业知识（下）		专业案例（上）		专业案例（下）		多选题号	专业知识（上）		专业知识（下）	
	答案	题号	答案	题号	答案	题号	答案	题号		答案	题号	答案	题号
1	A	1.3-2	C	1.3-3	B	7.1-3	C	8.2-15	41	BD	1.8-31	ACD	1.7-15
2	B	1.7-5	A	1.4-1	B	7.2-3	C	7.2-17	42	ABCD	1.9-9	AC	1.6-21
3	A	1.2-1	C	1.8-4	C	7.3-9	B	7.2-4	43	AD	1.2-8	ABC	1.4-36
4	B	1.2-2	B	1.5-4	C	7.5-3	B	7.3-1	44	BD	1.4-35	AB	1.1-12
5	A	1.5-2	D	1.4-12	A	10.3-2	B	7.2-5	45	BCD	1.3-15	ABC	1.4-10
6	C	1.7-6	D	1.7-8	D	8.2-13	C	10.3-36	46	ABD	1.9-10	AB	1.7-4
7	C	1.7-7	D	2.10-8	A	8.7-5	D	8.1-3	47	ABC	1.8-32	ABC	4.4-11
8	B	1.8-2	B	1.8-21	A	8.2-14	B	8.2-6	48	CD	2.10-10	ABD	2.8-41
9	D	1.5-3	B	1.8-3	D	8.3-2	C	8.3-3	49	BD	2.6-11	BD	2.1-7
10	D	2.8-1	D	4.4-4	D	8.4-3	B	8.4-4	50	AD	2.8-11	AD	2.8-35
11	C	2.1-1	C	2.2-32	A	8.5-8	A	8.6-1	51	BD	2.6-12	ACD	2.5-19
12	C	2.6-5	D	2.7-2	D	9.5-4	D	9.2-2	52	BCD	2.8-26	ABCD	2.9-9
13	B	2.5-3	D	2.2-2	C	9.1-1	D	9.3-17	53	CD	2.2-36	CD	2.2-37
14	D	2.9-2	B	2.9-3	D	9.4-3	B	9.3-18	54	BC	2.5-18	BCD	2.5-33
15	D	2.6-1	B	2.8-30	A	9.4-4	D	9.3-25	55	CD	3.8-17	ACD	3.7-12
16	C	2.8-29	C	2.8-2	C	9.6-6	C	9.3-14	56	ABC	3.7-24	AC	3.10-16
17	A	2.8-19	C	2.5-5	D	9.1-2	D	10.3-3	57	AB	3.3-15	ABC	3.6-29
18	B	2.5-4	C	2.5-6	A	9.6-7	D	9.5-12	58	ACD	3.3-23	ABCD	3.3-16
19	D	2.7-1	B	2.5-27	D	9.6-2	B	10.3-4	59	BCD	3.1-13	AD	3.5-5
20	B	3.10-4	D	3.7-3	B	9.5-5	C	9.7-2	60	ABD	3.4-9	ABC	4.3-11
21	C	3.8-1	A	3.8-3	A	10.2-1	B	10.3-5	61	BCD	3.3-24	BCD	3.4-10
22	C	3.6-41	D	3.6-15	A	10.3-21	A	10.3-6	62	ABC	3.7-25	BD	3.9-35
23	D	4.4-3	D	3.6-16	C	10.4-2	B	10.1-4	63	ABC	3.9-11	AD	3.9-24
24	A	4.4-23	D	3.8-4	B	10.4-8	B	9.5-26	64	ABD	4.5-11	ABCD	4.2-7
25	B	3.1-18	B	3.4-2	C	—	D	11.2-2	65	AD	4.4-48	AC	4.4-31
26	D	3.1-1	D	3.3-1					66	AD	4.3-10	ABCD	4.4-12
27	A	3.8-2	C	3.2-2					67	ABD	4.2-6	ABD	4.4-49
28	B	3.9-3	C	3.7-17					68	ACD	4.5-12	ABCD	4.6-12
29	B	3.9-4	C	3.9-5					69	AB	4.8-16	BC	4.8-17
30	B	4.6-2	C	4.1-3					70	ABD	6.2-17	AD	6.1-18
31	C	4.1-13	C	4.3-31									
32	B	4.4-40	C	4.1-14									
33	D	4.4-41	D	4.2-1									
34	A	4.3-16	D	4.3-17									
35	D	4.5-3	C	4.6-3									
36	C	4.7-3	A	4.6-4									
37	C	4.8-2	B	4.8-4									
38	C	4.8-3	C	—									
39	B	6.1-3	B	6.2-4									
40	B	—	D	6.2-5									

续表

2013年真题试卷参考答案及对应本书题号

单选题号	专业知识（上）		专业知识（下）		专业案例（上）		专业案例（下）		多选题号	专业知识（上）		专业知识（下）	
	答案	题号	答案	题号	答案	题号	答案	题号		答案	题号	答案	题号
1	D	1.4-29	D	1.1-6	C	7.3-2	B	7.1-4	41	AD	1.7-16	ACD	1.3-7
2	C	1.8-22	B	1.6-31	C	7.2-6	C	7.3-3	42	AB	1.6-32	BD	1.6-33
3	D	1.6-27	C	1.1-7	D	7.2-24	A	7.2-7	43	BD	1.1-13	CD	1.4-22
4	C	1.4-13	C	2.2-4	B	7.4-1	B	7.2-18	44	ACD	1.6-20	ABCD	2.2-9
5	D	1.1-4	B	1.6-2	B	7.4-8	A	7.3-10	45	BCD	1.3-16	ABCD	1.6-22
6	D	1.6-9	B	1.4-2	C	8.6-6	C	7.5-4	46	AB	1.6-18	AC	1.8-33
7	C	1.7-2	D	1.7-21	D	8.2-1	B	8.6-7	47	ACD	1.9-11	ABD	2.6-31
8	A	1.8-5	A	1.8-23	D	8.2-2	D	8.2-7	48	BCD	2.9-10	BD	2.6-14
9	B	1.9-3	B	1.8-24	B	8.7-2	D	8.2-16	49	ABD	2.3-7	CD	2.2-39
10	A	2.8-3	C	2.1-2	B	8.3-4	B	8.3-5	50	ABD	2.4-10	AB	2.4-11
11	D	2.6-6	C	2.9-5	B	8.6-2	D	8.7-3	51	ABC	2.2-38	AD	2.4-12
12	C	3.4-3	A	2.8-5	C	9.3-3	B	9.5-6	52	BC	2.8-12	CD	2.8-28
13	B	2.6-25	A	2.2-33	C	9.2-5	C	9.8-8	53	BCD	2.8-27	BD	2.5-20
14	D	2.9-4	C	2.9-6	A	9.2-6	D	9.6-3	54	BC	2.6-13	BD	3.8-19
15	A	2.2-3	C	2.3-3	D	9.4-5	C	9.3-20	55	BCD	3.3-17	AC	3.6-39
16	C	2.4-3	D	2.8-20	D	9.3-4	A	9.3-15	56	AC	3.8-18	ACD	3.8-20
17	C	2.2-10	D	2.5-28	A	9.5-27	B	9.3-5	57	CD	3.2-10	AD	3.5-7
18	C	2.8-4	C	2.5-7	C	10.3-7	B	9.8-2	58	CD	3.3-25	CD	3.7-26
19	B	3.8-5	C	3.6-36	D	9.3-19	B	9.5-7	59	CD	3.5-6	BD	3.3-18
20	D	3.8-6	D	3.6-17	C	10.3-8	D	9.7-3	60	ABD	4.2-2	ABD	3.10-17
21	D	4.4-24	D	3.10-5	B	10.2-6	C	10.1-5	61	AC	4.3-38	ABCD	3.9-36
22	C	1.1-5	A	3.7-18	D	10.2-3	D	10.1-6	62	ACD	3.9-12	AC	3.9-25
23	D	3.5-3	B	4.3-20	B	10.3-9	A	10.3-22	63	ABD	4.2-8	ABCD	3.10-9
24	C	4.3-19	A	3.3-12	B	10.4-12	C	10.3-10	64	ACD	4.4-50	CD	4.4-13
25	A	3.6-2	C	3.3-13	A	11.1-2	B	11.1-3	65	BCD	4.4-32	AB	4.8-18
26	B	3.7-4	A	3.7-19					66	BCD	4.1-27	AD	4.7-12
27	A	3.9-31	D	3.10-10					67	AD	4.2-9	ABD	4.7-13
28	B	3.9-16	C	3.9-17					68	ABCD	4.6-13	CD	4.4-33
29	C	4.3-1	A	4.1-17					69	BD	5.1-10	ABC	5.1-11
30	A	4.3-18	B	4.1-18					70	ACD	6.2-18	ABD	6.1-19
31	D	4.3-32	B	4.3-33									
32	D	4.1-15	A	4.4-25									
33	C	4.1-16	B	4.3-2									
34	A	4.1-4	A	4.3-27									
35	B	4.4-42	C	4.9-1									
36	B	4.4-43	D	4.7-4									
37	D	5.1-1	C	4.8-5									
38	B	6.2-6	A	5.1-2									
39	D	6.1-4	B	6.1-5									
40	D	6.2-7	A	6.2-8									

续表

2014年真题试卷参考答案及对应本书题号													
单选题号	专业知识（上）		专业知识（下）		专业案例（上）		专业案例（下）		多选题号	专业知识（上）		专业知识（下）	
	答案	题号	答案	题号	答案	题号	答案	题号		答案	题号	答案	题号
1	B	1.7-9	D	1.6-14	D	7.1-5	D	7.2-20	41	CD	1.3-17	ACD	1.6-23
2	A	1.3-4	C	1.8-8	D	7.2-19	B	7.2-9	42	ABCD	1.4-23	ABD	1.9-13
3	D	1.6-11	B	3.7-6	D	7.3-4	A	7.2-10	43	AC	1.7-17	ABD	1.8-17
4	D	1.8-6	D	1.1-8	C	7.2-8	D	7.3-11	44	ABD	1.7-18	ABC	1.4-24
5	C	1.6-12	D	1.6-13	A	7.5-5	B	7.4-9	45	ACD	1.6-19	ACD	1.8-18
6	B	1.6-10	D	1.5-5	C	8.6-8	D	7.4-10	46	ABCD	1.8-34	ABD	1.8-35
7	B	1.7-10	D	1.4-14	D	8.6-9	A	8.5-3	47	BC	1.9-12	BD	2.2-24
8	C	1.8-7	B	1.8-25	A	8.6-10	B	8.2-17	48	ABD	2.10-4	ABCD	2.6-32
9	A	1.9-4	B	1.9-5	D	9.1-3	B	8.5-4	49	ABCD	2.6-15	BCD	2.8-13
10	B	2.1-3	A	2.1-4	B	8.3-6	C	8.5-9	50	AB	2.6-16	BC	2.8-36
11	C	2.10-1	C	2.6-8	B	8.5-2	B	8.6-11	51	BC	2.5-21	ABC	2.5-22
12	C	2.6-7	C	2.10-2	B	9.5-13	C	9.8-9	52	BCD	2.3-8	ABD	2.6-17
13	D	2.8-6	A	2.4-4	B	9.2-3	D	9.1-5	53	AB	2.8-37	BD	2.5-34
14	A	2.6-26	D	2.10-3	B	9.1-4	C	9.2-7	54	AC	3.6-30	AB	3.7-13
15	D	2.2-11	D	2.2-12	B	9.3-6	B	9.2-8	55	AB	3.6-9	ABD	3.8-21
16	D	2.8-31	B	2.8-40	B	9.5-28	C	9.8-3	56	ABCD	3.3-7	BC	3.6-33
17	D	2.8-32	D	2.8-33	D	9.5-8	B	9.3-22	57	ABC	3.6-31	ACD	3.7-29
18	D	2.5-29	A	2.7-3	B	9.3-21	D	9.5-14	58	AC	3.6-32	AB	3.3-26
19	D	3.7-5	D	3.6-4	C	9.8-12	C	9.6-8	59	BCD	3.6-40	ACD	3.2-11
20	D	3.4-4	B	3.7-7	C	10.3-11	C	9.7-4	60	AC	3.7-27	ABC	3.7-30
21	A	3.6-18	D	3.4-5	B	10.3-12	C	10.3-14	61	BC	3.7-28	ACD	3.2-12
22	B	3.6-3	A	3.10-6	C	10.1-7	C	10.2-4	62	ABC	3.9-26	BD	3.9-37
23	D	3.1-2	B	3.8-8	D	10.1-8	C	10.2-7	63	CD	4.2-10	AC	4.3-40
24	D	3.1-3	D	3.3-2	A	10.3-13	B	10.4-9	64	ABD	4.3-39	BC	4.4-34
25	B	3.1-4	C	3.3-14	B	11.2-3	C	11.1-4	65	BCD	4.1-28	ABCD	4.3-30
26	B	3.1-5	B	3.2-3					66	BD	4.4-14	ABCD	4.5-13
27	B	3.9-6	A	3.3-20					67	BCD	4.7-14	AD	4.5-14
28	B	3.9-18	C	3.9-7					68	BD	4.8-19	AB	4.7-15
29	C	4.6-5	C	4.3-28					69	ABC	5.1-12	BCD	5.1-13
30	B	3.8-7	C	3.10-7					70	BD	6.2-19	ABCD	6.1-20
31	B	4.1-19	A	4.4-26									
32	C	4.5-4	B	4.1-20									
33	A	4.3-3	A	4.2-3									
34	D	4.4-44	D	4.3-21									
35	D	4.6-6	C	4.7-5									
36	D	4.8-6	D	4.8-7									
37	D	5.1-3	D	4.9-2									
38	C	6.1-6	A	5.1-4									
39	A	6.1-7	B	6.2-9									
40	D	6.1-8	D	6.1-9									

续表

2016年真题试卷参考答案及对应本书题号

单选题号	专业知识（上）		专业知识（下）		专业案例（上）		专业案例（下）		多选题号	专业知识（上）		专业知识（下）	
	答案	题号	答案	题号	答案	题号	答案	题号		答案	题号	答案	题号
1	D	1.6-28	C	1.8-26	A	7.1-6	B	7.2-11	41	ABD	1.7-22	CD	1.7-23
2	B	1.2-3	D	1.4-30	B	8.2-18	C	7.3-5	42	ABCD	1.3-8	ABCD	1.8-37
3	D	1.3-11	D	1.6-15	B	7.6-2	C	7.6-3	43	AC	1.3-18	ABD	1.2-9
4	C	1.3-12	B	1.4-31	C	7.2-21	B	7.2-22	44	ABD	1.4-4	ABC	2.8-42
5	D	1.4-15	B	1.4-7	B	7.4-2	D	7.4-11	45	ABCD	1.4-25	CD	1.8-20
6	C	1.4-6	B	1.4-3	C	8.6-12	A	10.3-24	46	AD	1.8-19	AD	1.8-38
7	D	1.8-9	C	1.7-3	A	9.6-9	A	9.6-10	47	ABC	1.8-36	ABC	2.6-33
8	B	1.9-6	D	1.8-27	C	8.6-13	B	8.2-19	48	ABD	2.6-18	ACD	2.6-19
9	C	4.4-5	A	1.9-7	A	8.2-8	B	8.3-7	49	ABCD	2.7-9	ABC	2.5-23
10	D	2.2-13	C	3.4-6	D	8.6-14	B	8.4-5	50	AB	2.2-25	BCD	2.6-34
11	B	3.8-9	A	2.5-9	A	8.5-5	D	8.5-10	51	AB	2.3-9	ABC	2.2-25
12	B	2.2-5	A	2.2-16	B	9.4-6	A	9.8-14	52	ABC	2.3-10	ABC	2.4-13
13	B	2.2-6	D	2.3-4	B	9.4-7	A	9.5-16	53	CD	2.10-5	ABC	2.7-10
14	D	2.2-14	D	2.4-5	C	9.5-9	C	9.4-8	54	BC	3.5-8	BCD	3.1-14
15	C	2.2-15	B	2.8-7	B	9.1-6	D	9.3-8	55	AD	3.3-8	CD	3.10-18
16	D	2.8-34	A	2.5-31	B	9.3-7	A	9.8-4	56	ABD	3.3-9	BCD	3.6-10
17	D	2.5-30	C	2.5-10	B	9.8-13	C	9.3-16	57	BCD	3.2-13	ABD	3.1-24
18	C	2.5-8	C	2.4-6	D	10.3-23	A	9.2-9	58	ABD	3.3-27	BCD	3.8-22
19	C	3.3-21	C	3.6-21	B	9.5-15	D	9.5-10	59	BD	4.4-15	BC	3.6-47
20	A	3.7-20	B	4.4-6	B	10.1-9	C	9.7-5	60	ABD	4.3-41	ABC	3.8-23
21	C	3.6-42	C	3.7-8	B	10.2-2	B	10.1-11	61	CD	3.6-46	BCD	3.9-28
22	B	3.1-6	A	3.10-11	C	10.1-10	A	10.3-25	62	BC	3.9-27	CD	3.9-13
23	D	3.6-19	D	3.3-3	D	10.2-8	C	10.4-4	63	AD	4.2-11	ACD	4.1-29
24	B	3.6-20	C	3.1-19	B	11.1-5	B	11.2-4	64	ABD	4.3-42	ABD	4.1-10
25	C	3.1-7	A	3.2-4	D	10.4-3	B	10.4-10	65	ABD	4.4-35	BCD	4.6-16
26	C	3.6-5	C	3.6-37					66	ACD	4.2-12	BC	4.8-20
27	C	3.9-8	A	3.6-22					67	AD	4.6-14	ABC	4.8-21
28	D	3.9-32	B	3.9-9					68	ABCD	4.6-15	ABD	4.8-22
29	D	4.2-4	D	4.3-35					69	BC	5.1-14	AD	5.1-15
30	B	4.7-6	C	4.6-8					70	ACD	6.1-21	ABC	6.2-20
31	D	4.1-21	D	4.5-5									
32	D	4.4-45	D	4.5-6									
33	A	4.1-5	B	4.7-7									
34	D	4.3-22	A	4.7-8									
35	C	4.3-34	D	4.8-8									
36	C	4.6-7	D	4.8-9									
37	A	5.1-5	A	4.8-10									
38	D	6.1-10	D	5.1-6									
39	A	6.1-11	A	6.2-10									
40	A	6.1-12	D	6.2-11									

续表

2017年真题试卷参考答案及对应本书题号

单选题号	专业知识（上）		专业知识（下）		专业案例（上）		专业案例（下）		多选题号	专业知识（上）		专业知识（下）	
	答案	题号	答案	题号	答案	题号	答案	题号		答案	题号	答案	题号
1	D	1.6-3	A	1.6-29	D	7.6-4	C	7.4-3	41	AB	1.4-37	ABC	1.4-38
2	C	1.1-9	A	2.2-7	B	7.1-7	C	7.2-13	42	CD	1.7-24	ABC	1.6-34
3	D	1.2-4	C	1.3-5	D	7.2-12	A	7.2-23	43	CD	1.4-26	ABC	4.4-36
4	A	1.3-13	D	1.6-30	C	7.2-25	C	7.6-5	44	CD	1.1-14	ABC	1.4-39
5	A	1.4-9	D	4.4-7	C	10.3-26	B	7.3-6	45	BC	1.6-24	ABC	1.3-20
6	D	1.8-28	C	1.4-8	B	8.2-9	C	7.3-7	46	ABC	1.3-19	AB	1.4-27
7	A	1.3-14	D	1.7-11	D	8.6-15	C	8.2-21	47	AC	1.9-14	BCD	3.8-24
8	C	1.7-12	B	1.4-16	C	8.7-6	D	8.2-10	48	ABCD	2.5-24	CD	2.2-28
9	D	1.9-8	B	4.4-8	D	8.2-20	D	8.2-3	49	CD	2.8-38	AD	2.2-29
10	A	2.8-21	B	3.8-10	B	8.6-16	A	8.3-9	50	ABD	2.3-11	AC	2.2-30
11	D	2.1-5	C	2.5-14	E	8.3-8	B	8.4-6	51	ABCD	2.2-27	ABCD	2.9-11
12	C	2.2-35	C	2.2-17	B	9.4-9	C	9.8-15	52	ABCD	2.3-12	AD	2.8-43
13	A	2.4-7	B	2.2-34	C	9.6-11	D	9.2-4	53	AC	2.5-35	BC	2.6-20
14	C	2.5-12	D	2.2-18	B	9.8-5	D	9.1-8	54	CD	3.7-31	AC	3.4-12
15	B	2.5-13	D	2.6-28	C	7.2-14	B	9.8-10	55	CD	3.7-32	BC	3.7-14
16	A	2.7-4	C	2.5-15	C	9.5-17	B	9.5-19	56	CD	3.7-33	ABD	3.7-35
17	D	2.6-9	C	2.7-5	B	9.1-7	B	9.5-18	57	AC	3.10-19	BC	4.4-37
18	D	2.6-27	D	2.5-11	C	9.6-12	B	10.3-15	58	ABD	3.6-34	ABD	3.6-35
19	C	3.6-43	D	3.1-10	B	9.3-9	C	9.3-23	59	AC	3.3-10	ACD	3.6-11
20	D	3.3-22	A	3.1-11	B	10.3-27	A	9.7-6	60	ABD	3.7-34	ABC	3.7-36
21	A	3.6-6	C	3.2-5	D	10.2-9	C	10.3-28	61	ABD	3.4-11	BCD	3.9-38
22	C	3.6-38	C	3.7-21	B	10.3-16	B	10.4-11	62	ACD	3.9-29	ABC	3.9-39
23	A	3.1-8	D	3.7-9	C	10.1-12	C	10.3-37	63	AC	4.9-5	ABD	4.3-43
24	D	3.1-9	D	3.1-20	A	10.1-13	A	10.3-29	64	CD	4.4-38	AB	4.3-44
25	B	3.3-4	A	3.6-44	D	11.1-6	D	11.1-7	65	ABD	5.1-16	ABD	4.6-19
26	C	4.3-4	A	3.8-11					66	ABC	4.6-17	ABC	4.3-45
27	C	3.9-19	C	3.10-12					67	ABD	4.6-18	AC	4.1-30
28	A	3.9-10	C	3.9-20					68	ABC	4.5-15	BD	4.3-46
29	B	4.8-11	A	4.8-13					69	AC	5.1-17	ABD	5.1-18
30	B	4.4-46	B	4.5-7					70	ACD	6.2-21	ACD	6.1-22
31	A	4.1-22	C	4.3-6									
32	D	4.8-12	D	4.3-23									
33	D	4.1-6	D	4.4-27									
34	C	4.4-47	A	4.4-28									
35	A	4.3-5	C	4.4-29									
36	B	4.3-36	D	4.1-23									
37	D	1.1-10	A	4.5-8									
38	D	4.3-24	B	5.1-7									
39	C	6.2-12	C	6.1-14									
40	B	6.1-13	D	6.2-13									

续表

2018年真题试卷参考答案及对应本书题号

单选题号	专业知识（上）		专业知识（下）		专业案例（上）		专业案例（下）		多选题号	专业知识（上）		专业知识（下）	
	答案	题号	答案	题号	答案	题号	答案	题号		答案	题号	答案	题号
1	A	1.4-17	A	1.4-32	D	7.2-15	D	7.1-8	41	ACD	1.4-28	ABCD	1.6-5
2	A	1.1-11	B	1.4-19	B	7.4-12	A	7.1-9	42	BD	1.8-39	BD	1.6-35
3	D	1.6-16	C	1.4-20	C	7.2-26	A	7.2-16	43	BCD	1.4-40	BD	1.1-16
4	C	1.2-5	B	1.2-6	B	7.6-7	C	7.2-27	44	AB	1.6-25	ACD	1.2-10
5	A	1.6-17	C	1.4-21	D	7.3-12	C	7.4-4	45	ACD	1.7-19	ABD	1.9-16
6	B	1.6-4	B	1.4-33	A	8.6-17	B	7.4-5	46	AC	1.9-15	ABD	4.4-39
7	C	1.8-10	A	1.8-13	A	8.2-4	C	8.6-3	47	AD	4.4-16	ABC	2.4-14
8	C	1.8-11	D	1.8-14	C	8.3-10	D	8.4-7	48	ACD	2.2-40	ABC	2.8-14
9	B	1.8-12	D	3.8-12	B	8.3-11	D	8.5-6	49	ABD	2.2-41	BD	2.6-35
10	C	2.8-8	A	2.8-23	C	8.2-11	A	8.6-4	50	CD	2.8-44	AB	2.5-25
11	D	2.8-22	D	2.2-21	A	8.7-7	B	8.2-12	51	BCD	2.6-21	ACD	2.7-11
12	D	2.2-19	C	2.8-24	B	9.3-10	D	10.3-33	52	ACD	2.6-22	ABCD	2.7-12
13	A	2.6-10	C	2.5-32	B	10.3-30	D	9.3-11	53	ABD	2.6-23	ACD	2.7-13
14	B	2.2-8	A	2.5-16	D	9.3-26	B	10.4-5	54	BCD	1.1-15	BCD	3.1-17
15	B	2.3-5	B	2.7-6	B	9.5-20	A	9.5-23	55	BD	3.1-15	ABCD	3.10-20
16	A	2.4-8	C	2.7-7	B	9.5-21	D	9.6-4	56	ACD	4.6-20	ABCD	3.2-15
17	B	2.1-6	D	2.7-8	D	9.3-27	A	9.3-24	57	BCD	3.1-16	AB	3.3-28
18	D	2.2-20	D	3.10-13	A	9.5-22	D	10.3-34	58	BC	3.7-37	AB	2.6-24
19	C	3.4-7	C	3.6-8	D	9.8-6	C	9.5-11	59	CD	3.2-14	BD	3.3-29
20	D	3.10-8	B	3.3-6	C	10.3-31	A	9.7-7	60	AB	3.3-11	BCD	3.3-30
21	B	3.3-5	A	4.3-8	C	10.1-14	B	10.3-18	61	CD	4.7-16	ABC	3.9-14
22	B	3.6-7	D	3.10-14	B	10.3-17	C	10.3-35	62	ABD	3.9-41	AD	3.9-30
23	D	1.4-18	C	4.3-26	C	10.3-32	C	10.3-39	63	AD	4.4-51	ABD	4.3-13
24	C	3.2-6	A	3.1-22	D	10.3-38	C	10.4-6	64	BCD	4.8-23	BD	4.3-47
25	C	3.1-21	C	3.2-7	A	11.1-8	B	11.2-5	65	ABD	4.3-12	CD	4.4-17
26	A	3.6-23	D	3.6-24					66	AD	4.2-13	ABC	3.6-12
27	B	3.9-40	A	3.6-25					67	BCD	4.6-21	ABCD	4.8-24
28	C	3.9-21	D	3.9-22					68	BC	4.5-16	BC	4.9-6
29	D	4.3-25	A	4.1-7					69	ABD	5.1-19	AC	5.1-20
30	A	4.5-9	C	4.3-9					70	ABC	2.3-13	ABCD	6.1-23
31	B	4.3-7	C	3.4-8									
32	B	4.1-24	D	4.1-26									
33	B	4.1-25	A	4.3-37									
34	D	4.6-9	B	4.6-10									
35	A	4.7-9	A	4.6-11									
36	B	4.9-3	C	4.8-14									
37	D	5.1-8	D	4.9-4									
38	B	6.1-15	B	5.1-9									
39	D	6.2-14	D	6.1-17									
40	C	6.1-16	C	6.2-15									